Elemente des Operations Research
für Ingenieure

Franz Weinberg

Grundlagen der Wahrscheinlichkeitsrechnung und Statistik sowie Anwendungen im Operations Research

Mit 49 Abbildungen

Springer-Verlag Berlin Heidelberg GmbH

Dr. sc. techn. Franz Weinberg
a. o. Professor an der Eidgen. Techn. Hochschule Zürich
Direktor des Instituts für Operations Research der ETH

ISBN 978-3-642-92976-2 ISBN 978-3-642-92975-5 (eBook)
DOI 10.1007/978-3-642-92975-5

Ursprünglich erschienen bei Springer-Verlag, Berlin/Heidelberg New York 1968
Softcover reprint of the hardcover 1st edition 1968
Library of Congress Catalog Card Number 68-11979

Titelnummer 1448

Dieses Buch ist meiner Mutter

Maria Weinberg-Wellisch

gewidmet, die noch seine Anfänge miterlebt hat

Vorwort

Kenntnis der Grundlagen von Wahrscheinlichkeitsrechnung und Statistik ist in zunehmendem Maße für den Techniker erforderlich. Dieses Buch wendet sich an mathematisch interessierte Ingenieure, die auf dem Gebiete des Operations Research eigene, über den Routinerahmen hinausgehende Beiträge leisten wollen. An Gelegenheiten, die folgenden Darlegungen in der Praxis zu gebrauchen, wird es gewiß nicht mangeln. Die Hoffnung des Verfassers ist es, sie seien in einer Form erfolgt, die ihre konkrete Verwertung möglichst mühelos gestattet, so daß sich neben die Zweckmäßigkeit ihrer Anwendung auch noch das Interesse und die Freude am Experimentieren gesellen.

Das Buch gliedert sich in vier Kapitel, denen jeweils knappe Literaturhinweise zugedacht sind. Herr Prof. Dr. P. Huber von der Eidgenössischen Technischen Hochschule und Herr Privatdozent Dr. P. Kall von der Universität Zürich haben einige Partien des Manuskripts gelesen und sehr wertvolle Kritik geleistet; hierfür möchte ich ihnen bestens danken. Mein besonderer Dank aber gilt Herrn Prof. Dr. W. Saxer von der Eidgenössischen Technischen Hochschule, der zwar die Entstehung dieses Buches persönlich nicht mitverfolgt hat; trotzdem wäre es ohne ihn wohl niemals zustande gekommen, denn er war mein Lehrer, der mein Interesse an mathematischen Fragen wachrief und förderte und den ich stets hoch verehren werde.

Zürich, April 1968 **Franz Weinberg**

Inhaltsverzeichnis

Einführung

Die mathematische Betrachtung betrieblicher Zusammenhänge wurde in den letzten Jahren immer stärker betont und ist im angelsächsischen Sprachraum unter der Bezeichnung „Operations Research" bekannt geworden. Eine wirklich treffende Übersetzung dieses Begriffs gibt es nicht, vermutlich, weil der englische, aus dem zweiten Weltkrieg stammende Ausdruck, wo die Westmächte die Erfolgsaussichten militärischer Operationen mathematisch erforschten, für die heutigen, meist zivilen Anwendungen auch nicht mehr zutrifft. Da sich der Name „Operations Research" jedoch nun einmal eingebürgert hat und wir ihm in unserer Sprache nichts Besseres gegenüberstellen können, wollen wir ihn fortab übernehmen und von Wortbildungen wie „Unternehmensforschung", „Entscheidungsforschung", „Verfahrensforschung" usw., die für den Uneingeweihten genauso einer Erläuterung bedürfen wie die Originalbenennung, absehen.

Im wesentlichen handelt es sich hier um das Anliegen, irgendeinen Vorgang oder ein Zusammenwirken innerhalb eines Systems zu quantifizieren und mathematisch nach irgendwelchen Gesichtspunkten zu optimieren. Dies stellt grundsätzlich keine neuartige Thematik dar, wohl aber die konkreten Anwendungsgebiete. Operations Research umfaßt eine ganze Skala von verschiedenen Zweigen der angewandten Mathematik. Viele der gebrauchten Verfahren wurden nicht speziell für die hier gültigen Belange geschaffen, sondern existierten schon seit geraumer Zeit, ehe man ihre Eignung für die Behandlung der neuerdings ins Auge gefaßten Fragestellungen erkannte und nutzbar machte. Andere Methoden wiederum wurden im Hinblick auf hier stets wiederkehrende Problemtypen entwickelt.

So ist beispielsweise die „lineare Programmierung" ein Optimierungsverfahren für gewisse Aufgabenstellungen, die in vielen ökonomischen Zusammenhängen Gültigkeit besitzen; es wurde eigens für solche Operations Research-Studien gesucht und in den fünfziger Jahren auch gefunden. Interessanterweise macht man davon jetzt aber sogar auf Gebieten Gebrauch, die bisher wohl nicht zum Operations Research gezählt wurden, nämlich für rein technische Untersuchungen wie etwa die optimale Bemessung von Platten[1], wie sie im Bauingenieurwesen von Bedeutung ist.

Operations Research darf nicht gleichgesetzt werden mit mathematischer Optimierung, denn es ist nicht Lösungsverfahren allein oder Sammlung von Lösungsverfahren für gestellte Aufgaben, sondern umfaßt die Formulierung der Aufgaben selber. Damit wird es zu einem interdisziplinären Gebilde, das üblicherweise die Zusammenarbeit von Fachleuten der verschiedenen beteiligten Richtungen, meist Ingenieuren, Ökonomen und Mathematikern, notwendig macht.

Ausgehend von den schon erwähnten militärischen Aufgabenkreisen, die übrigens auch heute noch Aktualität besitzen, hat Operations Research in erster Linie auf Probleme des Betriebes in dessen allgemeinstem Sinne übergegriffen. Während der rein technisch orientierte Ingenieur sich beispielsweise abmüht, um den Wirkungsgrad eines Lastwagenmotors um ein weiteres Viertel-Prozent zu verbessern und auf diese Weise vielleicht einen halben Liter Treibstoff auf 100 km Normalfahrt einzusparen, was zweifellos eine höchst anerkennenswerte Leistung darstellt, trachtet der Operations-Research-Ingenieur, den Lastwagen bei gleicher Diensterfüllung statt 100 km dank besserer Routenplanung nur 80 km fahren zu lassen, und spart möglicherweise 7 Liter Treibstoff, Zeit, Abnützung und Unfallrisiken ein. Er ist darob nicht etwa ein besserer Ingenieur als sein Kollege, vielmehr sein ebenbürtiger Partner, der auf einem anderen Gebiet, das noch reiche Möglichkeiten in sich birgt, adäquate Ersparnisse herauswirtschaftet. Standortsfixierung von Warenhäusern, Wahl von Transportsystemen, Programmfestlegung industrieller Produktion auf kurze, mittlere und weite Sicht, langfristige Planung der Energieerzeugung, landwirtschaftliche Anbauplanung, Bestimmung technischer und chemischer Verfahren im Hinblick auf Ausnützung der investierten Kosten an Anlagen, Rohstoffen und Arbeit, Investitionsprobleme von nationaler Tragweite und etwa die Frage, ob man Kabelreste, die bei Verlegungsarbeiten am städtischen Stromversorgungsnetz übrigbleiben, wegwerfen, verkaufen, für spätere Verwendungen unverändert aufbewahren oder zuvor noch abdichten soll, weil dies ihre Haltbarkeit erhöht, dies alles und vieles andere sind Themen, große und kleine, die mit Hilfe von Operations Research behandelt werden können. Die Resultate der Berechnungen dienen der Entscheidungsbildung bei Fragestellungen sowohl einmaliger Prägung als auch routinemäßig wiederkehrender Form.

Die Vielfalt der Anwendungsbereiche ist nicht nur der Entwicklung oder Adaptierung mathematischer Methoden allein zu verdanken, sie

---

[1] Prager, W.: Lineare Ungleichungen in der Baustatik, Schweiz. Bauztg. 80 (1962) H. 19. — Wolfensberger, R.: Traglast und optimale Bemessung von Platten. Diss. ETH, Zürich 1964, Prom. Nr. 3451.

geht in großem Maße auch auf die Existenz neuartiger technischer Hilfsmittel, wie sie die elektronischen Rechenanlagen darstellen, zurück. Die unvorstellbaren Rechenleistungen der Computer haben Fragen, die bisher nur „prinzipiell" lösbar waren, der *praktischen* Lösbarkeit zugeführt. Ihnen ist eine neue Einstellung zuzuschreiben, die man gegenüber Problemen solcher Art seither einnimmt. Diese neue Einstellung aber hat ihrerseits Anstoß zu intensiverer Erforschung von vor kurzem noch für unbeantwortbar gehaltenen Fragenkomplexen gegeben.

Trotzdem dürfen die Möglichkeiten des Operations Research nicht überschätzt werden. Wenn die gegenwärtige Entwicklung auch erst in den Anfängen steckt und noch schöne und vielleicht unerwartete Fortschritte bevorstehen, so ist die große Masse der betrieblichen Fragestellungen bloßer mathematischer Durchdringung kaum zugänglich. In vielen Fällen existieren noch keine Methoden, in anderen Fällen wäre die Verwendung eines riesigen mathematischen Apparates unwirtschaftlich, und sogar dort, wo theoretische und wirtschaftliche Voraussetzungen erfüllt sind, hat man oft mit sehr unliebsamen Schwierigkeiten in der Datenbeschaffung zu kämpfen. Was kostet die vorzeitige Erschöpfung von Lagerbeständen? Welchen Mehrwert weist eine Drehbank von 1,80 m Spitzenweite gegenüber einer solchen von nur 1,50 m auf? Wie mißt man den good-will? Unzählige derartige Fragen ließen sich stellen, und wenn man einigen von ihnen durch geschickte Tricks auch mitunter aus dem Wege gehen kann, so bleiben noch genügend Beispiele übrig, die die dem Operations Research anfänglich so freundlich geschilderte Szene verdüstern. Fast gewinnt man den Eindruck, als könnten Probleme, bei deren Formulierung solche Fragen mitspielen, einzig und allein mit gesundem Menschenverstand behandelt werden.

Dem ist nun allerdings wieder entgegenzuhalten, daß auch der gesunde Menschenverstand die Kosten von Warenverknappung, den Mehrwert einer größeren Werkzeugmaschine, das einer Firma entgegengebrachte Vertrauen irgendwie messen muß. Er kann dies aber implizite tun, ohne sich ein für allemal festzulegen, und so kommen Entscheidungen zustande, bei deren Erarbeitung die Bewertung von Einflüssen oft dauernden Schwankungen ausgesetzt war und die manchmal zuallerletzt gar noch dem gewünschten Resultat angepaßt wurde.

Sofern man bereit ist, im mathematischen Resultat keine Vorwegnahme der Entscheidung, sondern nur einen wohlbegründeten Hinweis auf eine vernünftige Handlungsweise bei klar aufgezählten Voraussetzungen und Bedingungen zu erblicken, ist gegen die Verwendung von Operations Research-Methoden also auch in Fällen, wo gewisse Daten nicht exakt beschaffbar sind, nichts einzuwenden, im Gegenteil: man wird diese Daten, genau wie man dies bei der Urteilsbildung mit bloßem gesunden Menschenverstand tun sollte, abschätzen und so in die Rechnung einsetzen. Das Resultat gilt dann eben unter der Voraussetzung der nachträglich nicht mehr wegdiskutierbaren Ausgangsannahmen und zeigt, wie Änderungen an diesen Annahmen sich auswirken würden. Die Konsequenz solchen Vorgehens, das der entscheidungsbefugten Instanz Freiheit der Disposition durchaus gewährt, kann viel zur Objektivierung von komplizierten Sachverhalten beitragen. Ähnliches gilt für Situationen, wo Datenmaterial in genügender Menge noch nicht vorliegt, nach Ablauf einiger Zeit jedoch vorliegen wird: im Falle von Routineproblemen (z. B. Lagerbewirtschaftung) ist anfängliche Ausrichtung auf die Ergebnisse geschätzter Ausgangsdaten zulässig, bis das Vorhandensein besserer Unterlagen entsprechende Korrekturen ermöglicht.

Die mathematische Darstellung betrieblicher Systembeziehungen ist im allgemeinen der Realität gegenüber vereinfacht, muß aber die ausschlaggebenden Zusammenhänge gut zur Geltung bringen. Man nennt solche Darstellungen Modelle. Das Studium wirklicher Vorgänge anhand von Modellen ist oft zwingendes Gebot. Man kann bestehende Lager nicht auf die Hälfte zusammenschrumpfen lassen, um herauszufinden, ob dies eine gute Politik ist; und man kann die Lager nicht verdoppeln und abwarten, ob die Waren verderben oder rechtzeitig verkauft werden: diese Dinge muß man, wenn immer möglich, am Modell vorausbestimmen. Mit Wahl und Ausführlichkeit des Modells ist allerdings bereits die ganze Menge seiner denkbaren späteren Aussagen vorweggenommen: man erwarte von keinem Modell, daß es zu einer neuartigen Lösung führe, die nicht schon als unbeachtete Möglichkeit in die mathematische Systemformulierung hineingelegt worden ist!

Der Modellbau ist die eigentliche Kunst im Operations Research. Die Erkenntnis, daß ein bestimmtes Problem mathematisch überhaupt attackierbar ist, das überlegte Zusammentragen von signifikanten Gegebenheiten, die geschickte Zusammenfügung nur der wesentlichsten Elemente daraus zu einer aussagefähigen Nachbildung der Wirklichkeit, einer Nachbildung, mit der sich mathematisch bequem hantieren läßt —, und dies in Situationen, die sich von Fall zu Fall verschieden präsentieren, so daß man auf keine bewährten Rezepte zurückgreifen könnte —, dies ist nicht jedermanns Sache, erfordert Talent und Initiative, fast Mut, die man zwar fördern, jedoch kaum lernen kann. Voraussetzung dafür sind überlegene Kenntnis des beobachteten Systems einerseits und Überblick sowohl als auch wenigstens teilweise Beherrschung der wichtigsten Operations Research-Methoden, die in Frage kommen, andererseits.

Es gibt recht eigentliche Techniken des Operations Research, beispielsweise die schon erwähnte lineare Programmierung, aber auch nicht-lineare Programmierung, dynamische Programmierung, Wartelinientheorie, Graphentheorie, Spieltheorie, Simulationstechnik, usw. Oft ist man bestrebt, die Modelle so zu gestalten, daß sie sich mit solchen bekannten Techniken, am liebsten mit den einfachsten von ihnen, behandeln lassen. Der Wunsch ist hier groß, beispielsweise im wahrsten Sinne des Wortes krumm gerade sein zu lassen und demzufolge gegebenenfalls lineare Programmierung anwenden zu dürfen, für welche fix-fertige Computerprogramme greifbar sind. Wird der Realität solcherart Gewalt angetan, so führt dies im Einzelfalle zu falschen Resultaten und fügt in weiterer Sicht der jungen, noch nicht fest etablierten Disziplin des Operations Research Schaden zu.

Neben solchen Standardtechniken können einfachste mathematische Überlegungen für viele praktische Anwendungen vollauf genügen. Man hat an der Mittelschule und in den unteren Semestern an der Technischen Hochschule vieles über klassische Optimierungsverfahren gehört und es ist nicht einzusehen, weshalb diese Dinge nicht auch bei konkreten Aufgaben aus dem Bereiche des Operations Research Gültigkeit haben sollten. Es sind also nicht die speziellen Techniken, die Operations Research ausmachen, sondern ein müheloses Sich-Bewegen-Können in verschiedenartigen Gefilden, eine Leichtigkeit im Umgang mit verschiedenen Denkweisen, mitunter auch ein Zusammenführen verschiedener Spezialisten für die Behandlung einer gemeinsamen Aufgabe.

Ausbildungsgemäß und seiner geistigen Einstellung entsprechend ist der Betriebsingenieur hierzu besonders gut geeignet. Dies sei an einem kleinen, der Praxis entnommenen Beispiel illustriert. Bei der Bewirtschaftung von Teilelagern in der Maschinenindustrie handelt es sich darum, vernünftige Vorratsmengen für die einzelnen Artikel, welche in verschiedene zum Verkauf angebotene Fertigprodukte eingebaut werden, zu halten. Insbesondere ist Verknappung der Artikel, die eine bereits weit fortgeschrittene Produktion hemmen oder Serienfertigungen sogar blockieren könnte, zu verhüten, ohne daß darob übermäßig hohe Lagerbestände entstünden. Während über den Bedarf an Fertigprodukten pro Zeiteinheit oft gewisse, einigermaßen verläßliche Kenntnisse vorliegen, ist es für Teilelagerartikel nicht immer ohne Spezialuntersuchungen möglich, die diesbezüglichen Zahlen anders als über Lagerbestandsstatistiken zu erhalten, die sich häufig in der in Abb. 1 angedeuteten Form präsentieren. Darin fallen folgende Charakteristiken auf: der Bestand ist immer größer als Null,

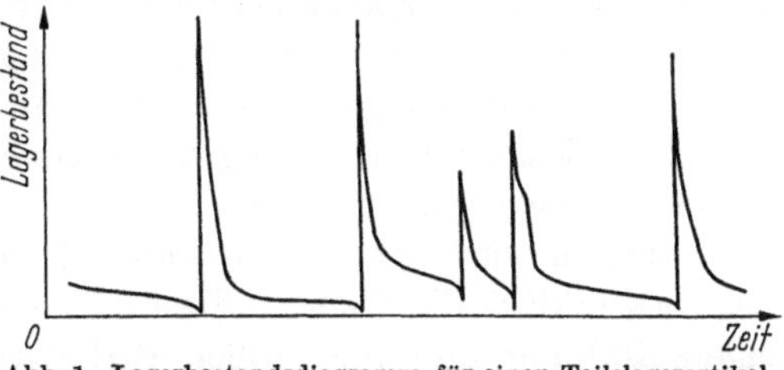

Abb. 1. Lagerbestandsdiagramm für einen Teilelagerartikel

es gibt also keine Verknappungen; die durchschnittlichen Bestände sind niedrig; der Artikel wird offenbar intermittierend stark gebraucht, sonst sehr wenig; und die Nachbestellungen scheinen mit außerordentlichem Geschick so aufgegeben zu werden, daß die Nachlieferungen immer gerade noch rechtzeitig vor dem großen Bedarf eintreffen: alles steht also zum Besten.

Dieser günstige Eindruck wird dem Untersuchenden im Falle des vorliegenden Beispiels auch von der Lagerbewirtschaftungsinstanz gerne bekräftigt, die nicht im geringsten begreifen kann, wieso sich die Fabrikationsstellen dauernd über Mißstände beklagen und dringend eine Verbesserung fordern. Was, so sagt die Lagerbewirtschaftungsinstanz, soll denn hier verbessert werden? Verbesserungen sind ihrer Meinung nach nur im Fabrikationssektor selber möglich, vielleicht auch bei der ungeduldigen Verkaufsleitung und in der Finanzabteilung, die die längst nachgesuchte neue Beleuchtung aus Sparsamkeitsgründen nicht bewilligt; auch mit dem Personal hat man seine Sorgen. Früher war alles besser. Es folgen Vorschläge, Remineszenzen und Anklagen, solange der Untersuchende Zeit hat, zuzuhören.

Ist der Untersuchende ein Betriebsingenieur, so wird er wohl gerne davon absehen, die Lagerbestandskurve etwa durch Zeitreihenanalyse genau zu motivieren. Vielmehr wird er zuerst seinen gesunden Menschenverstand sprechen lassen: die Tatsache, daß die Fabrikationsstellen eine Remedur wünschen, drängt den eindeutigen Schluß auf, daß irgend etwas nicht in Ordnung ist. Dies muß also auch aus der Lagerbestandskurve hervorgehen, wenn man sie nur richtig deutet. Offenbar ist eine interne Fabrikationsplanungsstelle durch Terminierung der Fertigprodukte zwecks Vermeidung von Störungen dafür besorgt, daß keine Artikel ab Lager bezogen werden müssen, wenn der Bestand zur Neige geht: dies erklärt die Verhütung von Verknappungen. Da diese Planungsstelle sehr genau weiß, wann und welchen Umfangs eine neue Nachlieferung erfolgen wird, gibt sie für diesen jeweiligen Zeitpunkt die Bezüge frei: dies erklärt die leichten Bestandsabnahmen unmittelbar vor der Lagerauffüllung und die großen Bedarfsmengen unmittelbar danach. Die zeitweise sehr langen Lieferfristen für die Fertigprodukte, wie sie von der Fabrikationsplanungsstelle aus den geschilderten Gründen vorgeschrieben werden, plagen die Verkaufsabteilung, die ihr Mißfallen an der Situation der Fabrikleitung nachdrücklichst bekundet. Letztere ergreift deshalb die Initiative zu einer Verbesserung der Lagerbewirtschaftung.

Es kann also keine Rede davon sein, daß der Bedarf am fraglichen Artikel hier echt intermittierend ist: der Großteil aller Spitzen und Schwankungen ist auf die interne Organisation des Betriebes selber zurückzuführen, die zunächst geändert werden muß. Verfrühte mathematische Analyse der Verhältnisse würde den unerwünschten Zustand hingegen verewigen, weil stichhaltig begründen, allerdings nur so weit und in einer Richtung als an mathematischen Begründungsmöglichkeiten bereitgestellt wird: dies wäre vielleicht eine wählbare Überlagerung von Sinusfunktionen mit vorerst unbekannten Koeffizienten und Argumenten. Die vorhandene Lagerbewegungsstatistik darf also unter keinen Umständen für die Ermittlung des wirklichen Bedarfs herangezogen werden.

Die eigentliche Detektivarbeit muß daher zunächst von einem Manne geleistet werden, um den die Luft des Betriebes schon ein paarmal geweht hat. Wenn er schließlich eine neue, passende organisatorische Lösung gefunden hat, so ist der Augenblick gekommen, wo er die klar erkannten, freier Manipulation wirklich überantwortbaren Parameter konsequent durchprobieren darf; dies geschieht in systematischster Weise am mathematischen Modell. Nach Möglichkeit hat er diese Aufgabe selber zu übernehmen.

Der mathematische Horizont des Betriebsingenieurs reicht jedoch im allgemeinen nicht ganz für die selbständige Bearbeitung einer großen Zahl von Aufgaben aus, wo er die Hilfe des Mathematikers noch nicht in Anspruch nehmen sollte. Was ihm fehlt, ist nicht ein Lehrgang in Operations Research, denn vieles davon bringt er schon mit, anderes läßt sich nicht lernen, sondern es sind gewisse mathematische Elemente des Operations Research, seien es fertige Techniken, seien es sonstige Grundlagen. Ziel dieses Buches und weiterer folgender Bände ist es, ihm diese wichtigsten mathematischen Elemente des Operations Research in einer Weise zu erschließen, die wissenschaftlich befriedigt, d. h. Beweisführungen im allgemeinen nicht schuldig bleibt, und dennoch berücksichtigt, daß hier ein Ingenieur und nicht ein Mathematiker angesprochen werden soll. So nimmt diese Reihe wohl eine Mittelstellung ein zwischen den Publikationen populären Charakters und jenen stark theoretisierenden Gehalts, die beide auf ihre Weise für den Ingenieur unverständlich sind.

Mathematische Elemente von überragender Wichtigkeit im Operations Research stellen Wahrscheinlichkeitsrechnung und Statistik dar. Ihnen und der darauf aufbauenden Simulationstechnik sowie einigen einfachen praktischen Anwendungsbeispielen ist der vorliegende erste Band gewidmet. Dem darin zur Geltung kommenden technischen Aspekt steht auf menschlicher Ebene das stochastische[1] Element im

---

[1] Das Wort „stochastisch" ist vom griechischen στόχος (Ziel; Mutmaßung) abgeleitet und bedeutet „zufallsbezogen". Den Zusammenhang liefert das „Ziel" der alten Wahrsager, die Wahrheit zu treffen. Daß sich im Laufe der Zeit daraus eine Bedeutungswandlung in Richtung der Zufallsbezogenheit vollzog, läßt darauf schließen, daß sie nicht immer ganz erfolgreich waren.

betrieblichen Denken gegenüber. Hierüber soll nun noch gesprochen werden.

Die Tatsache, daß es ein stochastisches Element im betrieblichen Denken gibt, ist bezeichnend für eine recht interessante Gliederung der betrieblichen Gedankenkategorien. Da ist einmal das allumfassende Gebiet der Intuition und der Erfahrungsverwertung, des logischen Abwägens, das ins Große wie ins Kleine reicht, vor nichts Halt zu machen braucht, scheinbar keiner vereinfachender Annahmen bedarf, und, auf bewährter Grundlage stehend, durch seine Allgemeinverständlichkeit Vertrauen hervorruft. Dazu gesellt sich, als Stütze dieser doch eher beschreibend bleibenden Erfassung der Dinge und zur Aufdeckung besonderer wichtiger Einzelaspekte, die Quantifizierung auf deterministischer Ebene: anfänglich noch den Rahmen buchhalterischer Darlegungen einhaltend, später in immer komplexere Zusammenhänge greifend und in ihrer jünsgten Form des Operations Research schon nicht mehr so ganz geheuer empfunden. Als dritter Bereich tritt die wahrscheinlichkeitsmäßige Durchleuchtung der Erscheinungen auf den Plan, als eine Erweiterung der deterministischen Betrachtungsweise und in ihrer Aussage ja durchaus determiniert. Diese letzte Art, die Dinge zu sehen, kostet wohl die größte Überwindung, denn sie behandelt auf ungewohnte Weise Fragen, die bisher ausschließlich Intuition und Erfahrung vorbehalten zu sein schienen.

Überhaupt besteht zwischen diesen drei Denkkategorien häufig noch kein zwangloses Ineinanderfließen, sondern eher eine Hierarchie mit deutlichen Schranken, über die sich nur weitsichtige und in ihrer Auffassung großzügige Persönlichkeiten hinwegsetzen. Die anderen bewegen sich in ihren eigenen Bezirken.

Das stochastische Denken ist uns viel weniger fremd als es scheinen mag, obwohl wir uns darüber nicht immer bewußt Rechenschaft geben. Oft entspricht dieses Denken den Regeln der Wahrscheinlichkeitsrechnung sehr gut, manchmal aber geraten wir in Widerspruch zu ihr. Wenn wir bei Messungen einen Mittelwert bilden, so ist das für uns eine derartige Selbstverständlichkeit, daß wir gar nicht mehr überlegen, daß wir hier eine Konsequenz des Gesetzes der Großen Zahlen benützen. Um so hilfloser stehen wir da, wenn es uns einmal passiert, daß das Gesetz der Großen Zahlen nicht gilt: solchen Fällen begegnen wir beispielsweise beim Studium wiederkehrender Ereignisse. Es kann dann vorkommen, daß uns bei der Mittelwertbildung für Wiederkehrzeiten arge Fehler unterlaufen, speziell wenn wir einzelne „Meßwerte“, die besonders stark von der üblichen Norm abweichen, als „Ausreißer“ bezeichnen und streichen.

Aber auch bei der Konstruktion einer Maschine berücksichtigen wir statistische Gesetze. Man wird eine Anlage meist so bemessen, daß sie im häufigsten Betriebszustand am ökonomischsten arbeitet. Die Schaufelungen einer Dampfturbine sind auf Normallast abgestimmt, nicht auf Teillast und nicht auf Überlast. Trotzdem wird man die Möglichkeit seltener Zustände auch berücksichtigen, wenn dies notwendig erscheint. Um den Gesamtwirkungsgrad einer Dampfturbine hoch zu halten, auch wenn sie mit Teillast fährt, sieht man Düsengruppenregulierung statt der einfacheren und billigeren Drosselregulierung vor. Die verschiedenartigen, voneinander unabhängig funktionierenden Bremssysteme eines Eisenbahnzuges zeigen, daß man an die Eventualität des Ausfalls des einen oder anderen Systems denkt. Man macht sogar Unterschiede in der Anzahl der Reserveaggregate, je nachdem ob es sich um weniger oder mehr störanfällige Einrichtungen handelt: so werden komplizierte Meßgeräte in mehrfachen Exemplaren in Flugzeuge eingebaut. Es besteht also nicht nur eine rein prinzipielle Anpassung an die Gesetze des Zufalls, sondern sogar eine durchaus quantitative.

Während gewisse Zufallsaspekte im Bereiche der Physik, so neuartig sie von manchen vielleicht noch empfunden werden, psychologisch gesehen keine Probleme aufwerfen: niemand stößt sich daran, daß Diffusionsvorgänge, atomare Zerfallserscheinungen und dergleichen mit den Mitteln der Wahrscheinlichkeitsrechnung studiert werden —, verursachen wahrscheinlichkeitstheoretische Durchleuchtungen ökonomischer Zusammenhänge im Betriebsgeschehen oft große Widerstände seitens der verantwortlichen Instanzen. Die diesbezüglichen Problemstellungen appellieren ja in erster Linie an deren Intuition und Erfahrung und es ist für sie zumindest schwer vorstellbar, daß hier theoretische Hilfsmittel den gesunden Menschenverstand zu verdrängen in der Lage sein sollten.

Mit dieser Ansicht haben die betreffenden Funktionäre auch im wesentlichen recht: Intuition, Erfahrung, logisches Abwägen lassen sich niemals durch formalen Schematismus ersetzen, echtes Expertentum in seiner Vollendung fragt nicht nach mathematischen Regeln, sondern trifft aus sich heraus und unmittelbar meist das Richtige. Aber vollendetes Expertentum ist nicht überall und jederzeit verfügbar, es scheint für ständig wiederkehrende Routineangelegenheiten vergeudet, und es kann in gewissen Fällen eben doch am Ziele vorbeigehen.

Deshalb ist eine *Ergänzung* von Intuition und Erfahrung durch theoretische Hilfsmittel sinnvoll und das logische Abwägen kann diesen neuen Gesichtspunkt ruhig miteinbeziehen. Der Unternehmer soll, wie schon früher gesagt, immer die volle Freiheit für seine Dispositionen behalten, er muß sich aber bewußt werden, daß es der Leitung eines Betriebes heute nicht mehr möglich ist, alles und jedes ständig unter den Augen zu haben, und daß sie daher auf die Bereitstellung von

Kenngrößen und sogar untergeordneten Entscheidungen angewiesen ist. Diese untergeordneten Entscheidungen können beispielsweise Resultate von Optimierungsaufgaben sein; sie sind untergeordnet, weil ihre Inkraftsetzung stets noch der übergeordneten Entscheidung des Unternehmers bedarf.

Zum Abschluß wollen wir die Hauptabteilungen von Fabrikationsunternehmungen durchstreifen und uns fragen, wo Zufallserscheinungen von so ausgeprägter Gesetzlichkeit auftreten, daß man sich entweder die diesbezüglichen mathematischen Regeln direkt zunutze machen oder wenigstens in Kenntnis des Vorhandenseins solcher Regeln sein intuitives Vorgehen wirkungsvoller gestalten kann.

1. Verkauf

Absatz- und überhaupt Marktforschung, das Gebiet der Werbeaktionen sind eng verbunden mit statistischen Gesichtspunkten. Hier liegt noch ein recht wenig erforschtes Gebiet vor uns, in welchem die Wahrscheinlichkeitsrechnung im allgemeinen auf gewisse Hilfsdienste beschränkt bleibt. Immerhin lassen sich bei einigermaßen stabilen Verhältnissen recht aufschlußreiche Einblicke in Zusammenhänge gewinnen. Der Bedarf an Normteilen in der Maschinenindustrie, die Nachfrage an Konsumgütern in der Nahrungsmittelindustrie gehorchen Gesetzlichkeiten, deren klare Formulierung mit Angabe ihrer Streubereiche von größtem Wert für die Unternehmungsführung ist: Verkaufstrend und Saisonalschwankungen sind zwei Bezugsgrößen, auf die der Betrieb rechtzeitig abstellen muß.

So kommt beispielsweise der Aufstellung von Verkaufsprogrammen große Bedeutung zu. Es ist klar, daß solche Verkaufsprogramme wegen der Bedarfsschwankungen auf der Kundenseite niemals genau eingehalten werden können. Dieser Tatsache ist sich nicht nur der Empiriker, sondern ebensosehr der Statistiker bewußt. Man könnte sogar sagen, daß der Statistiker diesen unvermeidlichen Abweichungen seine Existenzberechtigung verdankt. Es ist also wohl unnötig, daß manche Unternehmer die Statistiker immer wieder belehrend darauf aufmerksam machen, daß ihre Zahlen im Einzelfall nicht stimmen. Man erklärt ja auch dem Hersteller von Elektromotoren nicht, daß seine Produkte nur dann laufen, wenn sie ans richtige Netz angeschlossen sind. Aber diese Polemiken sind wohl nur ein Zeichen dafür, daß die Gesprächspartner zwar das gleiche meinen, aber wenigstens auf der einen Seite noch nicht das genügende Vertrauen für diese Tatsache besteht.

Die Kenntnis des nach statistischen Gesichtspunkten analysierten Verkaufsprogramms gestattet, eine entsprechende Produktions- und Einkaufsplanung mit angemessener Lagerbewirtschaftungspolitik durchzuführen. Dabei wird man sich wieder auf gewisse mathematische

Regeln stützen, die gleichfalls Ausdruck von Zufallsgesetzen sind und beispielsweise gegen Verknappung oder Überalterung mit vorgeschriebener Sicherheit schützen sollen.

Weitere Fragen aus dem Verkaufsgebiet, die es verdienen, von der statistischen Seite her beleuchtet zu werden, betreffen die Bildung von Vertreterkreisen unter Berücksichtigung sowohl ihrer kommerziellen Zweckmäßigkeit als auch der wohlabgewogenen Verdienstmöglichkeiten für die einzelnen Vertreter, den Kundendienst (Reserveteile, Lieferzyklen) und viele andere Dinge, wie auch Fragen des Standorts von Fabrikation und Verteilung, der Transportkapazität usw.

2. Konstruktion

Denken wir an eine Maschinenfabrik, die Produkte herstellt, welche von Fall zu Fall den spezifischen Gegebenheiten anzupassen sind, und die auch Neuentwicklungen ausführt.

Die Führung eines Betriebes enthält grundsätzlich eine Planungs- und eine Improvisationskomponente. Beide unterliegen dem Entscheid einer obersten Instanz, die die zu ergreifenden Maßnahmen festlegt. Improvisierte Führung ist unmittelbare Reaktion auf eingetretene äußere oder auch innere Einflüsse, also Verhalten gegenüber bekannt gewordenen Bedingungen. Geplante Führung ist Ausrichtung auf noch nicht eingetretene, aber mit hoher Wahrscheinlichkeit erwartbare Einflüsse, also Verhalten gegenüber noch einigermaßen unsicheren Bedingungen.

Improvisation ist daher insofern weniger riskant als Planung, als sie sich auf eine konkrete Situation bezieht, die keine Zweifel mehr offenläßt; sie ist aber insofern riskanter als Planung, als sie unter Umständen dieser konkreten Situation nur mehr unter enormem Aufwand oder überhaupt nicht gewachsen ist.

Planung erfolgt stets so frühzeitig, daß die Mittel für gewollte Bewältigung einer ins Auge gefaßten Situation abgewogen und bereitgestellt werden können. Sie ist jedoch dadurch gefährdet, daß die betreffende Situation nicht mit absoluter Sicherheit eintreten wird und der Plan daher mit einer, wenn auch kleinen, so doch nicht vernachlässigbaren Wahrscheinlichkeit über den Haufen geworfen werden kann.

Ideale Verhältnisse lägen für die Führung vor, wenn die Vorteile beider Verfahren vereinigt werden könnten, wenn man also schon sehr frühzeitig wüßte, wie eine für später zu erwartende Situation sich genau präsentierte. Man könnte sich dann in aller Ruhe auf bekannte Bedingungen vorbereiten und den Betrieb bequem durch alle Fährnisse steuern.

Solche ideale Verhältnisse wird es im allgemeinen niemals geben. Deshalb ist Mischung von Planung und Improvisation notwendig, wobei der Akzent je nach den betrieblichen Gegebenheiten auf der einen oder anderen Komponente liegt.

Auch für die hier ins Auge gefaßte Maschinenfabrik besteht die Notwendigkeit der Planung und sie ist sowohl zeitmäßig als auch kostenmäßig durchzuführen. Die Konstruktionsabteilung ist in ihrem Wirken zeitlich in wesentlichem Ausmaß in den terminlichen Ablauf eingeschlossen und ihre Arbeit wirkt sich kostenmäßig entscheidend aus, da die von ihr festgelegte Konstruktion nachher in der Werkstatt realisiert wird. Es gehört zu den überraschenden Feststellungen, daß sich geistige Arbeit sowohl hinsichtlich ihrer Dauer als auch hinsichtlich ihrer Auswirkungen planen läßt, und obwohl hier Intuition und Erfahrung verstärkt zu Worte kommen, ist ein Vergleich mit gewissen statistischen Resultaten wertvoll, besonders wenn hinter der reinen Intuition der dringende Wunsch nach Erreichung eines Zieles steht. Auf diesem Gebiete ist die sog. Netzplantechnik bekannt geworden, die in gewissen Erscheinungsformen von Regeln der Wahrscheinlichkeitsrechnung Gebrauch macht. Eine Diplomarbeit an der ETH aus der Mitte der fünfziger Jahre hat ihrerseits am Beispiel des Vorrichtungsbaus gezeigt, daß man statistische Methoden für die Planung von Konstruktionszeiten anwenden kann.

Zur Konstruktion gehören auch Fragen der Dimensionierung von Bauteilen und Anlagen. Eine große Firma der Maschinenindustrie plante vor einigen Jahren den Bau einer neuen Werkstatthalle[1], für welche unter anderem eine große Kranbahn mit vier Kranbrücken vorgesehen war. Die Träger mußten nun nach gewissen Gesichtspunkten dimensioniert werden. Man legte ihrer Bemessung die Annahme zugrunde, daß alle vier Kräne gleichzeitig unter Vollbeladung in der gleichen Richtung anfahren bzw. in der Gegenrichtung bremsen würden. Aus den zu übertragenden Kräften berechnete man die Trägerquerschnitte, und da es sich um schwere Kräne handelte, waren die Querschnitte sehr groß.

Die gewählte Annahme war gewiß plausibel und vor allem sehr vorsichtig. Sicherheit ist zweifellos ein überragender Faktor, aber wenn man weiß, wie selten ein Kran voll beladen wird und wie selten er im Verhältnis zur totalen Arbeitszeit anfährt oder bremst, so kann man sich ohne Mathematik, nur in bewußt stochastischem Denken vorstellen, wie selten es etwa vorkommen wird, daß alle vier Kräne gleichzeitig vollbeladen sind und gleichzeitig in der gleichen Richtung anfahren bzw. in der Gegenrichtung bremsen. Man darf die Dimensionierung deshalb wohl auf einen etwas häufiger auftretenden Fall ausrichten. Demgegenüber ließe sich zwar einwenden, es genüge, wenn die Halle ein einziges

---

[1] Dieses Beispiel wurde mir von Dipl.-Ing. H. R. Hofer, Direktionspräsident der Maschinenfabrik Oerlikon, Zürich, mitgeteilt.

Mal in den für sie vorgesehenen 30 Jahren einstürze, und das ist richtig. Aber glücklicherweise ist man ja dem Zufall nicht restlos ausgeliefert. Es gibt Betriebsvorschriften, es gibt Sicherungsanlagen, und wenn die Bedingungen so gehalten sind, daß die auf sie abgestimmten Betriebsvorschriften oder Sicherungsanlagen noch einen vernünftigen, nicht allzu eingeschränkten Betrieb zulassen, so ist auf diese Weise allen Beteiligten geholfen. Die Anlage wurde damals wirklich schwächer gebaut als es der erste Entwurf vorsah, ohne daß man Wahrscheinlichkeitsrechnung anwandte. Es bedurfte nur der Gegenwart eines Mannes, dessen Gedanken statistisch geschult waren. Die Halle steht noch heute.

3. Fabrikation

Hier finden Wahrscheinlichkeitsrechnung und Statistik recht häufig und in verschiedensten Formen Anwendung. In der Arbeitsvorbereitung, im Terminwesen, bei der Maschinenaufstellung gelangen immer wieder stochastische Aspekte ins Spiel. Soll man Akkord-, Prämienlohn oder Zeitlohn anwenden? Wieviel Arbeiter braucht man für die Bedienung von Maschinengruppen? Wie wirkt sich die Einübung auf die Fertigungszeit aus? Diese und viele andere Fragen bieten sich der rechnerischen Durchdringung an.

In der Schokoladeindustrie ist den sog. Conchen eine wichtige Aufgabe zugeteilt. Dies sind Maschinen, die die Schokolademasse in tagelangem „Reiben“ homogenisieren. Je länger die Masse conchiert ist, um so besser ist die Qualität der Schokolade, und die Schweizer Schokolade wird besonders lange conchiert.

Je nach Sorte überläßt man die Masse während 3 bis 5 vollen Tagen und Nächten den Conchen und die einzige Handarbeit besteht darin, die Chargen zu wechseln. Fällt ein solcher Chargenwechsel in die normale Arbeitszeit, so ist alles in Ordnung. Ist er außerhalb der normalen Arbeitszeit fällig, so läßt man die Maschine einfach über Nacht oder übers Wochenende weiterlaufen, bis wieder ein Arbeiter zur Verfügung steht. Von den $7 \cdot 24 = 168$ Stunden pro Woche sind also nur $5 \cdot 9 = 45$ oder knappe 27% für Chargenwechsel verfügbar. Zwar schadet es der Schokolade nichts, wenn sie länger als nötig conchiert wird, im Gegenteil, aber es schadet den Finanzen der Unternehmung. Statt hier durch Investierungen etwaige Fabrikationsengpässe zu beseitigen, ist es denkbar, durch verbesserte Planung die Kapazität zu steigern. Dies bedingt also einen deterministischen Eingriff in das Betriebsgeschehen, dessen Möglichkeit jedoch von statistischen Gegebenheiten abhängt: wie oft kommen die Sorten mit 3, mit $3\frac{1}{2}, \ldots$ mit 5 notwendigen Conchierungstagen vor, in welchen Seriengrößen, Reihenfolgen usw.

Zur Fabrikation kann man noch das *Kontroll- und Versuchswesen* zählen. Dort spielt die Statistik seit jeher eine große Rolle.

4. Materialbewirtschaftung

Das Bestehen von Rückwirkungen der Bedarfsschwankungen auf die Materialbewirtschaftung ist leicht erklärlich und die meisten Lagerhaltungsmodelle basieren auf Wahrscheinlichkeitsrechnung und Statistik.

5. Werksunterhalt

Auch hier breitet sich ein weites Anwendungsfeld für Methoden aus, die auf Wahrscheinlichkeitsrechnung und Statistik fußen.

6. Fabrikorganisation

Bei der Gestaltung des räumlich-einrichtungsmäßigen Aufbaus einer Fabrik spielen einige Fragen mit, die an das stochastische Denken appellieren. Die Größe von Transportmitteln, ihr Fahrplan, die Standortwahl von Lagern und Werkzeugausgaben, die Maschinenaufstellung, ja sogar der Formularablauf hangen von Merkmalen ab, die mit dem Zufall zu tun haben.

7. Finanzen

Wenn es irgendwo im Betrieb ein Fleckchen geben soll, wo dem Zufall und seinen Streubereichen der Zutritt verwehrt bleibt, so suchen wir dieses Fleckchen wohl im Finanzwesen. Die Buchhaltung ist ja gewissermaßen der einzige Ort, wo man heute noch mit Rappen rechnet, auch wenn links vom Komma 6- und 7stellige Zahlen stehen. Und trotzdem ist auch hier das Zufallsdenken sehr wesentlich und absolut nicht unehrenhaft, wenn man es nur an der richtigen Stelle anwendet. Eine Bilanz sollte nicht nur auf $\pm 5\%$ genau stimmen, und Liquiditätsneigen sollten nicht nur mit 99,5% Sicherheit vermieden werden. Aber sonst steht dem stochastischen Denken nichts im Wege und wer aus den Zahlen der Nachkalkulation, der Offertkalkulation, der Investitionsplanung echte Information schöpfen will, der ist sich der Zufälligkeitskomponente bewußt, die an ihrem Zustandekommen mitwirkt.

Neben den hier herausgegriffenen Anwendungsmöglichkeiten von Wahrscheinlichkeitsrechnung und Statistik im Fabrikationsbetrieb existieren natürlich noch solche auf Gebieten, die teilweise schon eingangs als für ganz allgemeine Operations Research-Studien geeignet erkannt worden sind: im Verkehrswesen (Einsatzplanung im Luftverkehr, Reservierungssysteme, Straßenverkehr, Straßenunterhalt, Bahnunterhalt), in der Investitionsplanung, in der Preispolitik usw. Hinzu kommen noch die technisch-physikalischen Anwendungsbereiche.

Kapitel 1

Grundlagen der Wahrscheinlichkeitsrechnung

Die Wahrscheinlichkeitsrechnung stellt in zweifacher Hinsicht eines der wichtigsten Elemente des Operations Research dar: einerseits findet sie für zahlreiche praktische Aufgaben unmittelbare Verwendung, andererseits steht sie in Beziehung zu weiteren Wissenszweigen oder Techniken (mathematische Statistik; Simulationstechnik, Wartelinientheorie, stochastische dynamische Programmierung usw.), die alle am Instrumentarium des Operations Research beteiligt sind. Kenntnis der Grundlagen der Wahrscheinlichkeitsrechnung gehört solcherart zur unbedingt notwendigen geistigen Ausrüstung des Operations Research-Ingenieurs.

Die Literaturauswahl auf diesem Gebiet ist reich. Viele Veröffentlichungen sind absichtlich recht elementar und summarisch gehalten und können deshalb kein echtes, tiefes Verständnis für diese Disziplin vermitteln; ohne ihren Wert herabmindern zu wollen, ist doch festzuhalten, daß ihr Zweck im Ansprechen wohl eines anderen Leserkreises liegt, als es die Eliteschicht der Operations Research-Ingenieure ist.

Daneben existieren vorzügliche Werke, die für mathematisch besonders geschultes Publikum geschrieben sind. Es dürfte aber im allgemeinen einem Ingenieur nicht zuzumuten sein, daß er sich mühsam in ein Gebiet einarbeite, in welchem nur der Mathematiker sich richtig zu Hause fühlen kann und das für seine eigenen praktischen Zwecke auch viel zu weiten Umfang angenommen hat.

So besteht die Absicht dieses Kapitels darin, dem Operations Research-Ingenieur einen Einblick in die für ihn wesentlichen Grundlagen der Wahrscheinlichkeitsrechnung zu bieten, der weder zu billig noch zu anspruchsvoll ist und der ihn gleichzeitig in die Lage versetzt, gegebenenfalls ohne sonderliche Mühe den Anschluß an mathematisch befriedigende Literatur zu finden. Deshalb ist manchen Grundzügen mitunter breiterer Raum gewährt, als im Rahmen dieses Buches unmittelbar nötig erscheinen mag. Von vielen sehr reizvollen und auch sehr wichtigen Abschnitten wird andererseits gänzlich abgesehen; so ist beispielsweise von unbeschränkt teilbaren Verteilungsgesetzen keine Rede und auch das Gebiet der stochastischen Prozesse wird nur am

Rande erwähnt. Nach Lektüre dieses Kapitels sollte man aber imstande sein, diese Dinge in einem der im Literaturverzeichnis zitierten Werke oder anderswo einfach weiterzulesen, sofern Interesse oder Notwendigkeit hierfür vorliegen. Überdies ist die Voraussetzung geschaffen, in einem weiteren Band über Operations Research für Ingenieure ohne lange Umschweife die erforderlichen Theorien auf dem Bestehenden aufzubauen.

Entsprechend dieser akademischen Zielsetzung werden in diesem Kapitel die Beweise für die wichtigsten Sätze erbracht oder wenigstens skizziert; in letzterem Falle oder wo die Beweisführung zu viel Raum einnähme, ist stets auf einige wenige Werke verwiesen, wo die Begründungen zu finden sind. Es sei empfohlen, von diesen Hinweisen ausgiebig Gebrauch zu machen.

Am Ende des Kapitels (Abschn. 1.10) befindet sich eine kleine Formelsammlung und ein sehr knappes Repetitorium betreffend grundlegende Sätze aus der Kombinatorik, deren Kenntnis oft vorauszusetzen sein wird.

1.1. Merkmalsraum, Ereignisse

1.11. Grundsätzliches

Die Wahrscheinlichkeitsrechnung behandelt einen Aspekt des Begriffes Wahrscheinlichkeit, der sich nicht auf gefühlsmäßige Urteile, sondern auf die möglichen Ergebnisse fest konzipierter Experimente bezieht. Ob solche Experimente wirklich oder nur gedanklich ausgeführt werden, immer ist ihnen zuerst ein entsprechendes „Laboratorium" zuzuordnen, definiert durch genaue Beschreibung der Versuchsbedingungen und Aufzählung aller denkbaren Versuchsergebnisse: letztere bilden den *Merkmalsraum* (sample space).

Beispiel:

Versuchsbedingungen: Es werden zwei Würfel einmal geworfen; der eine ist homogen, der andere fällt erfahrungsgemäß in durchschnittlich 20% der Würfe auf die Sechs, seine übrigen Augenzahlen weisen je 16% Trefferchancen auf.

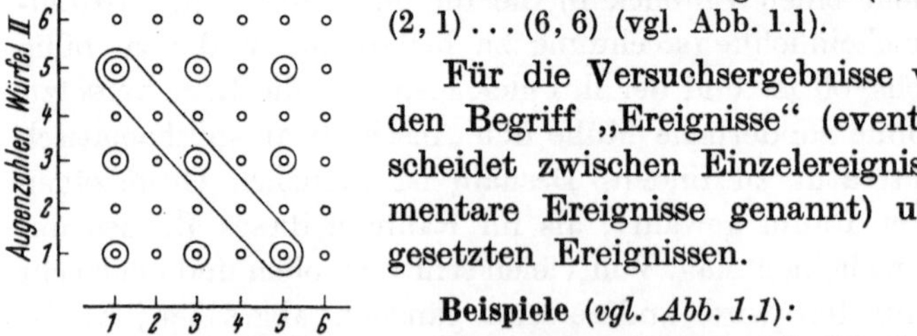

Abb. 1.1
Wurf mit zwei Würfeln

Denkbare Versuchsergebnisse: (1, 1), (1, 2) ... (1, 6), (2, 1) ... (6, 6) (vgl. Abb. 1.1).

Für die Versuchsergebnisse verwendet man den Begriff „Ereignisse" (event). Man unterscheidet zwischen Einzelereignissen (auch elementare Ereignisse genannt) und zusammengesetzten Ereignissen.

Beispiele (*vgl. Abb. 1.1*):

Elementares Ereignis: Ein Wurf mit zwei Würfeln liefert (2, 5); (alle einzelnen Punkte der Abb. 1.1 sind elementare Ereignisse).

Zusammengesetztes Ereignis: Ein Wurf mit zwei Würfeln liefert zwei ungerade Zahlen [dieses Ereignis besteht aus den elementaren Ereignissen (1, 1), (1, 3), (1, 5), (3, 1), (3, 3), (3, 5), (5, 1), (5, 3), (5, 5); eingekreiste Punkte].

Zusammengesetztes Ereignis: Ein Wurf mit zwei Würfeln liefert die Augensumme 6 [dieses Ereignis besteht aus den elementaren Ereignissen (1, 5), (2, 4), (3, 3), (4, 2), (5, 1); eingerahmte Punkte].

Elementare Ereignisse schließen sich gegenseitig aus, sie sind unvereinbar: man kann sie als *Merkmalspunkte* (sample points) bezeichnen. Mehrere Ereignisse, von denen wenigstens eines zusammengesetzt ist, brauchen sich nicht notwendigerweise alle gegenseitig auszuschließen: Abb. 1.1 zeigt, daß die beiden als Beispiele zitierten zusammengesetzten Ereignisse die Merkmalspunkte (1, 5), (3, 3) und (5, 1) gemein haben: diese beiden zusammengesetzten Ereignisse können also gleichzeitig auftreten.

Definitionen:

1. Jedes unteilbare Resultat eines Experiments läßt sich durch einen und nur einen Merkmalspunkt darstellen.

2. Die Zusammenfassung aller denkbaren Merkmalspunkte liefert den Merkmalsraum.

3. Ein Ereignis A ist eine Zusammenfassung von einem oder mehreren Merkmalspunkten. Das Ereignis A besteht daher aus allen jenen Merkmalspunkten, die alle, für sich allein, bei Realisierung als Folge des Experiments das Ereignis A liefern.

[Der Punkt (1, 5) liefert, für sich allein, das Ereignis „Augensumme 6“, ebenso der Punkt (2, 4) für sich allein, usw.].

Eine solche Zusammenfassung von Merkmalspunkten läßt sich auch als *Menge* von Merkmalspunkten bezeichnen.

1.12. Beziehungen zwischen Ereignissen

Die von den Ereignissen gebildete algebraische Struktur ist eine Boolesche Algebra (vgl. hierzu beispielsweise [*9*]).

Es sei ein Merkmalsraum gegeben, der die Bildung der Ereignisse A, B, C, ... gestatte. Tritt bei einem Experiment ein Element (= Merkmalspunkt) aus A auf, so sagt man, A habe sich realisiert.

1. Findet bei jeder Realisierung von A auch eine Realisierung von B statt, so ist A ein Teilereignis (oder eine Teilmenge) von B, was man symbolisiert durch

$$A \subset B$$

oder

$$B \supset A$$

(„A zieht B nach sich“), Abb. 1.2. Diese Relation ist transitiv.

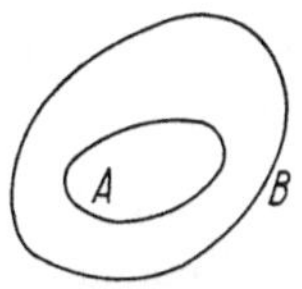

Abb. 1.2 Ereignis und Teilereignis

Beispiel:

Aus einer Urne werden Kugeln gezogen. $A = \{\text{Eisenkugel}\}$, $B = \{\text{Metallkugel}\}$

$$A \subset B.$$

2. Wenn $A \subset B$ und gleichzeitig $A \supset B$, so sind A und B gleichwertig:

$$A = B, \text{ besser eigentlich } A \equiv B \text{ geschrieben.}$$

Dies ist eine Aequivalenzrelation (d., h. sie ist transitiv, symmetrisch und reflexiv).

Beispiel:

Ein Würfel wird einmal geworfen. $A = \{1 \text{ oder } 2 \text{ oder } 3 \text{ oder } 5\}$, $B = \{\text{Primzahl}\}$

$$A = B.$$

Man erkennt aus diesem Beispiel, daß die Relation $A = B$ nur einen Sinn hat, wenn sie auf den festgelegten Merkmalsraum bezogen ist; die Menge der Primzahlen ist ja nicht auf $\{1, 2, 3, 5\}$ beschränkt, es sei denn, man lasse nur die Zahlen $\{1, 2, 3, 4, 5, 6\}$ zu. Die Bezogenheit auf den Merkmalsraum äußert sich übrigens implizite in der Bezeichnung „gleich*wertig*" (vgl. auch Punkt 6 dieses Abschnitts).

3. Das durch gleichzeitiges Auftreten von A und B definierte Ereignis (Abb. 1.3) wird als Produkt oder Durchschnitt (intersection) der Ereignisse A und B bezeichnet und symbolisiert durch

$$A \cap B \quad \text{oder auch} \quad AB.$$

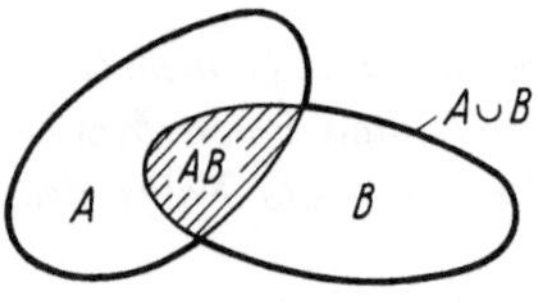

Diese Operation ist kommutativ und assoziativ.

Abb. 1.3
Durchschnitt und Vereinigung

Beispiel:

Der Durchschnitt der beiden zusammengesetzten Ereignisse von Abb. 1.1 besteht aus den Elementen $(1, 5)$, $(3, 3)$, $(5, 1)$.

Insbesondere ist $$A \cap A = A.$$

4. Das durch das Auftreten von A allein oder B allein oder A und B gleichzeitig definierte Ereignis (= „mindestens eines von A und B") heißt Vereinigung (union) oder Summe der Ereignisse A und B (Abb. 1.3) und wird symbolisiert durch

$$A \cup B \quad \text{oder} \quad A \dot{+} B \quad \text{oder auch der Einfachheit halber} \quad A + B.$$

Der Punkt über dem Pluszeichen weist darauf hin, daß AB nicht leer zu sein braucht; er wird oft weggelassen, richtigerweise allerdings nur, wenn AB leer ist. Diese Operation ist gleichfalls kommutativ und assoziativ.

Beispiel:

Einmaliger Würfelwurf, $A = \{\text{gerade Zahl}\}$, $B = \{3\}$. $A \cup B = \{2, 3, 4, 6\}$.

Insbesondere ist $$A \cup A = A.$$

5. Ein Ereignis heißt sicher und wird mit U symbolisiert, wenn es sich bei jedem Experiment realisieren muß.

Beispiel:
Einmaliger Würfelwurf, $A = \{\text{Zahl} \leqq 6\}$:

$$A = U.$$

Insbesondere ist $\quad B \cup U = U, \; B \cap U = B.$

6. Ein Ereignis heißt unmöglich und wird mit $\emptyset$ symbolisiert, wenn es sich bei keinem Experiment realisieren kann. Das Symbol $\emptyset$ bedeutet auch die leere Menge.

Beispiel:
Einmaliger Würfelwurf, $A = \text{Zahl} > 6$, $B = \text{Zahl} < 1$:

$$A = \emptyset, \quad B = \emptyset.$$

Beide Ereignisse sind also unmöglich. Daher gilt $A = B$, d. h. A und B sind gleich*wertig*. Es ist klar, daß sie nur gleich*wertig* (äquivalent) sein können, denn Zahlen >6 und <1 sind niemals *gleich*; aber sie sind auch nur gleichwertig in bezug auf den Merkmalsraum des Würfelwurfs, der einzig die Zahlen $\{1, 2, 3, 4, 5, 6\}$ zuläßt (vgl. Punkt 2 dieses Abschnitts). Man beachte, daß die Aequivalenz von A und B hier nicht in Widerspruch zur Definition einer Aequivalenz gemäß Punkt 2 dieses Abschnitts steht. Das scheinbare Paradoxon, daß gemäß jener Definition beim vorliegenden Beispiel der Wurf einer Augenzahl > 6 den Wurf auch einer Augenzahl < 1 nach sich ziehen müßte und umgekehrt, löst sich durch Berücksichtigung des Mengencharakters der Ereignisse auf: beide Ereignisse stellen nämlich die leere Menge dar, wenn nur die Zahlen $\{1, 2, \ldots 6\}$ zugelassen sind. Die Definitionen der Ereignisse A und B erweisen sich also gewissermaßen lediglich als zwei verschiedene Formulierungen der leeren Menge.

Insbesondere ist $\quad C \cup \emptyset = C, \quad C \cap \emptyset = \emptyset.$

7. Zwei Ereignisse A und B sind unvereinbar, wenn ihre gleichzeitige Realisierung ein unmögliches Ereignis ist:

$$AB = \emptyset,$$

d. h., wenn ihr Durchschnitt die leere Menge darstellt: sie haben keinen gemeinsamen Merkmalspunkt.

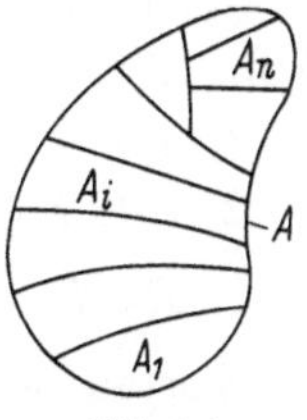

Beispiel:
Einmaliger Würfelwurf, $A = \{\text{gerade Zahl}\}$, $B = \{\text{ungerade Zahl}\}$.

Abb. 1.4 Zerlegung eines Ereignisses in punktfremde Teilereignisse

8. Wenn $A = A_1 \cup A_2 \cup \cdots \cup A_n$ und $A_i A_j = \emptyset$ für $i \neq j$, so sind die Ereignisse A_i gegenseitig unvereinbar (mutually exclusive) und das Ereignis A läßt sich in die Teilereignisse A_i zerlegen (Abb. 1.4).

Wenn überdies $A = U$, so nennt man die Ereignisse A_i eine Zerlegung des Merkmalsraums in gegenseitig unvereinbare Ereignisse.

Beispiel:

Einmaliger Würfelwurf, $A = \{1, 2, 3, 4, 5, 6\}$,
$A_1 = \{1, 2\}$, $A_2 = \{3\}$, $A_3 = \{4, 5, 6\}$.

9. Zwei Ereignisse A und $\bar{A}$ sind komplementär, wenn sie die beiden Bedingungen

$$A \cup \bar{A} = U$$
$$A\bar{A} = \emptyset$$

gleichzeitig erfüllen (Abb. 1.5).

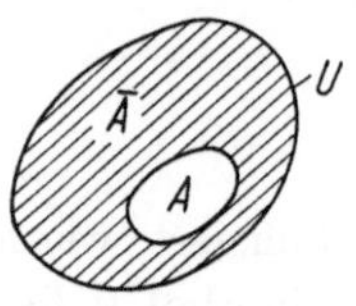

Abb. 1.5. Komplementäre Ereignisse

Beispiel:

Einmaliger Würfelwurf, $A = \{\text{gerade Zahl}\}$, $\bar{A} = \{\text{ungerade Zahl}\}$.

Der Querstrich über A weist auf den komplementären Charakter hin.

1.13. Ereignisfeld

Mit der Festlegung eines Merkmalsraums sind die elementaren Ereignisse definiert. Durch verschiedenartige Auswahl und Zusammenstellung dieser elementaren Ereignisse als Bausteine lassen sich weitere Ereignisse bilden, ohne daß dadurch der Merkmalsraum eine Änderung erfährt. So kann man beispielsweise stets das sichere Ereignis U als Vereinigung aller elementaren Ereignisse konstruieren. Aber auch das unmögliche Ereignis $\emptyset$ ist immer dadurch herstellbar, daß man keines der verfügbaren elementaren Ereignisse verwendet, so z. B. wenn man das Ereignis „Augenzahl $= 7$" bei einem einmaligen Würfelwurf betrachtet. Die Menge F aller so konstruierbaren Ereignisse stellt das *Ereignisfeld* dar und es erhebt sich die Frage, nach welchen Regeln es aufgebaut werden soll und aus wie vielen Elementen es besteht.

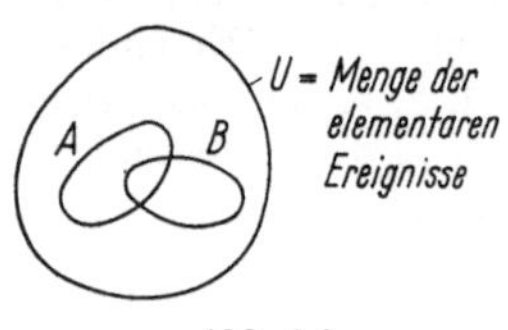

Abb. 1.6

Sei U die Menge der elementaren Ereignisse. Dann soll gelten (vgl. Abb. 1.6):

1. $U \in F$: U ist ein Element von F.
2. $\left.\begin{array}{l} A \in F \ (\Rightarrow A \subset U) \\ B \in F \end{array}\right\} \Rightarrow A \cup B \in F, \quad AB \in F, \quad \bar{A} \in F;$

in Worten: wenn A und B Elemente von F, also Ereignisse darstellen, so sollen sie Teilmengen von U sein und ihre Vereinigung, ihr Durchschnitt und ihre Komplemente sollen Elemente von F, also Ereignisse sein.

Insbesondere ist dann $\bar{U} = \emptyset$ als Komplement von U Ereignis, d. h., jedes Ereignisfeld soll das unmögliche Ereignis bzw. die leere Menge als Element enthalten.

3. Sei $A_1, A_2, \ldots, A_n, \ldots$ eine endliche oder abzählbare Folge von Teilmengen aus U, die gleichzeitig Elemente von F darstellen mögen.

Dann sollen auch $A_1 \cup A_2 \cup \cdots \cup A_n \cup \cdots$ sowie $A_1 \cap A_2 \cap \cdots \cap \cap A_n \cap \cdots$ Elemente von F, also Ereignisse sein.

Die solcherart definierte Menge F heißt *Borelsches Ereignisfeld* oder auch *Borelsche Ereignisalgebra.*

Diese Konstruktionsregeln sind auf den ersten Blick einleuchtend, sie sind vom Standpunkt des Operations Research aus auch auf den „letzten" Blick ohne weiteres akzeptabel, da die Ereignisfelder, mit denen man in der Praxis im allgemeinen zu tun hat, sich zwanglos in diese Kategorie einordnen lassen. Dazwischen aber führt eine etwas tiefergehende Prüfung zur Erkenntnis, daß diese Bedingungen keineswegs selbstverständlichen Charakter tragen, sondern wenigstens in theoretischer Sicht eine Einschränkung bedeuten.

So mögen beispielsweise A und B einzelne Intervalle auf einer Geraden sein und im einzelnen Intervall U liegen (Abb. 1.7).

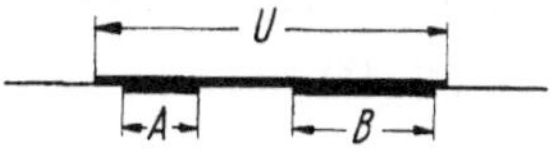

Abb. 1.7

Dann sind $\bar{A}$, $\bar{B}$ und $A \cup B$ im allgemeinen nicht Einzelintervalle, sondern mehrere Intervalle. Werden die Ereignisse daher als Einzelintervalle definiert, so erfüllen sie die Regel 2 nicht mehr. Man muß also auf die Bedingung des Zusammenhangs der Punkte in Form von Einzelintervallen verzichten.

Es genügt jedoch nicht, nur zu gestatten, daß die Vereinigungen, Durchschnitte und Komplemente von Ereignissen, also Einzelintervallen, als konstruierte Ereignisse toleriert werden. Auch deren eigene Vereinigungen, Durchschnitte und Komplemente müssen als Ereignisse zugelassen sein und so weiter und so fort. Erst die kleinste Gesamtheit aller auf diese Weise erreichten Mengen ist die Klasse der Borelschen Mengen (im Falle dieses Beispiels im eindimensionalen Raum). Sie besteht aus unendlich vielen Elementen.

Der Aufbau der Wahrscheinlichkeitsrechnung, wie er hier entwickelt wird, beruht auf der Mengenlehre. Viele spätere Definitionen sollten also immer wieder in Beziehung zu Borelschen Ereignisalgebren gebracht werden, z. B. die Definition der Wahrscheinlichkeit, der bedingten Wahrscheinlichkeit, einer Zufallsvariablen, einer Funktion von Zufallsvariablen, des Erwartungswerts usw. Derartige ständige Rückverbindungen würden diese Einführung in die Wahrscheinlichkeitsrechnung jedoch stark erschweren, und sie sind für den Operations Research-Spezialisten im allgemeinen auch nicht notwendig. Im folgenden wird deshalb meist von einer streng mengen- und maßtheoretischen Behandlung der Materie Abstand zu nehmen sein, doch ist ausdrücklich darauf hinzuweisen, daß die vorliegende Darstellung dadurch vom rein mathematischen Standpunkt aus nicht mehr voll befriedigen kann. Sie wird dafür diejenigen, die sich mit praktischen Operations Research-Anwendungen befassen, wohl eher ansprechen, ohne durch den Verzicht auf weitergehende theoretische Untermauerung wirkliche Gefahren zu verursachen. Es sei indessen ausdrücklich empfohlen, sich die tieferen Zusammenhänge an Hand einschlägiger Fachliteratur klarzumachen (z. B. [*2*, *3*, *17*]).

Besteht der Merkmalsraum aus einer endlichen Anzahl n elementarer Ereignisse, so fallen die erwähnten Vorbehalte fort. Dann ist auch die Anzahl der Elemente des Ereignisfeldes F endlich und beträgt 2^n. Tatsächlich sind ja alle unterscheidbaren Teilmengen des Umfangs r aus der Menge der n Elemente des sicheren Ereignisses zu bilden mit $r = 0, 1, 2, \ldots, n$. Aber

$$\sum_{r=0}^{n} \binom{n}{r} = 2^n.$$

Beispielsweise besteht das dem Merkmalsraum der Abb. 1.1 zugeordnete Ereignisfeld aus 2^{36} oder mehr als 60 Milliarden Ereignissen. Das einem einmaligen Würfelwurf zugeordnete Ereignisfeld besteht aus $2^6 = 64$ Ereignissen, nämlich

$$\{\emptyset\}, \{1\}, \{2\}, \ldots, \{6\}, \{1 \cup 2\}, \ldots, \{5 \cup 6\}, \{1 \cup 2 \cup 3\}, \ldots, \{4 \cup 5 \cup 6\},$$
$$\{1 \cup 2 \cup 3 \cup 4\}, \ldots, \{3 \cup 4 \cup 5 \cup 6\},$$
$$\{1 \cup 2 \cup 3 \cup 4 \cup 5\}, \ldots, \{2 \cup 3 \cup 4 \cup 5 \cup 6\}, \{U\}.$$

1.2. Definition der Wahrscheinlichkeit

1.21. Axiomatik

Die Wahrscheinlichkeitsrechnung baut auf Axiomen auf, wie andere Zweige der Mathematik auch. Die Axiomatik von Kolmogorov geht aus vom Merkmalsraum mit der Menge U der elementaren Ereignisse und vom Borelschen Ereignisfeld F, dessen Elemente Teilmengen aus U sind und zufällige Ereignisse genannt werden. Sie umfaßt dann noch die weiteren Axiome:

Axiom 1: Jedem Element $A \in F$ (d. h.: jedem Ereignis A aus dem Ereignisfeld F) ist eine reelle Zahl $P(A) \geqq 0$ zugeordnet, welche Wahrscheinlichkeit von A heißt.

Axiom 2: $P(U) = 1$.

Axiom 3: Ist $A_1, A_2, \ldots, A_n, \ldots$ eine endliche oder abzählbare Folge von sich gegenseitig ausschließenden Teilmengen aus U, die gleichzeitig Elemente von F darstellen, also Ereignisse sind, so gilt

$$P(A_1 + A_2 + \cdots + A_n + \cdots) = P(A_1) + P(A_2) + \cdots + P(A_n) + \cdots.$$

Das letzte Axiom ist auch als „erweitertes Additionsaxiom" bekannt und macht die Definition der Wahrscheinlichkeit anwendbar auf Borelsche Ereignisfelder [*2*, *3*].

1.22. Numerische Bestimmung der Wahrscheinlichkeit

Die Kolmogorovsche Axiomatik ist widerspruchsfrei, da sie sich auf reale Verhältnisse anwenden läßt, sie ist aber nicht vollständig, denn sie schreibt die Zahlenwerte $P(A_i)$ nicht vor, sofern nur gilt $P(U) = 1$. Dies ist aber gerade erwünscht, denn für ein- und dieselben

Ereignisse (Resultate von Versuchen) können je nach Festlegung der Versuchsbedingungen verschiedene Wahrscheinlichkeiten zutreffen. Es sei an das Beispiel von Abb. 1.1 erinnert: von den beiden Würfeln war der eine homogen, der andere gefälscht. Die Wahrscheinlichkeit für das gleiche Ereignis (6) kann also für beide Würfel nicht dieselbe sein. Diese Anpassungsfähigkeit der Kolmogorovschen Axiomatik ist für die praktische Anwendbarkeit notwendig.

Der numerische Wert der Wahrscheinlichkeit kann entweder theoretisch auf Grund genauer Kenntnisse von Vorgängen unter Zuhilfenahme gewisser Idealisierungen oder aber empirisch aufgefunden werden: beispielsweise überlegt man sich, daß der homogene (idealisierte) Würfel wohl in je einem Sechstel der Fälle auf jede der sechs Augenzahlen fallen würde, wenn man nur genügend lang experimentieren wollte. Die theoretisch bestimmten Wahrscheinlichkeiten lauten daher: $P(1) = P(2) = \cdots = P(6) = \frac{1}{6}$. Der gefälschte Würfel hingegen würde erfahrungsgemäß liefern: $P(1) = P(2) = \cdots = P(5) = \frac{4}{25}$, $P(6) = \frac{1}{5}$, und die erwähnte Erfahrung kann nur empirisch früher gewonnenen Erkenntnissen zu verdanken sein.

Solcherart sind zwei Wege der numerischen Ermittlung von Wahrscheinlichkeiten vorgezeichnet:

— der *theoretische*, welcher sich auf die allfällig gegebene Gleichmöglichkeit elementarer Ereignisse stützt und in der „*klassischen*" *Definition der Wahrscheinlichkeit* als Verhältnis der Anzahl für das Auftreten eines Ereignisses günstiger zur Anzahl überhaupt möglicher Fälle seinen Ausdruck findet:

$$P(A) = \frac{\text{Anzahl günstiger Fälle}}{\text{Anzahl möglicher Fälle}};$$

— der *statistische*, welcher als Grenzwert der relativen Häufigkeit eines Ereignisses (= Verhältnis der Anzahl Realisationen zur Anzahl durchgeführter Experimente) die „*statistische*" *Definition der Wahrscheinlichkeit* liefert:

$$P(A) = \lim_{n\to\infty} \frac{r}{n},$$

r = Anzahl Realisationen von A, n = Anzahl Versuche.

Man wird von Fall zu Fall entscheiden, welcher der beiden Wege zu beschreiten ist. Der erstere ist nur gangbar, wenn es gelingt, gleichmögliche elementare Ereignisse zu definieren, so daß sie den ganzen Merkmalsraum ausfüllen. Meist ist diese Voraussetzung nicht gewährleistet (so sind beispielsweise Knabengeburten nicht gleichwahrscheinlich wie Mädchengeburten). Dies macht die klassische Definition der Wahrscheinlichkeit nur für spezielle Gegebenheiten brauchbar. Der letztere läßt sich normalerweise, wenn alle elementaren Ereignisse genügend oft auftreten, ohne besondere Mühe einschlagen und führt im Spezialfall gleichmöglicher elementarer Ereignisse zu denselben Werten wie der erstere. Dennoch ist auch die statistische Definition der Wahrscheinlichkeit unbefriedigend, da sie auf einer Konvergenz beruht, deren Existenz sich ohne Wahrscheinlichkeitsrechnung und somit ohne Definition der Wahrscheinlichkeit nicht beweisen läßt (vgl. 1.832). Aus diesem Grunde ist die Kolmogorovsche Axiomatik für die Definition der Wahrscheinlichkeit zweckmäßig. Sie hindert nicht, daß man sich bei der numerischen Bestimmung der Wahrscheinlichkeit von intuitiveren Gesichtspunkten leiten läßt.

Wie man nun auch konkret vorgehen mag, immer wird die Wahrscheinlichkeit $P(A)$ ein Maß sein für das häufigkeitsbezogene Gesamtgewicht aller Merkmalspunkte aus A im Vergleich zum Gesamtgewicht aller überhaupt denkbaren Merkmalspunkte:

$$P(A) = \frac{\text{häufigkeitsbezogenes Gesamtgewicht aller Punkte aus } A}{\text{häufigkeitsbezogenes Gesamtgewicht aller Punkte aus } U}.$$

1.23. Praktische Interpretation der Wahrscheinlichkeit

Beide Wege der numerischen Bestimmung der Wahrscheinlichkeit ruhen also auf dem Fundament der relativen Häufigkeit bei unendlich vielen Versuchen, welche im einen Falle theoretisch, im anderen empirisch ermittelt wird. Dieses Sachverhalts sollte man sich stets bewußt bleiben, wenn man aus Wahrscheinlichkeiten Schlüsse ziehen will: so, wie unendlich viele Versuche — gedachte oder ausgeführte — wenigstens theoretisch notwendig waren, um die Einzelwahrscheinlichkeiten zu fixieren, werden auch unendlich viele Versuche — gedachte oder ausgeführte — erforderlich sein, um diese Wahrscheinlichkeiten oder aus ihnen für konstruierte Ereignisse abgeleitete zu bestätigen und darauf basierende Entscheidungen zu rechtfertigen. Die Tatsache, daß unendlich viele Versuche gar nicht ausgeführt werden können, ändert nichts an dieser Situation.

Deshalb beinhalten Maßnahmen, die auf Grund von Wahrscheinlichkeiten getroffen werden, stets ein mehr oder weniger ausgeprägtes spekulatives Element, dessen Einfluß sich allerdings um so schwächer geltend macht, je öfter diesen Maßnahmen Gelegenheit geboten ist, sich unter gleichen Bedingungen erneut auszuwirken.

So möge beispielsweise die Mortalität bei einer bestimmten Krankheit die Wahrscheinlichkeit 30% aufweisen, wenn man keine Operation vornimmt, während die Durchführung der Operation in allen jenen Fällen Heilung verbürgt, wo der Patient den chirurgischen Eingriff überlebt; er habe hiefür die Wahrscheinlichkeit von 95%. Vom allgemeinen medizinischen Standpunkt aus ist unter solchen Umständen wohl generell die Operation zu empfehlen. Der von der Krankheit Befallene wird seinen Entschluß trotzdem nicht leicht treffen, denn er ist ein Einzelfall und weiß nicht, in welchen Teilkollektiven er sich befindet. Es nützt ihm nichts, daß die Überlebenswahrscheinlichkeit bei der Operation 95% beträgt, wenn er selber zu den 5% Kranken mit letalem Ausgang gehört. Auch eine eingehendere, persönliche Untersuchung durch die Ärzte enthebt ihn eines spekulativen Entschlusses nicht unbedingt, denn sie wird häufig nur dazu führen, die beiden allgemeinen Wahrscheinlichkeiten in individuell abgestimmte Wahrscheinlichkeiten zu modifizieren, welche ihn wieder vor ein analoges Dilemma stellen. Es dürfte verständlich sein, wenn der Patient sich schließlich von den für ihn etwa gültigen Zahlen leiten läßt; es muß aber klar bleiben, daß ein solches Verhalten ebenso vernünftig ist wie völliges Ignorieren der Zahlen. Hier liegen eindeutig die Grenzen der Wahrscheinlichkeitsrechnung.[1]

Die numerische Bestimmung der Wahrscheinlichkeit auf statistischem Wege ist nicht immer einfach, sondern erfordert oft sehr umsichtige und systematische Methodik. Dies ist nicht die Stelle, auf die Schwierigkeiten der Datenbeschaffung und -interpretation näher einzutreten, doch sei darauf hingewiesen, daß sie meist unterschätzt werden.

Das folgende Beispiel illustriere trotz seiner Absurdität die prinzipiellen Gefahren gedankenlosen Vorgehens [*A*]. Ein Angestellter benützt für die Fahrt zwischen Wohnung und Arbeitsplatz stets die gleiche Straßenbahnlinie und bezahlt seit Jahr und Tag 30 Rappen pro Weg; eines Morgens verlangt man 40 Rappen von ihm. Darf er annehmen, daß er bei der abendlichen Rückfahrt wiederum nur 30 Rappen zu bezahlen haben wird?

1.24. Einige grundlegende Wahrscheinlichkeitsbeziehungen

Basierend auf der im Abschn. 1.21 gegebenen axiomatischen Definition der Wahrscheinlichkeit seien nun einige wichtige Beziehungen besprochen.

1. Sind A und $\bar{A}$ komplementäre Ereignisse, so gilt

$$P(A) = 1 - P(\bar{A}).$$

Beweis: $A + \bar{A} = U, A\,\bar{A} = \emptyset \Rightarrow P(A + \bar{A}) = P(A) + P(\bar{A}) = P(U) = 1.$

2. $P(\emptyset) = 0.$

Beweis: $\emptyset = \bar{U} \Rightarrow P(\emptyset) = P(\bar{U}) = 1 - P(U) = 1 - 1 = 0.$

[1] Bei Fragen solcher Art ist es praktisch, das Wort „Wahrscheinlichkeit" durch „relative Häufigkeit" zu ersetzen: im Falle eines einzigen Versuches wird die relative Häufigkeit von Resultaten auch intuitiv sinnlos.

3. Wenn $A \subset B$, so ist $P(A) \leqq P(B)$.

Beweis: $A \subset B \Rightarrow B = A + B\bar{A}$. Da aber A und $B\bar{A}$ unvereinbar sind, gilt: $P(B) = P(A) + P(B\bar{A})$. Nun ist aber $B\bar{A}$ ein Ereignis, so daß $P(B\bar{A}) \geqq 0$. Daraus die Beziehung.

4. Seien A und B beliebige Ereignisse; dann gilt $P(A+B) = P(A) + P(B) - P(AB)$.

Beweis: $A + B = A + B\bar{A} \Rightarrow P(A + B) = P(A) + P(B\bar{A})$. Aber $B = AB + B\bar{A} \Rightarrow P(B) = P(AB) + P(B\bar{A}) \Rightarrow P(B\bar{A}) = P(B) - P(AB)$. Daraus die Beziehung.

Kontrolle: Wenn A und B unvereinbar sind, muß man in Beziehung 4 das Additionsaxiom

$$P(A + B) = P(A) + P(B)$$

zurückgewinnen. Tatsächlich ist dann

$$AB = \emptyset \Rightarrow P(AB) = 0.$$

5. $0 \leqq P(A) \leqq 1$.

Beweis: $\emptyset \subset A + \emptyset = A = AU \subset U \Rightarrow P(\emptyset) \leqq P(A) \leqq P(U)$. Daraus die Beziehung.

6. $P(A_1 + A_2 + \cdots + A_n + \cdots) \leqq P(A_1) + P(A_2) + \cdots + P(A_n) + \cdots$.

Beweis: Durch vollständige Induktion, basierend auf $P(A_1 + A_2) = P(A_1) + P(A_2) - P(A_1A_2) \leqq P(A_1) + P(A_2)$.

1.3. Elementare Rechenregeln, stochastische Unabhängigkeit

1.31. Additionsregel

Diese Regel ist Ausdruck des Additionsaxioms (vgl. Abschn. 1.21). Eine Urne enthalte r rote, b blaue und g grüne Kugeln, so daß

$$r + b + g = n.$$

Jede Kugel habe die gleiche Wahrscheinlichkeit $\frac{1}{n}$, in einem Zuge gezogen zu werden. Da das Ergreifen einer Kugel dasjenige einer anderen Kugel ausschließt, lauten die Wahrscheinlichkeiten $P(r)$, $P(b)$ und $P(g)$ für rot bzw. blau bzw. grün

$$P(r) = \frac{r}{n}, \quad P(b) = \frac{b}{n}, \quad P(g) = \frac{g}{n}.$$

Ferner lautet die Wahrscheinlichkeit für rot oder grün aus dem gleichen Grunde

$$P(r + g) = \frac{r+g}{n} = \frac{r}{n} + \frac{g}{n} = P(r) + P(g).$$

Sie läßt sich auch bestimmen als Wahrscheinlichkeit $P(\bar{b})$ für nichtblau

$$P(r+g) = P(\bar{b}) = 1 - P(b) = 1 - \frac{b}{n}.$$

Diese Art, Wahrscheinlichkeiten durch Studium des Komplementärproblems zu berechnen, erweist sich für komplizierte Ereignisse oft als sehr nützlich. Sie dient hier der Bestimmung der Wahrscheinlichkeit dafür, daß wenigstens eines von ins Auge gefaßten Ereignissen auftrete, ein Fragestellungstypus von großer praktischer Bedeutung (z. B. Wahrscheinlichkeit für das Funktionieren eines Systems von technischen Anlagen, für die Isolationstüchtigkeit einer Leiterstrecke usw., usw.). In vielen Fällen dieses Typus, jedoch nicht immer (vgl. Abschn. 1.34), läßt sich die komplementäre Aufgabe: Bestimmung der Wahrscheinlichkeit dafür, daß keines der Ereignisse sich realisiere, nämlich weitaus bequemer lösen als die Originalaufgabe.

Hiezu ein Beispiel. In einer Urne liegen 2 rote und 2 grüne Kugeln. Zwei Personen tun nacheinander je einen zufälligen Zug aus der Urne ohne Rücklegen ihrer Kugel. Wie groß ist die Wahrscheinlichkeit des Ereignisses A, daß wenigstens eine Person eine rote Kugel zieht?

Das Ereignis A läßt sich in die drei unvereinbaren Teilereignisse zerlegen:

A_1: erster Zug rot, zweiter Zug grün. Es gibt im ersten Zug 4, im zweiten Zug drei Möglichkeiten, insgesamt also $4 \cdot 3 = 12$. Günstige Möglichkeiten sind im ersten Zug 2, im zweiten Zug wieder 2 vorhanden, total also $2 \cdot 2 = 4$. Die Wahrscheinlichkeit für das erste Teilereignis lautet daher $\frac{4}{12}$;

A_2: erster Zug grün, zweiter Zug rot. Die Wahrscheinlichkeit für dieses Teilereignis lautet ebenfalls $\frac{4}{12}$;

A_3: erster Zug rot, zweiter Zug rot. Es gibt insgesamt wieder 12 Möglichkeiten. Günstige Möglichkeiten sind im ersten Zug 2, im zweiten jedoch nur 1 vorhanden, total also $2 \cdot 1 = 2$. Die Wahrscheinlichkeit für das dritte Teilereignis lautet daher $\frac{2}{12}$.

Die Wahrscheinlichkeit für A wird somit:

$$P(A) = \frac{4}{12} + \frac{4}{12} + \frac{2}{12} = \frac{10}{12}.$$

Sei nun $\bar{A}$ das komplementäre Ereignis, daß keine der beiden Personen eine rote Kugel ziehe. Dieses Ereignis kann nur auftreten, wenn beidemal grün gezogen wird. Die Wahrscheinlichkeit hiefür lautet $\frac{2}{12}$, denn sie ist dieselbe wie für zwei sich folgende Rotzüge.

Somit ist

$$P(\bar{A}) = \frac{2}{12}$$

und

$$P(A) = 1 - P(\bar{A}) = \frac{10}{12}.$$

Im Zusammenhang mit der Frage nach der Wahrscheinlichkeit für das Auftreten von wenigstens einem Ereignis aus einer Gruppe von N

beliebigen Ereignissen sei erwähnt, daß eine diesbezügliche direkte Formel existiert, deren Spezialfall für $N = 2$ im Abschn. 1.24, Beziehung 4, behandelt wurde. Auf die Wiedergabe dieser und verwandter Formeln (z. B. für das gleichzeitige Auftreten von wenigstens r Ereignissen aus einer Gruppe von N beliebigen Ereignissen) sei hier verzichtet; Näheres findet man beispielsweise bei [*2*, *4*].

1.32. Divisionsregel

Diese Regel ist für die Situation geschaffen, daß die Wahrscheinlichkeit des Auftretens eines Ereignisses A nur für jene Fälle gesucht werden soll, in welchen auch das Ereignis B sich realisiert. Solche Wahrscheinlichkeiten nennt man „bedingte" (conditional probabilities) und man deutet die geltende Bedingung durch ein entsprechendes Ereignissymbol hinter einem Vertikalstrich an: $P(A \mid B)$ („P von A bei B"). Man beachte, daß es sich hier nicht etwa um die Wahrscheinlichkeit für gleichzeitiges Auftreten von A und B handelt, wo das Auftreten von B ja zum vornherein im allgemeinen keineswegs gesichert wäre.

Im Grunde genommen ist auch die Wahrscheinlichkeit für A allein eine bedingte, da mit dem Auftreten von A sich stets auch das sichere Ereignis U realisiert: $P(A) = P(A \mid U)$. Die Wahrscheinlichkeit für die Augenzahl (1) bei einmaligem Wurf mit einem idealen Würfel beträgt nur deshalb $\frac{1}{6}$, weil das sichere Ereignis U aus den 6 elementaren Ereignissen $\{1, 2, 3, 4, 5, 6\}$ zusammengesetzt ist. Würde man statt dessen einen idealen Tetraeder mit dem sicheren Ereignis $U' = \{1, 2, 3, 4\}$ geworfen haben, so hätte die Wahrscheinlichkeit für die Augenzahl (1) diesmal $\frac{1}{4}$ betragen.

Mit der Aufstellung der Bedingung, daß die bedingte Wahrscheinlichkeit von A nur für jene Fälle gelten solle, wo B mit Sicherheit auftritt, ist das „sichere" Ereignis auf B zusammengeschrumpft. Somit ist plausibel (vgl. Abschn. 1.22; s. Abb. 1.8):

$$P(A \mid B) = \frac{\text{häufigkeitsbezogenes Gesamtgewicht aller Punkte aus } AB}{\text{häufigkeitsbezogenes Gesamtgewicht aller Punkte aus } B}.$$

Dividiert man Zähler und Nenner durch das häufigkeitsbezogene Gesamtgewicht aller Punkte aus U, so erhält man die Divisionsregel:

$$P(A \mid B) = \frac{P(AB)}{P(B)}.$$

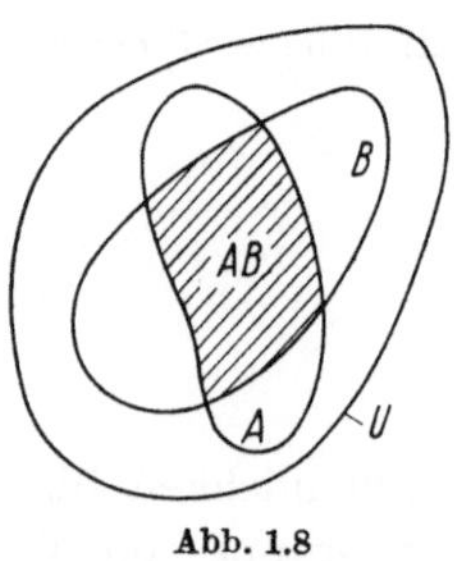

Abb. 1.8

Im axiomatischen Aufbau der Wahrscheinlichkeitsrechnung läßt sich diese Formel allerdings nicht beweisen, sondern dient als Definition (vgl. [*2*]). Im Falle $P(B) = 0$ bleibt $P(A \mid B)$ unbestimmt, hat dann aber auch keinen Sinn.

Analog gilt

$$P(B \mid A) = \frac{P(AB)}{P(A)}.$$

Es erhebt sich natürlich sofort die Frage

$$P(A \mid B) \{\gtreqless\} P(A)?$$

Man wird sehen, daß es Beispiele für alle drei Formen gibt (vgl. auch Abschn. 1.34).

Hier seien vorerst die beiden Ungleichungsfälle illustriert. Seien A das Ereignis, daß der Neujahrstag eines beliebigen Jahres ein Sonntag ist, B_1 das Ereignis, daß der vorangehende Silvestertag ein Samstag, B_2, daß er ein Freitag war. Dann ist

$$P(A) = \tfrac{1}{7}, \quad P(A \mid B_1) = 1 > P(A), \quad P(A \mid B_2) = 0 < P(A).$$

Die Tatsache, daß mit Nennung von B die Information gewachsen ist, kann also die Wahrscheinlichkeit für ein Ereignis erhöhen, aber auch senken (oder unverändert lassen) (vgl. auch Beispiel Abschn. 1.35).

Bedingte Wahrscheinlichkeiten spielen eine große Rolle bei verschiedensten Anwendungen der Wahrscheinlichkeitsrechnung (z. B. Informationstheorie, stochastische Prozesse, dynamische Programmierung usw.).

1.33. Multiplikationsregel

Aus der Divisionsregel

$$P(A \mid B) = \frac{P(AB)}{P(B)} \quad \text{und} \quad P(B \mid A) = \frac{P(AB)}{P(A)}$$

geht die Multiplikationsregel unmittelbar hervor:

$$\underline{P(AB) = P(A \mid B)\, P(B) = P(B \mid A)\, P(A).}$$

In Worten: die Wahrscheinlichkeit für das Produkt (= gleichzeitige Auftreten) zweier Ereignisse ist gleich dem Produkt aus Wahrscheinlichkeit des einen Ereignisses und bedingter Wahrscheinlichkeit des anderen Ereignisses unter der Bedingung, daß das erstere eingetreten ist.

1.34. Stochastische Unabhängigkeit

Ein Ereignis A heißt von einem Ereignis B stochastisch unabhängig, wenn

$$P(A \mid B) = P(A).$$

Man stelle sich beispielsweise einen Brunnenschacht quadratischen Querschnitts von 1 m Seitenlänge vor, in welchen man „auf gut Glück" einen Stein werfe. Jeder Punkt der Bodenfläche U möge die gleiche Wahrscheinlichkeit aufweisen, getroffen zu werden. Man teilt die Bodenfläche nun in Rechtecke A und B gemäß Abb. 1.9 ein.

Es zeigt sich, daß die Ereignisse „Treffer in A“ und „Treffer in B“ voneinander stochastisch unabhängig sind:

$$P(A) = a, \quad P(A \mid B) = \frac{a\,b}{b} = a = P(A);$$

$$P(B) = b, \quad P(B \mid A) = \frac{a\,b}{a} = b = P(B).$$

(Die hier berechneten Wahrscheinlichkeiten nennt man „geometrisch“, weil sie auf geometrische Maßbestimmungen hinauslaufen.)

Im Falle stochastischer Unabhängigkeit des Ereignisses A vom Ereignis B wird die Multiplikationsregel einfacher:

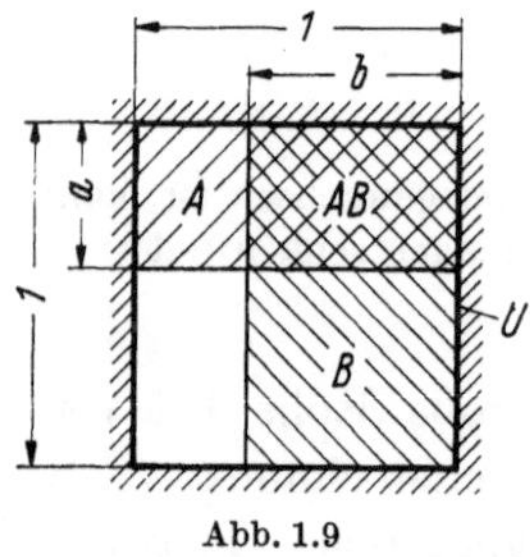

Abb. 1.9

$$\underline{P(A\,B) = P(A \mid B)\, P(B) = P(A)\, P(B)}.$$

Da aber auch gilt

$$P(A\,B) = P(B \mid A)\, P(A)$$

wird durch Einsetzen

$$P(B \mid A)\, P(A) = P(A)\, P(B)$$

oder

$$P(B \mid A) = P(B),$$

so daß B von A unabhängig ist, wenn A von B unabhängig ist.

Dann sind aber auch A und $\bar{B}$ unabhängig, denn

$$A = A\,B + A\,\bar{B}, \quad \text{woraus} \quad P(A) = P(A\,B) + P(A\,\bar{B}).$$

Somit ist

$$1 = \frac{P(A\,B)}{P(A)} + \frac{P(A\,\bar{B})}{P(A)} = P(B \mid A) + P(\bar{B} \mid A)$$

oder

$$P(\bar{B} \mid A) = 1 - P(B \mid A) = 1 - P(B) = P(\bar{B}).$$

Schließlich läßt sich noch zeigen, daß dann auch $\bar{A}$ und $\bar{B}$ unabhängig sind, also

$$\underline{P(A \mid B) = P(A) \Leftrightarrow P(B \mid A) = P(B) \Leftrightarrow P(\bar{A} \mid B) = P(\bar{A}) \Leftrightarrow}$$
$$\underline{\Leftrightarrow P(A \mid \bar{B}) = P(A) \Leftrightarrow P(\bar{A} \mid \bar{B}) = P(\bar{A})}.$$

In der Praxis benützt man wohl kaum die Beziehung $P(A \mid B) = P(A)$, um zu prüfen, ob A und B unabhängig sind. Vielmehr stellt man die Unabhängigkeit intuitiv fest.

Beispielsweise ändert das Auftreten des Ereignisses „6“ beim einmaligen Wurf mit einem Würfel in keiner Weise die Wahrscheinlichkeit für das Auftreten des Ereignisses „4“ beim einmaligen Wurf mit einem anderen Würfel.

Zwischen der Unabhängigkeit bzw. Abhängigkeit zweier Ereignisse A und B einerseits und ihrer Vereinbarkeit bzw. Unvereinbarkeit andererseits besteht eine gewisse Beziehung. Seien $P(A) > 0$ und $P(B) > 0$, also beide Ereignisse möglich; dann ist $P(AB) = P(A \mid B)\, P(B)$ die Wahrscheinlichkeit für ihr gleichzeitiges Auftreten.

Fall I: $\underline{AB = \emptyset}$ (die Ereignisse sind unvereinbar)

Dann können A und B nicht unabhängig sein, denn dies würde $P(A)\, P(B) = 0$ bedingen, was gegen die Annahme: $P(A) > 0$, $P(B) > 0$ verstieße. Hingegen kann sehr wohl $P(A \mid B)\, P(B) = 0$ sein, d. h. $P(A \mid B) = 0 \neq P(A)$. Also müssen A und B abhängig sein. Tatsächlich besteht ihre Abhängigkeit gerade in ihrer Unvereinbarkeit.

Fall II: $\underline{AB \neq \emptyset}$ (die Ereignisse sind vereinbar)

Dann können sie unabhängig oder abhängig sein, wie man leicht überlegt.

Man schließt daraus:

Zwei mögliche unvereinbare Ereignisse sind immer abhängig.

Zwei mögliche unabhängige Ereignisse sind immer vereinbar.

Beispiel: Einmaliger Münzwurf, A = Zahl, B = Wappen. $P(A) = \frac{1}{2}$, $P(B) = \frac{1}{2}$. Beide Ereignisse sind also möglich, sie sind aber unvereinbar. Also müssen sie abhängig sein. In der Tat ist $P(A \mid B) = 0 \neq P(A)$.

Elementare Ereignisse sind wegen ihrer Unvereinbarkeit somit stets voneinander abhängig.

Der Begriff der stochastischen Unabhängigkeit läßt sich auf n Ereignisse erweitern.

Definition: *Die Ereignisse $A_1, A_2, \ldots, A_n$ heißen gegenseitig (oder gesamthaft) unabhängig, wenn für beliebige Indizes*

$1 \leq i_1 < i_2 < \cdots < i_r \leq n$ bei $r = 2, 3, \ldots, n$

gilt

$$\underline{P(A_{i_1} A_{i_2} \ldots A_{i_r}) = P(A_{i_1})\, P(A_{i_2}) \ldots P(A_{i_r})}.$$

Diese Definition verlangt also die Erfüllung von $\sum_{r=2}^{n} \binom{n}{r} = 2^n - n - 1$ Gleichungen. Damit n Ereignisse paarweise unabhängig seien, genügen indessen $\binom{n}{2}$ Gleichungen.

Beispiel: Eine Urne enthält vier Zettel mit den Beschriftungen (A), (B), (C), (ABC). Jeder Zettel weist die Wahrscheinlichkeit $\frac{1}{4}$ auf, gezogen zu werden.

Dann lauten die Wahrscheinlichkeiten für die $n = 3$ Ereignisse A, B und C:

$$P(A) = P(B) = P(C) = \tfrac{1}{2}.$$

Ferner ist

$$P(AB) = P(AC) = P(BC) = \tfrac{1}{4}$$

und die $\binom{3}{2} = 3$ Gleichungen für Unabhängigkeit paarweise sind erfüllt:

$$P(AB) = P(A)\, P(B),$$
$$P(AC) = P(A)\, P(C),$$
$$P(BC) = P(B)\, P(C).$$

Hingegen ist wegen $P(ABC) = \frac{1}{4}$ die auf die Anzahl $2^n - n - 1 = 2^3 - 3 - 1 = 4$ Gleichungen noch fehlende nicht erfüllt, denn

$$\tfrac{1}{4} = P(ABC) \neq P(A)\,P(B)\,P(C) = \tfrac{1}{8}.$$

Daher sind A, B und C zwar paarweise, jedoch nicht gesamthaft unabhängig:

$$\begin{aligned} P(A \mid BC) &= 1 \neq P(A) = \tfrac{1}{2}, \\ P(B \mid AC) &= 1 \neq P(B) = \tfrac{1}{2}, \\ P(C \mid AB) &= 1 \neq P(C) = \tfrac{1}{2}. \end{aligned}$$

Man beachte, daß n Ereignisse in k-Tupeln, $2 \leqq k \leqq n$, nur dann unabhängig sind, wenn die Definitionsgleichungen für alle $r = 2, 3, \ldots, k$ befriedigt werden. Dies sieht man ein, wenn man bedenkt, daß die Bedingung

$$P(A_1 A_2 A_3) = P(A_1)\,P(A_2)\,P(A_3)$$

nur dann die Unabhängigkeit von A_1, A_2 und A_3 „zu dritt" garantiert, wenn diese Ereignisse schon paarweise unabhängig waren. Tatsächlich ist ja

$$P(A_1 \mid A_2 A_3) = \frac{P(A_1 A_2 A_3)}{P(A_2 A_3)} = \frac{P(A_1)\,P(A_2)\,P(A_3)}{P(A_2 \mid A_3)\,P(A_3)} = P(A_1)$$

nur für $P(A_2 \mid A_3) = P(A_2)$.

Beispiel: Eine Urne enthält 6 Zettel, davon drei mit der Beschriftung (A), zwei mit der Beschriftung (BC) und einen mit der Beschriftung (ABC). Jeder Zettel weist die Wahrscheinlichkeit $\frac{1}{6}$ auf, gezogen zu werden.

Man findet $P(A) = \frac{4}{6}$, $P(B) = \frac{3}{6}$, $P(C) = \frac{3}{6}$, $P(AB) = \frac{1}{6}$, $P(AC) = \frac{1}{6}$, $P(BC) = \frac{3}{6}$, $P(ABC) = \frac{1}{6}$.

Daher werden

$$P(AB) = \frac{1}{6} \neq P(A)\,P(B) = \frac{2}{6}$$

$$P(AC) = \frac{1}{6} \neq P(A)\,P(C) = \frac{2}{6}$$

$$P(BC) = \frac{3}{6} \neq P(B)\,P(C) = \frac{1{,}5}{6}$$

und die Ereignisse A, B und C sind paarweise abhängig.

Nun zeigt sich aber, daß

$$P(ABC) = \tfrac{1}{6} = P(A)\,P(B)\,P(C).$$

Dies genügt jedoch nicht für Unabhängigkeit „zu dritt", da beispielsweise

$$P(A \mid BC) = \tfrac{1}{3} \neq P(A) = \tfrac{4}{6}.$$

In diesem Zusammenhang scheint es angebracht, eine Bemerkung zur Methode der komplementären Lösung einzuflechten. In Abschn. 1.31 war auf Vorteile hingewiesen worden, welche bei der Berechnung der Wahrscheinlichkeit des Auftretens von wenigstens einem der Ereignisse $A_1, A_2, \ldots, A_k$ unter Umständen im Umweg über die Wahrscheinlichkeit des komplementären Ereignisses: „weder A_1 noch A_2 noch ... noch A_k“ zu finden sind. Wegen

$$\overline{A_1 \cup A_2 \cup \cdots \cup A_k} = \bar{A}_1 \cap \bar{A}_2 \cap \cdots \cap \bar{A}_k$$

(vgl. Abb. 1.10, wo $k = 3$) gilt

$$P(A_1 \cup A_2 \cup \cdots \cup A_k) = 1 - P(\bar{A}_1 \cap \bar{A}_2 \cap \cdots \cap \bar{A}_k)$$

und es ist klar, daß die Methode der komplementären Lösung dann Vereinfachung bietet, wenn $P(\bar{A}_1 \cap \bar{A}_2 \cap \cdots \cap \bar{A}_k)$ sich leichter ausrechnen läßt als $P(A_1 \cup A_2 \cup \cdots \cup A_k)$ selber, d. h. wenn beispielsweise

$$P(\bar{A}_1 \cap \bar{A}_2 \cap \cdots \cap \bar{A}_k) = P(\bar{A}_1)\, P(\bar{A}_2) \ldots P(\bar{A}_k).$$

Diese Beziehung ist indessen im allgemeinen nur im Falle von Unabhängigkeit der Ereignisse in k-Tupeln erfüllt. Bei Wahl der komplementären Lösungsmethode achte man also stets darauf, ob die Ereignisse wirklich als in k-Tupeln unabhängig gelten dürfen, wenn die soeben angeführte Formel für die Bestimmung von $P(\bar{A}_1 \cap \bar{A}_2 \cap \cdots \cap \bar{A}_k)$ zur Anwendung gebracht werden soll.

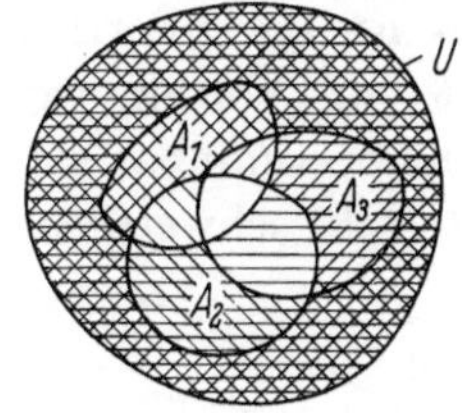

$\bar{A}_1$ $\bar{A}_2$ $\bar{A}_3$

Abb. 1.10

1. Beispiel: Es sei an das Beispiel der Urne mit den 6 Zetteln (A), (A), (A), (BC), (BC), (ABC) angeknüpft. Gesucht ist die Wahrscheinlichkeit dafür, daß bei einem Zuge wenigstens eines der Ereignisse B oder C auftrete.

Man erkennt sofort, daß die Wahrscheinlichkeit $\frac{3}{6}$ beträgt. Rechnet man hingegen komplementär, ohne an die Abhängigkeit zu denken, so verwendet man wohl

$$P(\bar{B}) = \tfrac{3}{6}, \qquad P(\bar{C}) = \tfrac{3}{6}$$

und findet fälschlicherweise

$$1 - P(\bar{B})\, P(\bar{C}) = \tfrac{3}{4}.$$

Richtigerweise müßte man $P(\overline{B \cup C})$ ausrechnen, also die Wahrscheinlichkeit für A isoliert:

$$P(\overline{B \cup C}) = \tfrac{3}{6}$$

und erhielte

$$1 - P(\overline{B \cup C}) = 1 - \tfrac{3}{6} = \tfrac{3}{6}.$$

2. Beispiel: Beim Beispiel der Urne mit den vier Zetteln (A), (B), (C), (ABC) herrscht zwar nicht gegenseitige Unabhängigkeit, jedoch Unabhängigkeit paarweise. Diese genügt für die Anwendbarkeit der oben angegebenen Formel bei Wahl der komplementären Lösungsmethode für die Frage nach der Wahrscheinlichkeit, daß in einem Zuge wenigstens eines der zwei Ereignisse B oder C auftrete.

Man erkennt sofort, daß diese Wahrscheinlichkeit $\frac{3}{4}$ beträgt. Rechnet man komplementär, so verwendet man

$$P(\bar{B}) = \tfrac{2}{4}, \qquad P(\bar{C}) = \tfrac{2}{4}$$

und findet richtigerweise

$$P(B \cup C) = 1 - P(\overline{B \cup C}) = 1 - P(\bar{B})\, P(\bar{C}) = 1 - \tfrac{2}{4} \cdot \tfrac{2}{4} = \tfrac{3}{4}.$$

1.35. Formel der totalen Wahrscheinlichkeit und Formeln von Bayes

Seien $A_1, A_2, \ldots, A_n$ punktfremde Ereignisse, deren Vereinigung das zusätzliche Ereignis B vollständig enthält (Abb. 1.11):

$$A_i A_j = \emptyset \quad \text{für} \quad i \neq j,$$
$$B \subset A_1 + A_2 + \cdots + A_n.$$

Dann ist

$$B = BA_1 + BA_2 + \cdots + BA_n = \sum_{i=1}^{n} BA_i$$

und

$$P(B) = P\left\{\sum_{i=1}^{n} BA_i\right\} = \sum_{i=1}^{n} P(BA_i).$$

Durch Anwendung der Multiplikationsregel erhält man

$$P(B) = \sum_{i=1}^{n} P(B \mid A_i)\, P(A_i).$$

Dies ist die „Formel der totalen Wahrscheinlichkeit". Sie ist überall dort von Vorteil, wo die Wahrscheinlichkeiten $P(A_i)$ sowie $P(B \mid A_i)$ leicht bestimmbar sind und die direkte Ermittlung der Wahrscheinlichkeit $P(B)$ schwerfiele. Ein Beispiel aus der Vererbungslehre möge diesen Sachverhalt veranschaulichen.

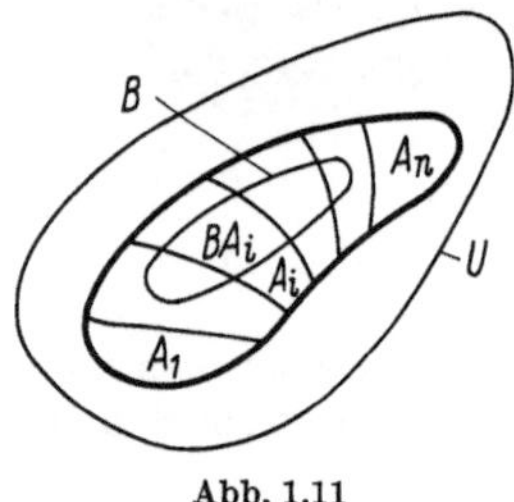

Abb. 1.11

Den Erbfaktoren, Gene genannt, entsprechen bestimmte makromolekulare Strukturen in den Chromosomen des Zellkerns. Die Fortpflanzungszellen weisen die Chromosomen in einfachem Satz (in haploider Anzahl) auf. Durch die Verschmelzung zweier Fortpflanzungszellen entsteht das neue Lebewesen, dessen Zellkerne die Chromosomen dann in zweifachem Satz (in diploider Anzahl) enthalten. Jedes Gen kommt somit in einem Individuum zweimal vor, und man bezeichnet die einander entsprechenden Gene als Allele. Diese Allele können jeweils gleich oder verschieden sein (Mutation). Während sie meistens nur in einer Weise abgeändert sind, gibt es Fälle, in denen ein Gen in einer ganzen Serie von Abänderungen auftritt, in sog. multiplen Allelen.

In einem solchen Fall existieren N Formen $\alpha_1, \alpha_2, \ldots, \alpha_N$ für jedes der beiden betreffenden Gene. Die konkrete Kombination (α_s, α_t) bestimmt den Genotypus. Da zwischen (α_s, α_t) und (α_t, α_s) kein Unterschied besteht, gibt es die $n = \dfrac{N(N+1)}{2}$ Genotypen (α_s, α_t) mit $1 \leqq s \leqq t \leqq N$ hinsichtlich des zur Diskussion stehenden Merkmals.

Die Fortpflanzungszellen enthalten nur einzeln auftretende Chromosomen; je eine Fortpflanzungszelle beider Eltern mit je einem Gen α_i bzw. α_k bilden eine gewöhnliche Zelle des Nachkommen, dessen Genotypus auf diese Weise (α_i, α_k) wird mit $i, k \in \{1, \ldots, N\}$. Es handelt sich also um eine Verkettung von je zwei hintereinandergeschalteten, unabhängigen Ereignissen.

1. Ereignis: Elternwahl; die Genotypen (α_i, α_j) und (α_k, α_l) aus der für beide gültigen Menge der (α_s, α_t) treffen zufällig aufeinander.

2. Ereignis: Genwahl; von den beiden Genen α_i und α_j ist zufällig α_i in der Fortpflanzungszelle vorgekommen, von den beiden Genen α_k und α_l zufällig α_k.

Für das erste Ereignis sind die Wahrscheinlichkeiten $P(\alpha_s, \alpha_t)$ maßgebend, für das zweite Ereignis gelte je Wahrscheinlichkeit $\frac{1}{2}$.

Nimmt man an, man kenne die Zusammensetzung der Ausgangspopulation, also $P(\alpha_s, \alpha_t)$, so kann man die Wahrscheinlichkeit dafür ausrechnen, daß das Gen α_i bei dem einen Elternteil für die Fortpflanzung wirksam wird.

Seien

$$A_\nu = (\alpha_s, \alpha_t),$$
$$B = \alpha_i.$$

Dann gilt die Formel der totalen Wahrscheinlichkeit

$$P(B) = \sum_{\nu=1}^{n} P(B \mid A_\nu)\, P(A_\nu), \quad \text{wobei} \quad n = \frac{N(N+1)}{2}.$$

Da $P(\alpha_s, \alpha_t)$ bekannt ist, ist auch $P(A_\nu) = P(\alpha_s, \alpha_t)$ gegeben. Man überlegt nun, daß

$$P(B \mid A_\nu) = P(\alpha_i \mid \alpha_s, \alpha_t) = \begin{cases} 0 & \text{wenn} \quad i \neq s, t, \\ \frac{1}{2} & \text{wenn} \quad i = s \neq t \quad \text{oder} \quad i = t \neq s, \\ 1 & \text{wenn} \quad i = s = t. \end{cases}$$

Daher wird

$$P(\alpha_i) = \sum_{s,\, t \neq i} 0\, P(\alpha_s, \alpha_t) + \sum_{\mu \neq i} \tfrac{1}{2} P(\alpha_i, \alpha_\mu) + 1\, P(\alpha_i, \alpha_i)$$

$$P(\alpha_i) = \tfrac{1}{2} \sum_{\mu=1}^{N} P(\alpha_i, \alpha_\mu) + \tfrac{1}{2} P(\alpha_i, \alpha_i).$$

Analog wird beim anderen Elternteil

$$P(\alpha_k) = \tfrac{1}{2} \sum_{\mu=1}^{N} P(\alpha_k, \alpha_\mu) + \tfrac{1}{2} P(\alpha_k, \alpha_k)$$

und die Folgegeneration besteht wegen des zufälligen Zusammentreffens der Eltern aus den Genotypen (α_i, α_k), $i, k \in \{1, \ldots, N\}$, mit

$$P'(\alpha_i, \alpha_k) = \begin{cases} 2P(\alpha_i)\, P(\alpha_k) & \text{für} \quad i \neq k, \\ P^2(\alpha_i) & \text{für} \quad i = k. \end{cases}$$

Für $i \neq k$ existieren nämlich die beiden sich gegenseitig ausschließenden Fälle: (α_i männlich, α_k weiblich) und (α_i weiblich, α_k männlich), während für $i = k$ nur der einzige Fall: (α_i männlich *und* weiblich) vorkommt.

Dieses Resultat sei am klassischen Beispiel[1] der Genetik, der Wunderblume Mirabilis, numerisch illustriert: die Ausgangspopulation bestehe aus 40% rotblühenden [Genotypus (α_1, α_1)], 50% rosablühenden [Genotypus (α_1, α_2)] und 10% weißblühenden Pflanzen [Genotypus (α_2, α_2)]. Hier sind also $N = 2$ und $n = \dfrac{N(N+1)}{2} = 3$, und die Wahrscheinlichkeiten lauten

$$P(\alpha_1, \alpha_1) = 0{,}40 \quad \text{(rot)},$$
$$P(\alpha_1, \alpha_2) = 0{,}50 \quad \text{(rosa)},$$
$$P(\alpha_2, \alpha_2) = 0{,}10 \quad \text{(weiß)}.$$

Man erkennt, daß $P(\alpha_1, \alpha_1) + P(\alpha_1, \alpha_2) + P(\alpha_2, \alpha_2) = 1$.

Dann erhält man

$$P(\alpha_1) = \tfrac{1}{2}[P(\alpha_1, \alpha_1) + P(\alpha_1, \alpha_2)] + \tfrac{1}{2} P(\alpha_1, \alpha_1) = 0{,}65$$
$$P(\alpha_2) = \tfrac{1}{2}[P(\alpha_2, \alpha_1) + P(\alpha_2, \alpha_2)] + \tfrac{1}{2} P(\alpha_2, \alpha_2) = 0{,}35$$

und auch $P(\alpha_1) + P(\alpha_2) = 1$.

---

[1] Die näheren botanischen Einzelheiten für dieses Beispiel sowie den Hinweis darauf, daß die hier berechneten Gesetzmäßigkeiten schon 1909 erkannt und formuliert wurden, verdanke ich Fräulein Dr. I. GRAFL, Bern.

Schließlich gilt für die Folgegeneration

$$P'(\alpha_1, \alpha_1) = P^2(\alpha_1) \qquad = 0{,}65^2 \qquad = 42{,}25\% \quad \text{(rot)}$$
$$P'(\alpha_1, \alpha_2) = 2P(\alpha_1)\,P(\alpha_2) = 2 \cdot 0{,}65 \cdot 0{,}35 = 45{,}50\% \quad \text{(rosa)}$$
$$P'(\alpha_2, \alpha_2) = P^2(\alpha_2) \qquad = 0{,}35^2 \qquad = 12{,}25\% \quad \text{(weiß)}$$

und man kontrolliert, daß

$$P'(\alpha_1, \alpha_1) + P'(\alpha_1, \alpha_2) + P'(\alpha_2, \alpha_2) = (0{,}65 + 0{,}35)^2 = 1.$$

In den weiteren Generationen bleibt — freie Bestäubung und keinerlei Selektion vorausgesetzt — dieses Verhältnis stabil, wie man durch nochmalige Anwendung der Rechnung kontrolliert.

Ähnliche Methoden kann man zur Anwendung bringen, wenn man den Einfluß dominanter Eigenschaften oder die geschlechtsgebundene Abhängigkeit von Merkmalen studieren will.

Die Formel der totalen Wahrscheinlichkeit gestattet eine anschauliche Demonstration der Tatsache, daß erhöhte Information unter Umständen unsicherer machen kann (vgl. Abschn. 1.32).

Beispiel: Eine Urne enthalte $n = 100000$ mit Nummern versehene Briefkuverte. In den Kuverten (1) bis (99999) befinden sich zwei leere Zettel, im Kuvert (100000) liegen ein leerer und ein beschrifteter Zettel. Jedes Kuvert habe die gleiche Chance, gezogen zu werden. Nach zufälliger Wahl des Kuverts greift man zufällig einen Zettel heraus.

Wie groß ist die Wahrscheinlichkeit dafür, daß man einen leeren Zettel erhält, wenn man:

a) das Kuvert noch nicht gezogen hat?

b) das Kuvert mit der Nummer (100000) gezogen hat?

Seien A_i das Ereignis, daß man den Briefumschlag i zieht, und B das Ereignis, daß man einen leeren Zettel herausnimmt. Dann ist

a) $$P(B) = \sum_{i=1}^{100000} P(B \mid A_i)\,P(A_i) = \frac{2}{2}\,\frac{99999}{100000} + \frac{1}{2}\,\frac{1}{100000} = 0{,}999995$$

d. h. es ist fast sicher, einen leeren Zettel zu erhalten;

b) $P(B \mid A_{100000}) = \frac{1}{2}$

d. h. die zusätzliche Information „es wurde Umschlag Nr. 100000 gezogen" hat die ungünstigste Situation geschaffen, in welcher man über den definitiven Ausgang des Experiments am wenigsten weiß.

Die Wahrscheinlichkeit $\frac{1}{2}$ führt zur größten Ungewißheit, denn im übertragenen Sinne ist ja auch das unmögliche Ereignis $\emptyset$ mit der Wahrscheinlichkeit 0 ein „sicheres" Ereignis: es tritt sicher nicht auf[1].

[1] Nicht jedes Ereignis mit Wahrscheinlichkeit 0 ist umgekehrt notwendigerweise das unmögliche Ereignis $\emptyset$: beispielsweise ist die Wahrscheinlichkeit, daß eine standardisiert-normal verteilte Zufallsvariable den Wert 2 annimmt, Null, doch ist dieses Ereignis keineswegs unmöglich (vgl. auch 1.421). Analog braucht ein Ereignis mit der Wahrscheinlichkeit 1 bei unendlichen Merkmalsräumen nicht unbedingt das sichere zu sein, wenngleich das sichere Ereignis natürlich die Wahrscheinlichkeit 1 aufweist.

In der Informationstheorie [2, 8] führt man denn auch einen neuen Begriff ein, die Entropie, welche den Ungewißheitsgrad mißt. Sind $p_1, p_2, \ldots, p_n$ die Wahrscheinlichkeiten für die Ereignisse $B_1, B_2, \ldots, B_n$, wobei n endlich sei, so lautet die Entropie H definitionsgemäß

$$H(p_1, p_2, \ldots, p_n) = -\sum_{i=1}^{n} p_i\, {}^2\log p_i .$$

Im Falle $n = 2$ (z. B. B_1 = leerer Zettel, B_2 = beschrifteter Zettel) ist $H = -p_1\, {}^2\log p_1 - p_2\, {}^2\log p_2$, und da $p_1 + p_2 = 1$, wird für $p = p_1$:

$$H = -p\, {}^2\log p - (1-p)\, {}^2\log(1-p) .$$

Das Maximum von H tritt auf an der Stelle $\dfrac{dH}{dp} = 0$, also

$$\frac{dH}{dp} = {}^2\log\frac{1-p}{p} = 0 \Rightarrow \frac{1-p}{p} = 1 \Rightarrow p = \frac{1}{2} .$$

Dort ist

$$p = \tfrac{1}{2}:\quad H = -\tfrac{1}{2}\,{}^2\log\tfrac{1}{2} - \tfrac{1}{2}\,{}^2\log\tfrac{1}{2} = -{}^2\log\tfrac{1}{2} = +{}^2\log 2 = 1 .$$

Dies ist also die Stelle größter Ungewißheit.

In den Punkten $p = 0$ und $p = 1$ ist hingegen $H = 0$:

$$p = 0:\quad H = \lim_{p\to 0}\,[-p\,{}^2\log p] - 1\,{}^2\log 1 = 0$$

$$p = 1:\quad H = -1\,{}^2\log 1 - \lim_{p\to 1}\,[(1-p)\,{}^2\log(1-p)] = 0$$

und dies sind die Punkte größter Gewißheit.

Man betrachte wiederum die unvereinbaren Ereignisse $A_1, A_2, \ldots, A_n$ (Abb. 1.11) und das Ereignis B:

$$A_i A_j = \emptyset \quad \text{für} \quad i \neq j,$$

$$B \subset \sum_{i=1}^{n} A_i .$$

Dann ist nach der Multiplikationsregel

$$P(BA_i) = P(B \mid A_i)\, P(A_i) = P(A_i \mid B)\, P(B),$$

woraus

$$\underline{P(A_i \mid B) = \frac{P(B \mid A_i)\, P(A_i)}{P(B)}} \quad \text{(erste Formel von Bayes)}$$

oder unter der Verwendung der Formel der totalen Wahrscheinlichkeit

$$\underline{P(A_i \mid B) = \frac{P(B \mid A_i)\, P(A_i)}{\sum_{i=1}^{n} P(B \mid A_i)\, P(A_i)}} \quad \text{(zweite Formel von Bayes).}$$

Obwohl diese Formeln von Bayes einen mathematisch unanfechtbaren Satz darstellen, gaben sie Anlaß zu unzähligen Diskussionen, weil man mit ihrer Hilfe die „Ursache“ des Zustandekommens von A_i gewichten kann. Bevor hier der Kommentar weitergeführt wird, ein diesbezügliches Beispiel.

In einer Werkstatt arbeiten drei Maschinen, die alle die gleiche Sorte Schrauben herstellen. Dabei gilt

Maschine 1: Produktionsanteil 25%, davon Ausschuß: 5%,
Maschine 2: Produktionsanteil 35%, davon Ausschuß: 4%,
Maschine 3: Produktionsanteil 40%, davon Ausschuß: 2%.

Bei der Gütekontrolle wird eine fehlerhafte Schraube entdeckt. Von welcher Maschine stammt sie wohl?

Seien A_1, A_2 und A_3 die Ereignisse, daß eine beliebige (gute oder schlechte) Schraube auf der Maschine 1, 2 bzw. 3 hergestellt wurde. Sei B das Ereignis, daß eine Schraube fehlerhaft ist. Dann sind

$$P(A_1) = 0{,}25, \quad P(A_2) = 0{,}35, \quad P(A_3) = 0{,}40$$

die Wahrscheinlichkeiten dafür, daß eine beliebige (gute oder schlechte) Schraube auf der entsprechenden Maschine gefertigt wurde. Da man bis jetzt kein Experiment vorgenommen hat, gelten diese Wahrscheinlichkeiten von vornherein, d. h. a priori. Sie werden deshalb auch a-priori-Wahrscheinlichkeiten genannt.

Sobald man nun eine spezielle, fehlerhafte Schraube betrachtet, also ein Experiment ausgeführt hat (nämlich das Ergreifen einer Schraube, die sich zufälligerweise als fehlerhaft erwies), sehen die Dinge anders aus. Die jetzt, also nachträglich (a posteriori) geltenden Wahrscheinlichkeiten für die einzelnen Maschinen lauten

$$P(A_1 \mid B) = \frac{P(B \mid A_1)\, P(A_1)}{\sum_{i=1}^{3} P(B \mid A_i)\, P(A_i)} = \frac{0{,}05 \cdot 0{,}25}{0{,}05 \cdot 0{,}25 + 0{,}04 \cdot 0{,}35 + 0{,}02 \cdot 0{,}40} = \frac{125}{345},$$

$$P(A_2 \mid B) = \frac{P(B \mid A_2)\, P(A_2)}{\sum_{i=1}^{3} P(B \mid A_i)\, P(A_i)} = \frac{0{,}04 \cdot 0{,}35}{0{,}05 \cdot 0{,}25 + 0{,}04 \cdot 0{,}35 + 0{,}02 \cdot 0{,}40} = \frac{140}{345},$$

$$P(A_3 \mid B) = \frac{P(B \mid A_3)\, P(A_3)}{\sum_{i=1}^{3} P(B \mid A_i)\, P(A_i)} = \frac{0{,}02 \cdot 0{,}40}{0{,}05 \cdot 0{,}25 + 0{,}04 \cdot 0{,}35 + 0{,}02 \cdot 0{,}40} = \frac{80}{345};$$

sie heißen auch a-posteriori-Wahrscheinlichkeiten, und es ist plausibel, anzunehmen, die fehlerhafte Schraube sei auf Maschine 2 fabriziert worden. Tatsächlich sind ja deren Produktionsanteil und Ausschußquote noch recht hoch. Die „Ursache" für die fehlerhafte Schraube war also „wohl" Maschine 2.

Kennt man nun die absoluten Wahrscheinlichkeiten für die einzelnen Ursachen (die a-priori-Wahrscheinlichkeiten) nicht genau, so sind natürlich auch ihre bedingten Wahrscheinlichkeiten (a-posteriori-Wahrscheinlichkeiten) unzuverlässig. Der Mißbrauch der Bayesschen Formeln in solchen Fällen und die daraus resultierenden Fehldeutungen sind schuld an den vorhin erwähnten Diskussionen eher philosophischen Charakters.

1.4. Zufallsgrößen und Verteilungsfunktionen

1.41. Definitionen und Allgemeines

1.411. Eindimensionaler Fall

Man betrachte den Merkmalsraum des einmaligen Wurfs mit einem homogenen Würfel. Er besteht aus den sechs elementaren Ereignissen $e_1, e_2, \ldots, e_6$, deren Index der geworfenen Augenzahl entspreche. Wird nun eine Spielregel definiert, nach welcher jeder geworfenen Augenzahl i eine Auszahlung $\xi = x(i)$ zugeordnet ist, und führt man eine Folge von unabhängigen Würfen unter gleichbleibenden Bedingungen durch, so folgen sich auch die Auszahlungen zufällig.

Beispielsweise laute die Spielregel:

Augenzahl i	1	2	3	4	5	6
Elementares Ereignis e_i	e_1	e_2	e_3	e_4	e_5	e_6
Auszahlung $x(i)$	0	-1	2	-1	-1	0

Die jeweilige Auszahlung ξ ist also eine eindeutige Funktion jedes elementaren Ereignisses $e \in U$: $\xi = \xi(e)$. Sei A_n die Menge aller jener elementaren Ereignisse, für welche ξ den gleichen Wert annimmt: $\xi = x_n$.

Beispielsweise sei $A_n = \{e_2, e_4, e_5\}$. Dies liefert $x_n = x(2) = x(4) = x(5) = -1$.

Da A_n ein Ereignis aus dem zum Merkmalsraum gehörigen Ereignisfeld F darstellt, ist für A_n eine Wahrscheinlichkeit $P(A_n)$ definiert. Nun folgt auf jede Realisierung von A_n aber die gleiche Auszahlung x_n, egal welches elementare Ereignis aus A_n tatsächlich stattgefunden hat. Solcherart ist auch die Auszahlung $\xi = x_n$ ein Ereignis und es besitzt die gleiche Wahrscheinlichkeit wie A_n:

$$P(\xi = x_n) = P(A_n).$$

Eine Variable ξ heißt also Zufallsvariable, wenn sie für einen gegebenen Wahrscheinlichkeitsraum $[U, F, P]$ die folgenden Bedingungen erfüllt:

1. $\xi = \xi(e)$, für jedes $e \in U$ eindeutig. Sehr häufig, jedoch nicht notwendigerweise, setzt man überdies voraus, daß $\xi(e)$ nur Werte des offenen[1] Intervalls $]-\infty, +\infty[$ annehmen kann;

---

[1] Es gelte die Schreibweise

abgeschlossenes Intervall	$[a, b]$:	$a \leqq x \leqq b$
offenes Intervall	$]a, b[$:	$a < x < b$
halboffenes Intervall	$[a, b[$:	$a \leqq x < b$
halboffenes Intervall	$]a, b]$:	$a < x \leqq b$

2. für jedes reelle a gilt: die Menge aller $e \in U$, für welche $\xi(e) \leqq a$, ist ein Ereignis aus F.

Im Falle eines nur endlichen oder abzählbaren Wertevorrats von $\xi(e)$ spricht man von einer diskreten Zufallsvariablen (die Zufallsvariable des Beispiels ist diskret). Für die Definition einer stetigen Zufallsvariablen muß man darüber hinaus fordern, daß jeder reellen Borelschen Menge ein Ereignis aus F entspreche; vgl. auch 1.421.

Das Ereignisfeld F des im Beispiel verwendeten Merkmalsraums besteht aus den $2^6 = 64$ Elementen (Ereignissen): $\{\emptyset\}, \{e_1\}, \ldots, \{e_6\}, \{e_1, e_2\}, \ldots, \{e_5, e_6\}, \{e_1, e_2, e_3\}, \ldots, \{e_4, e_5, e_6\}, \ldots, \{e_2, e_3, e_4, e_5, e_6\}, \{U\}$. Die Menge A_1 aller jener elementarer Ereignisse, für welche ξ den Wert $x_1 = -1$ annimmt, lautet: $A_1 = \{e_2, e_4, e_5\}$. Die Menge A_2, wo $\xi = x_2 = 0$, ist $A_2 = \{e_1, e_6\}$. Die Menge A_3 mit $\xi = x_3 = 2$ ist $A_3 = \{e_3\}$.

Somit gilt

$$\begin{aligned} P(\xi = x_1 = -1) &= P(A_1) = \tfrac{3}{6}, \\ P(\xi = x_2 = 0) &= P(A_2) = \tfrac{2}{6}, \\ P(\xi = x_3 = 2) &= P(A_3) = \tfrac{1}{6}. \end{aligned}$$

Andere Werte von ξ kommen nicht vor. Da aber alle von ξ angenommenen Werte nur für Mengen aus der Ereignisalgebra F gelten, ist $\frac{3}{6} + \frac{2}{6} + \frac{1}{6} = 1$, d. h., das Ereignis, daß ξ *irgend*einen vorkommenden Wert annimmt, ist das sichere.

Sind die Wahrscheinlichkeiten, mit denen die Zufallsvariable ξ in irgendwelchen vorgegebenen Intervallen von x liegt, bekannt, so weiß man, wie die Gesamtwahrscheinlichkeit 1 auf diese vorgegebenen Intervalle von x verteilt ist: man spricht dann von der *Verteilung* (distribution) der Zufallsvariablen ξ.

Sei B ein im Wahrscheinlichkeitsraum $[U, F, P]$, auf welchem ξ definiert ist, liegendes Ereignis mit $P(B) > 0$. Dann lautet die bedingte Wahrscheinlichkeit bezüglich B dafür, daß $\xi = x_n$:

$$P(\xi = x_n \mid B) = P(A_n \mid B) = \frac{P(A_n B)}{P(B)}.$$

Eine solche Wahrscheinlichkeitsverteilung von ξ nennt man *bedingte Verteilung.*

Zurückkehrend zum Beispiel des Würfelwurfs möge $B = \{e_1, e_2, e_3\}$ sein. Dann ist

$$P(B) = P(e_1) + P(e_2) + P(e_3) = \tfrac{3}{6}.$$

Wenn B sich realisiert hat, bleibt für ξ der Wertevorrat $x(1), x(2), x(3)$ übrig; im vorliegenden Falle hat er sich also nicht vermindert. Hingegen lautet die bedingte Verteilung von ξ:

$$\begin{aligned} P(\xi = x_1 = -1 \mid B) = P(A_1 \mid B) &= \frac{P(A_1 B)}{P(B)} = \frac{P(\{e_2 \cup e_4 \cup e_5\} \cap \{e_1 \cup e_2 \cup e_3\})}{P(B)} \\ &= \frac{P(e_2)}{P(B)} = \frac{1/6}{3/6} = \frac{1}{3} \end{aligned}$$

und analog

$$P(\xi = x_2 = 0 \mid B) = P(A_2 \mid B) = \frac{P(e_1)}{P(B)} = \frac{1}{3},$$

$$P(\xi = x_3 = 2 \mid B) = P(A_3 \mid B) = \frac{P(e_3)}{P(B)} = \frac{1}{3}.$$

Auch die bedingte Verteilung liefert durch Aufsummierung den Wert 1.

Sei A_x das Ereignis, daß $\xi \leqq x$. Dann lautet die zugehörige Wahrscheinlichkeit

$$P(\xi \leqq x) = P(A_x).$$

Sie ist offenbar nur vom vorgegebenen Werte x abhängig:

$$P(\xi \leqq x) = F(x).$$

Die Wahrscheinlichkeit $F(x)$ nennt man *Verteilungsfunktion*[1] (distribution function) der Zufallsvariablen ξ. Die Verteilungsfunktion stellt eine der wichtigsten Beschreibungsarten für das Verhalten einer Zufallsgröße ξ dar. Man beachtet, daß x alle Werte von $-\infty$ bis $+\infty$ durchläuft, während ξ eventuell nur eine beschränkte Auswahl von ihnen annehmen kann.

Setzt man, wie dies weiter oben erwähnt wurde, ξ als endliche Variable voraus, deren Wertevorrat also nur im offenen Intervall $]-\infty, +\infty[$ liegt, so kommt das Ereignis A_x, daß $\xi \leqq x$, dem Ereignis gleich, daß $-\infty < \xi \leqq x$. Bei [7] wird deshalb ausdrücklich definiert: $F(x) = P(-\infty < \xi \leqq x)$. Hier sei auf diese deutliche Schreibweise zugunsten der üblichen Form verzichtet. Auf Ausnahmefälle wird in (1.421) hinzuweisen sein.

Die *bedingte* Verteilungsfunktion von ξ bezüglich eines Ereignisses B lautet[2]

$$P(\xi \leqq x \mid B) = F(x \mid B).$$

Das Beispiel des Würfelwurfs liefert

$$F(x) = \begin{cases} 0 & \text{für} \quad x < -1 \\ \frac{3}{6} & \text{für} \quad -1 \leqq x < 0 \\ \frac{5}{6} & \text{für} \quad 0 \leqq x < 2 \\ 1 & \text{für} \quad 2 \leqq x \end{cases}$$

und

$$F(x \mid B) = \begin{cases} 0 & \text{für} \quad x < -1 \\ \frac{1}{3} & \text{für} \quad -1 \leqq x < 0 \\ \frac{2}{3} & \text{für} \quad 0 \leqq x < 2 \\ 1 & \text{für} \quad 2 \leqq x. \end{cases}$$

---

[1] Manche Autoren definieren $F(x) = P(\xi < x)$. Es ist gleichgültig, welcher Definition man den Vorzug gibt; die für die hier gewählte Definition $F(x) = P(\xi \leqq x)$ im folgenden hergeleiteten Eigenschaften müssen lediglich entsprechend umformuliert werden.

[2] Man beachte, daß das Symbol F generell für „Verteilungsfunktion" steht, so wie ja auch das Symbol P generell „Wahrscheinlichkeit" bedeutet. $F(x)$ und $F(x|B)$ beziehen sich daher im allgemeinen nicht auf die *gleiche* Funktion selber.

1.412. Mehrdimensionaler Fall

Man betrachte nun den Merkmalsraum des einmaligen Wurfs mit k homogenen Würfeln. Er besteht aus 6^k elementaren Ereignissen $[i_1, \ldots, i_\nu, \ldots, i_k]$, wobei i_ν die mit dem ν-ten Würfel geworfene Augenzahl bedeutet. Solche elementare Ereignisse lassen sich am bequemsten durch Vektoren $\vec{e}_r$ symbolisieren:

$$\vec{e}_r = [i_1^{(r)}, \ldots, i_\nu^{(r)}, \ldots, i_k^{(r)}].$$

Im vorliegenden Falle ist $i_\nu^{(r)} \in \{1, 2, \ldots, 6\}$ für $r = 1, 2, \ldots, 6^k$. Die Größen $i_\nu^{(r)}$ sind also die Komponenten des r-ten elementaren Ereignisses $\vec{e}_r$.

Man lege nun eine Spielregel fest, wonach jedem elementaren Ereignis $\vec{e}_r$ eine Auszahlung $\vec{x}(r)$ in k verschiedenen Geldwährungen entspricht

$$\vec{x}(r) = [x_1(i_1^{(r)}), \ldots, x_\nu(i_\nu^{(r)}), \ldots, x_k(i_k^{(r)})].$$

Dabei ist im allgemeinen

$$x_\nu(a^{(r_1)}) \gtreqless x_\nu(a^{(r_2)}),$$

d. h.: die gleiche Augenzahl $i_\nu = a$ des ν-ten Würfels wird beim elementaren Ereignis $\vec{e}_{r_1}$ eventuell anders bewertet als beim elementaren Ereignis $\vec{e}_{r_2}$. Das Gleichheitszeichen steht in einem Spezialfall von allerdings großer Wichtigkeit, über den noch gesprochen werden wird (vgl. Abschn. 1.423).

Führt man eine Folge von unabhängigen Wurftupeln unter gleichbleibenden Bedingungen durch, so folgen sich die Auszahlungstupel zufällig.

Beispielsweise sei $k = 2$ und die Spielregel laute:

Augenzahl i_1 \ Augenzahl i_2	1		2		3		4		5		6	
1	$\vec{e}_1$		$\vec{e}_2$		$\vec{e}_3$		$\vec{e}_4$		$\vec{e}_5$		$\vec{e}_6$	
	0	0	1	0	0	1	0	0	1	1	2	1
2	$\vec{e}_7$		$\vec{e}_8$		$\vec{e}_9$		$\vec{e}_{10}$		$\vec{e}_{11}$		$\vec{e}_{12}$	
	0	1	1	0	0	0	0	0	1	0	1	1
3	$\vec{e}_{13}$		$\vec{e}_{14}$		$\vec{e}_{15}$		$\vec{e}_{16}$		$\vec{e}_{17}$		$\vec{e}_{18}$	
	0	1	2	1	0	1	0	1	1	0	1	1
4	$\vec{e}_{19}$		$\vec{e}_{20}$		$\vec{e}_{21}$		$\vec{e}_{22}$		$\vec{e}_{23}$		$\vec{e}_{24}$	
	0	1	2	0	0	0	0	0	0	0	0	0
5	$\vec{e}_{25}$		$\vec{e}_{26}$		$\vec{e}_{27}$		$\vec{e}_{28}$		$\vec{e}_{29}$		$\vec{e}_{30}$	
	1	1	1	1	1	1	2	0	1	0	0	1
6	$\vec{e}_{31}$		$\vec{e}_{32}$		$\vec{e}_{33}$		$\vec{e}_{34}$		$\vec{e}_{35}$		$\vec{e}_{36}$	
	1	1	1	0	0	1	1	1	0	1	0	1

Jedes Feld der obenstehenden Tabelle entspricht einem der $6^2 = 36$ elementaren Ereignisse $\vec{e}_r$. In den unteren Felderhälften sind die Auszahlungen $\vec{x}(r) = [x_1(i_1^{(r)}), x_2(i_2^{(r)})]$ eingetragen: x_1 in Schweizerfranken, x_2 in DM. So werden bei Realisierung des elementaren Ereignisses $\vec{e}_{17}$ (also Augenzahl $i_1 = 3$, Augenzahl $i_2 = 5$) 1 Fr. und 0 DM ausbezahlt.

Das jeweilige Auszahlungstupel $\vec{\xi}$ ist also eine eindeutige Funktion jedes elementaren Ereignisses $\vec{e} \in U$: $\vec{\xi} = \vec{\xi}(\vec{e})$. Sei A_n die Menge aller jener elementarer Ereignisse $\vec{e}$, für welche $\vec{\xi}$ unveränderte Komponenten aufweist

$$\vec{\xi} = \vec{x}_n = [x_{n1}, \ldots, x_{n\nu}, \ldots, x_{nk}].$$

Im vorliegenden Beispiel gibt es $3 \cdot 2 = 6$ verschiedene Komponentenpaare: $(0, 0)$, $(0, 1)$, $(1, 0)$, $(1, 1)$, $(2, 0)$, $(2, 1)$. Daher gibt es 6 verschiedene Mengen A_n:

$$\begin{aligned}
A_1 &= \{\vec{e}_1, \vec{e}_4, \vec{e}_9, \vec{e}_{10}, \vec{e}_{21}, \vec{e}_{22}, \vec{e}_{23}, \vec{e}_{24}\} &&: \vec{x}_1 = [0, 0],\\
A_2 &= \{\vec{e}_3, \vec{e}_7, \vec{e}_{13}, \vec{e}_{15}, \vec{e}_{16}, \vec{e}_{19}, \vec{e}_{30}, \vec{e}_{33}, \vec{e}_{35}, \vec{e}_{36}\} &&: \vec{x}_2 = [0, 1],\\
A_3 &= \{\vec{e}_2, \vec{e}_8, \vec{e}_{11}, \vec{e}_{17}, \vec{e}_{29}, \vec{e}_{32}\} &&: \vec{x}_3 = [1, 0],\\
A_4 &= \{\vec{e}_5, \vec{e}_{12}, \vec{e}_{18}, \vec{e}_{25}, \vec{e}_{26}, \vec{e}_{27}, \vec{e}_{31}, \vec{e}_{34}\} &&: \vec{x}_4 = [1, 1],\\
A_5 &= \{\vec{e}_{20}, \vec{e}_{28}\} &&: \vec{x}_5 = [2, 0],\\
A_6 &= \{\vec{e}_6, \vec{e}_{14}\} &&: \vec{x}_6 = [2, 1].
\end{aligned}$$

Da A_n ein zufälliges Ereignis aus dem zum Merkmalsraum gehörigen Ereignisfeld F darstellt, ist für A_n und somit für x_n eine Wahrscheinlichkeit definiert

$$P(\vec{\xi} = \vec{x}_n) = P(A_n).$$

Unter den gleichen Bedingungen wie im eindimensionalen Fall ist also auch ein k-dimensionaler Vektor $\vec{\xi}$ als Zufallsvektor anzusprechen. Insbesondere sind alle seine k Komponenten Zufallsvariable.

Im besprochenen Beispiel sind

$$P(\vec{\xi} = \vec{x}_1 = [0, 0]) = P(A_1) = \frac{8}{36}, \quad P(\vec{\xi} = \vec{x}_2 = [0, 1]) = P(A_2) = \frac{10}{36},$$

$$P(\vec{\xi} = \vec{x}_3 = [1, 0]) = P(A_3) = \frac{6}{36}, \quad P(\vec{\xi} = \vec{x}_4 = [1, 1]) = P(A_4) = \frac{8}{36},$$

$$P(\vec{\xi} = \vec{x}_5 = [2, 0]) = P(A_5) = \frac{2}{36}, \quad P(\vec{\xi} = \vec{x}_6 = [2, 1]) = P(A_6) = \frac{2}{36},$$

und man überzeugt sich, daß $\sum_n P(\vec{\xi} = \vec{x}_n) = 1$.

Man spricht auch im k-dimensionalen Falle von einer (k-dimensionalen) Verteilung (joint distribution).

Analog dem eindimensionalen Falle kann man auch bei höheren Dimensionen bedingte Verteilungen definieren: $P(\vec{\xi} = \vec{x}_n \mid B)$.

Sei beispielsweise B das Ereignis, daß mit beiden Würfeln Augenzahlen ≤ 2 gewürfelt wurden. Dann gilt $B = \{\vec{e}_1, \vec{e}_2, \vec{e}_7, \vec{e}_8\}$ und $P(B) = \frac{4}{36}$.

Es werden dann

$$P(\vec{\xi} = \vec{x}_1 \mid B) = \tfrac{1}{4}, \quad P(\vec{\xi} = \vec{x}_2 \mid B) = \tfrac{1}{4},$$

$$P(\vec{\xi} = \vec{x}_3 \mid B) = \tfrac{2}{4}, \quad P(\vec{\xi} = \vec{x}_4 \mid B) = 0,$$

$$P(\vec{\xi} = \vec{x}_5 \mid B) = 0, \quad P(\vec{\xi} = \vec{x}_6 \mid B) = 0.$$

Wieder gilt $\sum_n P(\vec{\xi} = \vec{x}_n \mid B) = 1$.

Sei $A_{x_\nu}^{(\nu)}$ das Ereignis, daß für die ν-te Komponente des Zufallsvektors ξ gilt $\xi_\nu \leqq x_\nu$. Dann ist $A_{x_1}^{(1)} \cap \cdots \cap A_{x_\nu}^{(\nu)} \cap \cdots \cap A_{x_k}^{(k)} = A$ wieder ein Ereignis aus F mit definierter Wahrscheinlichkeit $P(A)$ und

$$P(\xi_1 \leqq x_1, \ldots, \xi_\nu \leqq x_\nu, \ldots, \xi_k \leqq x_k) = F(x_1, \ldots, x_\nu, \ldots, x_k) = P(A)$$

heißt die k-dimensionale Verteilungsfunktion von ξ.

Analog wie im eindimensionalen Falle gibt es auch k-dimensionale bedingte Verteilungsfunktionen

$$P(\xi_1 \leqq x_1, \ldots, \xi_\nu \leqq x_\nu, \ldots, \xi_k \leqq x_k | B) = F(x_1, \ldots, x_\nu, \ldots, x_k | B).$$

1.42. Eigenschaften der Verteilungsfunktionen; Dichtefunktionen

1.421. Eindimensionaler Fall: Theorie

Sei $F(x) = P(\xi \leqq x)$ die Verteilungsfunktion einer Zufallsvariablen ξ. Da $P(\xi \leqq x)$ eine Wahrscheinlichkeit ist, folgt daraus

$$0 \leqq F(x) \leqq 1.$$

Ferner muß für $x_2 > x_1$ gelten $P(\xi \leqq x_2) \geqq P(\xi \leqq x_1)$, woraus

$$F(x_2) \geqq F(x_1) \quad \text{bei} \quad x_2 > x_1.$$

Also ist $F(x)$ eine monoton nichtabnehmende Funktion.

Ferner ist für $x_2 > x_1$:

$$F(x_2) - F(x_1) = P(\xi \leqq x_2) - P(\xi \leqq x_1) = P(x_1 < \xi \leqq x_2).$$

Der Zuwachs der Verteilungsfunktion gibt also die Wahrscheinlichkeit an, mit welcher ξ in das entsprechende halboffene Intervall $]x_1, x_2]$ fällt.

Eine Verteilungsfunktion $F(x)$ besitzt an der Stelle $x = x_0$ einen Sprung, wenn für $h > 0$:

$$\lim_{h \to 0} [F(x_0 + h) - F(x_0 - h)] = c > 0.$$

Eine Verteilungsfunktion kann höchstens abzählbar viele Sprungstellen aufweisen.

Tatsächlich kann sie höchstens einen Sprung $c_1 > \frac{1}{2}$ aufweisen, da $0 \leqq \leqq P(x_0 < \xi \leqq x_0 + h) \leqq 1$. Sie kann höchstens[1] drei Sprünge besitzen mit $\frac{1}{4} < c_s \leqq \frac{1}{2}$, $s = 1, 2, 3$ und generell höchstens $2^n - 1$ Sprünge mit $\frac{1}{2^n} < c_s \leqq \leqq \frac{1}{2^{n-1}}$, $s = 1, 2, \ldots, 2^n - 1$. Da sich aber alle möglichen Sprünge der Größe nach numerieren lassen (gleiche Werte werden entsprechend ihrer Anzahl gezählt), entsteht daraus, auch wenn $n \to \infty$, höchstens eine abzählbare Menge.

[1] Man überlegt, daß der jeweilige Maximalwert der Anzahl Sprünge nur erreichbar ist, wenn das Gleichheitszeichen nicht beansprucht wird.

Es gilt ferner für als endlich vorausgesetzte Zufallsgrößen ξ:

$$\lim_{x \to -\infty} F(x) = F(-\infty) = 0 \quad \text{und} \quad \lim_{x \to +\infty} F(x) = F(+\infty) = 1.$$

Dies sieht man leicht ein, denn wenn $x \to +\infty$, so ist

$$\lim_{x \to +\infty} F(x) = \lim_{x \to +\infty} P(\xi \leqq x)$$

und dies liefert unter Anwendung von Axiom 3, Abschn. 1.21, (vgl. [7]) die Wahrscheinlichkeit 1 des sicheren Ereignisses. Umgekehrt ist $\lim_{x \to -\infty} F(x) = \lim_{x \to -\infty} P(\xi \leqq x)$ $= \lim_{x \to -\infty} P(-\infty < \xi \leqq x)$, da ja für ξ nur das offene Intervall $]-\infty, +\infty[$ möglich ist (man erinnert sich an die in (1.411) erwähnte Schreibweise $F(x) = P(-\infty < \xi \leqq x)$). Für $x \to -\infty$ entspricht aber $\{-\infty < \xi \leqq x\}$ dem unmöglichen Ereignis mit der Wahrscheinlichkeit 0. Somit ist für endliche Zufallsvariable ξ tatsächlich $F(-\infty) = 0$ und $F(+\infty) = 1$.

Eine Ausnahme bilden jene Fälle, wo ξ auch unendlich werden kann, so daß also das abgeschlossene Intervall $[-\infty, +\infty]$ in Betracht gezogen werden muß. Dort ist sehr wohl möglich, daß $F(-\infty) > 0$ und $F(+\infty) < 1$.

Denn $F(-\infty) = \lim_{x \to -\infty} F(x) = \lim_{x \to -\infty} P(-\infty \leqq \xi \leqq x) = P(\xi = -\infty) \geqq 0$, wenn $\xi = -\infty$ werden kann, und $F(+\infty) = \lim_{x \to +\infty} P(\xi \leqq x) = 1 - \lim_{x \to +\infty} P(\xi > x)$, letzteres nach der Regel für die Bestimmung der Wahrscheinlichkeit des komplementären Ereignisses. Kann aber $\xi = +\infty$ werden, so ist $1 - \lim_{x \to +\infty} P(\xi > x)$ $= 1 - P(\xi = +\infty) \leqq 1$. Man vergleiche hierzu [*17*].

Solche Ausnahmefälle treten beispielsweise bei der Behandlung von wiederkehrenden Ereignissen auf, wo ξ die Wiederkehrzeit eines transienten Ereignisses bedeutet (vgl. [*4*]).

Eine gemäß $F(x) = P(\xi \leqq x)$ definierte Verteilungsfunktion ist von rechts stetig.

Sei $h_n (n = 1, 2, \ldots)$ eine Folge reeller Zahlen $h_n > h_{n+1} > 0$, so daß für $n \to \infty$ gilt $h_n \to 0$, und sei A_n das Ereignis, daß $x + h_{n+1} < \xi \leqq x + h_n$. Dann sind die Mengen A_n punktfremd. Ist das Ereignis $A = \{x < \xi \leqq x + h_1\}$ eingetreten, so existiert wegen $h_n \to 0$ ein Index k, für welchen $\{x + h_k < \xi \leqq x + h_1\}$, also wenigstens eines der Ereignisse $A_1, A_2, \ldots, A_{k-1}$ erfüllt ist.

Somit ist dann $\sum_{k=1}^{\infty} A_k$ auch erfüllt und

$$P(A) = P\{x < \xi \leqq x + h_1\} = P\left(\sum_{k=1}^{\infty} A_k\right).$$

Da aber $P\{x < \xi \leqq x + h_1\} \leqq 1$ und da nach Axiom 3, Abschn. 1.21, $P\left(\sum_{k=1}^{\infty} A_k\right)$ $= \sum_{k=1}^{\infty} P(A_k)$, konvergiert offenbar $\sum_{k=1}^{\infty} P(A_k)$. Daher gilt

$$n \to \infty : \sum_{k=n}^{\infty} P(A_k) \to 0.$$

Nun ist aber $P\left(\sum_{k=n}^{\infty} A_k\right) = P\{x < \xi \leqq x + h_n\}$, aus analogen Gründen wie weiter oben für $n = 1$. Also gilt für $n \to \infty$: $h_n \to 0$ (voraussetzungsgemäß) und

$P\{x < \xi \leqq x + h_n\} \to 0$. Auf diese Weise ist die Stetigkeit von rechts erwiesen: $h > 0$, $h \to 0$: $F(x + h) - F(x) \to 0$.

Man hält fest:

Eine gemäß $F(x) = P(\xi \leqq x)$ *definierte Verteilungsfunktion besitzt folgende Eigenschaften:*

1. sie ist monoton nichtabnehmend;

2. sie ist rechtsseitig stetig;

3. unter der hinreichenden Voraussetzung, daß ξ *nur endliche Werte annehmen kann, erfüllt sie* $F(-\infty) = 0$ *und* $F(+\infty) = 1$.

Es gilt auch umgekehrt, daß jede die aufgezählten Eigenschaften aufweisende Funktion als Verteilungsfunktion einer Zufallsvariablen

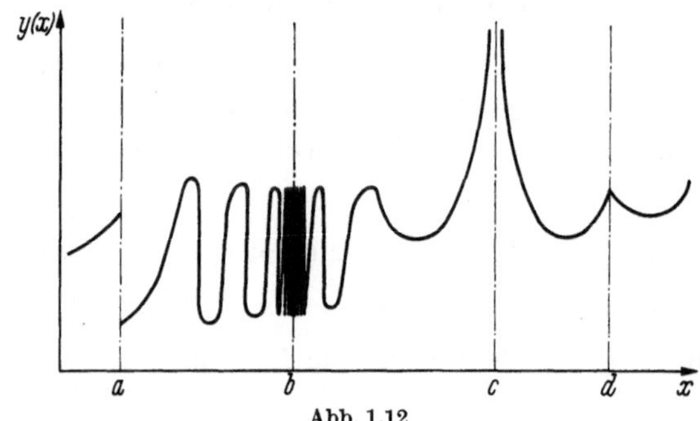

Abb. 1.12

interpretiert werden kann. Allerdings gibt es eine beliebige Anzahl von Zufallsgrößen, die einer vorgegebenen Verteilungsfunktion entsprechen, während einer bestimmten Zufallsvariablen nur eine einzige Verteilungsfunktion zugeordnet ist.

Wie schon erwähnt, läßt sich mit Hilfe der Verteilungsfunktion das Verhalten der Zufallsvariablen besonders gut beschreiben. In Abschn. 1.41 ist eine *diskrete* Zufallsvariable definiert worden als Variable mit nur endlichem oder höchstens abzählbarem Wertevorrat. Die zugehörige Verteilungsfunktion ist dann auch diskret, denn jede Stelle x, die von der Variablen ξ angenommen werden kann, liefert einen Wachstumsbeitrag an die Verteilungsfunktion (Unstetigkeitsstelle).

Beispielsweise nehme ξ alle rationalen Zahlen des Intervalls $[0, 1]$ an und nur diese. Dann sind alle rationalen Punkte Unstetigkeitsstellen der Verteilungsfunktion; es gibt abzählbar viele.

Nun läßt sich mit Hilfe der Verteilungsfunktion und an sie gestellter Forderungen auch der Typus einer stetigen Zufallsvariablen definieren.

Zunächst sei in Abb. 1.12 auf recht populäre Weise an die Unterscheidung von unstetigen und stetigen Funktionen erinnert: $y(x)$ ist unstetig in a, b und c, hingegen stetig in d.

Nimmt eine Zufallsvariable ξ so viele Werte an, daß ihre Verteilungsfunktion $F(x)$ überall stetig ist und in allen Punkten x (ausgenommen eventuell eine gewisse Anzahl, die in einem beliebigen Intervall höchstens endlich sein darf) eine stetige Ableitung $\frac{dF(x)}{dx} = f(x)$ besitzt, so nennt man die Zufallsvariable *stetig* (vgl. auch 1.41).

Die Ableitung $\frac{dF(x)}{dx} = f(x)$ nennt man Dichtefunktion von ξ (frequency function) oder auch Wahrscheinlichkeitsdichte. Sie besitzt folgende Eigenschaften:

1. $f(x) \geqq 0$;

2. $P(x_1 < \xi \leqq x_2) = \int\limits_{x_1}^{x_2} f(x)\,dx$;

3. ist $f(x)$ im Punkte x stetig, so gilt bis auf Fehler höherer Ordnung
$$P(x < \xi \leqq x + \Delta x) = f(x)\,\Delta x;$$

4. $\int\limits_{-\infty}^{+\infty} f(x)\,dx = 1.$

Offenbar gilt für *stetige* Zufallsvariable

$$x_2 > x_1: \quad F(x_2) - F(x_1) = \int\limits_{x_1}^{x_2} f(x)\,dx = P(x_1 < \xi \leqq x_2)$$
$$= P(x_1 \leqq \xi \leqq x_2) = P(x_1 \leqq \xi < x_2) = P(x_1 < \xi < x_2).$$

Neben den beiden Haupttypen stochastischer Variabler, wie sie eben beschrieben wurden, existieren noch Mischtypen (z. B. stückweise stetige, sonst diskrete Variable), sowie aus dieser Einteilung vollständig herausfallende Variable; letztere sind aber für praktische Operations Research-Zwecke ohne Bedeutung.

Hier sei auf die Variable der Cantorschen Verteilung verwiesen, deren Verteilungsfunktion stetig, jedoch nicht das Integral ihrer Ableitung ist. Näheres findet man beispielsweise bei [*1*, *5*].

1.422. Eindimensionaler Fall: Beispiele

1. Beispiel: Bernoulli[1]-Verteilung

Als Bernoulli-Versuch sei im folgenden stets ein Experiment bezeichnet, das nur zwei Ausgänge zuläßt.

Eine Münze wird geworfen. Sie fällt mit Wahrscheinlichkeit p auf Wappen, mit Wahrscheinlichkeit $q = 1 - p$ auf Schrift. Als „Spielregel" gelte: Wappen = Treffer = 1, Schrift = Fehlschlag = 0. Dann

[1] Jakob Bernoulli, 1654—1705, einer der Begründer der Wahrscheinlichkeitsrechnung.

nimmt die Zufallsvariable ξ die beiden Werte $x_1 = 0$ und $x_2 = 1$ mit den Wahrscheinlichkeiten an:

$$\begin{array}{ll} x = 0 & 1 \\ P(\xi = x) = q & p \end{array}$$

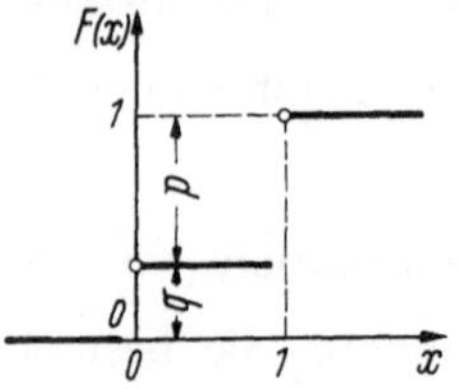

Abb. 1.13
Verteilungsfunktion einer Bernoulli-Verteilung

und die Verteilungsfunktion lautet (Abb. 1.13):

$$P(\xi \leqq x) = F(x) = \begin{cases} 0 & \text{für} \quad x < 0, \\ q & \text{für} \quad 0 \leqq x < 1, \\ q + p = 1 & \text{für} \quad 1 \leqq x. \end{cases}$$

Verteilungsfunktion und Zufallsvariable sind diskret.

2. Beispiel: Binomialverteilung

Werden n unabhängige Bernoulli-Versuche mit konstanter Trefferwahrscheinlichkeit p nacheinander ausgeführt und ist r die Anzahl erzielter Treffer, so berechnet man die Wahrscheinlichkeit für $\xi = r$ gemäß folgender Überlegung: da die Versuche unabhängig sind, gilt für eine beliebige Reihenfolge von r Treffern und $n - r$ Fehlschlägen die Multiplikationsregel gemäß Abschn. 1.34. Die Wahrscheinlichkeit für eine solche Serie lautet also $p^r q^{n-r}$ (mit $p + q = 1$). Es gibt aber $\binom{n}{r}$ verschiedene Serien, die alle r Treffer und $n - r$ Fehlschläge aufweisen; da sie verschieden sind, sich somit gegenseitig ausschließen, ist die Additionsregel (Abschn. 1.31) anwendbar und die Gesamtwahrscheinlichkeit $P_n(r)$ für r Treffer in n Versuchen beträgt

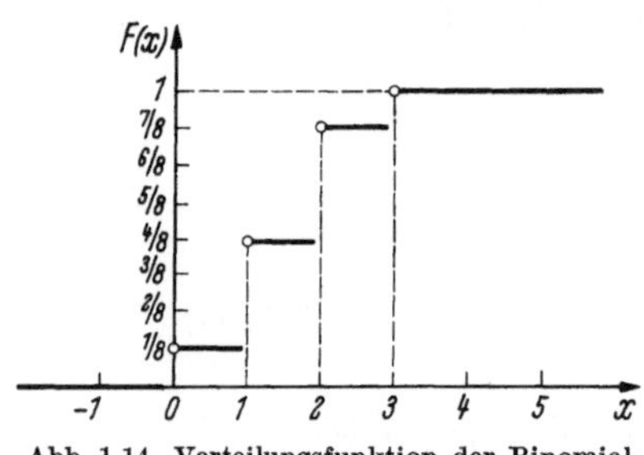

Abb. 1.14. Verteilungsfunktion der Binomialverteilung bei $n = 3$ und $p = q = \frac{1}{2}$

$$P_n(r) = \binom{n}{r} p^r q^{n-r}, \qquad r = 0, 1, \ldots, n.$$

Diese Verteilung trägt den Namen Binomialverteilung, weil die $P_n(r)$ die Glieder der Binomialentwicklung von $(p + q)^n$ sind. Die Binomialverteilung ist in einem für praktische Zwecke genügend großen n-Bereich tabelliert [*10*, *11*].

Die Verteilungsfunktion lautet (Abb. 1.14)

$$P(\xi \leqq x) = F(x) = \begin{cases} 0 & \text{für} \quad x < 0, \\ \sum\limits_{r \leqq x} \binom{n}{r} p^r q^{n-r} & \text{für} \quad r \leqq x < r + 1, \\ & \qquad r = 0, 1, \ldots, n - 1, \\ 1 & \text{für} \quad n \leqq x. \end{cases}$$

Verteilungsfunktion und Zufallsvariable sind diskret.

3. Beispiel: Standardisierte Normalverteilung

Eine Variable mit der Dichtefunktion

$$f(x) = \frac{1}{\sqrt{2\pi}} e^{-\frac{x^2}{2}}$$

heißt standardisiert normal verteilt; die Werte von $f(x)$ sowie von $F(x) = \int_{-\infty}^{x} f(z)\,dz$ sind in statistischen Tafelwerken tabelliert.

Verteilungsfunktion und Zufallsvariable sind stetig.

4. Beispiel: Gleichverteilung

Eine Zufallsvariable falle im Intervall $[a, b]$, $a < b$ mit gleicher Wahrscheinlichkeit in alle Teilintervalle gleicher Länge. Dann lautet ihre Dichtefunktion

$$f(x) = \begin{cases} \dfrac{1}{b-a} & \text{für } a \leqq x \leqq b, \\ 0 & \text{sonst.} \end{cases}$$

Die Verteilungsfunktion wird daher

$$P(\xi \leqq x) = F(x) = \int_{-\infty}^{x} f(z)\,dz = \begin{cases} 0 & \text{für } x < a, \\ \dfrac{x-a}{b-a} & \text{für } a \leqq x < b, \\ 1 & \text{für } b \leqq x. \end{cases}$$

Verteilungsfunktion und Zufallsvariable sind stetig (vgl. Abb. 1.15).

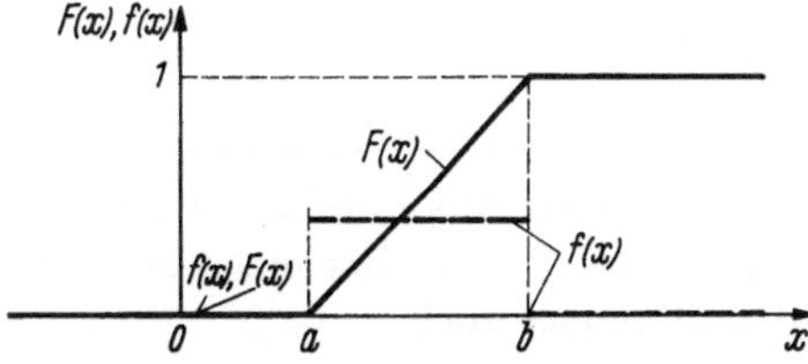

Abb. 1.15. Verteilungsfunktion und Dichtefunktion einer Gleichverteilung

1.423. Mehrdimensionaler Fall: Theorie

Sei $F(x_1, x_2, \ldots, x_k) = P(\xi_1 \leqq x_1, \xi_2 \leqq x_2, \ldots, \xi_k \leqq x_k)$ die Verteilungsfunktion des Zufallsvektors $\vec{\xi} = [\xi_1, \xi_2, \ldots, \xi_k]$. Da $F(x_1, x_2, \ldots, x_k)$ eine Wahrscheinlichkeit ist, welche die gleichzeitige Erfüllung von k Ereignissen bewertet, kann man in Anwendung der Multiplikationsregel schreiben

$$P(\xi_1 \leqq x_1, \xi_2 \leqq x_2, \ldots, \xi_k \leqq x_k)$$
$$= P_{1,\bar{1}}(\xi_1 \leqq x_1 \mid \xi_2 \leqq x_2, \ldots \ \xi_k \leqq x_k)\, P_{\bar{1}}(\xi_2 \leqq x_2, \ldots, \xi_k \leqq x_k)$$

oder

$$F(x_1, x_2, \ldots, x_k) = F_{1,\bar{1}}(x_1 \mid x_2, \ldots, x_k)\, F_{\bar{1}}(x_2, \ldots, x_k).$$

Die Indexsymbolik $\bar{1}$ bedeutet, daß hier alle Indizes außer dem Index 1 erfaßt werden.

Die Wahl der ersten Komponente als Trägerin der folgenden Überlegung bedeutet natürlich keine Einschränkung der Allgemeingültigkeit. Die bedingte Verteilungsfunktion $F_{1,\bar{1}}(x_1 \mid x_2, \ldots, x_k)$ kann man auch als absolute Verteilungsfunktion $\Phi_1(x_1)$ auffassen, welche der Zufallsvariablen ξ_1 zugeordnet ist, sofern deren Variationsbereich („Merkmalsraum" U_1) auf jene elementaren Ereignisse beschränkt bleibt, die bei $\xi_\nu \leqq x_\nu$ $(\nu = 2, \ldots, k)$ möglich sind. Dann gelten bezüglich

$$\Phi_1(x_1) \doteq F_{1,\bar{1}}(x_1 \mid x_2, \ldots, x_k)$$

alle Eigenschaften, wie sie für eindimensionale Verteilungsfunktionen besprochen worden sind. Da aber

$$F(x_1, x_2, \ldots, x_k) = \Phi_1(x_1)\, F_{\bar{1}}(x_2, \ldots, x_k)$$

das Produkt von $\Phi_1(x_1)$ mit $0 \leqq F_{\bar{1}}(x_2, \ldots, x_k) \leqq 1$ darstellt, und da die Überlegung für jede Komponente ξ_ν $(\nu = 1, 2, \ldots, k)$ analog angestellt werden darf, ist festzuhalten:

Eine gemäß $F(x_1, x_2, \ldots, x_k) = P(\xi_1 \leqq x_1, \xi_2 \leqq x_2, \ldots, \xi_k \leqq x_k)$ *definierte k-dimensionale Verteilungsfunktion besitzt folgende Eigenschaften:*

1. sie ist bezüglich jeder ihrer Komponenten monoton nicht-abnehmend;

2. sie ist bezüglich jeder ihrer Komponenten rechtsseitig stetig;

3. unter der hinreichenden Voraussetzung, daß für $[\xi_1, \xi_2, \ldots, \xi_k]$ *nur endliche Werte möglich sind, erfüllt sie die Beziehungen:*

$$\begin{aligned} F(x_1, \ldots, x_\nu = -\infty, \ldots, x_k) &= 0 \quad \textit{für jedes} \quad \nu = 1, 2, \ldots, k, \\ F(\infty, \infty, \ldots, \infty) &= 1. \end{aligned}$$

Punkt 3 läßt sich folgendermaßen erklären: ist wenigstens einer der Werte $x_1, x_2, \ldots, x_k$ gleich $-\infty$, beispielsweise $x_1 = -\infty$, so ist $\Phi_1(x_1 = -\infty) = 0$ und daher auch

$$F(x_1, x_2, \ldots, x_k) = \Phi_1(x_1)\, F_{\bar{1}}(x_2, \ldots, x_k) = 0.$$

Sind alle Werte $x_1, x_2, \ldots, x_k$ gleich $+\infty$, so ist auch $x_1 = +\infty$ und $\Phi_1(x_1 = +\infty) = 1$. Dann wird

$$F(x_1, x_2, \ldots, x_k) = \Phi_1(x_1)\, F_{\bar{1}}(x_2, \ldots, x_k) = F_{\bar{1}}(x_2, \ldots, x_k).$$

Da aber auch $F_{\bar{1}}(x_2, \ldots, x_k)$ darstellbar ist als

$$F_{\bar{1}}(x_2, x_3, \ldots, x_k) = F_{2,\bar{1},\bar{2}}(x_2 \mid x_3, \ldots, x_k)\, F_{\bar{1},\bar{2}}(x_3, \ldots, x_k),$$

läßt sich die gleiche Argumentation fortsetzen bis man gezeigt hat, daß $F(x_1, x_2, \ldots, x_k) = 1$ ist.

Neben den drei aufgezählten Eigenschaften muß eine mehrdimensionale Verteilungsfunktion jedoch noch eine zusätzliche vierte erfüllen, die im eindimensionalen Falle durch die Eigenschaft 1, aus welcher hervorgeht

$$x + h > x \Rightarrow F(x + h) - F(x) \geqq 0,$$

automatisch gegeben war:

Eine k-dimensionale Verteilungsfunktion $F(x_1, x_2, \ldots, x_n)$ *besitzt auch die Eigenschaft:*

$$4.\ \Delta_{\nu_1}\Delta_{\nu_2}\cdots\Delta_{\nu_m} F(x_1, x_2, \ldots, x_k) \geqq 0 \quad \textit{für} \quad \begin{cases} \nu_i \neq \nu_j, & i \neq j \\ \nu_1, \nu_2, \ldots, \nu_m \in \{1, \ldots, k\} \\ m = 1, 2, \ldots, k \end{cases}$$

wobei der Operator Δ_ν *definiert ist*

$$\Delta_\nu F(x_1, \ldots, x_\nu, \ldots, x_k) = F(x_1, \ldots, x_\nu + h_\nu, \ldots, x_k) - \\ - F(x_1, \ldots, x_\nu, \ldots, x_k) \quad \textit{mit} \quad h_\nu > 0.$$

Der Beweis dieser Eigenschaft kann bei [7] gefunden werden. Er ist leicht verständlich, jedoch langwierig und hier von wenig Interesse. Die Bedeutung der Eigenschaft sei indessen für die beiden Fälle $k = 1$ und $k = 2$ illustriert. Da sie bei $k = 1$, wie schon erwähnt, bereits durch Eigenschaft 1 erfüllt ist, muß man ihr lediglich bei der empirischen Aufnahme von Verteilungsfunktionen mit $k \geqq 2$ Beachtung schenken.

Für $\underline{k = 1}$ geht 4 über in

$$\Delta F(x) \geqq 0 \quad \text{mit} \quad \Delta F(x) = F(x + h) - F(x) \quad \text{bei} \quad h > 0.$$

Dies bedeutet aber, daß gelten muß

$$P(x < \xi \leqq x + h) \geqq 0.$$

Für $\underline{k = 2}$ gilt gemäß 4:

a) $\Delta_1 F(x_1, x_2) \geqq 0 \Rightarrow F(x_1 + h_1, x_2) - F(x_1, x_2) \geqq 0$ bei $h_1 > 0$;

diese Bedingung ist aber wegen Eigenschaft 1 schon erfüllt;

b) $\Delta_2 F(x_1, x_2) \geqq 0 \Rightarrow F(x_1, x_2 + h_2) - F(x_1, x_2) \geqq 0$ bei $h_2 > 0$;

diese Bedingung ist aus dem gleichen Grunde erfüllt;

c) $\Delta_1 \Delta_2 F(x_1, x_2) \geqq 0 \Rightarrow \Delta_1 [F(x_1, x_2 + h_2) - F(x_1, x_2)]$

$$= F(x_1 + h_1, x_2 + h_2) - F(x_1, x_2 + h_2) - [F(x_1 + h_1, x_2) - \\ - F(x_1, x_2)] \geqq 0.$$

Es muß also gelten

$$F(x_1 + h_1, x_2 + h_2) - F(x_1, x_2 + h_2) - F(x_1 + h_1, x_2) + \\ + F(x_1, x_2) \geqq 0 \quad \text{bei} \quad h_1, h_2 > 0$$

oder

$$P(\xi_1 \leqq x_1 + h_1, \xi_2 \leqq x_2 + h_2) - P(\xi_1 \leqq x_1, \xi_2 \leqq x_2 + h_2) - \\ - P(\xi_1 \leqq x_1 + h_1, \xi_2 \leqq x_2) + P(\xi_1 \leqq x_1, \xi_2 \leqq x_2) \geqq 0$$

oder, wie Abb. 1.16 illustriert,

$$P(x_1 < \xi_1 \leqq x_1 + h_1, x_2 < \xi_2 \leqq x_2 + h_2) \geqq 0.$$

Sind nämlich folgende Ereignisse definiert:

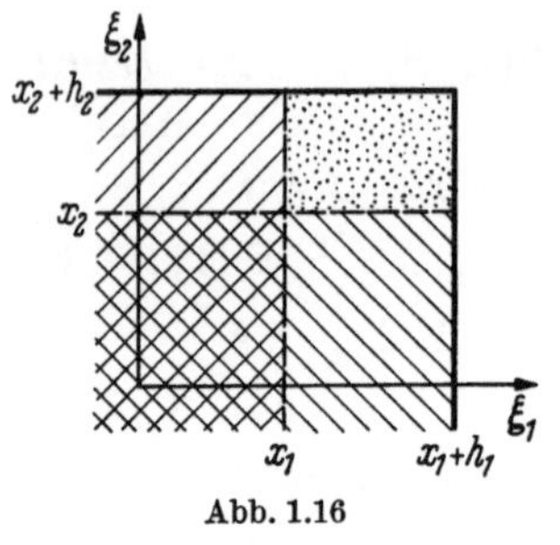

Abb. 1.16

$$A = \{\xi_1 \leqq x_1 + h_1, \xi_2 \leqq x_2 + h_2\},$$
$$B = \{\xi_1 \leqq x_1, \xi_2 \leqq x_2 + h_2\},$$
$$C = \{\xi_1 \leqq x_1 + h_1, \xi_2 \leqq x_2\},$$
$$D = \{\xi_1 \leqq x_1, \xi_2 \leqq x_2\},$$
$$E = \{x_1 < \xi_1 \leqq x_1 + h_1, \; x_2 < \xi_2 \leqq x_2 + h_2\},$$

so erkennt man aus Abb. 1.16, daß

$$P(E) = P(A) - P(B) - P(C) + P(D).$$

Ganz allgemein verlangt Eigenschaft 4 also, daß die auf Grund der k-dimensionalen Verteilungsfunktion bestimmbare Wahrscheinlichkeitsbelegung eines beliebigen k-dimensionalen Raumelements nichtnegativ ausfalle, somit wirklich eine Wahrscheinlichkeit sei.

Diese Forderung ist tatsächlich eine zusätzliche. [1] gibt das Beispiel an:

$$F(x_1, x_2) = \begin{cases} 0 & \text{für} \quad x_1 < 0 \quad \text{oder} \quad x_2 < 0 \quad \text{oder} \quad x_1 + x_2 < 1, \\ 1 & \text{sonst.} \end{cases}$$

Man kontrolliert, daß diese Funktion die Eigenschaften 1 bis 3 erfüllt, 4 jedoch nicht, wie etwa die aus $x_1 = x_2 = \frac{1}{3}$ und $h_1 = h_2 = \frac{2}{3}$ auffindbaren Punkte beweisen. Also handelt es sich hier nicht um eine Verteilungsfunktion.

Man wird in Abschn. 1.432 sehen, wie dieser Bedingung bei der empirischen Bestimmung einer zweidimensionalen Verteilungsfunktion Aufmerksamkeit zu schenken ist.

Analog wie im eindimensionalen Falle läßt sich bei stetigen k-dimensionalen Verteilungsfunktionen $F(x_1, x_2, \ldots, x_k)$ eine Dichtefunktion $f(x_1, x_2, \ldots, x_k)$ definieren, wo die Ableitung

$$\frac{\partial^k F(x_1, x_2, \ldots, x_k)}{\partial x_1 \, \partial x_2 \ldots \partial x_k} = f(x_1, x_2, \ldots, x_k)$$

existiert. Wegen Eigenschaft 4 der Verteilungsfunktion[1] gilt

1. $f(x_1, x_2, \ldots, x_k) \geqq 0.$

Ferner ist

2. $P(a_1 < \xi_1 \leqq b_1, a_2 < \xi_2 \leqq b_2, \ldots, a_k < \xi_k \leqq b_k)$

$$= \int_{a_1}^{b_1} \cdots \int_{a_k}^{b_k} f(x_1, x_2, \ldots, x_k) \, dx_1 \, dx_2 \ldots dx_k;$$

[1] Es ist einfach, dies für den zweidimensionalen Fall nachzukontrollieren, indem man h_1 und h_2 gegen $+0$ streben läßt und für $F(x_1 + h_1, x_2 + h_2) - F(x_1, x_2 + h_2) - F(x_1 + h_1, x_2) + F(x_1, x_2)$ die Taylor-Entwicklung bis inklusive der Glieder mit den zweiten Ableitungen anwendet.

3. ist $f(x_1, x_2, \ldots, x_k)$ im Punkte $(x_1, x_2, \ldots, x_k)$ stetig, so gilt bis auf Fehler höherer Ordnung

$$P(x_\nu < \xi_\nu \leqq x_\nu + \Delta x_\nu, \nu = 1, 2, \ldots, k) = f(x_1, x_2, \ldots, x_k) \Delta x_1 \Delta x_2 \ldots \Delta x_k;$$

4. $\int\limits_{-\infty}^{+\infty} \ldots \int\limits_{-\infty}^{+\infty} f(x_1, x_2, \ldots, x_k)\, dx_1\, dx_2 \ldots dx_k = 1.$

Bei gegebener Verteilungsfunktion $F(x_1, x_2, \ldots, x_k)$ kann unter Umständen die Wahrscheinlichkeit interessieren, daß eine Zufallskomponente, beispielsweise ξ_1, einen bestimmten Wert, hier x_1, nicht überschreitet, gleichgültig, welche Werte die anderen Komponenten annehmen:

$$P(\xi_1 \leqq x_1, \xi_2 \leqq \infty, \ldots, \xi_k \leqq \infty) = F(x_1, \infty, \ldots, \infty).$$

Dies ist die sog. *Randverteilungsfunktion* (marginal distribution function) der Komponente ξ_1. Sie ist gleich der eindimensionalen Verteilungsfunktion $F_1(x_1)$, denn

$$F(x_1, \infty, \ldots, \infty) = F_{1,\bar{1}}(x_1 \mid \infty, \ldots, \infty)\, F_{\bar{1}}(\infty, \ldots, \infty)$$
$$= F_{1,\bar{1}}(x_1 \mid \infty, \ldots, \infty) \cdot 1 = F_1(x_1).$$

Im Gegensatz zur früheren Schreibweise, wo $F_{1,\bar{1}}(x_1 \mid x_2, \ldots, x_k) = \Phi_1(x_1)$ bezeichnet wurde, soll hier $F_{1,\bar{1}}(x_1 \mid \infty, \ldots, \infty) = F_1(x_1)$ zum Ausdruck bringen, daß es sich im vorliegenden Falle wirklich um die bezüglich des gesamten Merkmalsraums von $\vec{\xi}$ absolute Verteilungsfunktion von ξ_1 handelt.

Man kann allgemein die r-dimensionale Verteilungsfunktion ($r \leqq k$) beliebiger r Zufallskomponenten von $\vec{\xi}$ bestimmen, indem man die x-Werte der übrigen Komponenten in der k-dimensionalen Verteilungsfunktion ∞ setzt:

$$F_{i_1, i_2, \ldots, i_r}(x_{i_1}, x_{i_2}, \ldots, x_{i_r}) = F(c_1, c_2, \ldots, c_k)$$

mit $c_\nu = x_\nu$ für $\nu = (i_1, i_2, \ldots, i_r)$ und $c_\nu = \infty$ sonst.

Insbesondere ist

$$F_{\bar{1}}(x_2, \ldots, x_k) = F(\infty, x_2, \ldots, x_k).$$

Bei stetigen Verteilungsfunktionen mit existierender Dichtefunktion ist

$$F_1(a_1) = \int\limits_{-\infty}^{a_1} \int\limits_{-\infty}^{+\infty} \ldots \int\limits_{-\infty}^{+\infty} dF(x_1, x_2, \ldots, x_k)$$
$$= \int\limits_{-\infty}^{a_1} \int\limits_{-\infty}^{+\infty} \ldots \int\limits_{-\infty}^{+\infty} f(x_1, x_2, \ldots, x_k)\, dx_1\, dx_2 \ldots dx_k.$$

Im Gegensatz zur Schreibweise eines totalen Differentials

$$dF = \sum_{i=1}^{k} \frac{\partial F}{\partial x_i} dx_i$$

soll, wie die oberen Zeilen zeigen, in der Wahrscheinlichkeitsrechnung $dF = \frac{\partial^k F}{\partial x_1 \partial x_2 \ldots \partial x_k} dx_1 dx_2 \ldots dx_k$ bedeuten. Durch Differentiation nach der oberen Grenze des äußeren Integrals und nachträgliche Ersetzung von a_1 durch beliebiges x_1 wird ferner

$$f_1(x_1) = \int_{-\infty}^{+\infty} \cdots \int_{-\infty}^{+\infty} f(x_1, x_2, \ldots, x_k)\, dx_2 \ldots dx_k.$$

Nach der Multiplikationsregel gilt schließlich bis auf Fehler höherer Ordnung

$$\begin{aligned} P(x_\nu < \xi_\nu &\leqq x_\nu + \Delta x_\nu, \nu = 1, 2, \ldots, k) \\ &= f(x_1, x_2, \ldots, x_k)\, \Delta x_1 \Delta x_2 \ldots \Delta x_k \\ &= f_{1,\bar{1}}(x_1 \mid x_2, \ldots, x_k)\, \Delta x_1\, f_{\bar{1}}(x_2, \ldots, x_k)\, \Delta x_2 \ldots \Delta x_k \end{aligned}$$

oder

$$f(x_1, x_2, \ldots, x_k) = f_{1,\bar{1}}(x_1 \mid x_2, \ldots, x_k)\, f_{\bar{1}}(x_2, \ldots, x_k).$$

Hier bedeuten $x_2, \ldots, x_k$ hinter dem Bedingungsstrich von $f_{1,\bar{1}}(x_1 \mid x_2, \ldots, x_k)$ also $x_\nu < \xi_\nu \leqq x_\nu + \Delta x_\nu$, $(\nu = 2, \ldots, k)$ und nicht $\xi_\nu \leqq x_\nu$, wie dies bei $F_{1,\bar{1}}(x_1 \mid x_2, \ldots, x_k)$ der Fall war.

Diese Resultate behalten in gleicher Weise Gültigkeit für alle Zufallskomponenten ξ_ν, $\nu = 1, 2, \ldots, k$.

Ein wichtiger Spezialfall mehrdimensionaler Verteilungsfunktionen liegt vor, wenn die einzelnen Zufallskomponenten ξ_ν, $\nu = 1, 2, \ldots, k$ gegenseitig unabhängig sind. Dies entspricht im Falle des Einführungsbeispiels von Abschn. 1.412 einer Spielregel, welche für die Auszahlung in der ν-ten Währung, $\nu = 1, 2, \ldots, k$, vorsehen würde (vgl. Bemerkung von 1.412):

$$x_\nu(a^{(r_1)}) = x_\nu(a^{(r_2)}) = x_\nu(a), \qquad r_1, r_2 \in \{1, 2, \ldots, 6^k\}.$$

Es würde also beim Auftreten des elementaren Ereignisses $\vec{e}_{r_1}$ ebensoviel in der ν-ten Währung ausbezahlt wie beim Auftreten des elementaren Ereignisses $\vec{e}_{r_2}$, sofern nur in beiden Fällen $i_\nu^{(r_1)} = i_\nu^{(r_2)} = a$ Augen mit dem ν-ten Würfel geworfen worden sind, unabhängig von den Augenzahlen der übrigen Würfel.

Da in einer solchen Situation offenbar gilt:

$$\begin{aligned} P(\xi_1 \leqq x_1, \xi_2 &\leqq x_2, \ldots, \xi_k \leqq x_k) \\ &= P(\xi_1 \leqq x_1)\, P(\xi_2 \leqq x_2) \ldots P(\xi_k \leqq x_k), \end{aligned}$$

ist hier die k-dimensionale Verteilungsfunktion gleich dem Produkt der k eindimensionalen Verteilungsfunktionen:

$$F(x_1, x_2, \ldots, x_k) = F_1(x_1)\, F_2(x_2) \ldots F_k(x_k).$$

Im Falle stetiger Verteilungsfunktionen, deren Ableitungen im Punkte $(x_1, x_2, \ldots, x_k)$ existieren, lautet dann die Dichtefunktion

$$f(x_1, x_2, \ldots, x_k) = f_1(x_1)\, f_2(x_2) \ldots f_k(x_k).$$

Solche mehrdimensionale Verteilungsfunktionen von Zufallsvektoren mit gegenseitig unabhängigen Komponenten lassen sich natürlich empirisch am einfachsten bestimmen.

1.424. Mehrdimensionaler Fall: Beispiele

1. Beispiel: Multinomialverteilung

Es werden n unabhängige Züge aus einer Urne mit k Kugeln mit Rücklegung nacheinander durchgeführt. Die Wahrscheinlichkeit, daß Kugel Nr. ν ergriffen wird, sei konstant und gleich p_ν. Gesucht ist die Wahrscheinlichkeit, daß Kugel Nr. ν genau r_ν mal gezogen wird, $\nu = 1, 2, \ldots, k$.

Offenbar gilt

$$\sum_{\nu=1}^{k} r_\nu = n$$

und

$$\sum_{\nu=1}^{k} p_\nu = 1.$$

Die Wahrscheinlichkeit für eine ganz bestimmte Serie lautet $p_1^{r_1} p_2^{r_2} \ldots$ $\ldots p_k^{r_k}$. Da es aber $\frac{n!}{r_1!\, r_2! \ldots r_k!}$ verschiedene Serien gibt, die alle die gleichen Trefferzahlen r_ν aufweisen, lautet die gesuchte Wahrscheinlichkeit (Multinomialverteilung):

$$P_n(r_1, r_2, \ldots, r_k) = \frac{n!}{r_1!\, r_2! \ldots r_k!} p_1^{r_1} p_2^{r_2} \cdots p_k^{r_k}.$$

Im Falle $k = 2$ ergibt sich hieraus die Binomialverteilung (vgl. 1.422).

Hier sei der Fall $k = 3$ näher betrachtet. Unter Verwendung der beiden oben angegebenen Gleichungen wird

$$P_n(r_1, r_2, r_3) = P_n(r_1, r_2) = \frac{n!}{r_1!\, r_2!\, (n - r_1 - r_2)!} p_1^{r_1} p_2^{r_2} (1 - p_1 - p_2)^{n - r_1 - r_2}.$$

Die Verteilungsfunktion lautet daher

$$P(\xi_1 \leqq x_1, \xi_2 \leqq x_2) = F(x_1, x_2) = \begin{cases} 0 & \text{für } x_1 < 0 \text{ oder } x_2 < 0 \\ & \text{oder } x_1, x_2 < 0 \\ \sum\limits_{\substack{r_1 \leqq x_1 \\ r_2 \leqq x_2 \\ r_1 + r_2 \leqq n,\; r_1, r_2 = 0, 1, \ldots, n-1}} P_n(r_1, r_2) & \text{für } r_1 \leqq x_1 < r_1 + 1, \\ & \phantom{\text{für }} r_2 \leqq x_2 < r_2 + 1 \\ \sum\limits_{\substack{r_1 \leqq x_1 \\ r_2 \leqq n \\ r_1 + r_2 \leqq n,\; r_1 = 0, 1, \ldots, n-1}} P_n(r_1, r_2) & \text{für } r_1 \leqq x_1 < r_1 + 1, n \leqq x_2 \\ \sum\limits_{\substack{r_1 \leqq n \\ r_2 \leqq x_2 \\ r_1 + r_2 \leqq n,\; r_2 = 0, 1, \ldots, n-1}} P_n(r_1, r_2) & \text{für } n \leqq x_1, r_2 \leqq x_2 < r_2 + 1 \\ 1 & \text{für } n \leqq x_1, n \leqq x_2. \end{cases}$$

Sie ist ebenso wie der Zufallsvektor diskret.

Die Randverteilungsfunktion von ξ_1 wird dann für $x_1 \geqq 0$:

$$F_1(x_1) = F(x_1, \infty)$$

$$= \sum_{\substack{r_1 \leqq x_1 \\ r_2 \leqq n \\ r_1+r_2 \leqq n}} P_n(r_1, r_2)$$

$$= \sum_{\substack{r_1 \leqq x_1 \\ r_2 \leqq n \\ r_1+r_2 \leqq n}} \frac{n!}{r_1!\, r_2!\,(n - r_1 - r_2)!}\, p_1^{r_1} p_2^{r_2} (1 - p_1 - p_2)^{n-r_1-r_2}$$

$$= \sum_{r_1 \leqq x_1} \frac{n!}{r_1!\,(n - r_1)!}\, p_1^{r_1} \sum_{r_2=0}^{n-r_1} \frac{(n-r_1)!}{r_2!\,(n - r_1 - r_2)!}\, p_2^{r_2} (1 - p_1 - p_2)^{n-r_1-r_2}$$

$$= \sum_{r_1 \leqq x_1} \frac{n!}{r_1!\,(n - r_1)!}\, p_1^{r_1} (1 - p_1)^{n-r_1}$$

und dies ist die Verteilungsfunktion einer Binomialverteilung. Wenn es auf das Ergebnis von ξ_2 nicht ankommt, so kann man ja tatsächlich Züge der Kugeln Nr. 2 und Nr. 3 als gleichwertige Fehlschläge interpretieren und nur Züge der Kugel Nr. 1 als Treffer auffassen. Dann aber handelt es sich um eine Folge von n unabhängigen Bernoulli-Versuchen mit der Trefferwahrscheinlichkeit p_1 und der Fehlschlagwahrscheinlichkeit $p_2 + p_3 = 1 - p_1$, und es ist gezeigt worden (1.422), daß dies zu einer Binomialverteilung führt.

2. Beispiel: Standardisierte zweidimensionale Normalverteilung

Ein Zufallsvektor $\vec{\xi} = [\xi_1, \xi_2]$ mit der Dichtefunktion

$$f(x_1, x_2) = \frac{1}{2\pi\sqrt{1-\varrho^2}}\, e^{-\frac{1}{2(1-\varrho^2)}(x_1^2 - 2\varrho x_1 x_2 + x_2^2)}$$

heißt standardisiert normal verteilt. Die Verteilungsfunktion

$$F(x_1, x_2) = \int_{-\infty}^{x_1} \int_{-\infty}^{x_2} f(z_1, z_2)\, dz_1\, dz_2$$

ebenso wie der Zufallsvektor ist stetig; eine Tabellierung ist bei [*12*] zu finden.

Der Parameter ϱ heißt Korrelationskoeffizient. Er kann zwischen -1 und $+1$ liegen. Über ihn wird noch ausführlicher zu sprechen sein (1.456). Für $|\varrho| = 1$ sind ξ_1 und ξ_2 linear abhängig und $f(x_1, x_2)$ hat keinen Sinn. Die Randverteilungsfunktion von ξ_1 lautet an der Stelle $x_1 = a_1$:

$$F_1(a_1) = F(a_1, \infty)$$

$$= \int_{x_1=-\infty}^{a_1} \int_{x_2=-\infty}^{+\infty} \frac{1}{2\pi\sqrt{1-\varrho^2}}\, e^{-\frac{1}{2(1-\varrho^2)}(x_1^2 - 2\varrho x_1 x_2 + x_2^2)}\, dx_1\, dx_2 .$$

Man führt nun die folgende Substitution ein:

$$x_1 = u_1$$
$$x_2 = u_2 \sqrt{1-\varrho^2} + \varrho\, u_1 .$$

Daraus ergibt sich die Funktionaldeterminante Δ:

$$\Delta = \begin{vmatrix} \dfrac{\partial x_1}{\partial u_1} & \dfrac{\partial x_1}{\partial u_2} \\ \dfrac{\partial x_2}{\partial u_1} & \dfrac{\partial x_2}{\partial u_2} \end{vmatrix} = \begin{vmatrix} 1 & 0 \\ \varrho & \sqrt{1-\varrho^2} \end{vmatrix} = \sqrt{1-\varrho^2}$$

und es gilt

$$dx_1\, dx_2 = du_1\, du_2\, \Delta = du_1\, du_2 \sqrt{1-\varrho^2}, \quad |\varrho| < 1 .$$

Ferner kontrolliert man durch Einsetzen, daß

$$\frac{x_1^2 - 2\varrho\, x_1 x_2 + x_2^2}{2(1-\varrho^2)} = \frac{u_1^2}{2} + \frac{u_2^2}{2},$$

weshalb

$$f(x_1, x_2)\, dx_1\, dx_2 = \frac{1}{2\pi\sqrt{1-\varrho^2}}\, e^{-\left[\frac{u_1^2}{2}+\frac{u_2^2}{2}\right]}\, du_1\, du_2 \sqrt{1-\varrho^2}$$

oder

$$f(x_1, x_2)\, dx_1\, dx_2 = \frac{1}{\sqrt{2\pi}}\, e^{-\frac{u_1^2}{2}}\, \frac{1}{\sqrt{2\pi}}\, e^{-\frac{u_2^2}{2}}\, du_1\, du_2 = \varphi_1(u_1)\, \varphi_2(u_2)\, du_1\, du_2$$
$$= \varphi(u_1, u_2)\, du_1\, du_2 .$$

Die zu den Größen

$$u_1 = x_1$$
$$u_2 = \frac{x_2 - \varrho\, x_1}{\sqrt{1-\varrho^2}}$$

gehörenden neuen Zufallsvariablen η_1 und η_2 sind demnach standardisiert normal verteilt und stochastisch unabhängig, weil ihre gemeinsame Dichtefunktion $\varphi(u_1, u_2)$ aus dem Produkt der eindimensionalen Dichtefunktionen $\varphi_1(u_1)$ und $\varphi_2(u_2)$ hervorgeht, die ihrerseits die Dichtefunktion der standardisierten eindimensionalen Normalverteilung darstellen (1.422).

Man erkennt, daß für $\varrho = 0$ gilt: $u_2 = x_2$, so daß im Falle eines verschwindenden Korrelationskoeffizienten ξ_1 und ξ_2 selber stochastisch unabhängig sind.

Es gilt:

$$F_1(a_1) = \int\limits_{u_1=-\infty}^{a_1} \frac{1}{\sqrt{2\pi}}\, e^{-\frac{u_1^2}{2}} \left\{ \int\limits_{u_2 = \lim\limits_{x_2\to-\infty}\left[\frac{x_2-\varrho u_1}{\sqrt{1-\varrho^2}}\right]}^{\lim\limits_{x_2\to+\infty}\left[\frac{x_2-\varrho u_1}{\sqrt{1-\varrho^2}}\right]} \frac{1}{\sqrt{2\pi}}\, e^{-\frac{u_2^2}{2}}\, du_2 \right\} du_1 .$$

Das innere Integral nimmt für jedes endliche u_1 den Wert 1 und für $u_1 \to -\infty$ einen Wert h, $0 \leqq h \leqq 1$, an. Läßt man im Intervall $-\infty \leqq u_1 \leqq -M$ einen mittleren Wert $\bar{h}(M)$ für das innere Integral gelten, so ist:

$$\int_{u_1=-M}^{a_1} \frac{1}{\sqrt{2\pi}} e^{-\frac{u_1^2}{2}} du_1 \leqq \int_{u_1=-\infty}^{-M} \bar{h}(M) \frac{1}{\sqrt{2\pi}} e^{-\frac{u_1^2}{2}} du_1 + \int_{u_1=-M}^{a_1} \frac{1}{\sqrt{2\pi}} e^{-\frac{u_1^2}{2}} du_1 =$$

$$= F_1(a_1) \leqq \int_{u_1=-\infty}^{a_1} \frac{1}{\sqrt{2\pi}} e^{-\frac{u_1^2}{2}} du_1 .$$

Für $M \to \infty$ strebt aber die linke Seite gegen den Wert der rechten Seite, so daß

$$F_1(a_1) = \int_{x_1=-\infty}^{a_1} \frac{1}{\sqrt{2\pi}} e^{-\frac{x_1^2}{2}} dx_1 .$$

Aus Symmetriegründen wird analog

$$F_2(a_2) = \int_{x_2=-\infty}^{a_2} \frac{1}{\sqrt{2\pi}} e^{-\frac{x_2^2}{2}} dx_2 .$$

Beide Randverteilungen fallen also standardisiert-normal aus. Für $\varrho = 0$ sind sie, wie gesagt, sogar unabhängig.

1.43. Empirische Bestimmung von Verteilungsfunktionen

Es gibt in der Wahrscheinlichkeitsrechnung eine große Anzahl von sog. theoretischen Verteilungen, deren Verteilungsfunktionen analytisch darstellbar sind. In den Beispielen der Abschn. 1.422 und 1.424 wurden solche Verteilungen behandelt. Daneben aber existieren noch jene Verteilungen, die sich analytisch nicht ohne weiteres formulieren lassen. Solche Verteilungen müssen empirisch bestimmt werden. Oft handelt es sich auch darum, auf Grund empirisch aufgenommener Verteilungen festzustellen, ob die betreffenden Zufallsvariablen einem theoretischen Verteilungsgesetz gehorchen, und welchem. Die Beantwortung dieser Frage fällt ins Gebiet der Statistik (vgl. 2.6). Hier soll lediglich gezeigt werden, wie bei der Aufnahme einer Verteilung vorzugehen ist.

Die Bestimmung einer Verteilung läuft auf die Bestimmung von Wahrscheinlichkeiten hinaus. Setzt man die Wahrscheinlichkeit eines Ereignisses dem Grenzwert seiner relativen Häufigkeit gleich (1.22), so müßten strenggenommen unendlich viele unabhängige Beobachtungen angestellt werden, ehe numerische Aussagen über die entsprechenden Wahrscheinlichkeiten möglich wären. Aus naheliegenden Gründen hat man sich mit einer endlichen Zahl Beobachtungen zu begnügen. Eine solche endliche Serie von N Beobachtungen nennt man eine *Stichprobe* des Umfangs N. Man geht nun von der Annahme aus, daß diese Stichprobe einen mehr oder weniger guten Einblick in die Gesamtheit von Beobachtungen gewährt, die man bei unendlich fortgesetzten Untersuchungen gewinnen würde und die man als *Grundgesamtheit* bezeichnet (vgl. 1.832).

Selbstverständlich hängt die Güte der Abschätzung der Grundgesamtheit vom Umfang der Stichprobe und von der Geschicklichkeit ab, mit welcher man sie aufbaut. Die Technik wirtschaftlicher Stichprobenerhebung stellt ein wichtiges Kapitel der Statistik dar und es ist durchaus denkbar, zu diesem Zwecke Methoden des Operations Research anzuwenden. Hier ist darauf nicht weiter einzutreten. Statt dessen wird vorausgesetzt, die Resultate einer Stichprobenerhebung seien bereits verfügbar.

1.431. Eindimensionaler Fall

Eine Zufallsvariable ξ sei in N unabhängigen Beobachtungen gemessen worden: es liegen die bereits der Größe nach geordneten Werte $x^{(1)} \leqq x^{(2)} \leqq \cdots \leqq x^{(i)} \leqq \cdots \leqq x^{(N)}$ vor. Zu jedem Index i führe man nun zwei Indizes j und J ein. Es gelte

$$\begin{aligned} j = J = i \quad & \text{wenn} \quad x^{(i-1)} < x^{(i)} < x^{(i+1)}, \\ j = i - s_{\max} \quad & \text{wenn} \quad x^{(i-s)} = x^{(i)}, \qquad s \in \{1, 2, \ldots, i-1\}, \\ J = i + t_{\max} \quad & \text{wenn} \quad x^{(i)} = x^{(i+t)}, \qquad t \in \{1, 2, \ldots, N-i\}. \end{aligned}$$

Das heißt: j ist der kleinste Index, J der größte, welcher zu einer Folge von gleichen Meßwerten x gehört.

Die Treppenkurve der kumulierten empirischen relativen Häufigkeit wird dann bestimmt aus

$$H(\xi \leqq x) = \begin{cases} 0 & \text{für} \quad x < x^{(1)} \\ \dfrac{J}{N} & \text{für} \quad x^{(j)} \leqq x < x^{(J+1)}, \quad j, J \in \{1, 2, \ldots, N-1\} \\ 1 & \text{für} \quad x^{(N)} \leqq x \end{cases}$$

oder auch

$$H(\xi < x) = \begin{cases} 0 & \text{für} \quad x \leqq x^{(1)} \\ \dfrac{j-1}{N} & \text{für} \quad x^{(j-1)} < x \leqq x^{(J)}, \quad j, J \in \{2, 3, \ldots, N\} \\ 1 & \text{für} \quad x^{(N)} < x. \end{cases}$$

Dies sei sofort an einem Zahlenbeispiel illustriert:

i	1	2	3	4	5	6	7	8	9	$10=N$
$x^{(i)}$	100	100	100	120	130	130	150	170	200	200
j	1	1	1	4	5	5	7	8	9	9
J	3	3	3	4	6	6	7	8	10	10

Daraus ergibt sich die reduzierte Tabelle:

$x^{(j)} = x^{(J)}$	100	120	130	150	170	200
j	1	4	5	7	8	9
J	3	4	6	7	8	10

und man erhält

$$H(\xi \leqq x) = \begin{cases} 0 & \text{für} \quad x < 100 \\ \frac{3}{10} & \text{für} \quad 100 \leqq x < 120 \\ \frac{4}{10} & \text{für} \quad 120 \leqq x < 130 \\ \frac{6}{10} & \text{für} \quad 130 \leqq x < 150 \\ \frac{7}{10} & \text{für} \quad 150 \leqq x < 170 \\ \frac{8}{10} & \text{für} \quad 170 \leqq x < 200 \\ 1 & \text{für} \quad 200 \leqq x; \end{cases}$$

$$H(\xi < x) = \begin{cases} 0 & \text{für} \quad x \leqq 100 \\ \frac{4-1}{10} = \frac{3}{10} & \text{für} \quad 100 < x \leqq 120 \\ \frac{5-1}{10} = \frac{4}{10} & \text{für} \quad 120 < x \leqq 130 \\ \frac{7-1}{10} = \frac{6}{10} & \text{für} \quad 130 < x \leqq 150 \\ \frac{8-1}{10} = \frac{7}{10} & \text{für} \quad 150 < x \leqq 170 \\ \frac{9-1}{10} = \frac{8}{10} & \text{für} \quad 170 < x \leqq 200 \\ 1 & \text{für} \quad 200 < x. \end{cases}$$

Oft liegen über das Verhalten einer Zufallsvariablen gewisse theoretische Kenntnisse vor: so wird man beispielsweise meist wissen, ob die Variable stetig oder diskret ist, im letzteren Falle vielleicht auch, welche diskreten Werte sie annimmt. Solche Sachkenntnisse sind wichtig für die Abschätzung der Verteilungsfunktion.

Ist im Falle des behandelten Beispiels bekannt, daß ξ diskret ist und nur die Werte $x_\nu = 100, 120, 130, 150, 170, 200$ annehmen kann, so wird man die Verteilungsfunktion approximieren:

$$F_R(x) = P(\xi \leqq x) \approx H(\xi \leqq x).$$

Der Index R bei $F_R(x)$ soll auf die rechtsseitige Stetigkeit der Verteilungsfunktion hinweisen. Zieht man die andere Definition der Verteilungsfunktion vor (vgl. 1.411), so ist diese linksseitig stetig (Index L) und es gilt

$$F_L(x) = P(\xi < x) \approx H(\xi < x).$$

Eventuell können die Werte $F_R(x)$ bzw. $F_L(x)$ von Auge oder nach einer Ausgleichsrechnung leicht korrigiert werden, doch ist hiebei die nötige Vorischt geboten. Beide Verteilungsfunktionen sind in Abb. 1.17 dargestellt.

Ist im Falle des behandelten Beispiels indessen bekannt, daß ξ eine stetige Variable ist, so gilt (vgl. 1.421)

$$P(\xi \leqq x) = P(\xi < x).$$

Dann sollte aber auch

$$F_R(x) = F_L(x)$$

und man wird vernünftigerweise approximieren

$$F(x) \approx \tfrac{1}{2}[H(\xi \leqq x) + H(\xi < x)].$$

Dies wirkt sich an den Meßpunktstellen dahin aus, daß die mittlere Ordinatenhöhe verwendet wird (Abb. 1.17), während man dazwischen

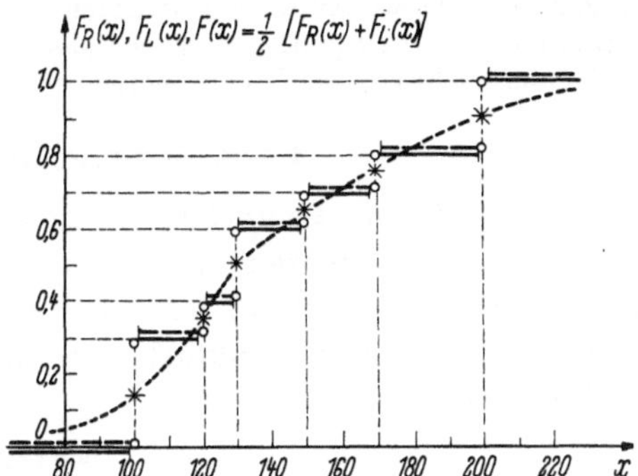

Abb. 1.17. Empirische Bestimmung einer Verteilungsfunktion

einen Kurvenzug von Auge legt. Rechnerisch liefert diese Approximation

$$F(x) \approx \frac{J + j - 1}{2N} \quad \text{für} \quad x = x^{(j)} = x^{(J)}, \quad j, J \in \{1, 2, \ldots, N\},$$

im Zahlenbeispiel also

$$F(x) \approx \begin{cases} \dfrac{3+1-1}{20} = \dfrac{3}{20} & \text{für} \quad x = 100 \\ \dfrac{4+4-1}{20} = \dfrac{7}{20} & \text{für} \quad x = 120 \\ \dfrac{6+5-1}{20} = \dfrac{10}{20} & \text{für} \quad x = 130 \\ \dfrac{7+7-1}{20} = \dfrac{13}{20} & \text{für} \quad x = 150 \\ \dfrac{8+8-1}{20} = \dfrac{15}{20} & \text{für} \quad x = 170 \\ \dfrac{10+9-1}{20} = \dfrac{18}{20} & \text{für} \quad x = 200. \end{cases}$$

Auch hier wird man oft von Auge oder nach einer Ausgleichsrechnung leicht korrigieren.

Mit der Durchführung der erwähnten Approximationen stellt sich natürlich sofort die Frage nach deren Zulässigkeit bzw. Genauigkeit. Diese Frage läßt sich in zwei verschiedene Richtungen präzisieren:

1. Entweder soll auf Grund der empirisch gefundenen Verteilung die Aussage geleistet werden, ob die untersuchte Variable ein bekanntes oder bis auf etwaige Paramter bekanntes Verteilungsgesetz $F(x)$ erfüllt. In diesem Falle kann man entweder auf den sog. χ^2-Test zurückgreifen (2.62) oder auf den Kolmogorov-Test (2.63); letzterer, ursprünglich für stetige Verteilungsfunktionen konzipiert, wurde von Rényi verbessert und später von Schmid [*B*] und Carnal [*C*] auf nicht-stetige Verteilungsfunktionen verallgemeinert. Da dieser Test auf einem Konvergenzverhalten für $N \to \infty$ beruht, das man sich für endliche N in Form von Abschätzungen zunutze machen muß, interessieren unter Umständen direkte, auf $N < \infty$ zugeschnittene Formeln; solche wurden von Nef behandelt [*D*].

2. Oder es soll auf Grund des Vergleichs von aus zwei unabhängigen Stichproben gefundenen empirischen Verteilungsfunktionen entschieden werden, ob diese beiden Verteilungsfunktionen mit genügender Wahrscheinlichkeit die unbekannte theoretische Verteilungsfunktion approximieren. Hiefür hat Smirnow, ausgehend vom weiter oben erwähnten Kolmogorov-Test, ein besonderes Prüfverfahren entwickelt (2.64), das gleichfalls vom ursprünglich stetigen Anwendungsgebiet auf nicht-stetige Gegebenheiten erweitert wurde [*B*, *C*].

1.432. Mehrdimensionaler Fall

Hier sind zwei Hauptfälle zu unterscheiden: jener, wo man weiß, daß die Komponenten des Zufallsvektors gegenseitig stochastisch unabhängig sind und wo man ihre eindimensionalen Verteilungsfunktionen daher getrennt aufnehmen und die gemeinsame Verteilungsfunktion gemäß

$$F(x_1, x_2, \ldots, x_k) = F_1(x_1) F_2(x_2) \ldots F_k(x_k)$$

berechnen kann (vgl. 1.423); und jener, wo die stochastische Unabhängigkeit nicht zum Voraus bekannt ist, so daß die gemeinsame Verteilung direkt aufgenommen werden muß.

Im ersteren Falle bestehen hinsichtlich der Bedingung

$$\Delta_{\nu_1} \Delta_{\nu_2} \ldots \Delta_{\nu_m} F(x_1, x_2, \ldots, x_k) \geqq 0 \quad \text{für} \quad \begin{cases} \nu_i \neq \nu_j, \, i \neq j \\ \nu_1, \nu_2, \ldots, \nu_m \in \{1, \ldots, k\} \\ m = 1, 2, \ldots, k \end{cases}$$

mit

$$\Delta_\nu F(x_1, \ldots, x_\nu, \ldots, x_k) = F(x_1, \ldots, x_\nu + h_\nu, \ldots, x_k) - \\ - F(x_1, \ldots, x_\nu, \ldots, x_k), \quad h_\nu > 0$$

keine Gefahren (vgl. 1.423), denn bei stochastischer Unabhängigkeit ist ja

$$\begin{aligned} &F(x_1, \ldots, x_\nu + h_\nu, \ldots, x_k) - F(x_1, \ldots, x_\nu, \ldots, x_k) \\ &\quad = F_1(x_1) \ldots F_\nu(x_\nu + h_\nu) \ldots F_k(x_k) - F_1(x_1) \ldots F_\nu(x_\nu) \ldots F_k(x_k) \\ &\quad = F_1(x_1) \ldots [F_\nu(x_\nu + h_\nu) - F_\nu(x_\nu)] \ldots F_k(x_k) \geqq 0, \end{aligned}$$

weil immer $F_\nu(x_\nu + h_\nu) - F_\nu(x_\nu) \geqq 0$ ausfallen wird. Es ist leicht einzusehen, daß mehrmalige Anwendung des Operators Δ_ν mit immer anderen Indizes ν an diesem Sachverhalt nichts ändert: bei k-maliger Anwendung erhält man beispielsweise

$$[F_1(x_1 + h_1) - F_1(x_1)] \ldots [F_\nu(x_\nu + h_\nu) - F_\nu(h_\nu)] \ldots$$
$$\ldots [F_k(x_k + h_k) - F_k(x_k)] \geqq 0 .$$

Der Fall nicht zum Voraus gegebener gegenseitiger stochastischer Unabhängigkeit der Komponenten soll nun für $k = 2$ näher untersucht werden. Bei $k > 2$ ist dann analog vorzugehen.

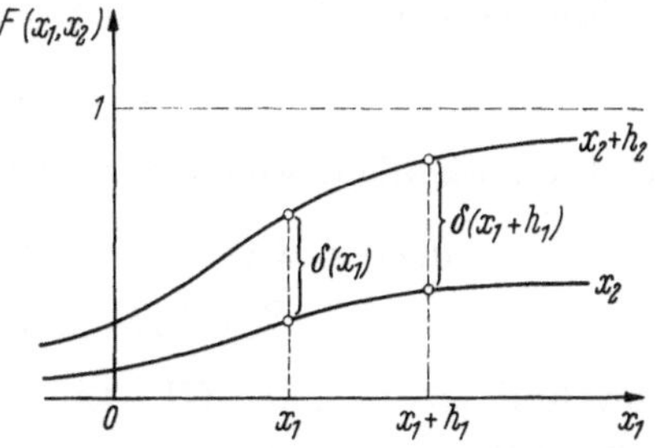

Abb. 1.18, Die vierte Bedingung für eine zweidimensionale Verteilungsfunktion

Ein Zufallsvektor $\vec{\xi} = [\xi_1, \xi_2]$ sei in N unabhängigen Beobachtungen gemessen worden. Es liegen also N Wertepaare $(x_1^{(i)}, x_2^{(i)})$ vor. Man wählt beispielsweise einen gemessenen Wert $x_2^{(i^*)}$ und zieht von allen N Wertepaaren nur jene in Betracht, wo die gemessenen Werte $x_2^{(i)}$ kleiner als oder höchstens gleich $x_2^{(i^*)}$ sind. Für diese beschränkte Auswahl bestimmt man die bedingte relative Häufigkeit $H_{1,\bar{1}}(\xi_1 \leqq x_1 \mid \xi_2 \leqq x_2^{(i^*)})$ nach den im Abschn. 1.431 dargelegten Regeln. Dieses Verfahren wiederholt man hierauf für alle oder einen vernünftigen Teil der vorkommenden Werte $x_2^{(i)}$.

Sodann bestimmt man die relative Häufigkeit $H_{\bar{1}}(\xi_2 \leqq x_2)$ ebenfalls nach den in 1.431 dargelegten Regeln, wobei man sich um die Werte $x_1^{(i)}$ nicht kümmert.

Schließlich bildet man

$$H(\xi_1 \leqq x_1, \xi_2 \leqq x_2) = H_{1,\bar{1}}(\xi_1 \leqq x_1 \mid \xi_2 \leqq x_2)\, H_{\bar{1}}(\xi_2 \leqq x_2)$$

und approximiert

$$F_R(x_1, x_2) = H(\xi_1 \leqq x_1, \xi_2 \leqq x_2)$$

bzw. wieder

$$F_L(x_1, x_2) = H(\xi_1 < x_1, \xi_2 < x_2).$$

Für als stetig erkannte Variable kann man dann

$$F(x_1, x_2) = \tfrac{1}{2}[H(\xi_1 \leqq x_1, \xi_2 \leqq x_2) + H(\xi_1 < x_1, \xi_2 < x_2)]$$

bilden.

Die Funktionen $F_R(x_1, x_2)$, $F_L(x_1, x_2)$ und $F(x_1, x_2)$ darf man jedoch noch nicht als empirisch gefundene Verteilungsfunktionen gelten lassen, ehe man sich nicht überzeugt hat, daß sie die zusätzliche vierte Bedingung für mehrdimensionale Verteilungsfunktionen erfüllen.

Seien $h_1 > 0$, $h_2 > 0$ und (vgl. Abb. 1.18):

$$F(x_1 + h_1, x_2 + h_2) - F(x_1 + h_1, x_2) = \delta(x_1 + h_1),$$
$$F(x_1, \quad x_2 + h_2) - F(x_1, \quad x_2) = \delta(x_1).$$

Dann verlangt die zusätzliche vierte Bedingung, daß

$$\delta(x_1 + h_1) - \delta(x_1) \geqq 0,$$

woraus

$$\delta(x_1 + h_1) \geqq \delta(x_1) \geqq 0,$$

d. h.: der Abstand $\delta(x_1)$ zweier Kurven $F(x_1, x_2 + h_2)$ und $F(x_1, x_2)$ muß für $h_2 > 0$ stets nichtnegativ sein und darf mit wachsendem x_1 nicht abnehmen. (Analoges gilt natürlich für den Abstand $F(x_1 + h_1, x_2) - F(x_1, x_2)$.)

Die Forderung, daß auch noch

$$\delta(x_1) \geqq 0,$$

wird verständlich, wenn man bedenkt, daß

$$\begin{aligned}\delta(x_1) &= F(x_1, x_2 + h_2) - F(x_1, x_2)\\ &= F_{\bar{2}}(x_1)\,[F_{2,\bar{2}}(x_2 + h_2 \mid x_1) - F_{2,\bar{2}}(x_2 \mid x_1)].\end{aligned}$$

Sowohl $F_{\bar{2}}(x_1)$ als auch $[F_{2,\bar{2}}(x_2 + h_2 \mid x_1) - F_{2,\bar{2}}(x_2 \mid x_1)]$ müssen nämlich nichtnegativ sein.

Es ist sehr einfach, ein Diagramm des Typs von Abb. 1.18 anläßlich der empirischen Aufnahme der Verteilung aufzuzeichnen und die normalerweise von Auge durchzuführende Glättung der gefundenen Funktion $F(x_1, x_2)$ der hier besprochenen Eigenschaft gerecht werden zu lassen.

1.44. Funktionen von Zufallsgrößen

In Abschn. 1.411 wurde für einen gegebenen Wahrscheinlichkeitsraum $[U, F, P]$ als Zufallsgröße ξ eine eindeutige Funktion $\xi(e)$ der elementaren Ereignisse aus U definiert, wobei die Menge aller jener $e \in U$, die $\xi(e) \leqq a$ liefern, bei jedem reellen a ein Ereignis aus F darstellt. Als Beispiel diente der Wurf mit einem homogenen Würfel, indem jeder werfbaren Augenzahl i (elementares Ereignis e_i) durch Festlegung einer Spielregel eine eindeutige Auszahlung zugeordnet war; da es sonst keine Auszahlungen gab, erfüllte ξ die Bedingungen für eine Zufallsvariable.

Näherliegend wäre es wohl gewesen, die Augenzahl selber als Zufallsvariable ζ aufzufassen. In der Tat sind die Zahlen $i = 1, 2, \ldots, 6$ ja eindeutige Funktionswerte aller elementaren Ereignisse $e_1, e_2, \ldots, e_6$, und wenn $\zeta(e)$ nur diese Werte annimmt, so ist damit der Forderung nach Beschränkung auf die zur Ereignisalgebra F gehörige Menge Genüge getan.

Solcherart sind ξ und ζ als Funktionen der gleichen elementaren Ereignisse miteinander verknüpft. Es muß daher auch möglich sein, die eine Zufallsgröße als Funktion der anderen darzustellen, wie dies etwa in Abb. 1.19 angedeutet ist (vgl. Tabelle von Abschn. 1.411, S. 39). Während hier nun ξ als eindeutige Funktion von ζ auftritt, ist das Umgekehrte nicht der Fall. Kennt man daher die Verteilung von ζ, so kann man aus ihr direkt die Verteilung von ξ bestimmen, während die Kenntnis der Verteilung von ξ nicht für die Berechnung der Verteilung von ζ ausreicht.

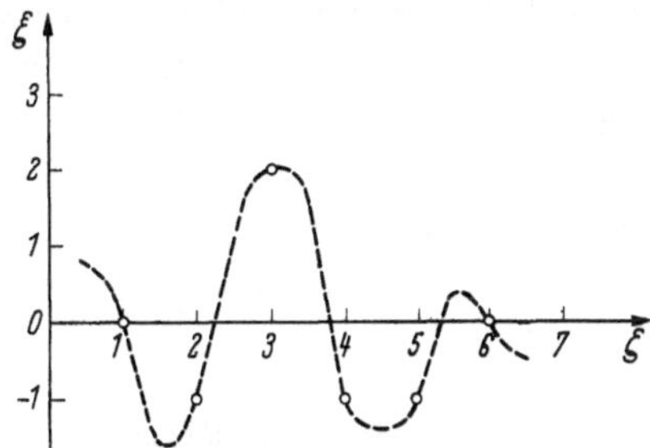

Abb. 1.19. Zusammenhang zweier Zufallsgrößen: die gestrichelte Kurve ist hier nach freiem Ermessen gelegt, nur die durch Kreise dargestellten Punkte entsprechen den Daten der Tabelle von Abschnitt 1.411.

Beispielsweise ist die Wahrscheinlichkeit für $\xi = 0$ ebenso groß wie jene für $\zeta = 1$ und $\zeta = 6$ zusammen und läßt sich daher aus der Kenntnis der letzteren bestimmen:

$$P\{\xi = 0\} = P\{\zeta = 1 \cup \zeta = 6\} = \tfrac{2}{6}.$$

Hingegen läßt sich die Wahrscheinlichkeit für $\zeta = 1$ nicht aus der etwaigen Tatsache berechnen, daß man die Wahrscheinlichkeit von $\xi = 0$ kennt, denn für $\xi = 0$ kann $\zeta = 1$ oder 6 sein.

Man hält also fest: sofern eine Variable ξ derart von einer Zufallsvariablen ζ abhängt: $\xi = g(\zeta)$, daß jeder Borelschen Menge von ξ-Werten eine Borelsche Menge von ζ-Werten entspricht, ist ξ selber eine Zufallsvariable. Ist $g(\zeta)$ überdies eindeutig, so läßt sich die Verteilungsfunktion von ξ aus jener von ζ berechnen. Im Folgenden werden diese Voraussetzungen stets als erfüllt angenommen werden.

Im allgemeinen Falle kann man sich die Aufgabe stellen, aus der gegebenen k-dimensionalen Verteilungsfunktion $F(x_1, x_2, \ldots, x_k)$ eines Zufallsvektors $[\xi_1, \xi_2, \ldots, \xi_k]$ die Verteilungsfunktion $\Phi(y_1, y_2, \ldots, y_m)$ eines Zufallsvektors $[\eta_1, \eta_2, \ldots, \eta_m]$ zu berechnen, wobei

$$\eta_i = g_i(\xi_1, \xi_2, \ldots, \xi_k), \qquad i = 1, 2, \ldots, m$$

(vgl. auch 1.46).

1.45. Momente einer Verteilung

Die Verteilungsfunktion beschreibt auf sehr allgemeine Art das Verhalten einer Zufallsvariablen. Oft ist es jedoch erwünscht, gewisse Kenngrößen einer Verteilung zu studieren, die unter Umständen bei Entscheidungsfragen eine wichtige Rolle spielen. Solche Kenngrößen sind in erster Linie die Momente einer Verteilung. Ihre Bestimmung ist stets verknüpft mit einer Summierung über Wahrscheinlichkeiten. Um dieses Problem möglichst allgemein angehen zu können, und auch für spätere Zwecke des Rechnens mit Verteilungsfunktionen, ist eine Erweiterung des Integralbegriffs erforderlich.

1.451. Das Stieltjes-Integral

Die vorliegende Darstellung bleibt auf das Notwendigste beschränkt und enthält keine Beweise. Näheres findet man beispielsweise bei [*16*].

Sei $g(x)$ eine im abgeschlossenen Intervall $[a, b]$, $a < b$, $|a|, |b| < \infty$ definierte stetige Funktion. Man zerlege $[a, b]$ durch die Punkte $x_1, x_2, \ldots, x_{n-1}$ in n Teilintervalle und setze $x_0 = a$ und $x_n = b$. In jedem Teilintervall wähle man einen beliebigen Punkt $\hat{x}_i$, so daß

$$x_{i-1} \leqq \hat{x}_i \leqq x_i, \qquad i = 1, 2, \ldots, n.$$

Dann wird

$$R_n = \sum_{i=1}^{n} g(\hat{x}_i)\,(x_i - x_{i-1}) = \sum_{i=1}^{n} g(\hat{x}_i)\,\Delta x_i$$

als Riemannsche Summe bezeichnet. Nach WEIERSTRASS besitzt die stetige Funktion $g(x)$ in jedem Teilintervall ein Minimum m_i und ein Maximum M_i, so daß

$$m_i \leqq g(\hat{x}_i) \leqq M_i, \qquad i = 1, 2, \ldots, n.$$

Daher gilt

$$\underline{S_n} = \sum_{i=1}^{n} m_i\,\Delta x_i \leqq R_n \leqq \sum_{i=1}^{n} M_i\,\Delta x_i = \overline{S_n}.$$

Man nennt $\underline{S_n}$ die Untersumme, $\overline{S_n}$ die Obersumme, sie sind auch als Darbouxsche Summen bekannt.

Bei einer Zerlegung, wo $(\Delta x_i)_{\max} \to 0$, also $n \to \infty$, konvergieren Unter-, Obersumme und dazwischenliegende Riemannsche Summe gegen denselben Grenzwert. Es gilt

$$\lim_{\substack{(\Delta x_i)_{\max} \to 0 \\ n \to \infty}} \left\{\sum_{i=1}^{n} g(\hat{x}_i)\,\Delta x_i\right\} = \int_{x=a}^{b} g(x)\,dx.$$

Läßt man die Voraussetzung der Stetigkeit von $g(x)$ in $[a, b]$ fallen und verlangt nur Beschränktheit, so konvergieren zwar Untersumme und Obersumme wieder, doch im allgemeinen gegen zwei verschiedene Grenzwerte, das untere Integral $\underline{\int_{x=a}^{b}} g(x)\,dx$ bzw. das obere Integral $\overline{\int_{x=a}^{b}} g(x)\,dx$. Eine Funktion $g(x)$ heißt im *Riemannschen Sinne integrierbar*, wenn unteres und oberes Integral übereinstimmen. Alle stetigen Funktionen sind in diesem Sinne integrierbar, ferner beschränkte Funktionen mit nur endlich vielen Unstetigkeitsstellen in $[a, b]$. Eine durch einen Sprung verursachte Unstetigkeitsstelle von $g(x)$ bewirkt nämlich in höchstens einem Riemannschen Summanden einen Fehler, der sich aber, weil mit $\Delta x_i \to 0$ multipliziert, nicht auswirken kann. Es gibt auch Spezialfälle, wo nicht einmal die Endlichkeit der Anzahl Unstetigkeitsstellen in $[a, b]$ notwendig ist.

Beim Studium von Funktionen von Zufallsvariablen ist nun oft eine Funktion $g(x)$ über einen Bereich ihrer Wahrscheinlichkeitsbelegung zu integrieren. Hat man es mit einer stetigen Verteilungsfunktion $F(x)$ zu tun, welche überdies noch eine stetige Ableitung $\frac{dF(x)}{dx} = f(x)$ besitzt, so bietet das Integral

$$\int_{x=a}^{b} g(x)\, f(x)\, dx = \int_{x=a}^{b} g(x) \frac{dF(x)}{dx}\, dx = \int_{x=a}^{b} g(x)\, dF(x)$$

keine Schwierigkeit, sofern $g(x)$ in $[a, b]$ stetig ist, weil das Produkt stetiger Funktionen, hier $g(x)\, f(x)$, bekanntlich wieder stetig ist. Wenn $g(x)$ beschränkt bleibt, so bilden auch einzelne Unstetigkeitsstellen von $g(x)$ oder $f(x)$ nach dem vorher Gesagten keine Gefahr, und sogar für $a \to -\infty$ und $b \to +\infty$ existiert dann das Integral, da ja $\int_{-\infty}^{+\infty} f(x)\, dx = 1$ und somit integrierbar ist.

Weist hingegen die Verteilungsfunktion $F(x)$ selber Sprungstellen auf, so ist überall dort $\frac{dF(x)}{dx}$ nicht definiert und der Riemannsche Integralbegriff gestattet die Integration $\int_{x=a}^{b} g(x)\, dF(x)$ nicht mehr.

Seien $F(x)$ also eine Verteilungsfunktion[1] mit rechtsseitiger Stetigkeit und $g(x)$ im Intervall $[a, b]$ stetig. In Anlehnung an die Definition einer Riemannschen Summe werde nun J_n definiert als Riemann-Stieltjessche Summe:

$$J_n = \sum_{i=1}^{n} g(\hat{x}_i)\,[F(x_i) - F(x_{i-1})] = \sum_{i=1}^{n} g(\hat{x}_i)\, \Delta F(x_i),$$

wobei wieder $a = x_0 < x_1 < \cdots < x_n = b$ und $x_{i-1} \leqq \hat{x}_i \leqq x_i$ für $i = 1, 2, \ldots, n$. Wenn dann für $(\Delta x_i)_{\max} \to 0$, also $n \to \infty$, die Summe J_n gegen einen bestimmten Grenzwert konvergiert:

$$\lim_{\substack{(\Delta x_i)_{\max} \to 0 \\ n \to \infty}} \left\{ \sum_{i=1}^{n} g(\hat{x}_i)\, \Delta F(x_i) \right\} = J,$$

so wird dieser das *Riemann-Stieltjes-Integral* (oder kurz Stieltjes-Integral) der Funktion $g(x)$ mit der integrierenden Funktion $F(x)$ genannt:

$$J = \int_{x=a}^{b} g(x)\, dF(x).$$

[1] Die Forderung, daß $F(x)$ eine Verteilungsfunktion sein soll, ist unnötigerweise streng. Es genügt, daß $F(x)$ eine in $[a, b]$ definierte nichtfallende Funktion von beschränkter Variation ist. Der Begriff „beschränkte Variation" ist definiert durch $\sum_{i=1}^{n} |F(x_i) - F(x_{i-1})| < \infty$ für alle möglichen Zerlegungen $a = x_0 < x_1 < \cdots < x_n = b$.

Wenn in $[a, b]$ gilt $F(x) = x$ oder wenn $\frac{dF(x)}{dx}$ existiert und im Riemannschen Sinne integrierbar ist, gibt J wieder das Riemannsche Integral, woraus die Verallgemeinerung ersehen werden kann.

Hat man eine graphische Darstellung von $F(x)$ als Ordinate und x als Abszisse geistig vor Augen, so bedeutet das Stieltjes-Integral im wesentlichen eine Integration über die Ordinate statt über die Abszisse (vgl. 1.454, 7. Regel).

Im folgenden bedeuten $b + o$ den Einschluß, $b - o$ den Ausschluß der oberen Integrationsgrenze b bezüglich des Integrationsintervalls und $a + o$ den Ausschluß, $a - o$ den Einschluß der unteren Integrationsgrenze a. Daher gelte wegen der rechtsseitigen Stetigkeit von $F(x)$ die Definition

$$\int_{x=a+o}^{b+o} g(x)\, dF(x) = \lim_{\substack{(\Delta x_i)_{\max}\to 0\\ n\to\infty}} \left\{\sum_{i=1}^{n} g(\hat{x}_i)\, \Delta F(x_i)\right\}$$

$$= \lim_{\substack{(\Delta x_i)_{\max}\to 0\\ n\to\infty}} \left\{\sum_{i=1}^{n-1} g(\hat{x}_i)\, \Delta F(x_i)\right\} + \lim_{x_{n-1}\to x_n = b} \{g(\hat{x}_n)\, \Delta F(x_n)\}$$

$$= \int_{x=a+o}^{b-o} g(x)\, dF(x) + g(b)\,[F(b) - F(b-o)].$$

Falls daher $g(b) \neq 0$ und $F(x)$ an der Stelle b einen Sprung aufweist, so ist

$$\int_{x=a+o}^{b+o} g(x)\, dF(x) - \int_{x=a+o}^{b-o} g(x)\, dF(x) = g(b)\,[F(b) - F(b-o)] \neq 0,$$

d. h., das Stieltjes-Integral kann über ein auf einen einzigen Punkt zusammengeschrumpftes x-Intervall von Null verschieden sein.

Insbesondere gilt dann für eine *diskrete*, rechtsseitig stetige Verteilungsfunktion $F(x)$ mit Sprungstellen in $a = c_1 < c_2 < \cdots < c_N = b$ und sonst keinen Änderungen

$$\int_{a+o}^{b+o} g(x)\, dF(x) = \sum_{i=2}^{N} g(c_i)\,[F(c_i) - F(c_i - o)]$$

und das Rieman-Stieltjes-Integral ersetzt eine gewöhnliche Reihe. Ist $g(x) = 1$, so wird in diesem Falle

$$\int_{a+o}^{b+o} dF(x) = \sum_{i=2}^{N} [F(c_i) - F(c_i - o)]$$

$$= F(c_2) - F(c_2 - o) + \cdots + F(c_N) - F(c_N - o).$$

Da aber $F(c_i - o) = F(c_{i-1})$, weil außer an den Sprungstellen keine Funktionsänderungen auftreten, gibt dies

$$\int_{a+o}^{b+o} dF(x) = F(c_N) - F(c_2 - o) = F(c_N) - F(c_1)$$
$$= F(b + o) - F(a + o)$$

und da $F(x)$ eine rechtsseitig stetige Funktion ist, also $F(b) = F(b+o)$ und $F(a) = F(a + o)$, ist

$$P(a < \xi \leqq b) = \int_{a+o}^{b+o} dF(x) = F(b + o) - F(a + o)$$
$$= F(b) - F(a) = \int_a^b dF(x).$$

Bei dieser Schreibweise:

$$\int_a^b dF(x) = F(b) - F(a),$$

die der Riemannschen Schreibweise gleicht, sind als Integrationsgrenzen bzw. Argumente also stets $b + o$ bzw. $a + o$ zu verwenden, sofern rechtsseitige Stetigkeit von $F(x)$ vorausgesetzt wird.

Im Falle $a \to -\infty$, $b \to +\infty$, existiert das Stieltjes-Integral

$$\int_{x=-\infty}^{+\infty} g(x)\, dF(x)$$

auch für stetige und beschränkte[1] Funktionen $g(x)$ und man geht gleich vor wie für gewöhnliche Integrale, indem man $\lim\limits_{\substack{a \to -\infty \\ b \to +\infty}} \int_{x=a}^{b} g(x)\, dF(x)$ berechnet. In gewissen Fällen existiert das Integral dann auch für unbeschränkte $g(x)$, was für die Wahrscheinlichkeitsrechnung von großer Bedeutung ist (Momentenbestimmung). Hier genügt dann allerdings nur mehr *absolute* Konvergenz des Integrals, d. h., $\int_{x=-\infty}^{+\infty} g(x)\, dF(x)$ existiert nur, wenn auch $\int_{x=-\infty}^{+\infty} |g(x)|\, dF(x)$ existiert[2].

---

[1] Jede in einem *abgeschlossenen* Intervall $[a, b]$ stetige Funktion ist in $[a, b]$ auch beschränkt. Wird jedoch über ein offenes Intervall $a \to -\infty$, $b \to +\infty$ integriert, so können sogar in endlichem Bereiche stetige Funktionen, z. B. $g(x) = x$, im Limesgebiet unbeschränkt negativ oder positiv werden; deshalb die Forderung „stetig *und beschränkt*".

[2] Man weiß aus der Theorie der unendlichen Reihen, daß die Summe einer nicht absolut konvergierenden Reihe durch Vertauschung der Glieder verschiedene Werte annehmen kann. Derartige Erscheinungen sind auch im Falle der Integration möglich und deshalb muß absolute Konvergenz gefordert werden.

Läßt man auch hier wieder die Voraussetzung der Stetigkeit von $g(x)$ fallen, so muß der Integralbegriff prinzipiell nochmals verallgemeinert werden (Lebesgue-Stieltjes-Integral). Doch kommt man häufig noch mit dem Riemann-Stieltjes-Integral aus. Deshalb sei auf die Behandlung des Lebesgue-Integrals verzichtet.

Das Riemann-Stieltjes-Integral hat folgende Haupteigenschaften:

1. seien c und k Konstante; dann gilt

$$\int_a^b c\, g(x)\, d[k\, F(x)] = c\, k \int_a^b g(x)\, dF(x);$$

2. $$\int_a^b [g_1(x) + g_2(x)]\, dF(x) = \int_a^b g_1(x)\, dF(x) + \int_a^b g_2(x)\, dF(x);$$

3. $$\int_a^b g(x)\, d[F_1(x) + F_2(x)] = \int_a^b g(x)\, dF_1(x) + \int_a^b g(x)\, dF_2(x);$$

4. für $a < b < c$ gilt

$$\int_a^c g(x)\, dF(x) = \int_a^b g(x)\, dF(x) + \int_b^c g(x)\, dF(x);$$

5. ist $g(x)$ stetig in a und b, so gilt

$$\int_a^b g(x)\, dF(x) = [g(x)\, F(x)]_a^b - \int_a^b F(x)\, dg(x).$$

1.452. Erwartungswert

Sei ξ eine Zufallsvariable mit der Verteilungsfunktion $F(x)$. Sei $g(\xi)$ eine eindeutige Funktion von ξ, welche die Voraussetzungen einer Zufallsvariablen erfülle (vgl. 1.44). Dann ist als Erwartungswert $E\{g(\xi)\}$ der Funktion $g(\xi)$ definiert

$$E\{g(\xi)\} = \int_{x=-\infty}^{+\infty} g(x)\, dF(x), \quad \text{sofern} \quad \int_{x=-\infty}^{+\infty} |g(x)|\, dF(x) < \infty.$$

Ist insbesondere $g(\xi) = \xi$, so ist

$$E(\xi) = \int_{x=-\infty}^{+\infty} x\, dF(x), \quad \text{sofern} \quad \int_{x=-\infty}^{+\infty} |x|\, dF(x) < \infty$$

der Erwartungswert der Zufallsgröße ξ selber.

Beispiele:

1. *Bernoulli-Verteilung*

$$\xi = \{0, 1\} \quad \text{mit} \quad P(\xi = 0) = q, \quad P(\xi = 1) = p, \quad q + p = 1.$$

Hier geht das Stieltjes-Integral über in eine gewöhnliche Summe

$$E(\xi) = 0\, q + 1\, p = p.$$

2. *Standardisierte Normalverteilung*

$$dF(x) = \frac{1}{\sqrt{2\pi}} e^{-\frac{x^2}{2}} dx.$$

$$E(\xi) = \frac{1}{\sqrt{2\pi}} \int_{x=-\infty}^{+\infty} x e^{-\frac{x^2}{2}} dx = \frac{1}{\sqrt{2\pi}} \int_{x=-\infty}^{+\infty} e^{-\frac{x^2}{2}} d\left(\frac{x^2}{2}\right) = -\frac{1}{\sqrt{2\pi}} e^{-\frac{x^2}{2}} \Big|_{-\infty}^{+\infty} = 0.$$

Man überlegt leicht, daß dieser Erwartungswert existiert, da

$$\int_{x=-\infty}^{+\infty} |x|\, dF(x) < \infty.$$

Die Bedeutung des Erwartungswerts wird am besten bei diskreten Verteilungen ersichtlich. Sei ξ eine Zufallsgröße, die nur die beschränkten Werte $\{x_1, x_2, \ldots, x_n\}$ mit den zugehörigen Wahrscheinlichkeiten $p_1, p_2, \ldots, p_n$ annimmt, $\sum_{i=1}^{n} p_i = 1$. Dann ist

$$E(\xi) = p_1 x_1 + p_2 x_2 + \cdots + p_n x_n = \frac{p_1 x_1 + p_2 x_2 + \cdots + p_n x_n}{p_1 + p_2 + \cdots + p_n}.$$

Dies ist aber das arithmetische Mittel der mit den Wahrscheinlichkeiten p_i gewichteten Werte x_i.

Stellt man sich einen Stab mit einer Massenbelegung p_i in den Punkten x_i vor, so ist wegen

$$E(\xi) \sum_{i=1}^{n} p_i = \sum_{i=1}^{n} p_i x_i$$

der Punkt $E(\xi)$ offenbar Massenmittelpunkt. Der Erwartungswert läßt sich in dieser Sicht gewissermaßen als erstes Moment einer Wahrscheinlichkeitsverteilung deuten.

1.453. Momente

Als Moment m-ter Ordnung einer Zufallsgröße ξ bezüglich des Punktes a bezeichnet man den Erwartungswert der Funktion

$$g(\xi) = (\xi - a)^m, \quad m = 0, 1, 2, \ldots$$

nämlich

$$\nu_m(a) = E\{(\xi - a)^m\} = \int_{x=-\infty}^{+\infty} (x - a)^m\, dF(x)$$

sofern

$$\int_{x=-\infty}^{+\infty} |x - a|^m\, dF(x) < \infty.$$

Ist $a = 0$, so spricht man vom *Nullmoment*, ist $a = E(\xi)$, so handelt es sich um das *Zentralmoment*, welches man häufig speziell symbolisiert

$$\mu_m = \nu_m[E(\xi)].$$

Man stellt fest, daß

$$\nu_0(0) = 1, \quad \nu_1(0) = E(\xi),$$
$$\mu_0 \;= 1, \quad \mu_1 \;= 0.$$

Besonders die ersten Momente spielen in der Statistik eine große Rolle. Das zweite Zentralmoment hat den speziellen Namen „Varianz" der Zufallsvariablen ξ erhalten:

$$\mu_2 = E\{[\xi - E(\xi)]^2\} = \operatorname{Var}\xi$$

und es ist das kleinste von sämtlichen Momenten zweiter Ordnung:

$$\begin{aligned}\nu_2(a) &= E\{[\xi - a]^2\} = E\{[\xi - E(\xi) + E(\xi) - a]^2\} \\ &= E\{[\xi - E(\xi)]^2 + 2[\xi - E(\xi)]\,[E(\xi) - a] + [E(\xi) - a]^2\}.\end{aligned}$$

Erinnert man sich an die Definition eines Erwartungswerts (1.452, vgl. auch 1.454), so erkennt man, daß dies geschrieben werden kann:

$$\begin{aligned}\nu_2(a) &= E\{[\xi - E(\xi)]^2\} + 2[E(\xi) - a]\,E\{[\xi - E(\xi)]\} + [E(\xi) - a]^2 \\ &= \mu_2 + 0 + [E(\xi) - a]^2\end{aligned}$$

woraus

$$\mu_2 = \nu_2(a) - [E(\xi) - a]^2.$$

Für $a \neq E(\xi)$ ist $[E(\xi) - a]^2 > 0$, womit die Behauptung bestätigt ist.

Diese Formel ist oft bei der Bestimmung von μ_2 nützlich, wenn man $a = 0$ setzt:

$$\mu_2 = \nu_2(0) - [E(\xi) - 0]^2$$

oder

$$\operatorname{Var}\xi = E(\xi^2) - E^2(\xi).$$

Setzt man die Analogie von Abschn. 1.452 fort, indem man wiederum einen Stab mit der Massenbelegung p_i in den Punkten x_i betrachtet, so ist

$$\mu_2 = E\{[\xi - E(\xi)]^2\} = \sum_{i=1}^{n} [x_i - E(\xi)]^2\, p_i = \frac{\sum_{i=1}^{n} [x_i - E(\xi)]^2\, p_i}{\sum_{i=1}^{n} p_i}$$

und wegen

$$\mu_2 \sum_{i=1}^{n} p_i = \sum_{i=1}^{n} [x_i - E(\xi)]^2\, p_i$$

läßt sich μ_2 als Massenträgheitsmoment, bezogen auf den Massenmittelpunkt $E(\xi)$, auffassen. Die Definition der Varianz μ_2 als zweites Zentralmoment einer Wahrscheinlichkeitsverteilung ist also durchaus begründet. Die weiter oben hergeleitete Beziehung

$$\mu_2 = \nu_2(a) - [E(\xi) - a]^2$$

entspricht dem aus der Mechanik bekannten Steinerschen Verschiebungssatz.

Die positive Quadratwurzel aus der Varianz wird als Standardabweichung von ξ bezeichnet.

Da ein Moment m-ter Ordnung existiert, wenn $\int\limits_{x=-\infty}^{+\infty} |x-a|^m dF(x) < \infty$, existieren bei Erfüllung dieser Voraussetzung auch alle Momente niedrigerer Ordnung. Tatsächlich ist ja

$$|x-a|^{m-1} \leqq |x-a|^m + 1, \quad m = 1, 2, \ldots$$

Beispiele:

1. *Bernoulli-Verteilung*

$$\xi = \{0, 1\} \quad \text{mit} \quad P(\xi = 0) = q, P(\xi = 1) = p, q + p = 1$$

$$\begin{aligned} \operatorname{Var}\xi &= \int\limits_{x=-\infty}^{+\infty} [x - E(\xi)]^2\, dF(x) = (-p)^2 q + (1-p)^2 p \\ &= p^2 q + q^2 p = q\,p(p+q) \\ &= q\,p \end{aligned}$$

2. *Standardisierte Normalverteilung*

$$dF(x) = \frac{1}{\sqrt{2\pi}} e^{-\frac{x^2}{2}} dx$$

$$\begin{aligned} \operatorname{Var}\xi &= \frac{1}{\sqrt{2\pi}} \int\limits_{x=-\infty}^{+\infty} [x-0]^2 e^{-\frac{x^2}{2}} dx = \frac{1}{\sqrt{2\pi}} \int\limits_{x=-\infty}^{+\infty} x\,x\,e^{-\frac{x^2}{2}} dx \\ &= \frac{1}{\sqrt{2\pi}} \left[-x\,e^{-\frac{x^2}{2}} \Big|_{-\infty}^{+\infty} + \int\limits_{x=-\infty}^{+\infty} e^{-\frac{x^2}{2}} dx \right] = 1 \end{aligned}$$

Die anläßlich der Bestimmung des Erwartungswertes von ξ in Abschn. 1.452, Beispiel 2, angestellte Überlegung, daß $\int\limits_{x=-\infty}^{+\infty} |x|\, dF(x) < \infty$ erfüllt ist, erweist sich hier also als überflüssig; da das zweite Moment existiert, muß natürlich auch das erste existieren.

Die standardisierte Normalverteilung hat also den Erwartungswert 0 und die Varianz 1, was man auch abgekürzt andeutet: NV(0, 1).

1.454. Rechenregeln für Erwartungswert und Varianz

1. Regel: *Sei a eine beliebige Konstante. Dann ist $E(a) = a$.*

Beweis: Man kann a als Zufallsvariable ξ auffassen, $\xi = a$, so daß $P(\xi = a) = 1$. Dann ist

$$E(a) = E(\xi) = \int\limits_{x=-\infty}^{+\infty} x\, dF(x) = a \cdot 1 = a.$$

2. Regel: *Sei a eine beliebige Konstante. Dann ist, wenn $E(\xi)$ existiert, $E(a\,\xi) = a\,E(\xi)$.*

Beweis:

$$E(a\,\xi) = \int\limits_{x=-\infty}^{+\infty} a\,x\, dF(x) = a \int\limits_{x=-\infty}^{+\infty} x\, dF(x) = a\,E(\xi).$$

3. Regel: *Seien ξ_1 und ξ_2 zwei Zufallsvariable, die voneinander unabhängig oder abhängig sein mögen. Dann ist, wenn $E(\xi_1)$ und $E(\xi_2)$ existieren,*

$$\underline{E(\xi_1 + \xi_2) = E(\xi_1) + E(\xi_2)}.$$

Beweis:

$$E(\xi_1 + \xi_2) = \int_{x_1=-\infty}^{+\infty} \int_{x_2=-\infty}^{+\infty} (x_1 + x_2)\, dF(x_1, x_2).$$

$F(x_1, x_2)$ ist die gemeinsame Verteilungsfunktion von $[\xi_1, \xi_2]$. Wenn im folgenden die Integrationsgrenzen weggelassen sind, so soll dies stets bedeuten, daß von $-\infty$ bis $+\infty$ integriert wird.

Man erhält

$$\begin{aligned} E(\xi_1 + \xi_2) &= \int\int x_1\, dF(x_1, x_2) + \int\int x_2\, dF(x_1, x_2) \\ &= \int x_1 \left\{\int dF_{2,\bar{2}}(x_2 \mid x_1)\right\} dF_1(x_1) + \int x_2 \left\{\int dF_{1,\bar{1}}(x_1 \mid x_2)\right\} dF_2(x_2) \\ &= \int x_1\, dF_1(x_1) + \int x_2\, dF_2(x_2) \\ &= E(\xi_1) + E(\xi_2). \end{aligned}$$

4. Regel: *Seien $\xi_1, \xi_2, \ldots, \xi_n$ beliebige, unabhängige oder abhängige Zufallsvariable mit existierenden Erwartungswerten, und seien $a_0, a_1, a_2, \ldots, a_n$ Konstante, $n < \infty$. Dann lautet der Erwartungswert $E(\zeta)$ der Größe $\zeta = a_0 + a_1 \xi_1 + a_2 \xi_2 + \cdots + a_n \xi_n$:*

$$\underline{E(\zeta) = a_0 + a_1 E(\xi_1) + a_2 E(\xi_2) + \cdots + a_n E(\xi_n)}.$$

Beweis: durch vollständige Induktion mit Hilfe der Regeln 1 bis 3.

Diese Regel zeigt, daß die Erwartungswertbildung eine lineare Operation ist.

5. Regel: *Seien $\xi_1, \xi_2, \ldots, \xi_n$ beliebige, unabhängige oder abhängige Zufallsvariable mit existierenden Erwartungswerten $X_1, X_2, \ldots, X_n$, und sei $g(\xi_1, \xi_2, \ldots, \xi_n)$ eine über den Bereich der vorkommenden Wertetupel $(x_1, x_2, \ldots, x_n)$ annähernd lineare Funktion, $n < \infty$. Dann gilt*

$$\underline{E\{g(\xi_1, \xi_2, \ldots, \xi_n)\} \cong g(X_1, X_2, \ldots, X_n)}.$$

Beweis: Ist $g(\xi_1, \xi_2, \ldots, \xi_n)$ annähernd linear, so kann man die Taylor-Entwicklung nach den ersten Differentialquotienten[1] abbrechen:

$$g(\xi_1, \xi_2, \ldots, \xi_n) \cong g(X_1, X_2, \ldots, X_n) + \sum_{i=1}^{n} \frac{\partial g(X_1, X_2, \ldots, X_n)}{\partial \xi_i} (\xi_i - X_i).$$

Bedenkt man, daß $g(X_1, X_2, \ldots, X_n)$ und $\dfrac{\partial g(X_1, X_2, \ldots, X_n)}{\partial \xi_i}$ Konstante

[1] Hier und auch später (vgl. Regeln 16, 17) wird $\left.\dfrac{\partial g(\xi_1, \xi_2, \ldots \xi_n)}{\partial \xi_i}\right|_{\xi_j = X_j, j=1\ldots n}$ der Einfachheit halber $\dfrac{\partial g(X_1, X_2, \ldots X_n)}{\partial \xi_i}$ geschrieben.

sind und daß $E(\xi_i - X_i) = 0$, so ist unter Verwendung der 4. Regel die Behauptung nachgewiesen.

Diese Regel darf nur bei Erfüllung der Linearitätsvoraussetzung zur Anwendung gebracht werden. Im allgemeinen ist der Erwartungswert einer Funktion keineswegs gleich der Funktion an der Stelle des Erwartungswerts. Dann wird der Erwartungswert von $g(\xi_1, \xi_2, \ldots, \xi_n)$ über die Verteilung von $g(\xi_1, \xi_2, \ldots, \xi_n)$ oder von $(\xi_1, \xi_2, \ldots, \xi_n)$ bestimmt.

6. Regel: *Seien $A_1, A_2, \ldots, A_n$ punktfremde Ereignisse, so daß*

$$A_i A_j = \Phi, \qquad i \neq j$$

$$\sum_{i=1}^{n} A_i = U, \qquad n \leqq \infty$$

und sei ξ eine Zufallsvariable, deren Erwartungswert existiert. Dann gilt

$$\underline{E(\xi) = \sum_{i=1}^{n} E(\xi \mid A_i)\, P(A_i).}$$

Beweis: Sei $F(x)$ die Verteilungsfunktion von ξ und seien $F_i(x \mid A_i)$, $i = 1, \ldots, n$ die bedingten Verteilungsfunktionen von ξ bei A_i. Dann ist auf Grund der Formel der totalen Wahrscheinlichkeit (vgl. 1.35)

$$F(x) = \sum_{i=1}^{n} F_i(x \mid A_i)\, P(A_i).$$

Also wird

$$E(\xi) = \int x\, dF(x) = \int x\, d\sum_{i=1}^{n} F_i(x \mid A_i)\, P(A_i) = \sum_{i=1}^{n} P(A_i) \int x\, dF_i(x \mid A_i)$$

$$= \sum_{i=1}^{n} P(A_i)\, E(\xi \mid A_i) = E\{E(\xi \mid A_i)\}.$$

Der unbedingte Erwartungswert von ξ ist also gleich dem Erwartungswert der bedingten Erwartungswerte.

Diese Regel ist oft sehr nützlich und entspricht einer natürlichen Art des Denkens: vor ein kompliziertes Problem gestellt, wird man häufig vorerst einzelne Bestimmungsgrößen festhalten und die Aufgabe unter solchen frei gewählten Einschränkungen behandeln; hat man schließlich auf diese Art Einblick in die Zusammenhänge gewonnen, so kann man in einer zweiten Phase die Einschränkungen fallen lassen und die Aufgabe vollständig lösen. Besonders in der dynamischen Programmierung, wo sequentielle Entscheidungen zu treffen sind, findet diese Regel starke Anwendung.

[*1*] gibt ein anschauliches Beispiel an Hand der Bestimmung des Erwartungswerts der Weglänge, die ein Arbeiter zurücklegt, wenn ihm n Maschinen anvertraut sind, die er in zufälliger Folge bedienen muß.

7. Regel: *Sei ξ eine Zufallsvariable mit existierendem Erwartungswert. Dann gilt*

$$E(\xi) = \int\limits_{x=-\infty}^{+\infty} x\,dF(x) = -\int\limits_{x=-\infty}^{0} F(x)\,dx + \int\limits_{x=0}^{+\infty} [1 - F(x)]\,dx.$$

Beweis: Man setzt $F(x) = y$. Dann ist x eine eindeutige Funktion von y, $x = x(y)$, und es wird (vgl. Abb. 1.20):

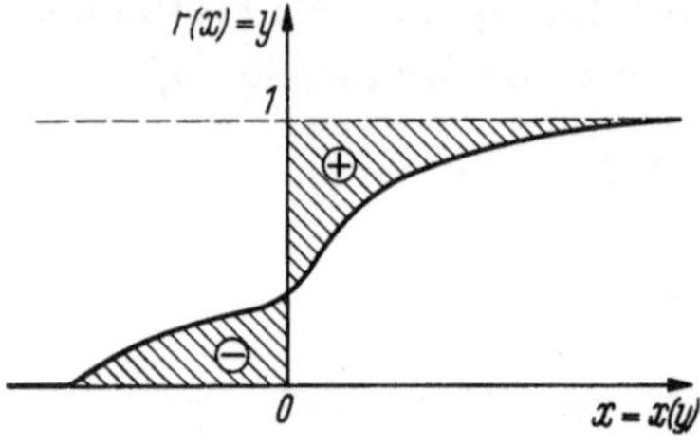

Abb. 1.20. Erwartungswert als Fläche

$$\int\limits_{x=-\infty}^{+\infty} x\,dF(x) = \int\limits_{y=0}^{1} x(y)\,dy.$$

Die rechte Seite dieser Gleichung stellt also ein gewöhnliches Integral über y dar, welches den zwischen der Kurve $x(y)$ und der y-Achse liegenden Flächeninhalt bestimmt. Der links von der y-Achse liegende Flächenteil wird dabei mit negativem, der rechts liegende mit positivem Vorzeichen gezählt.

Den gleichen Flächeninhalt kann man aber auch bei gewöhnlicher Integration über x erhalten:

$$\int\limits_{y=0}^{1} x(y)\,dy = -\int\limits_{x=-\infty}^{0} F(x)\,dx + \int\limits_{x=0}^{+\infty} [1 - F(x)]\,dx,$$

womit diese Regel bewiesen ist.

Für nichtnegative Variable ξ, $P(\xi < 0) = 0$, z. B. Zeiten, Lagerbestände, Produktionsmengen usw., gilt insbesondere

$$P(\xi < 0) = 0: \quad E(\xi) = \int\limits_{x=0}^{\infty} [1 - F(x)]\,dx.$$

8. Regel: *Seien ξ_1 und ξ_2 zwei beliebige, aber unabhängige Zufallsvariable mit existierenden Erwartungswerten. Dann ist*

$$E(\xi_1\,\xi_2) = E(\xi_1)\,E(\xi_2).$$

Beweis:

$$E(\xi_1\,\xi_2) = \iint x_1\,x_2\,dF(x_1, x_2).$$

Wegen der Unabhängigkeit gilt aber $F(x_1, x_2) = F_1(x_1)\,F_2(x_2)$. Daher wird

$$\begin{aligned} E(\xi_1\,\xi_2) &= \iint x_1\,x_2\,dF_1(x_1)\,dF_2(x_2) = \int x_1\,dF_1(x_1) \int x_2\,dF_2(x_2) \\ &= E(\xi_1)\,E(\xi_2). \end{aligned}$$

Diese Regel gilt nicht für abhängige Variable, wie das folgende Beispiel zeigt.

Beispiel: Sei $\xi_1 = \xi_2 = \xi = \{0, 1\}$ mit $P(\xi = 0) = q$, $P(\xi = 1) = p$, $q + p = 1$. Dann ist

$$E(\xi_1 \xi_2) = E(\xi^2) = \int x^2 \, dF(x) = 0q + 1p = p,$$

$$E(\xi_1) E(\xi_2) = E^2(\xi) = \left[\int x \, dF(x)\right]^2 = (0q + 1p)^2 = p^2.$$

Im allgemeinen ist bei Abhängigkeit von ξ_1 und ξ_2 also $E(\xi_1 \xi_2) \neq E(\xi_1) E(\xi_2)$. Ausnahmefälle, verursacht durch Form der Verteilungen und Art der Abhängigkeit, sind allerdings möglich.

Beispiel: ξ_1 nehme die Werte $x_1 = \{-3, -1, +1, +3\}$ mit den Wahrscheinlichkeiten $p_1(x_1) = \{\frac{1}{4}, \frac{1}{4}, \frac{1}{4}, \frac{1}{4}\}$ an. Sei $\xi_2 = \xi_1^2$, so daß ξ_2 die Werte $x_2 = \{1, 9\}$ mit den Wahrscheinlichkeiten $p_2(x_2) = \{\frac{1}{2}, \frac{1}{2}\}$ annimmt. Zwischen ξ_1 und ξ_2 besteht also funktionale Abhängigkeit. Es gilt die Tabelle

x_1	$p_1(x_1)$	x_2	$p_2(x_2 \mid x_1)$	$x_1 p_1(x_1) x_2 p_2(x_2 \mid x_1)$
-3	$\frac{1}{4}$	1	0	0
		9	1	$-\frac{27}{4}$
-1	$\frac{1}{4}$	1	1	$-\frac{1}{4}$
		9	0	0
$+1$	$\frac{1}{4}$	1	1	$+\frac{1}{4}$
		9	0	0
$+3$	$\frac{1}{4}$	1	0	0
		9	1	$+\frac{27}{4}$

Man findet

$$E(\xi_1) = \sum_i x_{1i} p_1(x_{1i}) = (-3 - 1 + 1 + 3) \tfrac{1}{4} = 0,$$

$$E(\xi_2) = \sum_j x_{2j} p_2(x_{2j}) = (1 + 9) \tfrac{1}{2} = 5,$$

woraus

$$E(\xi_1) E(\xi_2) = 0.$$

Für

$$E(\xi_1 \xi_2) = \sum_{i,j} x_{1i} x_{2j} p(x_{1i}, x_{2j}) = \sum_{i,j} x_{1i} p_1(x_{1i}) x_{2j} p_2(x_{2j} \mid x_{1i})$$

ergeben die Zahlen der Tabelle

$$E(\xi_1 \xi_2) = -\frac{27}{4} - \frac{1}{4} + \frac{1}{4} + \frac{27}{4} = 0,$$

so daß hier $E(\xi_1 \xi_2) = E(\xi_1) E(\xi_2)$, obwohl ξ_1 und ξ_2 voneinander abhangen.

9. Regel: *Sei $\vec{\xi}$ ein n-dimensionaler Zufallsvektor mit der Verteilungsfunktion $F(x_1, x_2, \ldots, x_n)$. Dann lauten die Erwartungswerte seiner Komponenten ξ_ν, sofern sie existieren:*

$$E(\xi_\nu) = \int \overset{(n)}{\cdots} \int x_\nu \, dF(x_1, x_2, \ldots, x_n)$$
$$= \int x_\nu \left\{ \int \overset{(n-1)}{\cdots} \int dF_{\bar{\nu},\nu}(x_1, \ldots, x_{\nu-1}, x_{\nu+1}, \ldots, x_n \mid x_\nu) \right\} dF_\nu(x_\nu)$$
$$= \int x_\nu \, dF_\nu(x_\nu)$$

und $E(\vec{\xi}) = [E(\xi_1), E(\xi_2), \ldots, E(\xi_n)]$ heißt der Erwartungsvektor von $\vec{\xi}$.

1. Beispiel: Standardisierte zweidimensionale Normalverteilung.

Gesucht ist der Erwartungsvektor des mit der Dichtefunktion

$$f(x_1, x_2) = \frac{1}{2\pi\sqrt{1-\varrho^2}} e^{-\frac{1}{2(1-\varrho^2)}(x_1^2 - 2\varrho x_1 x_2 + x_2^2)}$$

verteilten Zufallsvektors $\vec{\xi} = [\xi_1, \xi_2]$.

Gemäß (1.424), Beispiel 2, weiß man, daß

$$F_i(x_i) = \int\limits_{z=-\infty}^{x_i} \frac{1}{\sqrt{2\pi}} e^{-\frac{z^2}{2}} dz, \quad i = 1, 2.$$

Also ist

$$E(\xi_i) = \int\limits_{-\infty}^{+\infty} \frac{1}{\sqrt{2\pi}} x_i e^{-\frac{x_i^2}{2}} dx_i = 0, \quad i = 1, 2,$$

wie Beispiel 2 von (1.452) zeigte, und

$$E(\vec{\xi}) = [E(\xi_1), E(\xi_2)] = [0, 0].$$

2. Beispiel: Allgemeine zweidimensionale Normalverteilung.

Gesucht ist der Erwartungsvektor des mit der Dichtefunktion der allgemeinen zweidimensionalen Normalverteilung

$$f(y_1, y_2) = \frac{1}{2\pi\sigma_1\sigma_2\sqrt{1-\varrho^2}} e^{-\frac{1}{2(1-\varrho^2)}\left[\frac{(y_1-a_1)^2}{\sigma_1^2} - 2\varrho\frac{(y_1-a_1)(y_2-a_2)}{\sigma_1\sigma_2} + \frac{(y_2-a_2)^2}{\sigma_2^2}\right]}$$

verteilten Zufallsvektors $\vec{\eta} = [\eta_1, \eta_2]$.

Man setzt

$$x_i = \frac{y_i - a_i}{\sigma_i}, \quad i = 1, 2$$

und erhält

$$f(y_1, y_2)\, dy_1\, dy_2 = \frac{1}{2\pi\sqrt{1-\varrho^2}} e^{-\frac{1}{2(1-\varrho^2)}(x_1^2 - 2\varrho x_1 x_2 + x_2^2)} dx_1\, dx_2.$$

Daher gilt gemäß Beispiel 1

$$E(\xi_i) = 0, \quad i = 1, 2$$

und nach Regel 4 wird

$$E(\eta_i) = a_i, \quad i = 1, 2.$$

10. Regel: *Sei a eine beliebige Konstante. Dann ist* $\operatorname{Var} a = 0$.

Beweis: $\operatorname{Var} a = E\{[a - E(a)]^2\} = E\{[a - a]^2\} = E(0) = 0$.

11. Regel: *Sei a eine beliebige Konstante. Dann ist* $\operatorname{Var} a\,\xi = a^2 \operatorname{Var} \xi$.

Beweis: $\operatorname{Var} a\,\xi = E\{[a\,\xi - E(a\,\xi)]^2\} = a^2 E\{[\xi - E(\xi)]^2\} = a^2 \operatorname{Var} \xi$.

12. Regel: *Seien* ξ_1 *und* ξ_2 *zwei Zufallsvariable, die voneinander unabhängig oder abhängig sein mögen. Dann ist*

$$\operatorname{Var}(\xi_1 \pm \xi_2) = \operatorname{Var}\xi_1 + \operatorname{Var}\xi_2 \pm 2\operatorname{Var}(\xi_1, \xi_2),$$

wobei definiert ist: $\operatorname{Var}(\xi_1, \xi_2) = E\{[\xi_1 - E(\xi_1)]\,[\xi_2 - E(\xi_2)]\}$. *Man bezeichnet auch* $\operatorname{Var}(\xi_1, \xi_2)$ *als Kovarianz der Variablen* ξ_1 *und* ξ_2 *und schreibt* $\operatorname{Var}(\xi_1, \xi_2) = \operatorname{Cov}(\xi_1, \xi_2)$.

Beweis: Seien $E(\xi_1) = X_1$, $E(\xi_2) = X_2$. Dann ist

$$\begin{aligned}
\operatorname{Var}(\xi_1 \pm \xi_2) &= E\{[\xi_1 \pm \xi_2 - E(\xi_1 \pm \xi_2)]^2\} \\
&= E\{[(\xi_1 - X_1) \pm (\xi_2 - X_2)]^2\} \\
&= E\{(\xi_1 - X_1)^2\} + E\{(\xi_2 - X_2)^2\} \pm 2E\{(\xi_1 - X_1)(\xi_2 - X_2)\} \\
&= \operatorname{Var}\xi_1 + \operatorname{Var}\xi_2 \pm 2\operatorname{Var}(\xi_1, \xi_2)
\end{aligned}$$

13. Regel: *Seien* ξ_1 *und* ξ_2 *zwei voneinander* *unabhängige* *Zufallsvariable. Dann ist*

$$\underline{\operatorname{Var}(\xi_1 \pm \xi_2) = \operatorname{Var}\xi_1 + \operatorname{Var}\xi_2.}$$

Beweis: Allgemein gilt die 12. Regel. Also muß lediglich gezeigt werden, daß bei unabhängigen ξ_1 und ξ_2 gilt

$$\operatorname{Var}(\xi_1, \xi_2) = E\{(\xi_1 - X_1)(\xi_2 - X_2)\} = 0.$$

Nun ist aber

$$\begin{aligned}
E\{(\xi_1 - X_1)(\xi_2 - X_2)\} &= E\{\xi_1\,\xi_2 - X_1\,\xi_2 - X_2\,\xi_1 + X_1\,X_2\} \\
&= E(\xi_1\,\xi_2) - X_1\,X_2 \\
&= E(\xi_1\,\xi_2) - E(\xi_1)\,E(\xi_2)
\end{aligned}$$

und nach der 8. Regel ist die rechte Seite Null, wenn ξ_1 und ξ_2 unabhängig sind.

14. Regel: *Seien* $\xi_1, \xi_2, \ldots, \xi_n$ *beliebige, unabhängige oder abhängige Zufallsvariable, und seien* $a_0, a_1, a_2, \ldots, a_n$ *Konstante,* $n < \infty$. *Dann lautet die Varianz der Größe* $\zeta = a_0 + a_1\,\xi_1 + a_2\,\xi_2 + \cdots + a_n\,\xi_n$:

$$\underline{\operatorname{Var}\zeta = \sum_{i=1}^{n} a_i^2 \operatorname{Var}\xi_i + 2 \sum_{1 \le i < j \le n} a_i\,a_j \operatorname{Var}(\xi_i, \xi_j).}$$

Beweis: Durch vollständige Induktion mit Hilfe der Regeln 10 bis 12.

15. Regel: *Seien* $\xi_1, \xi_2, \ldots, \xi_n$ *beliebige,* *paarweise unabhängige* *Zufallsvariable, und seien* $a_0, a_1, a_2, \ldots, a_n$ *Konstante,* $n < \infty$. *Dann lautet die Varianz der Größe* $\zeta = a_0 + a_1\,\xi_1 + a_2\,\xi_2 + \cdots + a_n\,\xi_n$:

$$\underline{\operatorname{Var}\zeta = \sum_{i=1}^{n} a_i^2 \operatorname{Var}\xi_i.}$$

Beweis: Allgemein gilt die 14. Regel. Also muß lediglich gezeigt werden, daß bei paarweise unabhängigen Variablen gilt: $\mathrm{Var}(\xi_i, \xi_j) = 0$. Solches ist aber beim Beweis für die 13. Regel bereits demonstriert worden.

16. Regel: *Seien $\xi_1, \xi_2, \ldots, \xi_n$ beliebige, unabhängige oder abhängige Zufallsvariable mit existierenden Erwartungswerten $X_1, X_2, \ldots, X_n$, und sei $g(\xi_1, \xi_2, \ldots, \xi_n)$ eine über den Bereich der vorkommenden Wertetupel $(x_1, x_2, \ldots, x_n)$ annähernd lineare Funktion, $n < \infty$. Dann gilt*[1]

$$\mathrm{Var}\, g(\xi_1, \xi_2, \ldots, \xi_n) \cong \sum_{i=1}^{n} \left[\frac{\partial g(X_1, X_2, \ldots, X_n)}{\partial \xi_i}\right]^2 \mathrm{Var}\, \xi_i + \\ + 2 \sum_{1 \leqq i < j \leqq n} \left[\frac{\partial g(X_1, X_2, \ldots, X_n)}{\partial \xi_i} \frac{\partial g(X_1, X_2, \ldots, X_n)}{\partial \xi_j}\right] \mathrm{Var}(\xi_i, \xi_j).$$

Beweis: Man bricht die Taylor-Entwicklung von $g(\xi_1, \xi_2, \ldots, \xi_n)$ nach den ersten Differentialquotienten ab:

$$g(\xi_1, \xi_2, \ldots, \xi_n) \cong g(X_1, X_2, \ldots, X_n) + \sum_{i=1}^{n} \frac{\partial g(X_1, X_2, \ldots, X_n)}{\partial \xi_i} (\xi_i - X_i) \\ \cong g(X_1, X_2, \ldots, X_n) - \sum_{i=1}^{n} \frac{\partial g(\;)}{\partial \xi_i} X_i + \sum_{i=1}^{n} \frac{\partial g(\;)}{\partial \xi_i} \xi_i.$$

Bedenkt man, daß die beiden ersten Terme auf der rechten Seite Konstante sind, so erhält man unter Anwendung der 14. Regel das angegebene Resultat.

Im allgemeinen, wenn die Linearitätsvoraussetzung nicht eingehalten ist, muß die Varianz von $g(\xi_1, \xi_2, \ldots, \xi_n)$ über die Verteilung von $g(\xi_1, \xi_2, \ldots, \xi_n)$ oder von $(\xi_1, \ldots, \xi_n)$ bestimmt werden.

17. Regel: *Sind die Zufallsvariablen von Regel 16 paarweise unabhängig, so gilt*[1]

$$\mathrm{Var}\, g(\xi_1, \xi_2, \ldots, \xi_n) \cong \sum_{i=1}^{n} \left[\frac{\partial g(X_1, X_2, \ldots, X_n)}{\partial \xi_i}\right]^2 \mathrm{Var}\, \xi_i.$$

Beweis: Wie für die 16. Regel, jedoch unter Verwendung der Regel 15 statt 14.

1.455. Einfache Anwendungsbeispiele der Rechenregeln für Erwartungswert und Varianz

1. Beispiel: Erwartungswert und Varianz der Binomialverteilung. Sei ζ nach dem Binomialgesetz verteilt:

$$P_n(\zeta = r) = \binom{n}{r} p^r q^{n-r}, \qquad q + p = 1, \qquad r = 0, 1, \ldots n.$$

[1] Hier und auch später wird $\left.\frac{\partial g(\xi_1, \xi_2, \ldots \xi_n)}{\partial \xi_i}\right|_{\xi_j = X_j, j=1,\ldots n}$ der Einfachheit halber $\frac{\partial g(X_1, X_2, \ldots X_n)}{\partial \xi_i}$ geschrieben.

Dann gilt

$$E(\zeta) = \sum_{r=0}^{n} r \binom{n}{r} p^r q^{n-r}$$

$$\operatorname{Var}\zeta = \sum_{r=0}^{n} [r - E(\zeta)]^2 \binom{n}{r} p^r q^{n-r}.$$

Um diese mühsame Rechnung zu umgehen, stützt man sich auf die Regeln 4 und 15, sowie auf die in (1.422), Beispiel 2, erklärte Tatsache, daß die Binomialverteilung $P_n(r)$ die Wahrscheinlichkeit für r Treffer in n unabhängigen Bernoulli-Versuchen mit der jeweiligen Trefferwahrscheinlichkeit p angibt.

Sei ξ_i eine Zufallsvariable, die nur die Werte 0 oder 1 mit den Wahrscheinlichkeiten q bzw. p annimmt. Dann ist $\zeta = \xi_1 + \xi_2 + \cdots + \xi_n$ nach dem oben angegebenen Binomialgesetz verteilt. Wie in (1.452) und (1.453) gezeigt wurde, gilt

$$E(\xi_i) = p, \qquad \operatorname{Var}\xi_i = q\,p, \qquad i = 1, 2, \ldots, n.$$

Nach Regel 4 ist dann $E(\zeta) = n\,p$, nach Regel 15 $\operatorname{Var}\zeta = n\,q\,p$.

2. Beispiel: Erwartungswert und Varianz von Stichprobenmittelwerten.

Eine Zufallsvariable ξ werde in n unabhängigen Beobachtungen gemessen. Aus den zufälligen Meßwerten $x^{(1)}, x^{(2)}, \ldots, x^{(n)}$ bildet man das arithmetische Mittel $\bar{x}$:

$$\bar{x} = \frac{1}{n}(x^{(1)} + x^{(2)} + \cdots + x^{(n)}).$$

$\bar{x}$ ist der Wert einer Zufallsvariablen, denn er geht aus dem „Modell“ hervor:

$$\bar{\xi} = \frac{1}{n}(\xi_1 + \xi_2 + \cdots + \xi_n)$$

Darin sind $\xi_1, \xi_2, \ldots, \xi_n$ unabhängige Zufallsvariable mit der gleichen Verteilungsfunktion $F_i(x) = F(x)$, $i = 1, \ldots, n$. Also gilt nach den Regeln 4 und 15:

$$E(\bar{\xi}) = \frac{1}{n}[E(\xi_1) + E(\xi_2) + \cdots + E(\xi_n)] = \frac{1}{n} n\,E(\xi) = E(\xi),$$

$$\operatorname{Var}\bar{\xi} = \frac{1}{n^2}[\operatorname{Var}\xi_1 + \operatorname{Var}\xi_2 + \cdots + \operatorname{Var}\xi_n] = \frac{1}{n^2} n \operatorname{Var}\xi = \frac{\operatorname{Var}\xi}{n}.$$

Der Erwartungswert eines Stichprobenmittelwerts ist also gleich dem Erwartungswert der Einzelwerte, während seine Varianz nur den n-ten Teil der Einzelwertvarianz beträgt.

1.456. Kovarianz und Korrelationskoeffizient

In Abschn. 1.454 ist anläßlich der 12. Regel als Kovarianz zweier Zufallsvariabler ξ_1 und ξ_2 definiert worden:

$$\operatorname{Cov}(\xi_1, \xi_2) = \operatorname{Var}(\xi_1, \xi_2) = E\{[\xi_1 - E(\xi_1)]\,[\xi_2 - E(\xi_2)]\}.$$

Durch Ausrechnung erhält man auch

$$\operatorname{Cov}(\xi_1, \xi_2) = E(\xi_1 \xi_2) - E(\xi_1) E(\xi_2).$$

Als Spezialfall sei $\xi_1 = \xi_2 = \xi$ erwähnt, wo

$$\operatorname{Cov}(\xi, \xi) = E(\xi^2) - E^2(\xi) = \operatorname{Var} \xi$$

zur in (1.453) angegebenen Formel der Varianz einer Zufallsvariablen ξ führt.

Nach Regel 8 gilt für voneinander unabhängige Variable ξ_1 und ξ_2: $E(\xi_1 \xi_2) = E(\xi_1) E(\xi_2)$, so daß der *Satz* besteht:

Die Kovarianz zweier unabhängiger Zufallsvariabler ist Null.

Die Umkehrung dieses Satzes ist indessen nicht richtig: ist nämlich die Kovarianz zweier Zufallsvariabler Null, so können sie durchaus abhängig sein; lediglich *lineare* Abhängigkeit ist dann nicht möglich, wie man bald sehen wird.

Beispiel: Die im Abschn. 1.454 anläßlich der Regel 8 angeführten Variablen $\xi_1 = \{-3, -1, +1, +3\}$ und $\xi_2 = \xi_1^2 = \{1, 9\}$ sind funktional abhängig, doch ist $\operatorname{Cov}(\xi_1, \xi_2) = E(\xi_1 \xi_2) - E(\xi_1) E(\xi_2) = 0$.

Man führe die Größen

$$\xi_1^* = \frac{\xi_1 - E(\xi_1)}{\sqrt{\operatorname{Var} \xi_1}}, \qquad \xi_2^* = \frac{\xi_2 - E(\xi_2)}{\sqrt{\operatorname{Var} \xi_2}}$$

ein. Es gilt $E(\xi_i^*) = 0$, $\operatorname{Var} \xi_i^* = 1$, $i = 1, 2$. Dann nennt man Korrelationskoeffizient $\varrho(\xi_1, \xi_2)$ die Größe

$$\varrho(\xi_1, \xi_2) = \operatorname{Cov}(\xi_1^*, \xi_2^*).$$

Man kann $\operatorname{Cov}(\xi_1^*, \xi_2^*)$ entweder aus der Definition der Größen ξ_1^* und ξ_2^* berechnen:

$$\varrho(\xi_1, \xi_2) = \operatorname{Cov}(\xi_1^*, \xi_2^*) = E\left\{\left[\frac{\xi_1 - E(\xi_1)}{\sqrt{\operatorname{Var} \xi_1}}\right]\left[\frac{\xi_2 - E(\xi_2)}{\sqrt{\operatorname{Var} \xi_2}}\right]\right\} = \frac{\operatorname{Cov}(\xi_1, \xi_2)}{\sqrt{\operatorname{Var} \xi_1 \operatorname{Var} \xi_2}},$$

oder auf Grund der Erwartungswerte von ξ_1^* und ξ_2^*:

$$\varrho(\xi_1, \xi_2) = \operatorname{Cov}(\xi_1^*, \xi_2^*) = E\{(\xi_1^* - 0)(\xi_2^* - 0)\} = E(\xi_1^* \xi_2^*).$$

Der Korrelationskoeffizient zweier unabhängiger Zufallsvariabler mit positiven Varianzen ist also Null. Auch hier gilt die Umkehrung nicht, wie das erwähnte Beispiel zeigt. Indessen besteht der folgende *Satz*:

Seien ξ_1 und ξ_2 zwei Zufallsvariable mit positiven Varianzen. Dann ist $|\varrho(\xi_1, \xi_2)| \leq 1$. Die Werte $\varrho(\xi_1, \xi_2) = \pm 1$ werden nur angenommen, wenn es zwei Konstante a und b gibt, so daß lineare Abhängigkeit existiert:

$$\xi_2 = a\,\xi_1 + b.$$

Ist $\varrho(\xi_1, \xi_2) = 0$, so besteht keine lineare Abhängigkeit zwischen ξ_1 und ξ_2, d. h. $\xi_2 \neq a\,\xi_1 + b$.

Beweis: Nach Regel 12 von (1.454) ist

$$\begin{aligned}\operatorname{Var}(\xi_1^* \pm \xi_2^*) &= \operatorname{Var} \xi_1^* + \operatorname{Var} \xi_2^* \pm 2 \operatorname{Cov}(\xi_1^*, \xi_2^*) \\ &= 1 + 1 \pm 2\varrho(\xi_1, \xi_2) = 2[1 \pm \varrho(\xi_1, \xi_2)].\end{aligned}$$

Da eine Varianz stets nichtnegativ ist, muß

$$1 \pm \varrho(\xi_1, \xi_2) \geqq 0,$$

woraus $|\varrho(\xi_1, \xi_2)| \leqq 1$ folgt. Dies beweist die erste Behauptung des Satzes.

Sei nun $\varrho(\xi_1, \xi_2) = +1$. Dann ist offenbar

$$\mathrm{Var}(\xi_1^* - \xi_2^*) = 2[1 - \varrho(\xi_1, \xi_2)] = 0.$$

Somit gilt in Umkehrung der Regel 10 von (1.454)

$$\xi_1^* - \xi_2^* = \text{konst.}$$

oder

$$\frac{\xi_1 - E(\xi_1)}{\sqrt{\mathrm{Var}\,\xi_1}} - \frac{\xi_2 - E(\xi_2)}{\sqrt{\mathrm{Var}\,\xi_2}} = \text{konst.}$$

Daher lassen sich zwei Konstante a und b finden, daß $\xi_2 = a\,\xi_1 + b$.

Analoges gilt für $\varrho(\xi_1, \xi_2) = -1$: dann ist $\mathrm{Var}(\xi_1^* + \xi_2^*) = 0$. Solcherart ist die zweite Behauptung des Satzes bewiesen.

Sei nun $\xi_2 = a\,\xi_1 + b$ mit beliebigen Konstanten a und b. Dann lassen sich Konstante c und d finden, so daß $\xi_2^* = c\,\xi_1^* + d$.

Man stellt Proportionalität zwischen c und a fest:

$$\frac{\xi_2 - E(\xi_2)}{\sqrt{\mathrm{Var}\,\xi_2}} = c\,\frac{\xi_1 - E(\xi_1)}{\sqrt{\mathrm{Var}\,\xi_1}} + d$$

$$\xi_2 = c\,\frac{\sqrt{\mathrm{Var}\,\xi_2}}{\sqrt{\mathrm{Var}\,\xi_1}}\,\xi_1 + \text{konst.} \equiv a\,\xi_1 + b$$

woraus $a = 0$, wenn $c = 0$.

Für $\varrho(\xi_1, \xi_2) = 0$ ist $\mathrm{Var}(\xi_1^* \pm \xi_2^*) = \mathrm{Var}\,\xi_1^* + \mathrm{Var}\,\xi_2^*$. Durch Einsetzen wird

$$\mathrm{Var}[\xi_1^* \pm (c\,\xi_1^* + d)] = \mathrm{Var}\,\xi_1^* + \mathrm{Var}(c\,\xi_1^* + d)$$

oder

$$(1 \pm c)^2\,\mathrm{Var}\,\xi_1^* = (1 + c^2)\,\mathrm{Var}\,\xi_1^*.$$

Daher muß $(1 \pm c)^2 = (1 + c^2)$, und dies ist nur möglich für $c = 0$. Dann aber ist auch $a = 0$ und aus $\xi_2 = a\,\xi_1 + b$ wird $\xi_2 = b$. Somit müßte $\mathrm{Var}\,\xi_2 = \mathrm{Var}\,b = 0$. Dies widerspricht aber der Annahme des Satzes, daß $\mathrm{Var}\,\xi_2 > 0$. Somit kann für $\varrho(\xi_1, \xi_2) = 0$ eine lineare Beziehung $\xi_2 = a\,\xi_1 + b$ nicht existieren. Dies beendet den Beweis des Satzes.

1.457. Streuungsmatrix

Sei $\vec{\xi}$ ein n-dimensionaler Zufallsvektor mit der Verteilungsfunktion $F(x_1, x_2, \ldots, x_n)$. Dann lautet die Kovarianz D_{ij} der Komponenten ξ_i und ξ_j:

$$\begin{aligned} D_{ij} &= E\{[\xi_i - E(\xi_i)]\,[\xi_j - E(\xi_j)]\} \\ &= \int \overset{(n)}{\cdots} \int [x_i - E(\xi_i)]\,[x_j - E(\xi_j)]\,dF(x_1, x_2, \ldots, x_n). \end{aligned}$$

Die Größen D_{ij} heißen für $i \neq j$ *gemischte Zentralmomente* zweiter Ordnung der Variablen ξ_i und ξ_j. Es gilt

$$D_{ij} = D_{ji} = \operatorname{Cov}(\xi_i, \xi_j).$$

Für $i = j$ ist D_{ii} die Varianz der Variablen ξ_i:

$$D_{ii} = \operatorname{Var} \xi_i.$$

Die Korrelationskoeffizienten lassen sich ausdrücken

$$\varrho(\xi_i, \xi_j) = \frac{D_{ij}}{\sqrt{D_{ii} D_{jj}}}.$$

Die Größen D_{ij} werden in der sog. *Streuungsmatrix* D zusammengefaßt:

$$D = \begin{pmatrix} D_{11} & \dots & D_{1n} \\ \vdots & & \vdots \\ D_{n1} & \dots & D_{nn} \end{pmatrix}.$$

1. Beispiel: Standardisierte zweidimensionale Normalverteilung.

Die Dichtefunktion des Zufallsvektors $\vec{\xi} = [\xi_1, \xi_2]$ lautet

$$f(x_1, x_2) = \frac{1}{2\pi\sqrt{1-\varrho^2}} e^{-\frac{1}{2(1-\varrho^2)}(x_1^2 - 2\varrho x_1 x_2 + x_2^2)}.$$

Ferner sind gemäß (1.424), Beispiel 2, die Randverteilungsfunktionen bekannt

$$F_i(x_i) = \int_{z=-\infty}^{x_i} \frac{1}{\sqrt{2\pi}} e^{-\frac{z^2}{2}} dz, \qquad i = 1, 2.$$

Also wird

$$D_{ii} = \operatorname{Var} \xi_i = E(\xi_i^2) - E^2(\xi_i) = \int \frac{1}{\sqrt{2\pi}} x_i^2 e^{-\frac{x_i^2}{2}} dx_i - 0$$
$$= 1, \qquad i = 1, 2$$

und

$$D_{12} = D_{21} = \operatorname{Cov}(\xi_1, \xi_2) = E(\xi_1 \xi_2) - E(\xi_1) E(\xi_2) = E(\xi_1 \xi_2)$$
$$= \frac{1}{2\pi\sqrt{1-\varrho^2}} \iint x_1 x_2 e^{-\frac{1}{2(1-\varrho^2)}(x_1^2 - 2\varrho x_1 x_2 + x_2^2)} dx_1 dx_2.$$

Man substituiert wie in (1.424), Beispiel 2:

$$x_1 = u_1$$
$$x_2 = u_2\sqrt{1-\varrho^2} + \varrho u_1.$$

Die Funktionaldeterminante liefert

$$dx_1 dx_2 = du_1 du_2 \sqrt{1-\varrho^2}$$

und es gilt

$$D_{12} = D_{21} = \frac{1}{2\pi} \iint u_1 (u_2\sqrt{1-\varrho^2} + \varrho u_1) e^{-\frac{u_1^2}{2} - \frac{u_2^2}{2}} du_1 du_2$$
$$= \frac{\sqrt{1-\varrho^2}}{2\pi} \int u_1 e^{-\frac{u_1^2}{2}} \left\{ \int u_2 e^{-\frac{u_2^2}{2}} du_2 \right\} du_1 + \frac{\varrho}{2\pi} \int u_1^2 e^{-\frac{u_1^2}{2}} \left\{ \int e^{-\frac{u_2^2}{2}} du_2 \right\} du_1$$
$$= 0 + \varrho = \varrho.$$

Daher gilt für die zweidimensionale standardisierte Normalverteilung:

$$D = \begin{pmatrix} 1 & \varrho \\ \varrho & 1 \end{pmatrix}$$

und der Korrelationskoeffizient $\varrho(\xi_1, \xi_2)$ ist in diesem Falle gleich dem zweiten gemischten Zentralmoment

$$\varrho(\xi_1, \xi_2) = \frac{D_{12}}{\sqrt{D_{11} D_{22}}} = \frac{D_{12}}{\sqrt{1 \cdot 1}} = D_{12} = \varrho .$$

2. Beispiel: Allgemeine zweidimensionale Normalverteilung.
Die Dichtefunktion des Zufallsvektors $\vec{\eta} = [\eta_1, \eta_2]$ lautet

$$f(y_1, y_2) = \frac{1}{2\pi\,\sigma_1\,\sigma_2\sqrt{1-\varrho^2}}\, e^{-\frac{1}{2(1-\varrho^2)}\left[\frac{(y_1-a_1)^2}{\sigma_1^2} - 2\varrho\frac{(y_1-a_1)(y_2-a_2)}{\sigma_1\sigma_2} + \frac{(y_2-a_2)^2}{\sigma_2^2}\right]} .$$

Man setzt

$$x_i = \frac{y_i - a_i}{\sigma_i}, \qquad i = 1, 2$$

und erhält

$$f(y_1, y_2)\, dy_1\, dy_2 = \frac{1}{2\pi\sqrt{1-\varrho^2}}\, e^{-\frac{1}{2(1-\varrho^2)}(x_1^2 - 2\varrho x_1 x_2 + x_2^2)}\, dx_1\, dx_2 .$$

Daher gilt für den standardisierten Zufallsvektor

$$\vec{\xi} = [\xi_1, \xi_2] = \left[\frac{\eta_1 - a_1}{\sigma_1}, \frac{\eta_2 - a_2}{\sigma_2}\right]$$

gemäß vorangehendem Beispiel 1:

$$\mathbf{Var}\,\xi_i = 1, \qquad i = 1, 2$$

$$\mathrm{Cov}(\xi_1, \xi_2) = \varrho .$$

Aber

$$\eta_i = \sigma_i\,\xi_i + a_i, \qquad i = 1, 2,$$

so daß nach Regel 16:

$$\mathrm{Var}\,\eta_i = \sigma_i^2 = D_{ii}, \qquad i = 1, 2 .$$

Da $E(\eta_i) = a_i$, $i = 1, 2$, (vgl. Beispiel 2 zu Regel 9), wird

$$\mathrm{Cov}(\eta_1, \eta_2) = E\{(\eta_1 - a_1)(\eta_2 - a_2)\} = E\{(\sigma_1\,\xi_1)(\sigma_2\,\xi_2)\} = \sigma_1\,\sigma_2\,E(\xi_1\,\xi_2)$$

und auf Grund des vorhergehenden Beispiels 1 gibt dies

$$\mathrm{Cov}(\eta_1, \eta_2) = \sigma_1\,\sigma_2\,\varrho = D_{12} = D_{21} .$$

Die Streuungsmatrix lautet daher

$$D = \begin{pmatrix} \sigma_1^2 & \varrho\,\sigma_1\,\sigma_2 \\ \varrho\,\sigma_1\,\sigma_2 & \sigma_2^2 \end{pmatrix} .$$

1.46. Verteilungen von Funktionen von Zufallsgrößen

Sei $\vec{\xi} = [\xi_1, \xi_2, \ldots, \xi_k]$ ein Zufallsvektor mit bekannter Verteilungsfunktion $F(x_1, x_2, \ldots, x_k)$, und sei $\vec{\eta} = [\eta_1, \eta_2, \ldots, \eta_m]$ ein Zufallsvektor, dessen Komponenten η_i in eindeutiger Weise vom Vektor $\vec{\xi}$ abhangen:

$$\eta_i = g_i(\xi_1, \xi_2, \ldots, \xi_k), \qquad i = 1, 2, \ldots, m .$$

Dann lautet die Verteilungsfunktion $\Phi(y_1, y_2, \ldots, y_m)$ von $\vec{\eta}$:

$$\begin{aligned}\Phi(y_1, y_2, \ldots, y_m) &= P\{\eta_i \leqq y_i, i = 1, \ldots, m\} \\ &= P\{g_i(\xi_1, \xi_2, \ldots, \xi_k) \leqq y_i, i = 1, \ldots, m\} \\ &= \underset{\substack{g_i(x_1, x_2, \ldots, x_k) \leqq y_i, \\ i = 1, \ldots, m}}{\int \overset{(k)}{\cdots\cdots\cdots\cdots} \int} dF(x_1, x_2, \ldots, x_k).\end{aligned}$$

Das Integral auf der rechten Seite ist im allgemeinen ein Stieltjes-Integral.

1.461. Eindimensionale Beispiele

1. Beispiel:

Sei ξ eine Zufallsvariable mit bekannter Verteilungsfunktion $F(x)$. Es gelte

$$\eta = a\,\xi + b, \qquad a, b = \text{Konstante}.$$

Gesucht ist die Verteilungsfunktion $\Phi(y)$ von η.

Nach der oben aufgeführten Formel wird

$$\Phi(y) = \int\limits_{ax+b \leqq y} dF(x).$$

Es sind zwei Fälle zu unterscheiden: $a > 0$, $a < 0$ (der Fall $a = 0$ ist ohne Interesse, da dann $\eta = b$ keine Variable mehr ist).

Fall I: $a > 0$

$$\Phi(y) = \int\limits_{x \leqq \frac{y-b}{a}} dF(x) = \int\limits_{x=-\infty}^{\frac{y-b}{a}} dF(x) = F\left(\frac{y-b}{a}\right).$$

Fall II: $a < 0$

$$\begin{aligned}\Phi(y) &= \int\limits_{x \geqq \frac{y-b}{a}} dF(x) = 1 - \int\limits_{x < \frac{y-b}{a}} dF(x) \\ &= 1 - \int\limits_{x \leqq \frac{y-b}{a}} dF(x) + P\left(\xi = \frac{y-b}{a}\right)\end{aligned}$$

$$\Phi(y) = 1 - F\left(\frac{y-b}{a}\right) + P\left(\xi = \frac{y-b}{a}\right).$$

Ist $x = \frac{y-b}{a}$ keine Sprungstelle von $F(x)$, so wird $P\left(\xi = \frac{y-b}{a}\right) = 0$.

2. Beispiel: Allgemeine eindimensionale Normalverteilung.

Sei ξ eine standardisiert-normal verteilte Zufallsgröße. Es gelte

$$\eta = \sigma\,\xi + \mu, \qquad \sigma, \mu = \text{Konstante}, \quad \sigma > 0.$$

Dann trifft Fall I des vorhergehenden Beispiels zu und

$$\Phi(y) = F\left(\frac{y-\mu}{\sigma}\right).$$

In (1.422), Beispiel 3, wurde die Dichtefunktion der standardisierten Normalverteilung angegeben:

$$f(x) = \frac{1}{\sqrt{2\pi}} e^{-\frac{x^2}{2}}.$$

Daher ist

$$\Phi(y) = F\left(\frac{y-\mu}{\sigma}\right) = \int_{x=-\infty}^{\frac{y-\mu}{\sigma}} f(x)\,dx = \frac{1}{\sqrt{2\pi}} \int_{x=-\infty}^{\frac{y-\mu}{\sigma}} e^{-\frac{x^2}{2}}\,dx.$$

Substituiert man

$$s = \sigma x + \mu,$$

so wird

$$\Phi(y) = \frac{1}{\sqrt{2\pi}\,\sigma} \int_{s=-\infty}^{y} e^{-\frac{(s-\mu)^2}{2\sigma^2}}\,ds$$

und dies ist die Verteilungsfunktion der allgemeinen Normalverteilung mit dem Erwartungswert μ und der Varianz σ^2. Man schreibt dies abgekürzt: $NV(\mu, \sigma^2)$. Die allgemeine Normalverteilung ist durch Erwartungswert und Varianz also vollständig charakterisiert.

Die Dichtefunktion der allgemeinen Normalverteilung lautet, wie man durch Differentiation von $\Phi(y)$ nach der oberen Integrationsgrenze erkennt:

$$f(y) = \frac{1}{\sqrt{2\pi}\,\sigma} e^{-\frac{(y-\mu)^2}{2\sigma^2}}.$$

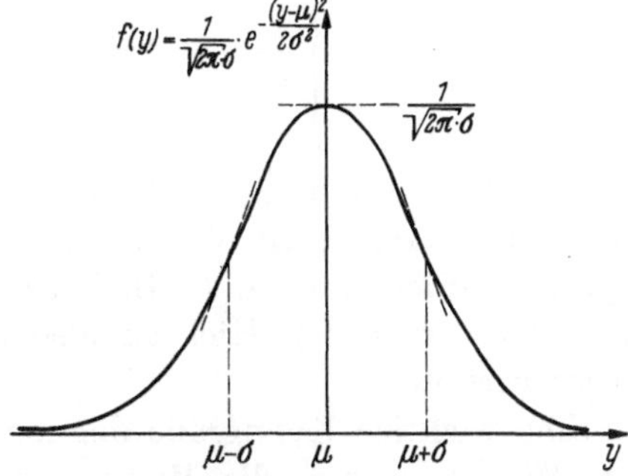

Abb. 1.21. Dichtefunktion einer Normalverteilung mit Erwartungswert μ und Varianz σ^2

Sie ist wegen des quadratischen Exponenten symmetrisch (Abb. 1.21). Die Wendepunkte liegen, wie man durch Nullsetzung von $\frac{d^2 f(y)}{dy^2}$ findet, an den Stellen $y = \mu \pm \sigma$. Aus der Symmetrie der Dichtefunktion folgt, daß die Wahrscheinlichkeiten für $\eta > \mu$ und für $\eta < \mu$ gleich groß sind. Ein Punkt $\tilde{x}$, der für eine monoton streng wachsende, aber sonst beliebige Verteilungsfunktion diese Eigenschaft erfüllt, daß

$$F(\tilde{x}) = P(\xi \leqq \tilde{x}) = \tfrac{1}{2},$$

heißt *Mediane*.

Bei der Normalverteilung fallen Mediane und Erwartungswert zusammen. Während gewisse Verteilungen keinen Erwartungswert besitzen $\left(\text{z. B. die Verteilung von Cauchy mit der Dichtefunktion } f(x) = \frac{1}{\pi(1+x^2)}\right)$, weisen alle streng monoton wachsenden Verteilungsfunktionen für Zufallsvariable, die mit mehr als 50% Wahrscheinlichkeit endlich bleiben, eine Mediane auf (bei der Cauchyschen Verteilung ist die Mediane Null).

3. Beispiel: Logarithmische Normalverteilung.

Sei ξ eine nach $NV(\mu, \sigma^2)$ verteilte Zufallsvariable. Es gelte

$$\eta = e^{\xi}.$$

Dann ist

$$\Phi(y) = \int_{e^x \leqq y} dF(x) = \int_{x \leqq \ln y} dF(x) = \frac{1}{\sqrt{2\pi}\,\sigma} \int_{x=-\infty}^{\ln y} e^{-\frac{(x-\mu)^2}{2\sigma^2}}\, dx.$$

Man substituiert

$$s = e^x \quad \text{bzw.} \quad x = \ln s$$

und setzt $e^{\mu} = M$ bzw. $\mu = \ln M$. Dann gilt

$$\Phi(y) = \begin{cases} 0 & \text{für } y < 0, \\ \dfrac{1}{\sqrt{2\pi}\,\sigma} \displaystyle\int_{s=0}^{y} e^{-\frac{(\ln s - \ln M)^2}{2\sigma^2}}\, d(\ln s) & \text{für } y \geqq 0. \end{cases}$$

Dies ist die Verteilungsfunktion der logarithmischen Normalverteilung. Diese Verteilung spielt eine Rolle für stochastische Variable, die nicht negativ werden können (z. B. Elektrizitätsverbrauch, Korngrößen bei Mahlprozessen usw.). Hier ist also der Logarithmus der Zufallsgröße normalverteilt.

Eine wichtige Kenngröße der logarithmischen Normalverteilung ist ihre Mediane. Da μ die Mediane der gewöhnlichen Normalverteilung darstellt und $\eta = e^{\xi}$ eine monoton wachsende Funktion von ξ ist, gilt $F(\mu) = \Phi(e^{\mu}) = \Phi(M) = \frac{1}{2}$. Somit ist $M = e^{\mu}$ die Mediane der logarithmischen Normalverteilung und da σ^2 in M nicht erscheint, gehen alle Verteilungsfunktionen mit verschiedenen σ^2 durch den gemeinsamen Punkt $y = M$, $\Phi(y) = \frac{1}{2}$.

Der Erwartungswert der logarithmischen Normalverteilung lautet

$$E(\eta) = \int_{y=0}^{\infty} y\, d\Phi(y) = M\, e^{\frac{\sigma^2}{2}} \quad \text{mit} \quad M = e^{\mu}.$$

Man setze nämlich $u = \frac{\ln y - \ln M}{\sigma}$, woraus $\ln y = \sigma u + \ln M$. Daher werden $y = M e^{\sigma u}$ und $d(\ln y) = \sigma du$. Hieraus folgt

$$\int\limits_{y=0}^{\infty} y \, d\Phi(y) = \frac{1}{\sqrt{2\pi}\,\sigma} \int\limits_{u=-\infty}^{+\infty} M e^{\sigma u} e^{-\frac{u^2}{2}} \sigma \, du$$

$$= \frac{M}{\sqrt{2\pi}} e^{\frac{\sigma^2}{2}} \int\limits_{u=-\infty}^{+\infty} e^{-\frac{1}{2}(u^2 - 2\sigma u + \sigma^2)} du$$

$$= M e^{\frac{\sigma^2}{2}} \frac{1}{\sqrt{2\pi}} \int\limits_{u=-\infty}^{+\infty} e^{-\frac{(u-\sigma)^2}{2}} d(u-\sigma)$$

$$E(\eta) = M e^{\frac{\sigma^2}{2}}.$$

4. Beispiel:

Sei ξ eine Zufallsvariable mit bekannter Verteilungsfunktion $F(x)$. Es gelte

$$\eta = \xi^2.$$

Gesucht ist die Verteilungsfunktion $\Phi(y)$ von η.

Es ist

$$\Phi(y) = P(\xi^2 \leqq y) = \int\limits_{x^2 \leqq y} dF(x).$$

Da hier zwischen η und ξ keine monotone Abhängigkeit besteht, muß man die Wahrscheinlichkeit $P(\xi^2 \leqq y)$ näher beschreiben:

$$P(\xi^2 \leqq y) = P(-\sqrt{y} \leqq \xi \leqq +\sqrt{y}).$$

Also wird

$$\Phi(y) = P(-\sqrt{y} \leqq \xi \leqq +\sqrt{y}) = \begin{cases} 0 & \text{für } y < 0, \\ F(+\sqrt{y}) - F(-\sqrt{y}) + P(\xi = -\sqrt{y}) & \\ & \text{für } y \geqq 0. \end{cases}$$

Ist $x = -\sqrt{y}$ keine Sprungstelle von $F(x)$, so wird $P(\xi = -\sqrt{y}) = 0$.

Dieses Beispiel zeigt, daß die Bestimmung der Verteilungsfunktion der Funktion einer Zufallsvariablen unter Umständen recht viel Mühe bereiten kann, da bei nichtmonotonem Zusammenhang die Integration über vorerst genau festzulegende Intervalle durchgeführt werden muß.

1.462. Mehrdimensionale Beispiele

Im folgenden werden einige in der mathematischen Statistik verwendete Prüfverteilungen besprochen, wobei die Herleitungen teilweise eher skizzenhaft gehalten sind. Eingehendere Darstellungen sind in den meisten Lehrbüchern der Wahrscheinlichkeitsrechnung und Statistik gegeben.

Die zur Behandlung gelangenden Prüfverteilungen haben besondere Namen: χ^2-Verteilung, t-Verteilung, v^2-Verteilung. In diesem Zusammenhang sind zwei Bemerkungen zur Verhütung von Mißverständnissen notwendig.

Die Verteilungsfunktion einer Zufallsgröße ξ ist bekanntlich definiert durch

$$F(x) = P(\xi \leqq x) = \int_{z=-\infty}^{x} dF(z).$$

Häufig trifft man eine gewisse Begriffsverwischung zwischen Zufallsvariabler ξ und Integrationsgrenze x an: man läßt dann meist die Definition von $F(x) = P(\xi \leqq x)$ gedanklich fallen und sagt unrichtigerweise, $F(x) = \int_{z=-\infty}^{x} dF(z)$ sei die Verteilungsfunktion von x. Bei diesem Sprachgebrauch ist also x gleichzeitig Zufallsvariable und Integrationsgrenze. Man spricht dann auch vom Erwartungswert von x und von der Varianz von x: $E(x)$, $\operatorname{Var} x$. Obwohl diese Usanz keineswegs einwandfrei ist, hat sie doch ihre praktische Seite und solange man sich im klaren bleibt, was man meint, kann man sie akzeptieren, insbesondere, wenn — wie bei den statistischen Prüfverteilungen — sich durch vereinbarte Symbolisierung (z. B. anstelle von x die Symbole χ^2, t, v^2 usw.) auf eine ganz bestimmte Form der Verteilung anspielen läßt.

Die Bezeichnung „χ^2-Verteilung" bietet Anlaß zu einer zweiten Bemerkung. Es gibt Zufallsgrößen, die keine negativen Werte annehmen können. Die im Anschluß an diese Erläuterungen näher untersuchte Zufallsgröße $\eta = \xi_1^2 + \xi_2^2 + \cdots + \xi_n^2$ ist ein Beispiel hiefür. Deshalb gilt für ihre Verteilungsfunktion

$$F(y) = P(\eta \leqq y) = \begin{cases} 0 & \text{für } y < 0 \\ \Phi(y) & \text{für } y \geqq 0 \end{cases}$$

wobei $\Phi(y)$ die im folgenden Beispiel behandelte χ^2-Verteilungsfunktion bedeutet. Um die Tatsache der Nichtnegativität von η auf einfache Weise zum Ausdruck zu bringen, ersetzt man y durch χ^2, d. h. durch ein Symbol, dem man auf den ersten Blick ansieht, daß es keine negativen Werte darstellen kann (da ja hier nur von reellen Zahlen gesprochen wird). Dann ist — wiederum in einem vereinfachten Sprachgebrauch — der Hinweis $F(y) = 0$ für $y < 0$ nicht mehr unbedingt nötig, denn die vorhin erwähnte Identifizierung von η mit χ^2 impliziert diesen Sachverhalt bereits. Man spricht dann kurz von einer nach χ^2 verteilten Größe.

1. Beispiel: χ^2-Verteilung von K. PEARSON.

Sei $\xi = [\xi_1, \xi_2, \ldots, \xi_n]$ ein Zufallsvektor mit n gegenseitig unabhängigen, standardisiert-normalverteilten Komponenten ξ_i:

$$f_i(x_i) = f(x_i) = \frac{1}{\sqrt{2\pi}} e^{-\frac{x_i^2}{2}}.$$

Die gegenseitige Unabhängigkeit kann man auch als „Freiheit" bezeichnen und die neue Zufallsvariable

$$\eta = \xi_1^2 + \xi_2^2 + \cdots + \xi_n^2$$

besitzt in dieser Terminologie den „Freiheitsgrad" $FG = n$. Ihre Verteilungsfunktion lautet

$$\Phi_n(y) = \int \overset{(n)}{\cdots\cdots} \int_{\sum_{i=1}^{n} x_i^2 \leqq y} dF(x_1, x_2, \ldots, x_n)$$

wobei der Index n bei $\Phi_n(y)$ auf den Freiheitsgrad von η hindeutet.

Offenbar ist $\Phi_n(y) = 0$ für $y < 0$. Da hier also nur das Gebiet $y \geqq 0$ von Interesse ist, kann man dort statt y eine Größe χ^2 einführen, wobei der Exponent 2 zum Ausdruck bringen soll, daß nur das Intervall $[0, \infty[$ in Frage kommt.

Wegen der stochastischen Unabhängigkeit wird

$$\Phi_n(\chi^2) = \int \overset{(n)}{\cdots\cdots} \int_{\sum_{i=1}^{n} x_i^2 \leqq \chi^2} f(x_1)\, f(x_2) \ldots f(x_n)\, dx_1\, dx_2 \ldots dx_n$$

$$= \int \overset{(n)}{\cdots\cdots} \int_{\sum_{i=1}^{n} x_i^2 \leqq \chi^2} \left(\frac{1}{\sqrt{2\pi}}\right)^n e^{-\frac{1}{2}\sum_{i=1}^{n} x_i^2}\, dx_1\, dx_2 \ldots dx_n .$$

Dann wird

$$d\,\Phi_n(\chi^2) = \int \overset{(n)}{\cdots\cdots\cdots\cdots} \int_{\chi^2 < \sum_{i=1}^{n} x_i^2 \leqq \chi^2 + d\chi^2 \cong (\chi + d\chi)^2} \left(\frac{1}{\sqrt{2\pi}}\right)^n e^{-\frac{1}{2}\sum_{i=1}^{n} x_i^2}\, dx_1\, dx_2 \ldots dx_n$$

oder

$$d\,\Phi_n(\chi^2) = \left(\frac{1}{\sqrt{2\pi}}\right)^n e^{-\frac{\chi^2}{2}} \int \overset{(n)}{\cdots\cdots\cdots} \int_{\chi^2 < \sum_{i=1}^{n} x_i^2 \leqq (\chi + d\chi)^2} dx_1\, dx_2 \ldots dx_n .$$

Das n-fache Integral stellt das Volumen der n-dimensionalen Kugelschicht vom Radius χ dar. In [*6*] wird gezeigt, daß dieses Volumen $\dfrac{2\pi^{\frac{n}{2}}}{\Gamma\left(\frac{n}{2}\right)}\, \chi^{n-1}\, d\chi$ beträgt, wobei

$$\Gamma\left(\frac{n}{2}\right) = \int_{z=0}^{\infty} z^{\frac{n}{2}-1}\, e^{-z}\, dz$$

die Eulersche Gammafunktion ist (vgl. 1.47, Beispiel 2); sie liefert für gerade $n \geqq 2$ die Werte $\left(\frac{n}{2} - 1\right)!$ Somit gilt

$$d\Phi_n(y) = \begin{cases} 0 & \text{für} \quad y < 0, \\ d\Phi_n(\chi^2) = \dfrac{e^{-\left(\frac{\chi^2}{2}\right)}\left(\dfrac{\chi^2}{2}\right)^{\frac{n}{2}-1}}{\Gamma\left(\dfrac{n}{2}\right)} d\left(\dfrac{\chi^2}{2}\right) & \text{für} \quad y = \chi^2 \geqq 0. \end{cases}$$

Die χ^2-Verteilung ist tabelliert. Man berechnet ihren Erwartungswert aus

$$E(\eta) = E(\xi_1^2 + \xi_2^2 + \cdots + \xi_n^2) = E(\xi_1^2) + E(\xi_2^2) + \cdots + E(\xi_n^2).$$

Da aber $E(\xi_i^2) = E[(\xi_i - 0)^2] = \operatorname{Var}\xi_i = 1$, $i = 1, 2, \ldots, n$, ist

$$E(\eta) = n.$$

Die Varianz von η lautet

$$\operatorname{Var}(\eta) = \operatorname{Var}\left(\sum_{i=1}^{n} \xi_i^2\right) = \sum_{i=1}^{n} \operatorname{Var}\xi_i^2 = \sum_{i=1}^{n} E[(\xi_i^2 - 1)^2]$$

$$= \sum_{i=1}^{n} E[\xi_i^4 - 2\xi_i^2 + 1] = \sum_{i=1}^{n} E(\xi_i^4) - 2n + n.$$

Man bestimmt

$$E(\xi_i^4) = \int_{x_i=-\infty}^{+\infty} x_i^4 \frac{1}{\sqrt{2\pi}} e^{-\frac{x_i^2}{2}} dx_i = 3, \qquad i = 1, 2, \ldots, n$$

so daß

$$\operatorname{Var}(\eta) = 2n.$$

Man kann zeigen, daß die χ^2-Verteilung für $n \to \infty$ in eine Normalverteilung mit Erwartungswert n und Varianz $2n$ übergeht (vgl. 1.92, Beispiel 2):

$$n \to \infty\colon \; d\Phi_n(\chi^2) \to \frac{1}{\sqrt{2\pi}\sqrt{2n}} e^{-\frac{(\chi^2-n)^2}{4n}} d(\chi^2).$$

2. Beispiel: t-Verteilung von Student.

Seien ξ_0, sowie $\xi_1, \xi_2, \ldots, \xi_n$ gegenseitig unabhängige, standardisiert-normalverteilte Zufallsvariable. Gesucht ist die Verteilung der Zufallsvariablen τ:

$$\tau = \frac{\xi_0}{\sqrt{\dfrac{\xi_1^2 + \xi_2^2 + \cdots + \xi_n^2}{n}}}.$$

Man setzt

$$\xi = \xi_0 \quad \text{und} \quad \eta = \sqrt{\frac{\xi_1^2 + \xi_2^2 + \cdots + \xi_n^2}{n}}.$$

Dann ist

$$F(x) = \frac{1}{\sqrt{2\pi}} \int\limits_{z=-\infty}^{x} e^{-\frac{z^2}{2}} dz$$

und

$$G_n(y) = \begin{cases} 0 & \text{für } y < 0, \\ \int\limits_{\sqrt{\frac{\chi^2}{n}} \leqq y} d\Phi_n(\chi^2) & \text{für } y \geqq 0. \end{cases}$$

Wegen der gegenseitigen Unabhängigkeit der Variablen sind auch ξ und η voneinander unabhängig und es gilt

$$\tau = \frac{\xi}{\eta}$$

und

$$\Phi_n(t) = \int\limits_{\frac{x}{y} \leqq t} \int dF(x)\, dG_n(y).$$

Der Index n deutet auch hier den Freiheitsgrad der verwendeten y-Komponente an und bezeichnet den Freiheitsgrad der t-Verteilung. Durch Ausrechnung wird

$$d\Phi_n(t) = \frac{1}{\sqrt{n\pi}} \frac{\Gamma\left(\frac{n+1}{2}\right)}{\Gamma\left(\frac{n}{2}\right)} \frac{1}{\left(1 + \frac{t^2}{n}\right)^{\frac{n+1}{2}}} dt.$$

Die Dichtefunktion ist, da t nur quadratisch erscheint, symmetrisch. Sie ähnelt der Form der standardisiert-normalen Dichtefunktion und geht für $n \to \infty$ auch in diese über:

$$n \to \infty: \; d\Phi_n(t) \to \frac{1}{\sqrt{2\pi}} e^{-\frac{t^2}{2}} dt.$$

Bei $n < \infty$ ist sie indessen flacher. Auch die t-Verteilung ist tabelliert. Wegen der Symmetrie der Dichtefunktion ist der Erwartungswert von τ für alle n gleich Null.

Der Grenzübergang in eine standardisierte Normalverteilung wird plausibel, wenn man ein später zu beweisendes Resultat vorwegnimmt, daß nämlich für $n \to \infty$ das arithmetische Mittel von n gegenseitig unabhängigen Zufallsvariablen in vielen Fällen mit Wahrscheinlichkeit 1 gegen den Erwartungswert des arithmetischen Mittels strebt. Dies läßt sich übrigens bereits auf Grund des Beispiels 2 von 1.455 vermuten, wo gezeigt worden ist, daß $E(\bar{\xi}) = E(\xi)$ und $\operatorname{Var} \bar{\xi} = \frac{\operatorname{Var} \xi}{n}$. Für $\operatorname{Var} \xi < \infty$ und sehr große n wird $\operatorname{Var} \bar{\xi}$ daher beliebig klein. Im vorliegenden Falle ist ξ zu ersetzen durch $\frac{\xi_1^2 + \xi_2^2 + \cdots + \xi_n^2}{n}$. Daher ist anzunehmen, daß für $n \to \infty$ gilt

$$\frac{\xi_1^2 + \xi_2^2 + \cdots + \xi_n^2}{n} \to E\left(\frac{\xi_1^2 + \xi_2^2 + \cdots + \xi_n^2}{n}\right) = \frac{n}{n} = 1.$$

Dann bleibt für $\tau = \frac{\xi_0}{\sqrt{\frac{\xi_1^2 + \xi_2^2 + \cdots + \xi_n^2}{n}}}$ aber nur mehr übrig

$$n \to \infty: \tau \to \xi_0$$

und ξ_0 ist verteilt nach $NV(0, 1)$.

3. Beispiel: v^2-Verteilung von R. A. Fisher.

Seien $\xi_1, \xi_2, \ldots, \xi_{n_1}$ und $\eta_1, \eta_2, \ldots, \eta_{n_2}$ gegenseitig unabhängige, standardisiert-normalverteilte Zufallsvariable. Gesucht ist die Verteilung der Zufallsvariablen ζ:

$$\zeta = \frac{\frac{1}{n_1}(\xi_1^2 + \xi_2^2 + \cdots + \xi_{n_1}^2)}{\frac{1}{n_2}(\eta_1^2 + \eta_2^2 + \cdots + \eta_{n_2}^2)}.$$

Man setzt

$$\xi = \frac{1}{n_1}(\xi_1^2 + \xi_2^2 + \cdots + \xi_n^2) \quad \text{und} \quad \eta = \frac{1}{n_2}(\eta_1^2 + \eta_2^2 + \cdots + \eta_n^2).$$

Dann sind

$$F_{n_1}(x) = \int\limits_{\frac{\chi^2}{n_1} \leqq x} d\Phi_{n_1}(\chi^2), \qquad G_{n_2}(y) = \int\limits_{\frac{\chi^2}{n_2} \leqq y} d\Phi_{n_2}(\chi^2).$$

Wegen der gegenseitigen Unabhängigkeit der Variablen sind auch ξ und η voneinander unabhängig und die Größe

$$\zeta = \frac{\xi}{\eta}$$

hat die Verteilungsfunktion

$$\Phi_{n_1, n_2}(z) = \begin{cases} 0 & \text{für} \quad z < 0, \\ \Phi_{n_1, n_2}(v^2) = \iint\limits_{\frac{x}{y} \leqq v^2} dF_{n_1}(x)\, dG_{n_2}(y) & \text{für} \quad z = v^2 \geqq 0. \end{cases}$$

Hier sind n_1 und n_2 die beiden Freiheitsgrade der Verteilung. Das Argument v^2 deutet darauf hin, daß negative Werte der Zufallsvariablen ζ nicht vorkommen können.

Durch Ausrechnung findet man

$$d\Phi(v^2) = \frac{\Gamma\left(\frac{n_1 + n_2}{2}\right)}{\Gamma\left(\frac{n_1}{2}\right)\Gamma\left(\frac{n_2}{2}\right)} \frac{n_1^{\frac{n_1}{2}} n_2^{\frac{n_2}{2}}}{(n_1 v^2 + n_2)^{\frac{n_1 + n_2}{2}}} (v^2)^{\frac{n_1}{2} - 1} d(v^2).$$

Auch die v^2-Verteilung ist tabelliert.

Folgende Spezialfälle der v^2-Verteilung sind von Interesse:

1. Strebt $n_2 \to \infty$, so ist $\eta_1^2 + \eta_2^2 + \cdots + \eta_{n_2}^2$, wie im 1. Beispiel erwähnt wurde, annähernd normal verteilt mit dem Erwartungswert n_2 und der Varianz $2n_2$. Daher hat dann $\frac{1}{n_2}(\eta_1^2 + \eta_2^2 + \cdots + \eta_{n_2}^2)$ den Erwartungswert 1 und die Varianz $\frac{2}{n_2} \to 0$. Somit wird

$$\left| \frac{1}{n_2}(\eta_1^2 + \eta_2^2 + \cdots + \eta_{n_2}^2) - 1 \right|$$

beliebig klein mit Wahrscheinlichkeit 1. Also gilt

$$n_2 \to \infty : \frac{\frac{1}{n_1}(\xi_1^2 + \xi_2^2 + \cdots + \xi_{n_1}^2)}{\frac{1}{n_2}(\eta_1^2 + \eta_2^2 + \cdots + \eta_{n_2}^2)} \to \frac{1}{n_1}(\xi_1^2 + \xi_2^2 + \cdots + \xi_{n_1}^2)$$

und demzufolge

$$n_2 \to \infty:\ \Phi_{n_1, n_2}(v^2) \to \int\limits_{\frac{\chi^2}{n_1} \leq v^2} d\Phi_{n_1}(\chi^2) = \Phi_{n_1}(\chi^2 = n_1 v^2).$$

Die χ^2-Verteilung ist also ein Spezialfall der v^2-Verteilung.

2. Strebt umgekehrt $n_1 \to \infty$, so wird aus analogen Gründen

$$n_1 \to \infty:\ \Phi_{n_1, n_2}(v^2) \to \int\limits_{\frac{1}{\frac{\chi^2}{n_2}} \leq v^2} d\Phi_{n_2}(\chi^2) = \int\limits_{\frac{\chi^2}{n_2} \geq \frac{1}{v^2}} d\Phi_{n_2}(\chi^2) = 1 - \int\limits_{\frac{\chi^2}{n_2} < \frac{1}{v^2}} d\Phi_{n_2}(\chi^2)$$

$$= 1 - \Phi_{n_2}\left(\chi^2 = \frac{n_2}{v^2}\right).$$

3. Ist schließlich $n_1 = 1$, so wird

$$\frac{\frac{1}{n_1}(\xi_1^2 + \xi_2^2 + \cdots + \xi_{n_1}^2)}{\frac{1}{n_2}(\eta_1^2 + \eta_2^2 + \cdots + \eta_{n_2}^2)} = \left[\frac{\xi_1}{\sqrt{\frac{\eta_1^2 + \eta_2^2 + \cdots + \eta_{n_2}^2}{n_2}}} \right]^2 = \tau^2.$$

Also ist auch die t-Verteilung mit der v^2-Verteilung verwandt (man achte darauf, daß der v^2-Verteilung für $n_1 = 1$ nicht die t-Verteilung selber, sondern eine t^2-Verteilung entspricht).

1.47. Einige weitere Verteilungen

Neben den bisher besprochenen theoretischen Verteilungen bestehen noch einige weitere, die für Zwecke des Operations Research von besonderer Bedeutung sind. Einige von ihnen sollen in diesem Abschnitt diskutiert werden, andere kommen in den Abschn. 1.52, 1.53, 1.54 zur Behandlung.

1. Hypergeometrische Verteilung

Eine Gesamtheit von m Elementen bestehe aus m_1 bezeichneten und $m - m_1$ unbezeichneten. Gesucht ist die Wahrscheinlichkeit q_r

dafür, daß in einer zufälligen Stichprobe des Umfangs n ohne Rücklegen genau r bezeichnete Elemente auftreten, wenn alle Elemente die gleiche Wahrscheinlichkeit aufweisen, gewählt zu werden.

Offenbar gilt $0 \leqq r \leqq \min(n, m_1)$. Hier läßt sich die klassische Definition der Wahrscheinlichkeit anwenden (1.22). Die Anzahl *möglicher* Fälle, aus einer Gesamtheit von m Elementen eine Teilmenge von n Elementen zu bilden, beträgt $\binom{m}{n}$. Die Anzahl *günstiger* Fälle lautet $\binom{m_1}{r}\binom{m-m_1}{n-r}$, denn aus der Gesamtheit der m_1 bezeichneten Elemente soll eine Teilmenge von r bezeichneten Elementen herausgegriffen werden $\left(\text{es gibt } \binom{m_1}{r} \text{ solche Teilmengen}\right)$, und für jede dieser Teilmengen ist aus der Gesamtheit der $m - m_1$ unbezeichneten Elemente eine Teilmenge von $n - r$ unbezeichneten Elementen mitzuwählen $\left(\text{es gibt } \binom{m-m_1}{n-r} \text{ solche Teilmengen}\right)$. Somit ist

$$q_r = \frac{\binom{m_1}{r}\binom{m-m_1}{n-r}}{\binom{m}{n}}$$

und dies ist die hypergeometrische Wahrscheinlichkeitsverteilung. Da definitionsgemäß $\binom{N}{\nu} = 0$ für $\nu > N$, gilt die Formel für beliebige $r \geqq 0$.

Die Tatsache, daß $\sum\limits_r q_r = 1$ sein muß, da es sich ja um eine Wahrscheinlichkeitsverteilung handelt, wird manchmal für kombinatorische Ausrechnungen herangezogen, denn aus ihr folgt, daß

$$\sum_r \binom{m_1}{r}\binom{m-m_1}{n-r} = \binom{m}{n}.$$

Die hypergeometrische Verteilung wird u. a. für die Abschätzung des unbekannten Umfangs m einer Population (z. B. Wildbestände) verwendet. Man entnimmt dieser nacheinander zwei unabhängige Stichproben. Sei m_1 der Umfang der ersten Stichprobe. Die betreffenden Individuen werden irgendwie gekennzeichnet und der ursprünglichen Gesamtheit wieder eingegliedert. Sei n der Umfang der zweiten Stichprobe und r die Anzahl seinerzeit gekennzeichneter Individuen, die hiebei erneut in Erscheinung treten. Dann beträgt die Wahrscheinlichkeit für r:

$$q_r(m) = \frac{\binom{m_1}{r}\binom{m-m_1}{n-r}}{\binom{m}{n}}.$$

Nun ist aber m nicht bekannt. Eine vernünftige Schätzung $\hat{m}$ von m (maximum-likelihood-Schätzung von R. A. FISHER) besteht darin, daß man als $\hat{m}$ jenen Wert gelten läßt, für welchen die Wahrscheinlichkeit $q_r(m)$ maximal wird.

Durch Ausrechnung überzeugt man sich, daß

$$\frac{q_r(m)}{q_r(m-1)} = \frac{m^2 - m_1 m - n m + n m_1}{m^2 - m_1 m - n m + r m}.$$

Da es sich um einen Quotienten zweier Wahrscheinlichkeiten handelt, sind Zähler und Nenner beide nichtnegativ. Daraus folgt, daß

$$\frac{q_r(m)}{q_r(m-1)} > 1 \quad \text{für} \quad \frac{n m_1}{r m} > 1, \quad \text{also} \quad m < \frac{n m_1}{r}$$

und

$$\frac{q_r(m)}{q_r(m-1)} < 1 \quad \text{für} \quad \frac{n m_1}{r m} < 1, \quad \text{also} \quad m > \frac{n m_1}{r}.$$

Somit ist $\hat{m} \cong \frac{n m_1}{r}$ (auf eine ganze Zahl gerundet). Wenn auch m wohl nicht genau mit $\hat{m}$ übereinstimmt, so hat man auf diese Weise doch einen sehr brauchbaren Anhaltspunkt gewonnen, dessen Verläßlichkeit mit wachsenden m und n immer besser wird.

Es ist möglich, diesen Gedankengang auf ein scheinbar deterministisches Problem zu übertragen und solcherart zu illustrieren, daß der Begriff der Wahrscheinlichkeit anläßlich alltäglicher Überlegungen in einem Maße assimiliert worden ist, welches ihn schon aus der Bewußtseinssphäre verbannt.

Wassermessungen für Kraftwerksbauten im Gebirge erweisen sich oft als recht schwierig und machen mitunter die Anwendung der sog. Titrationsmethode erforderlich. An einer bestimmten Stelle des Wildbachlaufs wird eine genau dosierte sekundliche Menge q Kochsalzlösung bekannter Konzentration c_1 dem Wasser beigemischt. Eine an tiefer gelegenem Orte entnommene Wasserprobe weise die Konzentration c_2 auf. Man berechnet die sekundliche Wassermenge Q des Wildbachs dann aus der physikalischen Gleichung

$$Q \cdot 0 + q c_1 = (Q + q) c_2,$$

woraus

$$Q = q \frac{c_1 - c_2}{c_2}.$$

Diese Formel ist ein Analogon der weiter oben besprochenen Formel des mutmaßlichen Umfangs einer Population. Seien nämlich:

$m = Q + q$	totale Anzahl Moleküle/sec
$m_1 = c_1 q$	Anzahl „bezeichnete" Moleküle/sec
n	Anzahl Moleküle der Wasserprobe
$r = n c_2$	Anzahl in der Wasserprobe wiedergefundene „bezeichnete" Moleküle.

Dann ist

$$\hat{m} = \frac{n\,m_1}{r} = \frac{n\,c_1\,q}{n\,c_2} = q\,\frac{c_1}{c_2}$$

und

$$\hat{Q} = \hat{m} - q = q\left(\frac{c_1}{c_2} - 1\right) = q\,\frac{c_1 - c_2}{c_2}.$$

Das probabilistische Resultat ist also das gleiche wie das scheinbar deterministische Ergebnis der physikalischen Gleichung. Daraus ersieht man:

a) für sehr große Populationen m und Stichprobenumfänge n wird das probabilistische Modell, wie die Physik hier zeigt, sehr verläßlich; ein erster Hinweis auf Gesetze der Großen Zahlen ist dadurch gegeben. Die in (1.23) angestellten Bemerkungen hinsichtlich der numerischen Bestimmung von Wahrscheinlichkeiten erfahren hier, wo die Anzahl „Versuche" praktisch unendlich groß ist, (bei der „Auszählung" der gekennzeichneten Moleküle handelt es sich, wie man gleich feststellen wird, um die Auswertung von nahezu unendlich vielen Bernoulli-Versuchen), empirische Bestätigung;

b) die Ergebnisse der klassischen Physik können nur deshalb mit „deterministischen" Modellen hergeleitet werden, weil die im Grunde genommen verantwortlichen Wahrscheinlichkeiten praktisch den Wert 1 annehmen: die Gültigkeit der besprochenen physikalischen Gleichung impliziert homogene Durchmischung beider Flüssigkeitsmengen, eine Voraussetzung, ohne deren zweifellos dem Zufall überlassene Einhaltung das Rechenresultat falsch wäre.

Der Fall, daß m sehr groß ist, soll nun noch weiter untersucht werden. Es gilt

$$q_r = \frac{\binom{m_1}{r}\binom{m-m_1}{n-r}}{\binom{m}{n}}$$

$$= \binom{n}{r}\frac{[m_1(m_1-1)\ldots(m_1-r+1)][(m-m_1)(m-m_1-1)\ldots(m-m_1-n+r+1)]}{m(m-1)\ldots(m-n+1)}.$$

Sei $\frac{m_1}{m} = p$. Dann wird nach Division von Zähler und Nenner durch m^n:

$$q_r = \binom{n}{r}\frac{\left[p\left(p-\frac{1}{m}\right)\ldots\left(p-\frac{r-1}{m}\right)\right]\left[(1-p)\left(1-p-\frac{1}{m}\right)\ldots\left(1-p-\frac{n-r-1}{m}\right)\right]}{1\left(1-\frac{1}{m}\right)\ldots\left(1-\frac{n-1}{m}\right)}.$$

Für $m\to\infty$ bei $\frac{n}{m}\to 0$ $\left(\text{und somit auch } \frac{r}{m}\to 0\right)$, gilt

$$\lim_{\substack{m\to\infty\\ \frac{n}{m}\to 0}} q_r = \binom{n}{r}p^r(1-p)^{n-r}$$

und dies ist die Binomialverteilung. Also läßt sich für große m bei kleinen $\frac{n}{m}$ die hypergeometrische Verteilung durch die Binomialverteilung approximieren. Dies erscheint plausibel, da das für die hypergeometrische Verteilung charakteristische *Nicht*-Rücklegen bei großen Grundgesamtheiten m und kleinen Stichproben n kaum mehr von Bedeutung sein kann.

Dann aber kommt die zu Beginn dieses Paragraphen formulierte Aufgabe jener gleich, daß aus einer praktisch unendlich großen Grundgesamtheit eine zufällige Stichprobe des Umfangs n *mit* Rücklegen entnommen und hinsichtlich eines bestimmten Merkmals ihrer Elemente untersucht werden soll. Da dieses Merkmal mit konstanter Wahrscheinlichkeit p auftritt, gibt die Anzahl r seiner Realisierungen die Treffersumme von n unabhängigen Bernoulli-Versuchen an, die bekanntlich nach dem Binomialgesetz verteilt ist (vgl. 1.422, 2. Beispiel).

2. *Gammaverteilung*

Die Eulersche Gammafunktion lautet

$$\lambda > 0: \ \Gamma(\lambda) = \int_{x=0}^{\infty} x^{\lambda-1} e^{-x}\, dx.$$

Dieses uneigentliche, vom Parameter λ abhängige Integral ist eine stetige Funktion mit stetigen Ableitungen aller Ordnungen. Für $\lambda \to 0$ oder $\lambda \to \infty$ strebt $\Gamma(\lambda) \to +\infty$. Durch partielle Integration wird

$$\lambda>0: \Gamma(\lambda) = x^{\lambda-1}\cdot -e^{-x}\Big|_0^{\infty} + \int_{x=0}^{\infty} (\lambda-1) x^{\lambda-2} e^{-x}\, dx = 0 + (\lambda-1)\Gamma(\lambda-1).$$

Die Funktionalgleichung lautet daher

$$\Gamma(\lambda+1) = \lambda\, \Gamma(\lambda).$$

Für $\lambda = 1$ wird definitionsgemäß

$$\Gamma(1) = \int_{x=0}^{\infty} e^{-x}\, dx = -e^{-x}\Big|_0^{\infty} = 1.$$

Somit ergibt die Funktionalgleichung

$$\lambda > 0, \quad \text{ganz:} \quad \Gamma(\lambda) = (\lambda-1)!.$$

Man führt verschiedene andere Integrale auf die Gammafunktion zurück, so z. B.

$$\frac{1}{\sqrt{2\pi}} \int_{u=-\infty}^{+\infty} e^{-\frac{u^2}{2}}\, du = \frac{2}{\sqrt{2\pi}} \int_{u=0}^{\infty} e^{-\frac{u^2}{2}} \frac{1}{u}\, d\left(\frac{u^2}{2}\right) = \frac{1}{\sqrt{\pi}} \int_{u=0}^{\infty} \left(\frac{u^2}{2}\right)^{-\frac{1}{2}} e^{-\frac{u^2}{2}}\, d\left(\frac{u^2}{2}\right).$$

Hier spielen $\frac{u^2}{2}$ also die Rolle von x und $-\frac{1}{2}$ die Rolle von $\lambda - 1$.

Daher ist

$$\frac{1}{\sqrt{2\pi}} \int_{u=-\infty}^{+\infty} e^{-\frac{u^2}{2}} du = \frac{1}{\sqrt{\pi}} \Gamma\left(\frac{1}{2}\right).$$

Da die linke Seite aber bekanntlich den Wert 1 ergibt, gilt

$$\Gamma(\tfrac{1}{2}) = \sqrt{\pi}.$$

Die Funktionalgleichung $\Gamma(\lambda + 1) = \lambda \Gamma(\lambda)$ liefert dann $\Gamma\left(\frac{3}{2}\right) = \frac{1}{2}\sqrt{\pi}$, $\Gamma\left(\frac{5}{2}\right) = \frac{3}{4}\sqrt{\pi}$ usw.

Das in 1.462, Beispiel 1, angegebene Volumen der n-dimensionalen Kugelschicht mit dem Radius χ läßt sich durch derartige Umformungen ebenfalls in der Gammafunktion ausdrücken (vgl. [*6*]).

Für große λ gewinnt man aus der asymptotischen Entwicklung der Gammafunktion die *Stirling*sche Formel, $\lambda = n \to \infty : n! \sim \sqrt{2\pi}\, n^{n+\frac{1}{2}} e^{-n}$ (vgl. z. B. [*3*, *6*]).

Seien $\lambda > 0$, $\alpha > 0$. Dann folgt aus der Definitionsgleichung für $\Gamma(\lambda)$:

$$\int_{x=0}^{\infty} x^{\lambda-1} e^{-\alpha x} dx = \frac{\Gamma(\lambda)}{\alpha^{\lambda}}.$$

Somit erfüllt die Funktion

$$F(x; \alpha, \lambda) = \begin{cases} 0 & \text{für} \quad x < 0 \\ \dfrac{\alpha^{\lambda}}{\Gamma(\lambda)} \displaystyle\int_{z=0}^{x} z^{\lambda-1} e^{-\alpha z} dz & \text{für} \quad x \geqq 0 \end{cases}$$

alle an eine Verteilungsfunktion geknüpften Bedingungen. Sie liefert die Dichtefunktion

$$f(x; \alpha, \lambda) = \begin{cases} 0 & \text{für} \quad x < 0, \\ \dfrac{\alpha^{\lambda}}{\Gamma(\lambda)} x^{\lambda-1} e^{-\alpha x} & \text{für} \quad x \geqq 0. \end{cases}$$

Dies ist die sog. Γ-Verteilung der Ordnung λ mit dem Parameter α. Sie ist mit vielen wichtigen Verteilungen verwandt und besitzt auch zahlreiche direkte praktische Anwendungen in Statistik und Operations Research.

Erinnert man sich beispielsweise an die χ^2-Verteilung mit dem Freiheitsgrad n (vgl. 1.462, Beispiel 1):

$$d\Phi_n(\chi^2) = \frac{e^{-\left(\frac{\chi^2}{2}\right)} \left(\frac{\chi^2}{2}\right)^{\frac{n}{2}-1}}{\Gamma\left(\frac{n}{2}\right)} d\left(\frac{\chi^2}{2}\right),$$

so erkennt man, daß dies eine Γ-Verteilung der Ordnung $\lambda = \frac{n}{2}$ ist mit $x = \chi^2$, $\alpha = \frac{1}{2}$.

In der *Wartelinientheorie* operiert man häufig mit den sog. Erlangschen Verteilungen (nach E. A. ERLANG, dem Begründer der Wartelinientheorie benannt), deren Dichtefunktion[1] lautet

$$f(x) = \begin{cases} 0 & \text{für} \quad x < 0, \\ \dfrac{x^{n-1} e^{-x}}{(n-1)!} & \text{für} \quad x \geqq 0. \end{cases}$$

Offenbar handelt es sich hiebei gleichfalls um eine Γ-Verteilung, diesmal der Ordnung n mit $\alpha = 1$.

Der Erwartungwert der Γ-Verteilung beträgt

$$E(\xi; \alpha, \lambda) = \frac{\alpha^\lambda}{\Gamma(\lambda)} \int_{x=0}^{+\infty} x^\lambda e^{-\alpha x}\, dx = \frac{\alpha^\lambda}{\Gamma(\lambda)} \frac{\Gamma(\lambda+1)}{\alpha^{\lambda+1}} = \frac{1}{\alpha} \frac{\Gamma(\lambda+1)}{\Gamma(\lambda)}.$$

Zufolge der Funktionalgleichung ist aber $\dfrac{\Gamma(\lambda+1)}{\Gamma(\lambda)} = \lambda$, so daß

$$E(\xi; \alpha, \lambda) = \frac{\lambda}{\alpha}.$$

Ferner ist

$$\operatorname{Var}(\xi; \alpha, \lambda) = E(\xi^2; \alpha, \lambda) - E^2(\xi; \alpha, \lambda).$$

Man erhält

$$E(\xi^2; \alpha, \lambda) = \frac{\alpha^\lambda}{\Gamma(\lambda)} \int_{x=0}^{+\infty} x^{\lambda+1} e^{-\alpha x}\, dx = \frac{\alpha^\lambda}{\Gamma(\lambda)} \frac{\Gamma(\lambda+2)}{\alpha^{\lambda+2}} = \frac{1}{\alpha^2} \frac{\Gamma(\lambda+2)}{\Gamma(\lambda)}$$

und wegen $\Gamma(\lambda+2) = (\lambda+1)\,\Gamma(\lambda+1) = (\lambda+1)\,\lambda\,\Gamma(\lambda)$ wird

$$E(\xi^2; \alpha, \lambda) = \frac{(\lambda+1)\,\lambda}{\alpha^2},$$

woraus

$$\operatorname{Var}(\xi; \alpha, \lambda) = E(\xi^2; \alpha, \lambda) - E^2(\xi; \alpha, \lambda) = \frac{(\lambda+1)\,\lambda}{\alpha^2} - \frac{\lambda^2}{\alpha^2} = \frac{\lambda}{\alpha^2}.$$

3. Betaverteilung

Die Eulersche Betafunktion lautet

$$B(\lambda, \mu) = \int_{x=0}^{1} x^{\lambda-1} (1-x)^{\mu-1}\, dx$$

und das Integral konvergiert für $\lambda > 0$, $\mu > 0$.

Es gilt

$$B(\lambda, \mu) = \frac{\Gamma(\lambda)\,\Gamma(\mu)}{\Gamma(\lambda+\mu)}.$$

---

[1] Man beachte, daß es sich bei $f(x)$ nicht etwa um die Poisson-Wahrscheinlichkeit $\varphi(r) = \dfrac{\lambda^r}{r!} e^{-\lambda}$ handelt (vgl. 1.52). Zwar sehen die Formeln einander sehr ähnlich, doch sind Variable und Konstante vertauscht, außerdem ist die Γ-Verteilung stetig, die Poisson-Verteilung hingegen diskret.

Beweis:

$$\Gamma(\lambda)\,\Gamma(\mu) = \int_{x=0}^{\infty} x^{\lambda-1} e^{-x}\,dx \int_{y=0}^{\infty} y^{\mu-1} e^{-y}\,dy.$$

Man setzt $x = u^2$, $y = v^2$ und erhält

$$\Gamma(\lambda)\,\Gamma(\mu) = 4 \int_{u=0}^{\infty} \int_{v=0}^{\infty} e^{-(u^2+v^2)} u^{2\lambda-1} v^{2\mu-1}\,du\,dv.$$

Durch Einführung von Polarkoordinaten $u = \varrho\cos\varphi$, $v = \varrho\sin\varphi$ gibt dies

$$\begin{aligned}
\Gamma(\lambda)\,\Gamma(\mu) &= 4 \int_{\varrho=0}^{\infty} e^{-\varrho^2} \varrho^{2(\lambda+\mu)-1}\,d\varrho \int_{\varphi=0}^{\pi/2} \cos^{2\lambda-1}\varphi\,\sin^{2\mu-1}\varphi\,d\varphi \\
&= 2 \int_{\varrho^2=0}^{\infty} e^{-(\varrho^2)} (\varrho^2)^{\lambda+\mu-1}\,d(\varrho^2) \int_{\varphi=0}^{\pi/2} \cos^{2\lambda-1}\varphi\,\sin^{2\mu-1}\varphi\,d\varphi \\
&= 2\Gamma(\lambda+\mu) \int_{\varphi=0}^{\pi/2} \cos^{2\lambda-1}\varphi\,\sin^{2\mu-1}\varphi\,d\varphi.
\end{aligned}$$

Da für $\cos^2\varphi = z$ aber

$$\int_{\varphi=0}^{\pi/2} \cos^{2\lambda-1}\varphi\,\sin^{2\mu-1}\varphi\,d\varphi = \tfrac{1}{2}\int_{z=0}^{1} z^{\lambda-1}(1-z)^{\mu-1}\,dz = \tfrac{1}{2}B(\lambda,\mu),$$

wird tatsächlich

$$\Gamma(\lambda)\,\Gamma(\mu) = \Gamma(\lambda+\mu)\,B(\lambda,\mu).$$

Die bei $\lambda > 0$, $\mu > 0$ definierte Funktion

$$F(x;\lambda,\mu) = \begin{cases} 0 & \text{für} \quad x < 0 \\ \dfrac{1}{B(\lambda,\mu)} \displaystyle\int_{z=0}^{x} z^{\lambda-1}(1-z)^{\mu-1}\,dz & \text{für} \quad 0 \leqq x < 1 \\ 1 & \text{für} \quad 1 \leqq x \end{cases}$$

erfüllt alle an eine Verteilungsfunktion geknüpften Bedingungen. Die zugehörige Dichtefunktion ist definiert

$$f(x;\lambda,\mu) = \begin{cases} \dfrac{1}{B(\lambda,\mu)} x^{\lambda-1}(1-x)^{\mu-1} & \text{für} \quad 0 < x < 1, \\ 0 & \text{sonst.} \end{cases}$$

Dies ist die sog. Betaverteilung der Ordnung (λ, μ). Sie besitzt dank ihren beiden Parametern eine außerordentlich große Anpassungsfähigkeit und eignet sich sehr gut für die analytische Approximation der verschiedenartigsten praktischen Verteilungen. Beispielsweise lautet ihre Dichtefunktion für $\lambda = \mu = 1$:

$$f(x;1,1) = \begin{cases} \dfrac{1}{B(1,1)} = 1 & \text{für} \quad 0 < x < 1 \\ 0 & \text{sonst} \end{cases}$$

und liefert in diesem Falle die Gleichverteilung.

Für $\lambda = \mu$ ist die Dichtefunktion der Betaverteilung symmetrisch bezüglich $\frac{1}{2}$, sonst schief. Sie findet zahlreiche praktische Anwendungen in Statistik und Operations Research.

Beispielsweise ist die in 1.462, Beispiel 3, erwähnte v^2-Verteilung in der Betaverteilung ausdrückbar [*13*]. Die Netzplantechnik [*18*] macht direkten Gebrauch von der Betaverteilung, allerdings nicht, weil etwa logische Gründe für die Gültigkeit dieser Verteilung hinsichtlich der zufälligen Dauer von Tätigkeiten sprechen, sondern weil ihre Anwendung besonders einfach ist und ihr Charakter sich den herrschenden Verhältnissen so gut anpassen läßt.

Der Erwartungswert der B-Verteilung lautet

$$E(\xi;\lambda,\mu) = \frac{1}{B(\lambda,\mu)} \int_{x=0}^{1} x^{\lambda}(1-x)^{\mu-1}\,dx = \frac{B(\lambda+1,\mu)}{B(\lambda,\mu)}$$

$$= \frac{\Gamma(\lambda+1)\,\Gamma(\mu)}{\Gamma(\lambda+\mu+1)}\,\frac{\Gamma(\lambda+\mu)}{\Gamma(\lambda)\,\Gamma(\mu)}.$$

Wendet man hier wieder die Funktionalgleichung an:

$$\Gamma(\lambda+1) = \lambda\,\Gamma(\lambda) \quad \text{und} \quad \Gamma(\lambda+\mu+1) = (\lambda+\mu)\,\Gamma(\lambda+\mu),$$

so wird

$$E(\xi;\lambda,\mu) = \frac{\lambda}{\lambda+\mu}.$$

Die Varianz der B-Verteilung bestimmt man aus

$$\operatorname{Var}(\xi;\lambda,\mu) = E(\xi^2;\lambda,\mu) - E^2(\xi;\lambda,\mu) = \frac{\lambda\,\mu}{(\lambda+\mu)^2\,(\lambda+\mu+1)}.$$

Eine Kenngröße, die mitunter gewisses Interesse bietet, ist der sog. „*wahrscheinlichste Wert*" (mode), d. h. jener Wert $\xi = M$, für welchen die Wahrscheinlichkeitsdichte maximal ist. Offenbar gibt es Verteilungen, wo mehrere Werte diese Eigenschaft besitzen (z. B. Gleichverteilung) und wo dieser Kenngröße daher keine Bedeutung zukommt. Bei der B-Verteilung gilt

$$0 < x < 1: \qquad f(x;\lambda,\mu) = \frac{1}{B(\lambda,\mu)}\,x^{\lambda-1}(1-x)^{\mu-1}.$$

Man setzt

$$\frac{d f(x;\lambda,\mu)}{dx} = 0$$

und erhält daraus, da $0 < x < 1$ gelten soll,

$$x = \frac{\lambda-1}{\mu+\lambda-2} = M_{\xi}(\lambda,\mu).$$

Für $\lambda = \mu = 1$ wird dieser Ausdruck unbestimmt, was verständlich ist, da die B-Verteilung in diesem Falle ja eine Gleichverteilung liefert.

Man erkennt, daß $M_\xi(\lambda, \mu) = E(\xi; \lambda - 1, \mu - 1)$ für $\lambda > 1$, $\mu > 1$.

Während die Variable ξ nur Werte im Intervall $[0, 1]$ annimmt, kann die Variable $\eta = (b - a)\,\xi + a$ das Intervall $[a, b]$ mit $a < b$ beanspruchen; η gehorcht dann der verallgemeinerten B-Verteilung. Nach den Regeln 4 und 14 von 1.454 gilt

$$E(\eta; \lambda, \mu) = (b - a)\,E(\xi; \lambda, \mu) + a = \frac{b\,\lambda + a\,\mu}{\lambda + \mu},$$

$$\operatorname{Var}(\eta; \lambda, \mu) = (b - a)^2 \operatorname{Var}(\xi; \lambda, \mu) = (b - a)^2 \frac{\lambda\,\mu}{(\lambda + \mu)^2 (\lambda + \mu + 1)}.$$

Der wahrscheinlichste Wert $M_\eta(\lambda, \mu)$ ist nach dem gleichen linearen Transformationsgesetz zu finden:

$$\frac{M_\eta(\lambda, \mu) - a}{M_\xi(\lambda, \mu)} = \frac{b - a}{1}$$

also

$$M_\eta(\lambda, \mu) = (b - a)\,M_\xi(\lambda, \mu) + a = \frac{b(\lambda - 1) + a(\mu - 1)}{\mu + \lambda - 2}$$

und wieder ist

$$M_\eta(\lambda, \mu) = E(\eta; \lambda - 1, \mu - 1) \quad \text{für} \quad \lambda > 1, \mu > 1.$$

In der Netzplantechnik (System PERT) ist es üblich, die Parameter λ und μ festzulegen

$$\text{I:} \left.\begin{matrix} \lambda = 3 + \sqrt{2} \\ \mu = 3 - \sqrt{2} \end{matrix}\right\} \quad \text{oder} \quad \text{II:} \left.\begin{matrix} \lambda = 3 - \sqrt{2} \\ \mu = 3 + \sqrt{2} \end{matrix}\right\} \quad \text{oder} \quad \text{III:} \ \lambda = \mu = 4.$$

Dies führt dann zu

$$M_\eta(\lambda, \mu) = \begin{cases} \frac{1}{4}[b(2 + \sqrt{2}) + a(2 - \sqrt{2})] & \text{im Falle I} \\ \frac{1}{4}[b(2 - \sqrt{2}) + a(2 + \sqrt{2})] & \text{im Falle II} \\ \frac{1}{2}(a + b) & \text{im Falle III} \end{cases}$$

und in allen drei Fällen gilt

$$E(\eta; \lambda, \mu) = \frac{1}{6}[b + 4M_\eta(\lambda, \mu) + a],$$

$$\operatorname{Var}(\eta; \lambda, \mu) = \frac{1}{36}(b - a)^2.$$

1.5. Eine Folge von unabhängigen Bernoulli-Versuchen

Ein wichtiges Gebiet der Wahrscheinlichkeitsrechnung betrifft das Studium von Folgen unabhängiger Versuche. Die Versuche seien mit $\nu = 1, 2, \ldots, n$ numeriert und mögen als Ergebnisse jeweils genau eines der punktfremden Ereignisse $A_1^{(\nu)}, A_2^{(\nu)}, \ldots, A_k^{(\nu)}$ liefern, so daß also für jeden Versuch gelte

$$\left.\begin{matrix} A_1^{(\nu)} + A_2^{(\nu)} + \cdots + A_k^{(\nu)} = U \\ i \neq j: \qquad A_i^{(\nu)} A_j^{(\nu)} = \emptyset \end{matrix}\right\} \quad \nu = 1, 2, \ldots, n.$$

Die Wahrscheinlichkeiten der Versuchsergebnisse lauten p_i, $i = 1, 2, \ldots, k$ und sind unabhängig von den Ereignissen, die früher schon eingetreten sind oder später noch eintreten werden, ferner von der Nummer ν des Versuchs. Ebenso ist die Anzahl k der möglichen Versuchsergebnisse von der Versuchsnummer ν unabhängig und konstant. In einer allgemeineren Formulierung der Aufgabenstellung können p_i und k von ν abhängig sein. Diese Verallgemeinerung soll hier beiseite gelassen werden. Als wesentliches Kriterium hat indessen nur die Unabhängigkeit von früheren oder späteren Versuchsergebnissen zu gelten.

Es ist

$$P(A_i^{(\nu)}) = p_i, \qquad i = 1, 2, \ldots, k, \quad \nu = 1, 2, \ldots, n$$

und gemäß Aufgabenstellung wird

$$\sum_{i=1}^{k} p_i = 1.$$

Dann lautet die Wahrscheinlichkeit dafür, daß in n Versuchen genau r_1-mal das Ereignis A_1, genau r_2-mal das Ereignis $A_2, \ldots$, genau r_k-mal das Ereignis A_k auftreten, $r_1 + r_2 + \cdots + r_k = n$:

$$P_n(r_1, r_2, \ldots, r_k) = \frac{n!}{r_1!\, r_2! \ldots r_k!}\, p_1^{r_1} p_2^{r_2} \ldots p_k^{r_k}.$$

Dies ist die Wahrscheinlichkeit der *Multinomialverteilung*; sie wurde in (1.424), Beispiel 1, besprochen. Für $k = 2$ handelt es sich um die *Binomialverteilung*

$$P_n(r) = \frac{n!}{r_1!\, r_2!}\, p_1^{r_1} p_2^{r_2} = \binom{n}{r} p^r q^{n-r}, \qquad \begin{array}{l} r_1 = r \\ p_1 = p \\ p_2 = q \end{array}$$

deren Entstehung aus einer Folge von n unabhängigen Bernoulli-Versuchen in 1.422, Beispiel 2, erklärt wurde. In der Terminologie des vorliegenden Abschnitts gilt

$$\left.\begin{array}{ll} A_1^{(\nu)} = \{\text{Treffer}\}, & P(A_1^{(\nu)}) = p \\ A_2^{(\nu)} = \{\text{Mißerfolg}\}, & P(A_2^{(\nu)}) = q \\ P\{A_1^{(\nu)} \cap A_2^{(\nu)}\} = 0 & \\ P\{A_1^{(\nu)} \cup A_2^{(\nu)}\} = p + q = 1 & \end{array}\right\} \quad \nu = 1, 2, \ldots, n.$$

Die Größe r gibt also die Summe der Treffer in der Versuchsserie an.

Hier soll nun untersucht werden, welche Gestalt die Binomialverteilung annimmt, wenn $n \to \infty$ strebt.

1.51. Grenzwertsätze von de Moivre-Laplace

1.511. Der lokale Grenzwertsatz von de Moivre-Laplace

Die Wahrscheinlichkeiten der Binomialverteilung $P_n(r) = \binom{n}{r} p^r q^{n-r}$ lassen sich graphisch durch Flächen veranschaulichen (Abb. 1.22: $n = 6$): die Abszisse wird in Abschnitte aufgeteilt, die von Mitte zu Mitte zwischen zwei ganzen Zahlen reichen. In Ordinatenrichtung trägt man $P_n(r)$, geteilt durch $\Delta r = 1$, auf. Dann stellt die Fläche $\frac{P_n(r)}{\Delta r} \Delta r$ die Wahrscheinlichkeit dafür dar, daß die Treffersumme ϱ den Wert $\varrho = r$ annimmt.

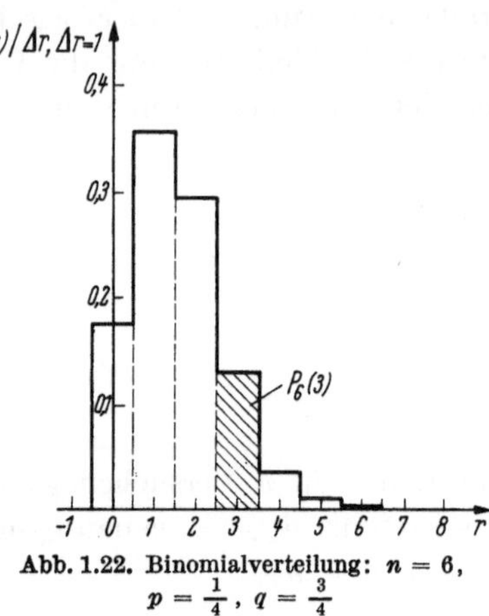

Abb. 1.22. Binomialverteilung: $n = 6$, $p = \frac{1}{4}$, $q = \frac{3}{4}$

Für große n verflacht sich die Treppenkurve, da die unter ihr liegende Gesamtfläche den konstanten Wert 1 behält. Man beachte jedoch, daß das laufende Integral dieser Treppenkurve nicht mit der Verteilungsfunktion der Binomialverteilung übereinstimmt, da die Binomialverteilung keine Wahrscheinlichkeitsdichte besitzt; es ist aber eine Approximation dieser Verteilungsfunktion.

Seien $p > 0$, $q > 0$. Dann führt man folgende Transformation ein:

$$\xi = \frac{\varrho - n p}{\sqrt{n p q}} \tag{1}$$

und studiert die Verteilung der neuen Zufallsvariablen ξ. Offenbar gilt

$$P(\varrho \leqq r) = P\left(\frac{\varrho - n p}{\sqrt{n p q}} \leqq \frac{r - n p}{\sqrt{n p q}}\right) = P(\xi \leqq x) \tag{2}$$

mit

$$x = x(r) = \frac{r - n p}{\sqrt{n p q}}. \tag{3}$$

Zwecks Vereinfachung der Schreibweise gelte

$$\sqrt{n p q} = \sigma. \tag{4}$$

Dies ist übrigens, wie man weiß, die Wurzel aus der Varianz von ϱ (vgl. 1.455, Beispiel 1).

Setzt man nun

$$y(r) = \binom{n}{r} p^r q^{n-r} \sigma = P_n(r)\,\sigma, \tag{5}$$

wobei der Wert von $y(r)$ im Intervall $[r - \frac{1}{2},\ r + \frac{1}{2}[$ konstant bleibt, so wird wegen

$$x(r + \tfrac{1}{2}) - x(r - \tfrac{1}{2}) = \Delta x$$
$$= \frac{1}{\sigma}\left(r + \frac{1}{2} - n\,p - r + \frac{1}{2} + n\,p\right) = \frac{1}{\sigma} \tag{6}$$

die Rechteckfläche

$$y(r)\,\Delta x = P_n(r)\,\sigma\,\frac{1}{\sigma} = P_n(r) \tag{7}$$

und die Wahrscheinlichkeiten $P\{x(r - \frac{1}{2}) < \xi \leqq x(r + \frac{1}{2})\}$ lassen sich wieder durch Flächen darstellen:

$$P\{x(r - \tfrac{1}{2}) < \xi \leqq x(r + \tfrac{1}{2})\} = y(r)\,\Delta x. \tag{8}$$

Ferner gilt

$$\sum_{r=0}^{n} P\{x(r - \tfrac{1}{2}) < \xi \leqq x(r + \tfrac{1}{2})\} = \sum_{r=0}^{n} y(r)\,\Delta x = \sum_{r=0}^{n} P_n(r) = 1. \tag{9}$$

Man bestimmt nun Δy aus

$$\Delta y = y(r + 1) - y(r) = \sigma[P_n(r + 1) - P_n(r)]$$
$$= \sigma\,P_n(r)\left[\frac{n - r}{r + 1}\,\frac{p}{q} - 1\right] = -y(r)\,\frac{q + r - n\,p}{(r + 1)\,q}$$
$$= -y(r)\,\frac{q + \sigma\,x}{(\sigma\,x + n\,p + 1)\,q} = -y(r)\,\frac{q + \sigma\,x}{q\,\sigma\,x + \sigma^2 + q}$$

$$\Delta y = -y\,\frac{\dfrac{q}{\sigma} + x}{q\,x + \sigma + \dfrac{q}{\sigma}}. \tag{10}$$

Das Argument r von $y(r)$ wird im folgenden nicht mehr mitgeführt.

Da $p > 0,\ q > 0$ vorausgesetzt sind, gilt gemäß (6)

$$n \to \infty\colon\quad \Delta x = \frac{1}{\sigma} = \frac{1}{\sqrt{n\,p\,q}} \to 0 \tag{11}$$

und der Differenzenquotient $\frac{\Delta y}{\Delta x}$ geht über in einen Differentialquotienten:

$$n \to \infty\colon\quad \frac{\Delta y}{\Delta x} = -y\,\frac{\dfrac{q}{\sigma} + x}{\dfrac{q\,x}{\sigma} + 1 + \dfrac{q}{\sigma^2}} \to -y\,\frac{x}{1 + \dfrac{q\,x}{\sigma}} = \frac{d\,y}{d\,x} \tag{12}$$

oder

$$\frac{d\,y}{y} = -\frac{x}{1 + \dfrac{q\,x}{\sigma}}\,d\,x. \tag{13}$$

Es wird sich später (18) als zweckmäßig erweisen, die Voraussetzung

$$n \to \infty: \quad \frac{x^3}{\sigma} \to 0 \quad \text{oder auch} \quad \frac{x^3}{\sqrt{n}} \to 0 \tag{14}$$

zu treffen. In diesem Falle kann der Nenner von (13) nicht Null werden und man kann (13) integrieren. Es wird

$$\int \frac{dy}{y} = -\int \frac{x}{1 + \frac{q\,x}{\sigma}}\,dx = -\frac{\sigma}{q}\int \left(1 - \frac{1}{1 + \frac{q\,x}{\sigma}}\right) dx \tag{15}$$

woraus

$$\ln \frac{y}{c} = -\frac{\sigma}{q}\,x + \frac{\sigma^2}{q^2} \ln\left(1 + \frac{q\,x}{\sigma}\right). \tag{16}$$

In (16) ist c die noch zu bestimmende Integrationskonstante. Da $0 < q < 1$ und $\frac{x^3}{\sigma} \to 0$, also erst recht $\frac{x}{\sigma} \to 0$, kann man entwickeln

$$\ln\left(1 + \frac{q\,x}{\sigma}\right) = \frac{q\,x}{\sigma} - \frac{1}{2}\left(\frac{q\,x}{\sigma}\right)^2 + \frac{1}{3}\left(\frac{q\,x}{\sigma}\right)^3 - \\ - \frac{1}{4}\left(\frac{q\,x}{\sigma}\right)^4 + \frac{1}{5}\left(\frac{q\,x}{\sigma}\right)^5 \mp \cdots \tag{17}$$

was durch Einsetzen in (16) liefert

$$\begin{aligned} \ln \frac{y}{c} &= -\frac{\sigma}{q}\,x + \frac{\sigma^2}{q^2}\left[\frac{q\,x}{\sigma} - \frac{1}{2}\left(\frac{q\,x}{\sigma}\right)^2 + \frac{1}{3}\left(\frac{q\,x}{\sigma}\right)^3 - \right. \\ &\quad \left. - \frac{1}{4}\left(\frac{q\,x}{\sigma}\right)^4 + \frac{1}{5}\left(\frac{q\,x}{\sigma}\right)^5 \mp \cdots\right] \\ &= -\frac{\sigma}{q}\,x + \frac{\sigma}{q}\,x - \frac{1}{2}\,x^2 + \frac{q}{3}\,\frac{x^3}{\sigma} - \frac{q^2}{4}\,\frac{x^3}{\sigma}\,\frac{x}{\sigma} + \frac{q^3}{5}\,\frac{x^3}{\sigma}\left(\frac{x}{\sigma}\right)^2 \mp \cdots \\ &= -\frac{x^2}{2} + \frac{x^3}{\sigma}\left[\frac{q}{3} - \frac{q^2}{4}\,\frac{x}{\sigma} + \frac{q^3}{5}\left(\frac{x}{\sigma}\right)^2 \mp \cdots\right]. \end{aligned} \tag{18}$$

Da wegen $\frac{x^3}{\sigma} \to 0$ auch $\frac{x}{\sigma} \to 0$, wie schon erwähnt wurde, konvergiert der Klammerausdruck rechts in (18). Also fällt das Produkt mit $\frac{x^3}{\sigma} \to 0$ weg und es gilt

$$\ln \frac{y}{c} \to -\frac{x^2}{2}, \tag{19}$$

woraus

$$y \to c\,e^{-\frac{x^2}{2}}. \tag{20}$$

Die Integrationskonstante c bestimmt man aus der Bedingung

$$\int_{x=-\infty}^{+\infty} y\,dx = 1, \tag{21}$$

woraus

$$c = \frac{1}{\sqrt{2\pi}}, \tag{22}$$

so daß:

$$\left.\begin{array}{l} n \to \infty \\ x = \dfrac{r - np}{\sqrt{npq}} \\ \dfrac{x^3}{\sqrt{n}} \to 0 \\ p, q > 0 \\ p + q = 1 \end{array}\right\} P_n(r)\sqrt{npq} = \binom{n}{r} p^r q^{n-r} \sqrt{npq} = y \to \frac{1}{\sqrt{2\pi}} e^{-\frac{x^2}{2}}. \tag{23}$$

Dies ist der *lokale Grenzwertsatz von* DE MOIVRE-LAPLACE. Er sagt aus, daß die mit der Wurzel aus ihrer Varianz multiplizierte Binomialverteilung für $n \to \infty$ gegen die Dichtefunktion der standardisierten Normalverteilung strebt, sofern die Trefferwahrscheinlichkeit p zwischen 0 und 1 liegt, $0 < p < 1$, und nur ein Gebiet von x betrachtet wird, für welches $\frac{x^3}{\sqrt{n}} \to 0$.

1.512. Der Integralgrenzwertsatz von de Moivre-Laplace

Unter den gleichen Voraussetzungen wie in 1.511 kann man sich nun die Frage stellen, wie groß die Wahrscheinlichkeit ist, daß die Trefferzahl ϱ in n unabhängigen Bernoulli-Versuchen zwischen zwei gegebenen ganzzahligen Werten a und b liege, wenn $n \to \infty$ strebt. Gesucht ist also $\lim\limits_{n\to\infty} P_n(a \leqq \varrho \leqq b)$.

Mit den Bezeichnungen des vorhergehenden Abschnitts ist

$$P_n(r) = \frac{y(r)}{\sigma} = \Delta x\, y(x_r) \tag{1}$$

wobei der Wert von $y(x_r)$ wieder im Intervall $[r - \frac{1}{2}, r + \frac{1}{2}[$ konstant bleibt, und

$$x_r = \frac{r - np}{\sqrt{npq}}. \tag{2}$$

Daher ist, vorerst noch für endliche n:

$$P_n(a \leqq \varrho \leqq b) = \Delta x[y(x_a) + y(x_{a+1}) + \cdots + y(x_r) + \ldots + y(x_b)]. \tag{3}$$

Nach dem Mittelwertsatz der Integralrechnung existiert für eine in einem Intervall $\left[x_r - \frac{\Delta x}{2} = x_{r-\frac{1}{2}}, x_{r+\frac{1}{2}} = x_r + \frac{\Delta x}{2}\right]$ stetige Funktion $y(x)$ wenigstens ein Wert z_r:

$$x_{r-\frac{1}{2}} < z_r < x_{r+\frac{1}{2}} \tag{4}$$

so daß

$$\int_{x=x_{r-\frac{1}{2}}}^{x_{r+\frac{1}{2}}} y(x)\,dx = \Phi(x_{r+\frac{1}{2}}) - \Phi(x_{r-\frac{1}{2}}) = y(z_r)\,(x_{r+\frac{1}{2}} - x_{r-\frac{1}{2}}) = y(z_r)\,\Delta x. \quad (5)$$

Die Stetigkeit von $y(x)$ trifft hier bei $n \to \infty$ gemäß 1.511, Gl. (23), zu. Wegen

$$n \to \infty: \quad \frac{y(x_r)}{y(z_r)} = e^{\frac{1}{2}(z_r^2 - x_r^2)} \quad (6)$$

kann man unter Verwendung von (5) schreiben

$$n \to \infty: \quad \Delta x\, y(x_r) = \Delta x\, y(z_r)\, e^{\frac{1}{2}(z_r^2 - x_r^2)}$$
$$= e^{\frac{1}{2}(z_r^2 - x_r^2)} \left[\Phi(x_{r+\frac{1}{2}}) - \Phi(x_{r-\frac{1}{2}})\right]. \quad (7)$$

Wegen (4) ist aber

$$-\frac{\Delta x}{2} < z_r - x_r < \frac{\Delta x}{2}$$

oder

$$|z_r - x_r| < \frac{\Delta x}{2}. \quad (8)$$

Andererseits ist

$$|z_r + x_r| = |z_r - x_r + 2x_r| \leqq |z_r - x_r| + |2x_r| < \frac{\Delta x}{2} + |2x_r|, \quad (9)$$

so daß

$$\frac{1}{2}|z_r^2 - x_r^2| = \frac{1}{2}|z_r - x_r|\,|z_r + x_r| < \frac{1}{2}\,\frac{\Delta x}{2}\left(\frac{\Delta x}{2} + |2x_r|\right) =$$
$$= \frac{\Delta x}{2}\left(\frac{\Delta x}{4} + |x_r|\right) < \Delta x\left(\frac{\Delta x}{4} + |x_r|\right). \quad (10)$$

Da $\Delta x = \frac{1}{\sqrt{n p q}}$, läßt sich für genügend große n unter der hier ja gültigen Voraussetzung $\frac{x^3}{\sigma} = x^3\,\Delta x \to 0$ stets ein beliebig kleines $\varepsilon > 0$ finden, so daß

$$n \to \infty: \quad \frac{1}{2}|z_r^2 - x_r^2| < \Delta x\left(\frac{\Delta x}{4} + |x_r|\right) < \varepsilon. \quad (11)$$

Also gilt für (7) bei $n \to \infty$:

$$e^{-\varepsilon}\left[\Phi(x_{r+\frac{1}{2}}) - \Phi(x_{r-\frac{1}{2}})\right] < \Delta x\, y(x_r) =$$
$$= e^{\frac{1}{2}(z_r^2 - x_r^2)}\left[\Phi(x_{r+\frac{1}{2}}) - \Phi(x_{r-\frac{1}{2}})\right] < e^{+\varepsilon}\left[\Phi(x_{r+\frac{1}{2}}) - \Phi(x_{r-\frac{1}{2}})\right]. \quad (12)$$

Durch Summierung über r gemäß (3) wird dann

$$n \to \infty: \quad e^{-\varepsilon}\left[\Phi(x_{b+\frac{1}{2}}) - \Phi(x_{a-\frac{1}{2}})\right] < P_n(a \leqq \varrho \leqq b) <$$
$$< e^{+\varepsilon}\left[\Phi(x_{b+\frac{1}{2}}) - \Phi(x_{a-\frac{1}{2}})\right] \quad (13)$$

und da $\varepsilon > 0$ beliebig klein gemacht werden kann, lautet der *Integralgrenzwertsatz von* DE MOIVRE-LAPLACE:

$$\left.\begin{array}{l} n \to \infty \\ x = \dfrac{r - n p}{\sqrt{n p q}} \\ \dfrac{x^3}{\sqrt{n}} \to 0 \\ p, q > 0 \\ p + q = 1 \end{array}\right\} \quad \begin{aligned} \sum_{r=a}^{b} P_n(r) = \sum_{r=a}^{b} \binom{n}{r} p^r q^{n-r} &\to \int\limits_{x=\frac{a-\frac{1}{2}-np}{\sqrt{npq}}}^{\frac{b+\frac{1}{2}-np}{\sqrt{npq}}} \frac{1}{\sqrt{2\pi}} e^{-\frac{x^2}{2}} dx \\ &= \Phi(x_{b+\frac{1}{2}}) - \Phi(x_{a-\frac{1}{2}}). \end{aligned} \tag{14}$$

Es gelten also insbesondere die folgenden Resultate:

$$P(a < \varrho \leqq b) \qquad \to \Phi\left(\frac{b + \frac{1}{2} - n p}{\sqrt{n p q}}\right) - \Phi\left(\frac{a + \frac{1}{2} - n p}{\sqrt{n p q}}\right), \tag{15}$$

$$P(\varrho \leqq b) \qquad \to \Phi\left(\frac{b + \frac{1}{2} - n p}{\sqrt{n p q}}\right), \tag{16}$$

$$P(\varrho > a) = 1 - P(\varrho \leqq a) \to 1 - \Phi\left(\frac{a + \frac{1}{2} - n p}{\sqrt{n p q}}\right), \tag{17}$$

$$P(\varrho = r) = P(r \leqq \varrho \leqq r) \to \Phi\left(\frac{r + \frac{1}{2} - n p}{\sqrt{n p q}}\right) - \Phi\left(\frac{r - \frac{1}{2} - n p}{\sqrt{n p q}}\right). \tag{18}$$

Formel (18) zeigt, daß man den Integralgrenzwertsatz unter Umständen auch anstelle des lokalen Grenzwertsatzes anwenden kann.

Die Grenzwertsätze von DE MOIVRE-LAPLACE sind von großer Bedeutung. Sie werden zur Approximation der Binomialverteilung bei großen, aber noch endlichen n herangezogen ($\min[n p, n q] \geqq 10$ [1]). Sie stellen einen Spezialfall eines noch viel allgemeineren Gesetzes dar, das unter dem Namen „Zentraler Grenzwertsatz" bekannt ist (1.92).

Oft begnügt man sich mit weniger präzisen Formeln, indem man die additive Konstante $\pm\frac{1}{2}$ wegläßt:

$$P(a < \varrho \leqq b) \to \Phi\left(\frac{b - n p}{\sqrt{n p q}}\right) - \Phi\left(\frac{a - n p}{\sqrt{n p q}}\right). \tag{19}$$

In diesem Falle wird $P(a \leqq \varrho \leqq b) = P(a < \varrho \leqq b) = P(a \leqq \varrho < b) = P(a < \varrho < b)$, was für $n \to \infty$ ja auch richtig ist und bei Anwendung der präziseren Beziehungen ebenfalls so resultiert, weil dann $\pm\frac{1}{2}$ vernachlässigt werden darf. Immerhin ist für Approximationen bei $n < \infty$ mit dieser vereinfachten Darstellung die Berechnung von $P(\varrho = r)$ aus dem Integralgrenzwertsatz nicht mehr möglich, da diese dann stets den Wert 0 liefert, was in solchen Fällen keineswegs zutrifft.

[1] Es gibt Autoren, die statt 10 schon 4 für genügend groß erachten. Über die damit im Zusammenhang stehende Genauigkeit der Approximation konsultiere man [*E*].

1.513. Anwendungen

1. Beispiel: Es wird $n = 1200$ mal gewürfelt. Die Augenzahl 6 mit der Wahrscheinlichkeit $p = \frac{1}{6}$ gilt als Treffer. Wie groß ist die Wahrscheinlichkeit, daß die Treffersumme ϱ zwischen 180 und 220 liegt, beide Grenzen eingeschlossen?

Es gilt

$$P(180 \leqq \varrho \leqq 220) = \sum_{r=180}^{220} \binom{1200}{r} \left(\frac{1}{6}\right)^r \left(\frac{5}{6}\right)^{1200-r} \cong$$

$$\cong \Phi\left(\frac{220 + \frac{1}{2} - \frac{1200}{6}}{\sqrt{1200 \frac{1}{6} \frac{5}{6}}}\right) - \Phi\left(\frac{180 - \frac{1}{2} - \frac{1200}{6}}{\sqrt{1200 \frac{1}{6} \frac{5}{6}}}\right) \cong$$

$$\cong \Phi(1{,}59) - \Phi(-1{,}59) = 2\Phi(1{,}59) - 1 \cong$$

$$\cong 2 \cdot 0{,}944 - 1 = 0{,}888.$$

Bemerkung: Aus der Symmetrie der Normalverteilung folgt, daß

$$\Phi(x) - \Phi(-x) = 2\Phi(x) - 1 = 1 - 2\Phi(-x).$$

Diese Beziehung wurde soeben benützt.

2. Beispiel: Der Ausschußanteil p einer Produktion soll auf Grund einer zufälligen Stichprobe des Umfangs n bestimmt werden. Dabei ist n so zu wählen, daß der Fehler mit mindestens 90% Wahrscheinlichkeit weniger als $\pm 0{,}05$ ausmacht.

Sei ϱ die Anzahl in der Stichprobe enthaltener Ausschußstücke. Dann soll also

$$P\left(\left|\frac{\varrho}{n} - p\right| < 0{,}05\right) \geqq 0{,}90$$

oder

$$P\left(-0{,}05 < \frac{\varrho}{n} - p < +0{,}05\right) = P\left(\frac{-0{,}05n}{\sqrt{n p q}} < \frac{\varrho - n p}{\sqrt{n p q}} < \frac{+0{,}05n}{\sqrt{n p q}}\right)$$

$$= P\left(\frac{-0{,}05\sqrt{n}}{\sqrt{p q}} < \xi < \frac{+0{,}05\sqrt{n}}{\sqrt{p q}}\right) \geqq 0{,}90.$$

In der nachträglich zu verifizierenden Annahme, daß $\min[n p, n q] \geqq 10$ ausfallen werde, darf man die Binomialverteilung durch eine Normalverteilung approximieren. In diesem Falle ist ξ nach $NV(0, 1)$ verteilt. Damit auf der rechten Seite $\geqq 0{,}90$ gelte, muß, wie eine Tabelle der standardisierten Normalverteilung zeigt:

$$\frac{0{,}05\sqrt{n}}{\sqrt{p q}} \geqq 1{,}645$$

woraus

$$n \geqq \left(\frac{1{,}645}{0{,}05}\right)^2 p q \cong 1080 p q.$$

Nun ist aber p (und somit auch $q = 1 - p$) nicht bekannt. Setzt man den gefährlichsten Wert von p ein, für welchen $p\,q$ maximal wird, so ist man mit der Aussage auf der sicheren Seite. Also wählt man $p = q = \frac{1}{2}$ und erhält

$$n \geqq 1080 \cdot \tfrac{1}{4} = 270.$$

Auf Grund der nun durchzuführenden Stichprobe kann man kontrollieren, ob $\min\left[n\frac{\varrho}{n},\ n\left(1 - \frac{\varrho}{n}\right)\right] \geqq 10$ oder besser noch: $\min\left[n\left(\frac{\varrho}{n} - 0{,}05\right),\ n\left(0{,}95 - \frac{\varrho}{n}\right)\right] \geqq 10$ ausfällt, wie dies vorausgesetzt war. Stimmt der wahre Wert von p nicht mit dem angenommenen $\frac{1}{2}$ überein, so leistet man lediglich mit 90% Wahrscheinlichkeit eine genauere Aussage als auf das verlangte $\pm 0{,}05$ oder eine auf $\pm 0{,}05$ genaue Aussage mit mehr als der verlangten 90%-Wahrscheinlichkeit oder eine Aussage, die eine entsprechende Kombination von beiden Übererfüllungen darstellt.

1.52. Die Poisson-Verteilung als asymptotische Darstellung der Binomialverteilung

1.521. Theorie

Der in 1.51 besprochene Grenzübergang der Binomialverteilung in eine Normalverteilung hatte zur Voraussetzung, daß für die Wahrscheinlichkeiten p und q der sich folgenden n unabhängigen Bernoulli-Versuche gelten sollte $p > 0$, $q > 0$. Für $n \to \infty$ strebten daher sowohl $n\,p \to \infty$ als auch $n\,q \to \infty$. In vielen praktischen Fällen trifft man jedoch Verhältnisse an, wo p (oder q) verschwindend klein sind, so daß $n\,p$ (bzw. $n\,q$) auch für $n \to \infty$ nicht mehr unbeschränkt groß werden. Es fragt sich nun, welche Gestalt die Binomialverteilung unter diesen Bedingungen für $n \to \infty$ annimmt.

Ausgehend von $P_n(r) = \binom{n}{r} p^r q^{n-r}$ findet man

$$\frac{P_n(r)}{P_n(r-1)} = \frac{n-r+1}{r}\,\frac{p}{q} = \frac{n\,p}{r\,q} - \left(1 - \frac{1}{r}\right)\frac{p}{q}.$$

Dann wird für $n\,p = \text{konst.} = \lambda$:

$$\lim_{\substack{n\to\infty \\ p\to 0 \\ n\,p=\lambda}} \left\{\frac{P_n(r)}{P_n(r-1)}\right\} = \frac{\varphi(r)}{\varphi(r-1)} = \frac{\lambda}{r}$$

womit die Funktionalgleichung gegeben ist:

$$\varphi(r) = \frac{\lambda}{r}\,\varphi(r-1), \qquad r = 1, 2, \ldots$$

Daraus folgt

$$\varphi(r) = \frac{\lambda^r}{r!}\,\varphi(0), \qquad r = 0, 1, 2, \ldots$$

und wegen

$$\sum_{r=0}^{\infty} \varphi(r) = \varphi(0) \sum_{r=0}^{\infty} \frac{\lambda^r}{r!} = 1$$

wird

$$\varphi(0) = e^{-\lambda}$$

und es gilt

$$\left.\begin{array}{r} n \to \infty \\ p \to 0 \\ n\,p = \lambda \\ p + q = 1 \end{array}\right\} P_n(r) = \binom{n}{r} p^r q^{n-r} \to \varphi(r) = e^{-\lambda} \frac{\lambda^r}{r!}.$$

Diese Grenzverteilung trägt den Namen „*Poisson-Verteilung*“, manchmal wird sie auch weniger gut Verteilung der „seltenen Ereignisse“ genannt, und leistet unter anderem nützliche Dienste durch die Approximation von Binomialverteilungen mit extremem Parameter p.

Sie besitzt den Erwartungswert

$$E(\varrho) = \lim_{\substack{n \to \infty \\ p \to 0 \\ n p = \lambda}} (n\,p) = \lambda$$

und die Varianz

$$\operatorname{Var} \varrho = \lim_{\substack{n \to \infty \\ p \to 0 \\ n p = \lambda}} (n\,p\,q) = \lambda .$$

Diese diskrete Verteilung strebt für $\lambda \to \infty$ wieder gegen die Normalverteilung:

$$\lim_{\lambda \to \infty} \sum_{r=0}^{k} [\varphi(r;\lambda)] = \lim_{\lambda \to \infty} \sum_{r=0}^{k} e^{-\lambda} \frac{\lambda^r}{r!} = \frac{1}{\sqrt{2\pi}\sqrt{\lambda}} \int_{y=-\infty}^{k} e^{-\frac{(y-\lambda)^2}{2\lambda}}\, dy .$$

Ein Beweis hierfür, ähnlich der Herleitung des lokalen Grenzwertsatzes von DE MOIVRE-LAPLACE, findet sich beispielsweise bei [*14*]; ein anderer Beweis wird in 1.92, Beispiel 3, gegeben werden.

Für $\lambda \geqq 10$ läßt sich die Poisson-Verteilung bereits gut durch eine entsprechende Normalverteilung approximieren (dann ist ja $n\,p \geqq 10$ und die ursprüngliche Binomialverteilung durch eine Normalverteilung abschätzbar).

1.522. Anwendungsbeispiel

Eine Maschine produziert einen Massenartikel mit dem Ausschußanteil 1%. Man fragt nach der Wahrscheinlichkeit, daß in einer Verpackungseinheit von 100 Stück höchstens 2 defekte Teile enthalten sind.

Nimmt man an, die Erzeugung von Ausschuß vollziehe sich rein zufällig, so handelt es sich um eine Folge von $n = 100$ unabhängigen

Bernoulli-Versuchen mit der Trefferwahrscheinlichkeit $p = 0{,}01$. Dann ist

$$P(\varrho \leqq 2) = \sum_{r=0}^{2} \binom{100}{r} \cdot 0{,}01^r \cdot 0{,}99^{100-r}$$

$$= 0{,}366032 + 0{,}369730 + 0{,}184865 = 0{,}920627.$$

Mit Hilfe der sich als viel bequemer erweisenden Poisson-Approximation wird bei $n\,p = 100 \cdot 0{,}01 = 1 = \lambda$:

$$P(\varrho \leqq 2) \cong e^{-1} \sum_{r=0}^{2} \frac{1^r}{r!} \cong$$

$$\cong 0{,}367879 + 0{,}367879 + 0{,}183940 = 0{,}919698.$$

Die Übereinstimmung ist also sehr gut. Nach dem Integralgrenzwertsatz von DE MOIVRE-LAPLACE würde man erhalten

$$P(\varrho \leqq 2) \cong \Phi\left(\frac{2 + \frac{1}{2} - 1}{\sqrt{100 \cdot 0{,}01 \cdot 0{,}99}}\right) = \Phi(1{,}508) = 0{,}934,$$

was eine weniger gute Approximation wäre. In diesem Falle ist aber $n\,p = 1 < 10$ und daher die Approximation durch die Normalverteilung auch nicht mehr statthaft (vgl. 1.512).

1.523. Zeitliche und räumliche Deutung der Poisson-Verteilung

Es werden unabhängige Bernoulli-Versuche $(p + q = 1)$ durchgeführt, wobei für jeden Versuch die Zeit Δt aufzuwenden ist. Sei ϱ die Anzahl Treffer bis zum Zeitpunkt $t = n\,\Delta t$ inklusive. Dann gilt

$$P(\varrho = r) = P_{\frac{t}{\Delta t}}(r) = \binom{\frac{t}{\Delta t}}{r} p^r q^{\frac{t}{\Delta t} - r}, \qquad r = 0, 1, 2, \ldots, \frac{t}{\Delta t}.$$

Hält man nun t fest, läßt aber $\Delta t \to 0$, wobei $\frac{t p}{\Delta t} = \text{konst.} = \lambda$ bleiben soll, so muß offenbar $p \to 0$ derart, daß $\frac{p}{\Delta t} = \text{konst.} = \alpha$. Dann ist mit $\alpha\,t = \lambda$, wenn man das Resultat von 1.521 verwendet:

$$\lim_{\substack{\Delta t \to 0 \\ p \to 0 \\ \frac{p}{\Delta t} = \alpha}} \left[P_{\frac{t}{\Delta t}}(r)\right] = e^{-\alpha t} \frac{(\alpha\,t)^r}{r!} = \varphi(r)$$

und es gilt

$$E(\varrho) = \alpha\,t, \qquad \operatorname{Var} \varrho = \alpha\,t.$$

Besteht auf Grund der Beobachtung eines Vorgangs (z. B. Störungen an einer Maschine pro Zeiteinheit; Anzahl von einem Arbeiter pro Zahltagsperiode erledigte Operationsaufträge; Anzahl Telephonanrufe pro Zeiteinheit; Anzahl Verkehrsmittel, die pro Zeiteinheit eine Kreuzung passieren; Anzahl Szintillationen von radioaktivem Material pro Zeiteinheit; usw.) Anlaß zur Vermutung, es könne sich um Ereignisse handeln, deren anzahlmäßiges Auftreten pro Zeiteinheit nach dem Poisson-Gesetz verteilt ist, so erhebt sich natürlich sofort die Frage, wie α bestimmt werden kann. Zu diesem Zwecke betrachtet man N Zeitintervalle der festen Dauer t, so daß $N\,t = T$. Man zählt die Anzahl ϱ Realisationen des Ereignisses in jedem festen Intervall t, welches solcherart zur Zeiteinheit wird.

Es gebe ν_r Intervalle mit $\varrho = r$ Realisationen, $r = 0, 1, 2, \ldots$ Dann gilt

$$\sum_{r=0}^{\infty} \nu_r = N$$

und

$$\sum_{r=0}^{\infty} \nu_r\, r = A,$$

wobei A die gesamte Anzahl aller Realisationen während der totalen Versuchsdauer $T = N\,t$ bedeutet. Die letzte Gleichung kann man auch schreiben

$$A = N \sum_{r=0}^{\infty} \frac{\nu_r}{N}\, r$$

und wenn N genügend groß ist, so strebt die relative Häufigkeit $\frac{\nu_r}{N}$ auf Grund des Starken Gesetzes der Großen Zahlen (1.832) mit Wahrscheinlichkeit 1 gegen die Wahrscheinlichkeit $\varphi(r)$:

$$N \to \infty: \quad \frac{\nu_r}{N} \to \varphi(r).$$

Daher gilt mit Wahrscheinlichkeit 1:

$$N \to \infty: \quad A = N \sum_{r=0}^{\infty} \frac{\nu_r}{N}\, r \to N \sum_{r=0}^{\infty} \varphi(r)\, r = N\,E(\varrho) = N\,\alpha\,t.$$

Also ist mit Wahrscheinlichkeit 1:

$$N \to \infty: \quad \frac{A}{N\,t} \to \alpha.$$

Beispiel: Szintillationsmessungen an Polonium von RUTHERFORD und GEIGER (vgl. auch 2. 622).

Die Anzahl ϱ Szintillationen pro Zeitintervall $t = 7{,}5$ sec wurde für $N = 2608$ Intervalle gemessen. Gesamthaft stellte man $A = 10'097$ Szintillationen fest. Damit ergab sich $\alpha \approx \frac{A}{N\,t} = \frac{10'097}{2608 \cdot 7{,}5} = 0{,}516$ Szintillationen/sec. Die entsprechenden Poisson-Verteilungen lauten also

$$\varphi(r) = e^{-0{,}516\,t}\, \frac{(0{,}516\,t)^r}{r!}, \qquad r = 0, 1, 2, \ldots$$

Setzt man $t = 7{,}5$ sec, so wird

$$\varphi(r) = e^{-3{,}87}\, \frac{(3{,}87)^r}{r!}, \qquad r = 0, 1, 2, \ldots$$

und die theoretischen Zahlen $\nu_{r_{\text{theor}}} = N\,\varphi(r)$ Intervalle mit genau r Szintillationen, $r = 0, 1, 2, \ldots$, stimmen gut mit den effektiv gefundenen Werten $\nu_{r_{\text{eff}}}$ überein (vgl. Tabelle bei [*3*]).

Ersetzt man in den vorangehenden Überlegungen das feste Zeitintervall t durch ein festes Längenintervall l oder ein festes Flächenelement f oder ein festes Raumelement v, so hat man mit Poisson-Verteilungen $\varphi(r) = e^{-\alpha s}\frac{(\alpha s)^r}{r!}$, $s = l$ oder f oder v, zu tun. Die Erfahrung zeigt, daß die Anzahl lokaler Realisationen von zufälligen Ereignissen pro Längen- bzw. Flächen- bzw. Volumeneinheit nicht selten diesem Verteilungsgesetz gehorcht (z. B. Bakterienkolonien; Fleckchen auf Papierbogen in der Papierfabrikation; Geschoßeinschläge usw.). Die Größe α bestimmt man analog:

$$N \to \infty:\quad \frac{A}{N s} \to \alpha, \qquad s = l \text{ oder } f \text{ oder } v, \text{ mit Wahrscheinlichkeit } 1.$$

1.53. Poisson-Verteilung und Exponentialverteilung

Aus den in den vorhergehenden Abschnitten angedeuteten Beispielen geht hervor, daß der Poisson-Verteilung nicht nur als unter gewissen Voraussetzungen gültiger Grenzform der Binomialverteilung Bedeutung zukommt, sondern daß sie für sich besteht und demzufolge einer eigenen Aussage fähig ist. Die sekundlichen Strahlungen sich selbst überlassenen radioaktiven Materials, die stündliche Anzahl eine Kreuzung befahrender Automobile, die örtliche Agglomeration von Bakterienkulturen lassen sich kaum mehr als Resultate einer Folge von Menschenhand durchgeführter unabhängiger Bernoulli-Versuche ansehen, wenngleich ein solches Gedankenmodell auch zu denselben mathematischen Ergebnissen führte. Offenbar bestehen in Natur und Wirtschaft Verhältnisse, die als selbständige Ursache dafür gelten dürfen, daß gewisse mit ihnen in Zusammenhang zu bringende Ereignisse Wahrscheinlichkeiten aufweisen, deren systematische Zusammenstellung das Poisson-Gesetz erfüllt. Es ist nun gewiß von Interesse, diese Verhältnisse näher zu untersuchen.

Man kennzeichne auf einer Zeitachse z das Auftreten eines zufälligen Ereignisses durch einen Strich mit einer Nummer (Abb. 1.23) und lege

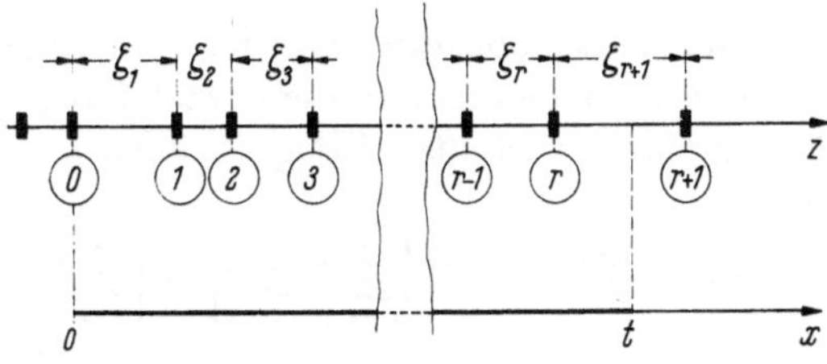

Abb. 1.23. Nach dem Poisson-Gesetz zeitlich verteilte Ereignisrealisationen

den Ursprung der Beobachtungszeit x in das nullte Ereignis. Die Zwischenzeit zwischen den Ereignissen Nr. $(i-1)$ und Nr. i laute ζ_i. Es werde vorausgesetzt, daß die Zwischenzeiten ζ_i gegenseitig unabhängig und alle nach einem gleichen, noch unbekannten, stetigen Gesetz verteilt seien:

$$\psi_i(z_i) = \psi(z_i) = P(\zeta_i \leqq z_i), \qquad i = 1, 2, \ldots$$

Die Dichtefunktion möge lauten

$$\frac{d\psi(z_i)}{dz_i} = p(z_i), \qquad i = 1, 2, \ldots$$

Man fragt sich nun, wie $p(z_i)$ beschaffen sein muß, damit die Wahrscheinlichkeit dafür, daß $\varrho = r$ Ereignisse im Intervall $]0, t]$ auftreten, dem Poisson-Gesetz

$$\varphi(r) = e^{-\alpha t} \frac{(\alpha t)^r}{r!}, \qquad r = 0, 1, 2, \ldots$$

genüge.

Der Fall $r = 0$ läßt sich sehr leicht behandeln; es muß dort

$$P(\varrho = 0 \mid t) = e^{-\alpha t} = P(\zeta_1 > t) = 1 - P(\zeta_1 \leqq t) = 1 - \int_{z_1=0}^{t} p(z_1)\, dz_1$$

oder

$$\int_{z_1=0}^{t} p(z_1)\, dz_1 = 1 - e^{-\alpha t}$$

und durch Differentiation nach der oberen Integrationsgrenze wird

$$p(t) = \alpha\, e^{-\alpha t}, \qquad t > 0.$$

Durch Einführung von z_i anstelle von t gilt

$$p(z_i) = \alpha\, e^{-\alpha z_i}, \qquad z_i > 0.$$

Wegen der als stetig vorausgesetzten Verteilungsfunktion ist aber $P(\zeta_1 \leqq t) = P(\zeta_1 < t)$, so daß man die Dichtefunktion bis $z_i = 0$ weiterführen darf. Somit erhält man

$$p(z_i) = \begin{cases} 0 & \text{für } z_i < 0 \\ \alpha\, e^{-\alpha z_i} & \text{für } z_i \geqq 0 \end{cases}$$

und

$$\psi(z_i) = \begin{cases} 0 & \text{für } z_i < 0 \\ 1 - e^{-\alpha z_i} & \text{für } z_i \geqq 0. \end{cases}$$

Dies sind Dichte- und Verteilungsfunktion der sog. *Exponentialverteilung*. Es bleibt noch zu kontrollieren, ob diese Verteilung der Zwischenzeiten auch zu nach Poisson verteilten Ereigniszahlen $\varrho = r > 0$ führt; hiefür muß allgemein

$$P(\varrho = r \mid t) = e^{-\alpha t} \frac{(\alpha t)^r}{r!} = P\left(\left\{\sum_{i=1}^{r} \zeta_i \leqq t\right\} \cap \left\{\sum_{i=1}^{r+1} \zeta_i > t\right\}\right),$$
$$r = 0, 1, 2, \ldots$$

Setzt man in

$$P\left(\left\{\sum_{i=1}^{r}\zeta_i \leqq t\right\} \cap \left\{\sum_{i=1}^{r+1}\zeta_i > t\right\}\right)$$

$$= \int_{G=\left\{\begin{array}{l}\sum_{i=1}^{r} z_i \leqq t\\ z_1 > 0\\ z_i \geqq 0,\ i=2,3,\ldots,r\end{array}\right.} \cdots\overset{(r)}{\cdots}\cdots \int \prod_{i=1}^{r} p(z_i)\left[\int_{z_{r+1}=t-\sum_{i=1}^{r} z_i+0}^{\infty} p(z_{r+1})\,dz_{r+1}\right] dz_1 \ldots dz_r$$

die eben gefundene Dichtefunktion ein, so wird

$$P\left(\left\{\sum_{i=1}^{r}\zeta_i \leqq t\right\} \cap \left\{\sum_{i=1}^{r+1}\zeta_i > t\right\}\right)$$

$$= \int \underset{G}{\overset{(r)}{\cdots}} \int \alpha^r e^{-\alpha\sum_{i=1}^{r} z_i}\left[\int_{z_{r+1}=t-\sum_{i=1}^{r} z_i+0}^{\infty} \alpha\, e^{-\alpha z_{r+1}}\,dz_{r+1}\right] dz_1 \ldots dz_r$$

$$= \alpha^r e^{-\alpha t}\int \underset{G}{\overset{(r)}{\cdots}} \int dz_1 \ldots dz_r\,.$$

Nun ist aber $\int \underset{G}{\overset{(r)}{\cdots}} \int dz_1 \ldots dz_r$ das Volumen der r-dimensionalen Hyperpyramide von der Kantenlänge t. Durch Induktion zeigt man, daß dieses Volumen $V_r = \frac{t^r}{r!}$ beträgt. Daher wird

$$P\left(\left\{\sum_{i=1}^{r}\zeta_i \leqq t\right\} \cap \left\{\sum_{i=1}^{r+1}\zeta_i > t\right\}\right) = \frac{(\alpha t)^r}{r!} e^{-\alpha t}$$

und dies ist das erwünschte Resultat.

Wenn also die zwischen jeweils zwei sich folgenden Ereignisrealisationen verstreichenden Zeiten gegenseitig unabhängig und exponentiell verteilt sind, so gehorchen die Ereigniszahlen ϱ innerhalb gegebener Zeitintervalle $]0, t]$ dem Poisson-Gesetz.

Die Exponentialverteilung ist eine Γ-Verteilung der Ordnung 1. Sie besitzt den Erwartungswert

$$E(\zeta) = \frac{1}{\alpha}$$

und die Varianz

$$\operatorname{Var}\zeta = \frac{1}{\alpha^2},$$

wie man leicht nachprüft. Sie weist eine bemerkenswerte und sehr wichtige Eigenschaft auf.

Seien

A das Ereignis, daß die Wartezeit von der Ereignisrealisation Nr. 0 bis zur Ereignisrealisation Nr. 1 genau t_1 beträgt;

B das Ereignis, daß die Wartezeit von der Ereignisrealisation Nr. 0 bis zur Ereignisrealisation Nr. 1 mehr als t_2 beträgt;

C das Ereignis, daß die Wartezeit von der Ereignisrealisation Nr. 0 bis zur Ereignisrealisation Nr. 1 genau $t_1 + t_2$ beträgt;

D das Ereignis, daß die Wartezeit bis zur Ereignisrealisation Nr. 1 noch zusätzlich genau t_1 beträgt, wenn seit der Ereignisrealisation Nr. 0 die Zeit t_2 bereits erfolglos verstrichen ist.

Dann ist $C \subset B$ und es gilt

$$P(A) = \alpha\, e^{-\alpha t_1} \Delta t \qquad \text{bis auf Fehler höherer Ordnung,}$$

$$P(B) = e^{-\alpha t_2},$$

$$P(C) = \alpha\, e^{-\alpha(t_1+t_2)} \Delta t \quad \text{bis auf Fehler höherer Ordnung,}$$

$$P(D) = P(C \mid B) = \frac{P(CB)}{P(B)} = \frac{P(C)}{P(B)} = \frac{\alpha\, e^{-\alpha(t_1+t_2)} \Delta t}{e^{-\alpha t_2}} = P(A).$$

Die Wahrscheinlichkeit dafür, daß man noch zusätzlich die Zeit t_1 warten muß, ist also unabhängig davon, wie lange ($= t_2$) man schon erfolglos gewartet hat, denn t_2 tritt in $P(D)$ nirgends auf. Somit gilt das vorhin fomulierte Resultat nicht nur für Intervalle $]0, t]$, sondern ganz allgemein für Intervalle der Dauer t, die in beliebigem, also nicht notwendigerweise mit einer Ereignisrealisation zusammenfallendem Zeitpunkt beginnen: *wenn die zwischen jeweils zwei sich folgenden Ereignisrealisationen verstreichenden Zeiten gegenseitig unabhängig und exponentiell verteilt sind, so gehorchen die Ereigniszahlen* ϱ *innerhalb beliebig gegebener Zeitintervalle der Dauer* t *dem Poisson-Gesetz.*

Diese Eigenschaft der Exponentialverteilung befreit die Charakterisierung der nach ihr verlaufenden stochastischen Prozesse von der Notwendigkeit einer Beschreibung der Vorgeschichte: man spricht von Prozessen „ohne Gedächtnis“. Die mathematischen Implikationen bleiben dadurch relativ bescheiden. Dies ist der Grund, weshalb beispielsweise in der *Wartelinientheorie* so häufig Gebrauch von exponentiell verteilten Ankunfts- und Abfertigungszwischenzeiten gemacht wird. Glücklicherweise ist das Exponentialgesetz in vielen praktischen Fällen auch wirklich erfüllt. Oft aber wird dies nur leichtfertig vorausgesetzt, und man stellt gelehrte Rechnungen an, die ihrer Grundlage entbehren. Darum sei nun noch ein einfaches Verfahren beschrieben, das festzustellen gestattet, ob die Exponentialverteilung als zutreffend angesehen werden darf.

Für exponentiell verteilte Zwischenzeiten lautet die Wahrscheinlichkeit, daß innerhalb eines Intervalles t kein Ereignis auftrete:

$$P(\varrho = 0 \mid t) = e^{-\alpha t}.$$

Also ist

$$\ln P(\varrho = 0 \mid t) = -\alpha\, t.$$

Ordnet man die in einer Stichprobe des Umfangs n effektiv gemessenen Zwischenzeiten $\zeta^{(i)}$ der Größe nach, so läßt sich für ein gewähltes t sofort die Anzahl n_t

Zwischenzeiten abzählen, welche größer als t ausgefallen sind. Der Quotient $\frac{n_t}{n}$ ist also die relative Häufigkeit dafür, daß $\zeta > t$ und strebt für $n \to \infty$ gegen die Wahrscheinlichkeit $P(\zeta > t)$. Nun ist aber

$$P(\zeta > t) = P(\varrho = 0 \mid t).$$

Daher gilt

$$n \to \infty: \quad \frac{n_t}{n} \to P(\varrho = 0 \mid t)$$

oder

$$n \to \infty: \quad \ln\frac{n_t}{n} \to -\alpha\, t.$$

Diese Beziehung gilt natürlich nur, wenn die Zwischenzeiten tatsächlich exponentiell verteilt sind. Ein Diagramm, in welchem t Abszisse und $\ln\frac{n_t}{n}$ Ordinate sind, gestattet die Entscheidung von Auge, ob die eingetragenen Meßpunkte $\ln\frac{n_t}{n}$ die Annahme der Exponentialverteilung rechtfertigen: sie müssen in diesem Falle nämlich auf einer durch den Nullpunkt gehenden Geraden liegen, deren Steigung gleich $-\alpha$ ist.

1.54. Negative Binomialverteilung, Pascal-Verteilung, geometrische Verteilung

Es wird eine Folge von unabhängigen Bernoulli-Versuchen (p = konstante Trefferwahrscheinlichkeit, $0 < p < 1$, $p + q = 1$) betrachtet. Gesucht ist die Wahrscheinlichkeit $f(k; r, p)$ dafür, daß der r-te Treffer im Versuch Nummer $r + k$ erfolgt.

Dann ist also r fest gegeben und $\varkappa$ ist die zufällige Anzahl Mißerfolge, die dem r-ten Treffer insgesamt vorangegangen sind, wobei hier $\varkappa = k$. Diese müssen irgendwann in den $r + k - 1$ ersten Versuchen aufgetreten sein. Die Wahrscheinlichkeit für eine ganz bestimmte Serie mit k Mißerfolgen und $r - 1$ Treffern lautet $p^{r-1} q^k$. Es gibt aber $\binom{r+k-1}{k}$ verschiedene solche Serien. Also ist $\binom{r+k-1}{k} p^{r-1} q^k$ die Wahrscheinlichkeit für k Mißerfolge und $r - 1$ Treffer in $r + k - 1$ sich folgenden unabhängigen Versuchen. Die Wahrscheinlichkeit für einen Treffer im nächsten Versuch beträgt aber p und somit lautet

$$\underline{f(k; r, p)} = \binom{r+k-1}{k} p^{r-1} q^k p = \underline{\binom{r+k-1}{k} p^r q^k, \qquad k = 0, 1, 2, \ldots}$$

Diese Formel kann man auch anders schreiben, wenn man bedenkt, daß

$$\binom{r+k-1}{k} = \frac{(r+k-1)(r+k-2)\ldots r}{k!}$$
$$= \frac{-r(-r-1)\ldots(-r-k+1)}{k!}(-1)^k = \binom{-r}{k}(-1)^k.$$

Dann wird

$$\underline{f(k; r, p) = \binom{-r}{k} p^r (-q)^k, \qquad k = 0, 1, 2, \ldots}$$

Diese Verteilung von $\varkappa$ bei festem, ganzzahligem $r > 0$ heißt „*Pascal-Verteilung*". Für $r = 1$ nennt man sie „*geometrische Verteilung*":

$$\underline{f(k; 1, p)} = \binom{1+k-1}{k} p^1 q^k = \underline{p\, q^k, \qquad k = 0, 1, 2, \ldots}$$

Die Beziehungen gelten aber ganz allgemein für reelle $r > 0$, auch wenn sie nicht ganzzahlig sind: dann trägt die Verteilung den Namen „*negative Binomialverteilung*". Sie spielt in der Unfallstatistik eine Rolle und zwar, weil sie auch aus einer Poisson-Verteilung mit zufälligem, einer Γ-Verteilung gehorchendem Parameter λ hervorgeht (vgl. 1.61, Beispiel 2). Die relative Häufigkeit, mit welcher beispielsweise ein Arbeiter während einer festen Zeitspanne Unfälle erleidet, folgt an sich nämlich oft einer Poisson-Verteilung. Ihr Parameter λ kann aber selber noch von gewissen Umweltsfaktoren abhangen, wie etwa Schutzmaßnahmen, Arbeitsbedingungen usw.

Man kontrolliert, daß $\sum_{k=0}^{\infty} f(k; r, p) = 1$, indem man die binomische Reihe

$$(1+t)^x = 1 + \binom{x}{1} t + \binom{x}{2} t^2 + \binom{x}{3} t^3 + \cdots$$

$$= \sum_{k=0}^{\infty} \binom{x}{k} t^k \quad \text{für} \quad |t| < 1,\ x = \text{beliebig}$$

heranzieht. Setzt man nämlich in

$$\sum_{k=0}^{\infty} f(k; r, p) = \sum_{k=0}^{\infty} \binom{-r}{k} p^r (-q)^k$$

ein:

$$t = -q, \qquad x = -r,$$

so wird

$$\sum_{k=0}^{\infty} f(k; r, p) = (1-q)^{-r} p^r = p^{-r} p^r = 1$$

und zwar auch, wenn r nicht ganz ist.

Die *Pascal-Verteilung* läßt sich zeitlich interpretieren. Benötigt jeder Bernoulli-Versuch die Dauer Δt, so ist $f(k; r, p)$ die Wahrscheinlichkeit dafür, daß man die Zeit $(r + k - 1)\Delta t$ warten muß, ehe dasjenige Intervall beginnt, welches mit dem r-ten Treffer endet.

Bei der *geometrischen Verteilung* ist dann $f(k; 1, p)$ die Wahrscheinlichkeit dafür, daß man $(1 + k - 1)\Delta t = k\Delta t$ warten muß, ehe dasjenige Intervall beginnt, dessen Ende den ersten Treffer bringt.

1.55. Zusammenhang zwischen geometrischer Verteilung und Exponentialverteilung

Die geometrische Verteilung besitzt eine analoge Eigenschaft wie die Exponentialverteilung. Seien

A das Ereignis, daß die Wartezeit von der Ereignisrealisation Nr. 0 bis zur Ereignisrealisation Nr. 1 genau $k_1 \Delta t$ beträgt;

B das Ereignis, daß die Wartezeit von der Ereignisrealisation Nr. 0 bis zur Ereignisrealisation Nr. 1 mehr als $k_2 \Delta t$ beträgt;

C das Ereignis, daß die Wartezeit von der Ereignisrealisation Nr. 0 bis zur Ereignisrealisation Nr. 1 genau $(k_1 + k_2) \Delta t$ beträgt;

D das Ereignis, daß die Wartezeit bis zur Ereignisrealisation Nr. 1 noch zusätzlich genau $k_1 \Delta t$ beträgt, wenn seit der Ereignisrealisation Nr. 0 die Zeit $k_2 \Delta t$ bereits erfolglos verstrichen ist.

Dann ist wieder $C \subset B$ und es gilt

$$P(A) = q^{k_1 - 1} p,$$

$$P(B) = q^{k_2 - 1} q = q^{k_2},$$

$$P(C) = q^{k_1 + k_2 - 1} p,$$

$$P(D) = P(C \mid B) = \frac{P(CB)}{P(B)} = \frac{P(C)}{P(B)} = \frac{q^{k_1 + k_2 - 1} p}{q^{k_2}} = q^{k_1 - 1} p = P(A).$$

Die Wahrscheinlichkeit für zusätzliches Warten während $k_1 \Delta t$ ist also wieder unabhängig davon, wie lange ($= k_2 \Delta t$) man schon erfolglos gewartet hat, denn k_2 tritt in $P(D)$ nirgends auf. Auch für geometrisch verteilte Zwischenzeiten spielt also die Prozeßvorgeschichte keine Rolle.

Die Auffindung dieser Verwandtschaft zwischen geometrischer und exponentieller Verteilung rechtfertigt eine weitere Untersuchung. Der Erwartungswert der geometrischen Verteilung lautet

$$E(\varkappa) = \sum_{k=0}^{\infty} k p q^k = p q \sum_{k=0}^{\infty} \frac{d(q^k)}{dq} = p q \frac{d}{dq} \left(\sum_{k=0}^{\infty} q^k \right) = p q \frac{d}{dq} \left(\frac{1}{1-q} \right) = \frac{q}{p}.$$

Die Wahrscheinlichkeit $\Delta \psi(t)$ dafür, daß die Wartezeit τ bis Beginn desjenigen Intervalls Δt, an dessen Ende der erste Treffer steht, genau $t = k \Delta t$ dauere, ist für die geometrische Verteilung gegeben durch

$$\Delta \psi(\tau = k \Delta t = t) = f(\varkappa = k; 1, p) = q^k p = (1-p)^{\frac{t}{\Delta t}} p.$$

Man lasse nun $\Delta t \to 0$ streben, jedoch so, daß der Erwartungswert von τ:

$$E(\tau) = \Delta t \, E(\varkappa) = \Delta t \frac{1-p}{p}$$

konstant und gleich einer Größe $\frac{1}{\alpha}$ sei:

$$E(\tau) = \Delta t \frac{1-p}{p} = \frac{1}{\alpha}.$$

Daraus folgt

$$\Delta t \to 0\colon \quad p = \frac{\alpha \Delta t}{1 + \alpha \Delta t} \to \alpha \Delta t$$

und

$$\Delta t \to 0: \quad \Delta \psi(t) = (1-p)^{\frac{t}{\Delta t}} p \to (1-\alpha \Delta t)^{\frac{t}{\Delta t}} \alpha \Delta t$$

$$= \left(1 - \frac{\alpha t}{\frac{t}{\Delta t}}\right)^{\frac{t}{\Delta t}} \alpha \Delta t \to e^{-\alpha t} \alpha \Delta t$$

oder

$$d\dot{\psi}(t) = \alpha\, e^{-\alpha t}\, dt.$$

Die geometrische Verteilung strebt also unter der Voraussetzung, daß der Erwartungswert der Wartezeit zwischen zwei Treffern konstant bleibt, gegen eine Exponentialverteilung.

Folgende Gegenüberstellung ist aufschlußreich:

Durchführung von n unabhängigen Bernoulli-Versuchen,

$0 < p < 1$, $p + q = 1$, *der Einzeldauer* Δt

$\Theta = n\,\Delta t$: feste Zeitspanne für die Durchführung aller n Versuche	$\tau = \varkappa\,\Delta t$: zufällige Wartezeit bis Beginn jenes Intervalls Δt, an dessen Ende der erste Treffer steht
ϱ: zufällige Anzahl Treffer in Θ	
$P(\varrho = r) = \binom{\Theta/\Delta t}{r} p^r q^{\frac{\Theta}{\Delta t} - r}$ (Binomialverteilung)	$\Delta \psi(\tau = t) = q^{\frac{t}{\Delta t}} p$ (geometrische Verteilung)
$E(\varrho) = \frac{\Theta}{\Delta t} p$	$E(\tau) = \frac{q}{p} \Delta t$

$$\Delta t \to 0$$

$$\frac{p}{\Delta t} = \alpha$$

$E(\varrho) = \alpha\,\Theta$	$E(\tau) = \frac{1}{\alpha}$
$P(\varrho = r) = e^{-\alpha\Theta} \frac{(\alpha\,\Theta)^r}{r!}$ (Poisson-Verteilung)	$d\psi(t) = \alpha\, e^{-\alpha t}\, dt$ (Exponentialverteilung)

$$\underline{E(\varrho) = \frac{\Theta}{E(\tau)}}$$

Wenn also $\Delta t \to 0$ und $\frac{p}{\Delta t} = \alpha$, so streben die Binomialverteilung gegen eine Poisson-Verteilung und die geometrische Verteilung gegen eine Exponentialverteilung, und zwar derart, daß die Querzusammenhänge zwischen Binomialverteilung und geometrischer Verteilung auch zwischen Poisson-Verteilung und Exponentialverteilung erhalten bleiben. Daraus ergibt sich die interessante Limesbeziehung

$$\Delta t \to 0, \quad \frac{p}{\Delta t} = \alpha: \qquad E(\varrho) = \frac{\Theta}{E(\tau)},$$

die keineswegs trivial ist.

1.6. Mischungen und Faltungen

Diese beiden Operationen sind systematische Verfahren der Darstellung von Beziehungen zwischen Verteilungen.

1.61. Mischungen

Sei $\{F(x \mid \tau = t)\}$ eine Menge vom Parameter $\tau = t$ abhängiger Verteilungsfunktionen. Dieser Parameter τ sei selber nach dem beliebigen Gesetze $P(\tau \leqq t) = G(t)$ verteilt. Dann lautet die Wahrscheinlichkeit $H(x)$ dafür, daß $\xi \leqq x$:

$$P(\xi \leqq x) = H(x) = \int_{t=-\infty}^{+\infty} F(x \mid t)\, dG(t)$$

(vgl. 1.35, Formel der totalen Wahrscheinlichkeit). Dieses Stieltjes-Integral nennt man die Mischung der Verteilungsfunktionen $F(x \mid t)$.

Analog kann man auch eine Menge vom Parameter t abhängiger Verteilungen mischen.

Beispiele:

1. Mischung von Binomialverteilungen $P_n(r)$, deren Parameter n nach einem Poisson-Gesetz verteilt ist.

Es gilt

$$P_n(r) = \binom{n}{r} p^r q^{n-r}, \qquad r = 0, 1, 2, \ldots, n$$

und τ sei verteilt gemäß

$$\tau = t = n: \quad \varphi(n) = e^{-\lambda} \frac{\lambda^n}{n!}, \qquad n = 0, 1, 2, \ldots$$

Dann wird, da nur $n \geqq r$ in Frage kommt:

$$\begin{aligned} P(\varrho = r) &= \sum_{n=r}^{\infty} \binom{n}{r} p^r q^{n-r} e^{-\lambda} \frac{\lambda^n}{n!} \\ &= \frac{(\lambda p)^r}{r!} e^{-\lambda p} \sum_{n=r}^{\infty} \frac{(\lambda q)^{n-r}}{(n-r)!} e^{-\lambda q} \\ &= \frac{(\lambda p)^r}{r!} e^{-\lambda p} \end{aligned}$$

und ϱ ist nach dem Poisson-Gesetz verteilt mit dem Parameter λp.

2. Mischung von Poisson-Verteilungen $\varphi_\lambda(k)$, deren Parameter λ nach einem Gammagesetz verteilt ist.

Es gilt

$$\varphi_\lambda(k) = e^{-\lambda}\frac{\lambda^k}{k!}, \qquad k = 0, 1, 2, \ldots$$

und τ sei verteilt gemäß

$$\tau = t = \lambda: \quad f(\lambda; \alpha, r) = \frac{\alpha^r}{\Gamma(r)}\lambda^{r-1}e^{-\alpha\lambda}, \qquad \lambda \geqq 0,\ \alpha > 0 \quad \text{(vgl. 1.47)}$$

wobei $r > 0$, aber nicht ganzzahlig zu sein braucht.

Dann wird

$$P(\varkappa = k) = \int\limits_{\lambda=0}^{\infty} e^{-\lambda}\frac{\lambda^k}{k!}\frac{\alpha^r}{\Gamma(r)}\lambda^{r-1}e^{-\alpha\lambda}\,d\lambda$$

$$= \frac{\alpha^r}{k!\,\Gamma(r)}\int\limits_{\lambda=0}^{\infty}\lambda^{r+k-1}e^{-\lambda(1+\alpha)}\,d\lambda$$

$$= \frac{\alpha^r}{k!\,\Gamma(r)}\frac{1}{(1+\alpha)^{r+k}}\int\limits_{\lambda=0}^{\infty}[\lambda(1+\alpha)]^{r+k-1}e^{-\lambda(1+\alpha)}\,d[\lambda(1+\alpha)]$$

$$= \left(\frac{\alpha}{1+\alpha}\right)^r\left(\frac{1}{1+\alpha}\right)^k\frac{1}{k!}\frac{\Gamma(r+k)}{\Gamma(r)}.$$

Nun ist aber (vgl. 1.47)

$$\Gamma(r+k) = (r+k-1)\,\Gamma(r+k-1) = \cdots = (r+k-1)\,(r+k-2)\ldots r\,\Gamma(r)$$

so daß

$$\frac{1}{k!}\frac{\Gamma(r+k)}{\Gamma(r)} = \frac{(r+k-1)\,(r+k-2)\ldots r}{k!} = \binom{r+k-1}{k}$$

woraus

$$P(\varkappa = k) = \binom{r+k-1}{k}\left(\frac{\alpha}{1+\alpha}\right)^r\left(\frac{1}{1+\alpha}\right)^k = (-1)^k\binom{-r}{k}\left(\frac{\alpha}{1+\alpha}\right)^r\left(\frac{1}{1+\alpha}\right)^k.$$

Dies ist die negative Binomialverteilung (vgl. 1.54), wenn man $p = \frac{\alpha}{1+\alpha}$ und $q = \frac{1}{1+\alpha}$, $(p + q = 1)$, setzt.

Der Erwartungswert von ξ lautet

$$E(\xi) = \iint x\,dF(x \mid t)\,dG(t) = \int E(\xi \mid t)\,dG(t).$$

Ist der Parameter τ diskret verteilt: $\tau = t_1, t_2, \ldots, t_k, \ldots$ mit den Gewichten $p_1, p_2, \ldots, p_k, \ldots, \sum\limits_k p_k = 1$, so wird

$$E(\xi) = \sum_k E(\xi \mid t_k)\,p_k.$$

Die Varianz von ξ erhält man aus

$$\mathrm{Var}(\xi) = \iint [x - E(\xi)]^2\,dF(x \mid t)\,dG(t)$$

$$= \iint [x - E(\xi \mid t) + E(\xi \mid t) - E(\xi)]^2\,dF(x \mid t)\,dG(t)$$

$$\mathrm{Var}(\xi) = \int \mathrm{Var}(\xi \mid t)\,dG(t) + \int [E(\xi \mid t) - E(\xi)]^2\,dG(t).$$

Ist τ wieder diskret verteilt, so wird

$$\operatorname{Var}(\xi) = \sum_k \operatorname{Var}(\xi \mid t_k)\, p_k + \sum_k [E(\xi \mid t_k) - E(\xi)]^2\, p_k .$$

Diese Überlegungen spielen u. a. auch in der Statistik eine wichtige Rolle, wenn man das Verhalten einer Population mit möglichst kleinen Stichproben studieren will. Man teilt die Population dann nach gewissen logischen Kriterien (z. B. Landbevölkerung ≠ Städter) in sog. Strata auf, deren gewichtsmäßiger Anteil als $\{p_k\}$ aufgefaßt wird. Für alle Strata führt man einzelne Stichproben durch. Wählt man den Umfang dieser Stichproben geschickt in individueller Abstimmung auf die Strata, so gewinnt man mit bescheidenerer Aufwandsumme einen ebenso guten Einblick in das Verhalten der Gesamtpopulation wie mit einer einzigen größeren gemeinsamen Stichprobe, die sich direkt auf die Gesamtpopulation bezieht („stratified random sampling", vgl. [*5*, *13*]); man kann die Stratastichproben hinsichtlich ihres Umfangs sogar optimieren, wenn die Summe aller Umfänge vorgeschrieben ist.

Eine weitere wichtige Anwendung des Mischungsprinzips ergibt sich beim Studium der *zusammengesetzten* Verteilung („compound distribution") einer Summe η von Zufallsvariablen $\xi_1, \xi_2, \ldots, \xi_\nu$:

$$\eta = \xi_1 + \xi_2 + \cdots + \xi_\nu ,$$

deren Anzahl ν Summanden gleichfalls eine Zufallsvariable ist mit $P(\nu = n) = q_n$, $n = 0, 1, 2, \ldots$; $\sum_n q_n = 1$. Man nehme an, die ξ_k seien gegenseitig unabhängig und es bestehe auch keine Abhängigkeit zwischen ihnen und ν. Sei $F_k(x_k)$ die Verteilungsfunktion der Zufallsvariablen ξ_k. Dann lautet die Verteilungsfunktion der Summenvariablen η_n für festes $\nu = n$:

$$\Phi(y_n) = \Phi(y \mid n) = \underset{\sum_{k=1}^{n} x_k \leqq y_n}{\int \overset{(n)}{\cdots} \int} dF_1(x_1) \ldots dF_n(x_n)$$

und nach dem Mischungsprinzip gilt

$$P(\eta \leqq y) = H(y) = \sum_n \Phi(y \mid n)\, q_n .$$

Analog kann man statt der zusammengesetzten Verteilungs-*Funktion* auch die zusammengesetzte Verteilung bestimmen.

Beispiel:

Die ξ_k seien nach Bernoulli verteilt: $P(\xi_k = 0) = q$, $P(\xi_k = 1) = p$, $q + p = 1$, $k = 1, 2, \ldots, \nu$ und ν folge einer Poisson-Verteilung:

$$P(\nu = n) = \varphi(n) = e^{-\lambda} \frac{\lambda^n}{n!}, \qquad n = 0, 1, 2, \ldots$$

Dann ist für $\nu = n$:

$$\eta_n = \xi_1 + \xi_2 + \cdots + \xi_n$$

nach dem Binomialgesetz verteilt

$$\eta_n = y: \quad P_n(y) = \binom{n}{y} p^y q^{n-y}.$$

Nach dem Mischungsprinzip wird, da sicher $n \geqq y$:

$$P(\eta = y) = \sum_{n=y}^{\infty} P_n(y)\,\varphi(n) = \sum_{n=y}^{\infty} \binom{n}{y} p^y q^{n-y} e^{-\lambda} \frac{\lambda^n}{n!}$$

und man weiß auf Grund des Beispiels 1, daß dies zu

$$P(\eta = y) = \frac{(\lambda p)^y}{y!} e^{-\lambda p}, \qquad y = 0, 1, 2, \ldots$$

führt.

1.62. Faltungen

Seien ξ und η zwei unabhängige Zufallsvariable mit den Verteilungsfunktionen $F(x)$ und $G(y)$. Die Verteilungsfunktion $H(z)$ der Summe $\zeta = \xi + \eta$ lautet dann

$$H(z) = \iint\limits_{x+y \leqq z} dF(x)\,dG(y) = \int\limits_{y=-\infty}^{+\infty} \left[\int\limits_{x=-\infty}^{z-y} dF(x)\right] dG(y)$$

$$= \int F(z-y)\,dG(y) = \int G(z-x)\,dF(x).$$

Die Verteilung von ζ nennt man *Faltung* („convolution") der Verteilungen von ξ und η, und man stellt dies dar durch

$$H = F * G = G * F.$$

Die Faltungsoperation ist also kommutativ und, wie man leicht überlegen kann, auch assoziativ, da die ihr entsprechende Operation der Summation von Zufallsvariablen diese Eigenschaften ebenfalls aufweist.

Die Bezeichnung „Faltung" ist nicht unbegründet. Sind nämlich ξ und η ganzzahlig, etwa

$\xi = 0,\ 1,\ 2,\ \ldots, n, \ldots$	$\eta = 0,\ 1,\ 2,\ \ldots, m, \ldots$
$P(\xi) = p_0, p_1, p_2, \ldots, p_n, \ldots$	$P(\eta) = q_0, q_1, q_2, \ldots, q_m, \ldots$

so ist

$$P(\zeta = \xi + \eta = r) = \pi_r = \sum_{n=0}^{r} p_n q_{r-n} = p_0 q_r + p_1 q_{r-1} + \cdots + p_r q_0.$$

Schreibt man $p_0, p_1, \ldots, p_r$ und $q_0, q_1, \ldots, q_r$ auf einem Streifen Papier auf und *faltet* man das Papier zwischen p_r und q_0, so kommen p_n und q_{r-n} übereinander zu liegen.

Man kontrolliert übrigens leicht, daß in diesem Falle $\{\pi_r\}$ eine Wahrscheinlichkeitsverteilung darstellt: offenbar ist $\pi_r \geqq 0$ und

$$\sum_{r=0}^{\infty} \pi_r = \sum_{r=0}^{\infty} \sum_{n=0}^{r} p_n q_{r-n} = \sum_{n=0}^{\infty} p_n \sum_{r=n}^{\infty} q_{r-n} = \left(\sum_{n=0}^{\infty} p_n\right)\left(\sum_{m=0}^{\infty} q_m\right) = 1.$$

Die Operation der Faltung wurde in diesem Kapitel schon mehrfach angewandt. So ist beispielsweise die Binomialverteilung eine Faltung der Verteilungen von n unabhängigen Variablen der Bernoulli-Verteilung, die χ^2-Verteilung eine Faltung der Verteilungen der Quadrate von n unabhängigen, standardisiert-normal verteilten Variablen usw.

Weitere Einzelheiten über die Faltung kommen in Abschn. 1.712 zur Sprache.

1.7. Transformationen

Die bisherigen Untersuchungen an Wahrscheinlichkeitsverteilungen und Beziehungen zwischen ihnen haben gezeigt, daß die notwendigen Rechenoperationen oft recht komplizierte Gestalt annehmen. In der praktischen Operations Research-Anwendung, wo man es häufig mit empirischen Verteilungen zu tun hat, bleibt normalerweise nichts anderes übrig, als diese Operation in der beschriebenen Art auszuführen. Für eine tiefere mathematische Durchdringung der Materie, die noch viel schwierigeren Problemen begegnet, ist man jedoch meist auf das Hilfsmittel der Transformation angewiesen, die komplizierte Rechenvorgänge im Originalraum auf einfache im Bildraum zurückführt. Viele wichtige Sätze der Wahrscheinlichkeitsrechnung, die im Operations Research direkte Anwendung finden, werden auf diese Weise bewiesen. Immerhin gibt es gewisse Zweige des Operations Research, z. B. Wartelinientheorie, stochastische dynamische Programmierung, Zeitreihenbehandlung usw., wo Vertrautheit mit der Methode der Transformation unmittelbaren Nutzen bietet. Im folgenden soll daher eine sehr knappe Einführung in die Grundlagen der Transformationen gegeben werden, die auf den eindimensionalen Fall beschränkt bleibt.

1.71. Erzeugende Funktionen

1.711. Darstellung

Eine für ganzzahlige Zufallsvariable besonders geeignete Transformation ist die Methode der erzeugenden Funktion („generating function"), auch z-Transformation genannt. Es handelt sich hiebei um Schaffung eines eineindeutigen Zusammenhangs zwischen der Wahrscheinlichkeitsverteilung einer ganzzahligen Zufallsvariablen und einer Potenzreihe. Diesem Gebiet ist reiche Literatur gewidmet (z. B. [*19*]), da es auch für Zeitreihenuntersuchungen von großer Bedeutung ist, ein Thema von hoher Aktualität.

Sei $f(n)$ eine Funktion von n, die für ganzzahlige Argumente eindeutig definiert ist. Wenn dann zwei reelle Zahlen a und b, $a > b$, existieren, für welche die Summe

$$F(z) = \sum_{n=-\infty}^{+\infty} f(n)\, z^n$$

im Bereiche $b < |z| < a$ konvergiert, so heißt $F(z)$ erzeugende Funktion der Folge $f(n)$. Im allgemeinen ist z eine komplexe Größe, deren Wert nicht interessiert.

$f(n)$ erfülle nun die Voraussetzungen:

$$|f(n)| < \infty, \tag{1}$$

$$|f(n)| < \frac{1}{a^n} \quad \text{für beliebiges } a > 0, \quad 0 < N < n \leqq \infty, \tag{2}$$

$$|f(n)| < \frac{1}{b^n} \quad \text{für beliebiges } b > 0, \quad -\infty \leqq n < -N. \tag{3}$$

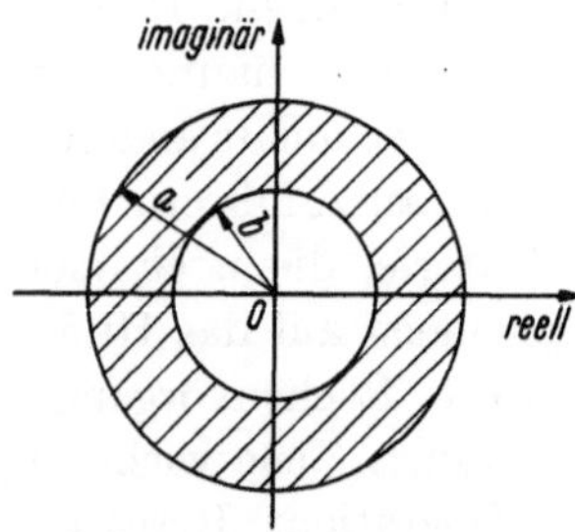

Abb. 1.24. Existenzbereich einer erzeugenden Funktion

Dann konvergiert die Summe

$$F(z) = \sum_{n=-\infty}^{+\infty} f(n)\, z^n$$

absolut[1] und gleichmäßig in jeder abgeschlossenen Teilmenge des Inneren des Kreisrings mit dem Außenradius a und dem Innenradius b (Abb. 1.24). Damit $F(z)$ existiere, muß also $b < a$.

Der Beweis für diese Behauptung verwendet geometrische Reihen als Majoranten.

Es ist:

$$|F(z)| = \left|\sum_{-\infty}^{+\infty} f(n)\, z^n\right| \leqq \left|\sum_{-\infty}^{-1} f(n)\, z^n\right| + \left|\sum_{0}^{+\infty} f(n)\, z^n\right|.$$

1.
$$\left|\sum_{0}^{\infty} f(n)\, z^n\right| \leqq \left|\sum_{0}^{N} f(n)\, z^n\right| + \left|\sum_{N+1}^{\infty} f(n)\, z^n\right|$$

Da $|f(n)| < \infty$, ist der erste Term rechts endlich, wenn $|z| < \infty$. Für den zweiten Term gilt

$$\left|\sum_{N+1}^{\infty} f(n)\, z^n\right| \leqq \sum_{N+1}^{\infty} |f(n)\, z^n| = \sum_{N+1}^{\infty} |f(n)|\, |z|^n < \sum_{N+1}^{\infty} \left(\frac{|z|}{a}\right)^n.$$

Die geometrische Reihe rechts konvergiert absolut, wenn $|z| < a$.

[1] Es sei in Erinnerung gerufen, daß der Absolutwert einer komplexen Zahl $z = u + i\,v$ bestimmt wird gemäß

$$|z| = \sqrt{u^2 + v^2}.$$

u und v sind hiebei beliebige reelle Zahlen, i ist die imaginäre Einheit. Bei dieser Gelegenheit sei auch noch an die bekannten Formeln erinnert:

$$z = u + i\,v = \sqrt{u^2 + v^2}\,(\cos\varphi + i \sin\varphi) = \sqrt{u^2 + v^2}\, e^{i\varphi}$$

mit $\cos\varphi = \dfrac{u}{\sqrt{u^2 + v^2}}$.

2. $$\left|\sum_{-\infty}^{-1} f(n)\, z^n\right| \leqq \left|\sum_{-\infty}^{-(N+1)} f(n)\, z^n\right| + \left|\sum_{-N}^{-1} f(n)\, z^n\right|$$

Da $|f(n)| < \infty$, ist der zweite Term rechts endlich, wenn $|z| < \infty$. Für den ersten Term gilt

$$\left|\sum_{-\infty}^{-(N+1)} f(n)\, z^n\right| \leqq \sum_{-\infty}^{-(N+1)} |f(n)\, z^n| =$$

$$= \sum_{-\infty}^{-(N+1)} |f(n)|\, |z|^n < \sum_{-\infty}^{-(N+1)} \left(\frac{|z|}{b}\right)^n = \sum_{+(N+1)}^{+\infty} \left(\frac{b}{|z|}\right)^n.$$

Die geometrische Reihe rechts konvergiert absolut, wenn $|z| > b$.

Somit ist die absolute Konvergenz für $b < |z| < a$ erwiesen. Gleichmäßigkeit der Konvergenz besteht, wenn bei beliebigem $\varepsilon > 0$ von einem bestimmten $n = n^*(\varepsilon)$ an, unabhängig also von z, sofern nur $b < b^* \leqq |z| \leqq a^* < a$ bei frei gewählten b^* und a^*, gilt:

$$n > n^*(\varepsilon): \quad \left|\sum_{-\infty}^{+\infty} f(\nu)\, z^\nu - \sum_{-n}^{+n} f(\nu)\, z^\nu\right| < \varepsilon.$$

Man verifiziert die Einhaltung dieser Ungleichung unter neuerlicher Heranziehung der geometrischen Reihen als Majoranten.

Unter den gegebenen Voraussetzungen (1), (2), (3) und den hergeleiteten Tatsachen der absoluten und gleichmäßigen Konvergenz im Kreisring $b < b^* \leqq |z| \leqq a^* < a$ ist $F(z)$ in diesem Kreisring beliebig oft differenzierbar, und zwar ist der Differentialquotient der Summe gleich der Summe der Differentialquotienten der einzelnen Glieder[1], z. B.

$$\frac{dF(z)}{dz} = \frac{d}{dz} \sum_n f(n)\, z^n = \sum_n \frac{d}{dz} [f(n)\, z^n] = \sum_n n\, f(n)\, z^{n-1}.$$

Hier seien nun im Speziellen nur ganzzahlige, *nichtnegative* Zufallsvariable ξ betrachtet[2]. Es gelte $P(\xi = n) = p_n$, $n = 0, 1, 2, \ldots$ Setzt man $p_n = f(n)$, so lautet die erzeugende Funktion

$$F_\xi(z) = \sum_{n=0}^{\infty} p_n\, z^n$$

und da $\{p_n\}$ eine Wahrscheinlichkeitsverteilung darstellt, konvergiert $F_\xi(z)$ wenigstens für alle $|z| \leqq 1$. Übrigens ist aus der Definitionsgleichung ersichtlich, daß $F_\xi(z) = E(z^\xi)$.

[1] Vgl. hiezu beispielsweise A. Duschek: Vorlesungen über höhere Mathematik, Bd. I, § 37. Wien: Springer 1965.

[2] Die Darstellung der erzeugenden Funktion für den allgemeinen Fall, wo auch negative Werte n vorkommen, wurde nur deshalb gegeben, weil auf diese Weise ohne wesentlichen Mehraufwand das Rüstzeug für die Untersuchung von diskreten Zeitreihen geschaffen ist. Diesbezügliche Fragestellungen werden in der vorliegenden Schrift zwar nicht zur Behandlung kommen, spielen jedoch im Operations Research eine nicht unwichtige Rolle (z. B. Exponential Smoothing, [*21*]; der Hinweis auf [*21*] kann nicht ohne gewisse Bedenken gegeben werden).

Die erzeugende Funktion ist also eindeutig aus $\{p_n\}$ bestimmt, während auch umgekehrt die Verteilung eindeutig aus der erzeugenden Funktion hervorgeht, da

$$p_0 = F_\xi(0), \qquad p_n = \frac{1}{n!}\,\frac{d^{(n)} F_\xi(0)}{dz^n}, \qquad n = 1, 2, \ldots$$

Die Berechnung der ganzen Wahrscheinlichkeitsverteilung aus der erzeugenden Funktion gemäß obenstehender Formel ist indessen aus praktischen Gründen nicht immer möglich, speziell wenn $n \to \infty$. Vielfach genügt die Verwendung eines Verzeichnisses von sich entsprechenden Verteilungen und erzeugenden Funktionen. Wenn $F_\xi(z)$ Quotient zweier Polynome in z, also eine rationale Funktion ist, so lassen sich die Wahrscheinlichkeiten p_n mit Hilfe von Partialbruchzerlegung bestimmen und es gibt gute Näherungsverfahren für p_n bei $n \to \infty$.

Ohne Beweis sei hier erwähnt (vgl. [*4*]):

$$F_\xi(z) = \frac{U(z)}{V(z)} \quad \text{mit} \quad \begin{cases} U(z) = \text{Polynom von } z \text{ des Grades } < m, \\ V(z) = \text{Polynom von } z \text{ des Grades } m. \end{cases}$$

Sei $\hat{z}_i$ die im absoluten Betrage kleinste Wurzel der Gleichung $V(z) = 0$, und diese Wurzel trete r-fach auf. Dann gilt

$$n \to \infty: \quad p_n \approx -\binom{n+r-1}{r-1} \frac{r!}{\hat{z}_i^{n+r}}\,\frac{U(\hat{z}_i)}{V^{(r)}(\hat{z}_i)}$$

wobei $V^{(r)}(\hat{z}_i)$ die r-te Ableitung von V nach z an der Stelle $\hat{z}_i$ bedeutet.

Diese Dinge spielen eine wichtige Rolle in verschiedenen Operations Research-Disziplinen, so beispielsweise in der dynamischen Programmierung diskreter Markoffscher Prozesse, wo von der Partialbruchzerlegung reichlich Gebrauch gemacht wird (vgl. [*20*]).

1.712. Rechenoperationen

Alle in diesem Abschnitt zur Behandlung gelangenden Zufallsvariablen seien nichtnegativ und ganzzahlig.

Sei ξ eine solche Zufallsvariable mit $P(\xi = n) = p_n$, $n = 0, 1, 2, \ldots$ Dann gilt

$$F_\xi(z) = \sum_{n=0}^{\infty} p_n z^n,$$

$$F_\xi(1) = \sum_{n=0}^{\infty} p_n = 1,$$

$$F'_\xi(1) = \sum_{n=0}^{\infty} n\, p_n = E(\xi);$$

$$F''_\xi(1) = \sum_{n=0}^{\infty} n(n-1)\, p_n = E(\xi^2) - E(\xi),$$

so daß

$$F_\xi''(1) + F_\xi'(1) - F_\xi'^2(1) = E(\xi^2) - E^2(\xi) = \mathrm{Var}(\xi).$$

Für $z = 1$ sind absolute und gewöhnliche Konvergenz gleichbedeutend. $E(\xi)$ und $\mathrm{Var}(\xi)$ „existieren" also, wenn sie $< \infty$ ausfallen.

Beispiele:

1. *Bernoulli-Verteilung:* $P(\xi = 0) = q$, $P(\xi = 1) = p$, $q + p = 1$

$$F_\xi(z) = q + p\,z,\quad F_\xi'(1) = p = E(\xi),\quad F_\xi''(1) = 0:\ \mathrm{Var}(\xi) = 0 + p - p^2 = p\,q.$$

2. *Bernoulli-Verteilung:* $P(\xi = 0) = q$, $P(\xi = 2) = p$, $q + p = 1$

$$F_\xi(z) = q + p\,z^2,\qquad F_\xi'(1) = 2p = E(\xi),$$

$$F_\xi''(1) = 2p:\quad \mathrm{Var}(\xi) = 2p + 2p - 4p^2 = 4p\,q.$$

3. *Binomial-Verteilung:* $P(\xi = n) = \binom{N}{n} p^n q^{N-n} = p_n$

$$F_\xi(z) = \sum_{n=0}^{N} \binom{N}{n} p^n q^{N-n} z^n = (q + p\,z)^N$$

$$F_\xi'(1) = N\,p = E(\xi),$$

$$F_\xi''(1) = N(N-1)\,p^2:\quad \mathrm{Var}(\xi) = N(N-1)\,p^2 + N\,p - N^2 p^2 = N\,p\,q.$$

4. *Poisson-Verteilung:* $P(\xi = n) = e^{-\lambda} \frac{\lambda^n}{n!}$

$$F_\xi(z) = e^{-\lambda} \sum_{n=0}^{\infty} \frac{\lambda^n}{n!} z^n = e^{-\lambda + \lambda z},$$

$$F_\xi'(1) = \lambda = E(\xi),\qquad F_\xi''(1) = \lambda^2:\quad \mathrm{Var}(\xi) = \lambda^2 + \lambda - \lambda^2 = \lambda.$$

5. *Geometrische Verteilung:* $P(\xi = n) = q^n p$

$$F_\xi(z) = p \sum_{n=0}^{\infty} q^n z^n = \frac{p}{1 - q\,z}\quad \text{für}\quad |q\,z| < 1$$

$$F_\xi'(1) = \frac{q}{p} = E(\xi),\qquad F_\xi''(1) = \frac{2q^2}{p^2}:\quad \mathrm{Var}(\xi) = \frac{2q^2}{p^2} + \frac{q}{p} - \frac{q^2}{p^2} = \frac{q}{p^2}.$$

Hinsichtlich der Operationen Mischung und Faltung gelten folgende Sätze:

Mischungssatz: Die Verteilung der Zufallsvariablen η sei die mit den Gewichten g_n versehene Mischung der Zufallsvariablen $\xi_1, \xi_2, \ldots, \xi_n, \ldots$, so daß

$$g_n \geqq 0,\qquad \sum_n g_n = 1.$$

Dann ist

$$F_\eta(z) = \sum_n g_n F_{\xi_n}(z).$$

Beweis:

$$P(\eta = \xi_n) = g_n,\qquad P(\xi_n = r) = p_{nr} \Rightarrow P(\eta = r) = q_r = \sum_n g_n\,p_{nr}.$$

$$F_\eta(z) = \sum_{r=0}^{\infty} q_r z^r = \sum_{r=0}^{\infty} \sum_n g_n\,p_{nr} z^r = \sum_n g_n \sum_{r=0}^{\infty} p_{nr} z^r = \sum_n g_n F_{\xi_n}(z).$$

Faltungssatz: Seien ξ und η unabhängig und $P(\xi = n) = p_n$, $P(\eta = m) = q_m$. Dann gilt

$$\underline{F_{\xi+\eta}(z) = F_\xi(z)\, F_\eta(z)}.$$

Beweis (vgl. auch 1.62):

$$P(\xi + \eta = r) = \pi_r = \sum_{n=0}^{r} p_n\, q_{r-n}.$$

$$F_{\xi+\eta}(z) = \sum_{r=0}^{\infty} \pi_r\, z^r = \sum_{r=0}^{\infty} \sum_{n=0}^{r} p_n\, z^n\, q_{r-n}\, z^{r-n} = \sum_{n=0}^{\infty} p_n\, z^n \sum_{r=n}^{\infty} q_{r-n}\, z^{r-n}$$

$$= \left(\sum_{n=0}^{\infty} p_n\, z^n\right)\left(\sum_{m=0}^{\infty} q_m\, z^m\right) = F_\xi(z)\, F_\eta(z)$$

(vgl. auch Beweis des gleichen Satzes für charakteristische Funktionen, 1.722, der hier analog anwendbar wäre).

Werden also zwei unabhängige Verteilungen $\{p_n\}$ und $\{q_n\}$ im Originalraum gefaltet: $\{p_n\} * \{q_n\}$, so werden die entsprechenden erzeugenden Funktionen im Bildraum multipliziert. Daraus ergibt sich sofort die Verallgemeinerung: sind $A(z), B(z), C(z), \ldots$ die erzeugenden Funktionen der gegenseitig unabhängigen Verteilungen $\{a_n\}, \{b_n\}, \{c_n\}, \ldots$ so entspricht der Faltung $\{a_n\} * \{b_n\} * \{c_n\} * \cdots$ die Multiplikation $A(z)\, B(z)\, C(z) \ldots$ Die kommutative und assoziative Eigenschaft der Faltung wird auf Grund der zugehörigen Operation der Multiplikation im Bildraum sofort ersichtlich.

Sind also $\xi_1, \xi_2, \ldots, \xi_k$ gegenseitig unabhängig mit den Verteilungen $\{p_{in}\}, i = 1, \ldots, k$, so hat die Summenvariable $\eta = \xi_1 + \xi_2 + \cdots + \xi_k$ die Verteilung $\{\pi_n\} = \{p_{1n}\} * \{p_{2n}\} * \cdots * \{p_{kn}\}$. Sind insbesondere alle Verteilungen $\{p_{in}\}$ die gleichen, nämlich $\{p_{in}\} = \{p_n\}$, $i = 1, 2, \ldots, k$, so ist

$$\{\pi_n\} = \{p_n\} * \{p_n\} * \cdots * \{p_n\} = \{p_n\}^{k*}.$$

Die erzeugende Funktion von η lautet in diesem speziellen Falle

$$F_\eta(z) = F_\xi^k(z).$$

Ist $k = 1$, so ist offenbar $\eta = \xi$. Für $k = 0$ wird

$$F_\eta(z) = \sum_{n=0}^{\infty} \pi_n\, z^n = F_\xi^0(z) = 1.$$

Dann sind also $\pi_0 = 1$ und $\pi_n = 0$ für $n \neq 0$.

Beispiele:

6. $\xi_1, \xi_2, \ldots, \xi_N$ seien gegenseitig unabhängig und nach Bernoulli verteilt mit $P(\xi_i = 0) = q$, $P(\xi_i = 1) = p$, $i = 1, 2, \ldots, N$, $q + p = 1$.

Die erzeugende Funktion von $\eta = \xi_1 + \xi_2 + \cdots + \xi_N$ lautet dann

$$F_\eta(z) = F_\xi^N(z) = (q + p\, z)^N$$

und dies ist die erzeugende Funktion der Binomialverteilung $\binom{N}{n} p^n q^{N-n}$, wie sie im Beispiel 3 bereits auf anderem Wege gefunden wurde.

7. $\xi_1, \xi_2, \ldots, \xi_N$ seien gegenseitig unabhängig und geometrisch verteilt mit $P(\xi_i = n) = q^n p$, $i = 1, 2, \ldots, N$, $q + p = 1$.

Die erzeugende Funktion von $\eta = \xi_1 + \xi_2 + \cdots + \xi_N$ lautet dann

$$F_\eta(z) = F_\xi^N(z) = \left(\frac{p}{1 - q z}\right)^N$$

und dies ist die erzeugende Funktion der negativen Binomialverteilung $f(k; N, p)$, wie man folgendermaßen zeigt:

$$\left(\frac{p}{1 - q z}\right)^N = p^N (1 - q z)^{-N}.$$

Setzt man in der binomischen Reihe

$$(1 + t)^x = \sum_{k=0}^{\infty} \binom{x}{k} t^k, \qquad |t| < 1,\ x = \text{beliebig}$$

ein: $t = -q z$, $x = -N$, so wird

$$p^N (1 - q z)^{-N} = p^N \sum_{k=0}^{\infty} \binom{-N}{k} (-q z)^k.$$

Der Koeffizient von z^k der erzeugenden Funktion $\sum_{k=0}^{\infty} f(k; N, p)\, z^k$ lautet daher

$$f(k; N, p) = \binom{-N}{k} p^N (-q)^k, \qquad k = 0, 1, 2, \ldots$$

und dies ist die negative Binomialverteilung (vgl. 1.54).

Eine wichtige Anwendung der erzeugenden Funktion betrifft zusammengesetzte Verteilungen. In Abschn. 1.61 ist dieses Problem schon direkt angeschnitten worden. Hier sei es nun nochmals aufgegriffen. Die Zufallsvariablen $\xi_1, \xi_2, \ldots, \xi_\nu$ seien wieder gegenseitig unabhängig; ferner sei ν selber eine Zufallsvariable und zwischen ν und den ξ_i bestehe gleichfalls keine Abhängigkeit. Es gelte $P(\nu = n) = q_n$, $n = 0, 1, 2, \ldots$ mit $\sum_n q_n = 1$. Diesmal mögen überdies alle ξ_i die gleiche Verteilung aufweisen mit $P(\xi_i = r) = p_r$, $r = 0, 1, 2, \ldots$; $\sum_r p_r = 1$.

Die Summenvariable

$$\eta = \xi_1 + \xi_2 + \cdots + \xi_\nu$$

habe die Verteilung $\{\pi_r\}$. Dann gilt nach dem Faltungssatz für $\nu = n$:

$$F_{\eta_n}(z) = F_\xi^n(z)$$

und nach dem Mischungssatz

$$F_\eta(z) = \sum_{n=0}^{\infty} q_n F_\xi^n(z).$$

Nun kann man aber $F_\xi(z)$ als eine Größe z^* auffassen:

$$F_\xi(z) = z^*$$

so daß

$$\sum_{n=0}^{\infty} q_n F_\xi^n(z) = \sum_{n=0}^{\infty} q_n z^{*n} = F_\nu(z^*).$$

Somit ist

$$F_\eta(z) = F_\nu[F_\xi(z)]$$

d. h.: die erzeugende Funktion $\sum_{n=0}^{\infty} q_n F_\xi^n(z)$ einer zusammengesetzten Verteilung ist gleich der zusammengesetzten Funktion $F_\nu[F_\xi(z)]$.

Beispiel: (vgl. Beispiel von 1.61)

Die ξ_i seien nach BERNOULLI verteilt: $P(\xi_i = 0) = q$, $P(\xi_i = 1) = p$, $q + p = 1$, $i = 1, 2, \ldots, \nu$ und ν folge einer Poisson-Verteilung $P(\nu = n) = q_n = e^{-\lambda} \frac{\lambda^n}{n!}$. Dann sind

$$F_\xi(z) = q + p\,z$$
$$F_\nu(z) = e^{-\lambda + \lambda z}$$

und $\eta = \xi_1 + \xi_2 + \cdots + \xi_\nu$ hat die erzeugende Funktion

$$F_\eta(z) = F_\nu[F_\xi(z)] = e^{-\lambda + \lambda F_\xi(z)} = e^{-\lambda + \lambda(q + p z)}$$
$$= e^{-\lambda p + \lambda p z}$$

und dies ist die erzeugende Funktion der Poisson-Verteilung:

$$\pi_r = e^{-\lambda p} \frac{(\lambda p)^r}{r!}, \qquad r = 0, 1, 2, \ldots$$

Aus $F_\eta(z) = F_\nu[F_\xi(z)]$ folgt übrigens, daß unter den aufgezählten Bedingungen $E(\eta) = E(\nu)\,E(\xi)$.

Es ist ja

$$E(\eta) = F'_\eta(1) = \frac{d F_\nu[F_\xi(z)]}{dz}\bigg|_{z=1} = \frac{d F_\nu[F_\xi(z)]}{d F_\xi(z)} \frac{d F_\xi(z)}{dz}\bigg|_{z=1}$$
$$= F'_\nu[F_\xi(1)]\, F'_\xi(1).$$

Da aber $F_\xi(1) = 1$, ist

$$E(\eta) = F'_\eta(1) = F'_\nu(1)\, F'_\xi(1) = E(\nu)\, E(\xi).$$

1.713. Der Stetigkeitssatz für erzeugende Funktionen

Der nachstehende Satz dient für die Abklärung der Frage, ob eine Folge von Verteilungen $\{p_{k,n}\}$ ganzzahliger, nichtnegativer Variabler $\xi_n = k$ $(k = 0, 1, 2, \ldots; n = 1, 2, \ldots)$ für $n \to \infty$ gegen eine Grenzverteilung $\{p_k\}$ strebt und was über die entsprechenden erzeugenden Funktionen ausgesagt werden kann.

Satz: Eine Folge von Verteilungen $\{p_{k,n}\}$, $k = 0, 1, 2, \ldots$; $n = 1, 2, \ldots$ *konvergiert dann und nur dann gegen eine Verteilung* $\{p_k\}$, *wenn die zugehörige Folge der erzeugenden Funktionen* $F_n(z)$ *für jedes* z, $0 \leq z < 1$, *bei* $n \to \infty$ *gegen eine Funktion* $F(z)$ *konvergiert. Dann ist* $F(z)$ *die erzeugende Funktion von* $\{p_k\}$.

Einen einfachen Beweis hiefür findet man beispielsweise bei [4].

1.72. Charakteristische Funktionen

1.721. Darstellung

In Abschn. 1.711 war erwähnt worden, daß die erzeugende Funktion der Verteilung einer ganzzahligen, nichtnegativen Zufallsvariablen ξ den Erwartungswert von z^ξ darstellt:

$$F_\xi(z) = \sum_{n=0}^{\infty} p_n z^n = E(z^\xi).$$

Über den Zahlenwert von z brauchte man sich keine Gedanken zu machen, sofern nur $|z| \leqq 1$, denn diese einzige Bedingung war schon hinreichend für absolute und gleichmäßige Konvergenz der Reihe.

Setzt man nun

$$z = e^{it}$$

wobei i die imaginäre Einheit und t üblicherweise eine reelle Zahl sind, so ist $|z| = 1$ und die Konvergenz sichergestellt. Dann wird

$$F_\xi(e^{it}) = \sum_{n=0}^{\infty} p_n e^{itn} = E(e^{it\xi}) = \varphi_\xi(t).$$

Dieser Erwartungswert existiert also immer und ist eine im allgemeinen komplexe Funktion der reellen[1] Variablen t: man nennt sie *charakteristische Funktion* der Zufallsvariablen ξ. Sie ist der erzeugenden Funktion überlegen, weil ξ jetzt nicht mehr eine ganzzahlige (nichtnegative) Zufallsvariable zu sein braucht, sondern beliebig sein kann. Dann gilt allgemein

$$\varphi_\xi(t) = E(e^{it\xi}) = \int_{x=-\infty}^{+\infty} e^{itx}\, dF(x)$$

wobei $F(x)$ die Verteilungsfunktion von ξ ist. Wenn die erzeugende Funktion trotzdem ihre praktische Bedeutung beibehält, so deshalb, weil das Rechnen mit Potenzreihen, wo zulässig, einfacher ist.

Zwischen der charakteristischen Funktion, die nichts anderes als die Fourier-Stieltjes-Transformierte der zu $F(x)$ gehörenden Verteilung darstellt, und der entsprechenden Laplace-Transformierten besteht ein einfacher Zusammenhang: setzt man für $i\,t$ nämlich die Größe $i\,t = -s$ ein und ist $F(x)$ stetig und $F'(x) = f(x)$ die Dichtefunktion von ξ, so wird $t = i\,s$ und

$$\varphi_\xi(i\,s) = \int_{x=-\infty}^{+\infty} e^{-sx} f(x)\, dx = \mathfrak{L} f(x).$$

Die charakteristische Funktion besitzt gewisse Eigenschaften, von denen hier einige aufgezählt seien.

---

[1] Die Definition der charakteristischen Funktion läßt sich auch auf beliebige komplexe t ausdehnen, vgl. [2, Kap. IV, § 5].

Satz 1: *Es ist immer* $|\varphi_\xi(t)| \leqq 1$, *das Gleichheitszeichen gilt für* $t = 0$.

Beweis:

$$|\varphi_\xi(t)| = |E(e^{it\xi})| \leqq E(|e^{it\xi}|) = 1$$
$$|\varphi_\xi(0)| = |E(e^0)| = 1$$

Satz 2: *Für reelles* t *ist* $\varphi_\xi(-t) = \overline{\varphi_\xi(t)}$, *wobei* $\overline{\varphi_\xi(t)}$ *die konjugiert komplexe Zahl von* $\varphi_\xi(t)$ *ist.*

Beweis:

$$\varphi_\xi(-t) = E(e^{-it\xi}) = E[\cos(-t\,\xi) + i\sin(-t\,\xi)] = E(\cos t\,\xi - i\sin t\,\xi)$$
$$= E(\cos t\,\xi) - i\,E(\sin t\,\xi),$$
$$\varphi_\xi(t) = E(e^{it\xi}) = E(\cos t\,\xi + i\sin t\,\xi) = E(\cos t\,\xi) + i\,E(\sin t\,\xi).$$

Satz 3: $\varphi_\xi(t)$ *ist im Intervall* $-\infty < t < +\infty$ *gleichmäßig stetig.*

Ein Beweis dieses Satzes kann bei [*2*] nachgelesen werden.

Satz 4: *Seien* a *und* b *Konstante*; *es gelte* $\eta = a\,\xi + b$. *Dann ist*

$$\varphi_\eta(t) = e^{ibt}\,\varphi_\xi(a\,t).$$

Beweis:

$$\varphi_\eta(t) = E[e^{it(a\xi+b)}] = e^{itb}\,E[e^{i(ta)\xi}] = e^{ibt}\,\varphi_\xi(a\,t).$$

Die charakteristische Funktion ist eindeutig aus der Verteilung von ξ bestimmt. Umgekehrt geht die Verteilung eindeutig aus der charakteristischen Funktion hervor (Satz von Lévy). Der Beweis hiefür ist nicht einfach (vgl. beispielsweise [*1—3, 5*] und viele andere) und die entsprechende Umkehrformel, wenn auch in theoretischer Hinsicht wichtig, so doch für praktische Zwecke meist zu kompliziert. Man hilft sich wieder mit einem Verzeichnis der wichtigsten zusammengehörigen Verteilungen und charakteristischen Funktionen.

Nicht jede Funktion $\varphi_\xi(t)$ ist charakteristische Funktion einer Verteilung, auch wenn sie die bisher aufgezählten Eigenschaften erfüllt. Es gibt verschiedene Kriterien für die Beantwortung dieser Frage; erwähnt sei hier dasjenige von Cramér [*3*].

1.722. Rechenoperationen

Sei $\varphi_\xi(t) = \int\limits_{x=-\infty}^{+\infty} e^{itx}\,dF(x)$ die charakteristische Funktion einer Zufallsvariablen ξ. Dann gilt

$$\varphi_\xi(0) = \int dF(x) = 1,$$
$$\frac{d\varphi_\xi(0)}{dt} = i\int x\,dF(x) = i\,E(\xi), \qquad \text{sofern } E(\xi) \text{ existiert;}$$
$$\frac{d^2\varphi_\xi(0)}{dt^2} = i^2\int x^2\,dF(x) = -E(\xi^2), \quad \text{sofern } E(\xi^2) \text{ existiert,}$$

so daß

$$-\frac{d^2\varphi_\xi(0)}{dt^2}+\left[\frac{d\varphi_\xi(0)}{dt}\right]^2=E(\xi^2)-E^2(\xi)=\mathrm{Var}(\xi).$$

Beispiele:

1. *Bernoulli-Verteilung:* $P(\xi=0)=q,\ P(\xi=1)=p,\ q+p=1$

$$\varphi_\xi(t)=\sum_n p_n e^{itn}=q\,e^0+p\,e^{it}=q+p\,e^{it}.$$

2. *Binomialverteilung:* $P(\xi=n)=\binom{N}{n}p^n q^{N-n}=p_n,\ n=0,1,\ldots,N$

$$\varphi_\xi(t)=\sum_{n=0}^{N}\binom{N}{n}p^n q^{N-n}e^{itn}=(q+p\,e^{it})^N.$$

3. *Poisson-Verteilung:* $P(\xi=n)=e^{-\lambda}\frac{\lambda^n}{n!},\ n=0,1,2,\ldots$

$$\varphi_\xi(t)=e^{-\lambda}\sum_{n=0}^{\infty}\frac{\lambda^n}{n!}e^{itn}=e^{-\lambda+\lambda e^{it}}.$$

4. *Exponentialverteilung:*

$$f(x)=\begin{cases}\alpha\,e^{-\alpha x} & \text{für } x\geqq 0\\ 0 & \text{für } x<0\end{cases}$$

$$\varphi_\xi(t)=\int_{x=0}^{\infty}e^{itx}\,\alpha\,e^{-\alpha x}\,dx.$$

Man zeigt, daß dieses Integral die Lösung

$$\varphi_\xi(t)=\frac{1}{1-\frac{it}{\alpha}}$$

besitzt.

5. *Gleichverteilung:*

$$f(x)=\begin{cases}\frac{1}{b-a} & \text{für } a\leqq x\leqq b\\ 0 & \text{sonst}\end{cases}$$

$$\varphi_\xi(t)=\int_{x=a}^{b}e^{itx}\frac{1}{b-a}\,dx=\frac{1}{b-a}\,\frac{e^{itb}-e^{ita}}{it}.$$

Ist insbesondere $a=-c,\ b=+c$, so wird

$$\varphi_\xi(t)=\frac{1}{2c}\,\frac{e^{itc}-e^{-itc}}{it}=\frac{\sin c\,t}{c\,t}.$$

6. *Standardisierte Normalverteilung:*

$$f(x)=\frac{1}{\sqrt{2\pi}}e^{-\frac{x^2}{2}}$$

$$\varphi_\xi(t)=\int_{x=-\infty}^{+\infty}e^{itx}\frac{1}{\sqrt{2\pi}}e^{-\frac{x^2}{2}}\,dx=\frac{1}{\sqrt{2\pi}}\int_{x=-\infty}^{+\infty}e^{-\frac{(x-it)^2}{2}-\frac{t^2}{2}}\,d(x-i\,t).$$

Man zeigt, daß dieses Integral die Lösung

$$\varphi_\xi(t)=e^{-\frac{t^2}{2}}$$

besitzt (die bei [7] angegebene Herleitung dürfte wohl besonders gut verständlich sein, weil sie keine speziellen Kenntnisse aus der Funktionentheorie voraussetzt). Die charakteristische Funktion der standardisierten Normalverteilung ist also reell.

7. *Allgemeine Normalverteilung:*

Sie geht hervor aus

$$\eta = \sigma\,\xi + \mu$$

wobei $\mu = E(\eta)$, $\sigma^2 = \mathrm{Var}(\eta)$ und ξ standardisiert-normal verteilt ist. Nach Satz 4 von 1.721 ist dann

$$\varphi_\eta(t) = e^{i\mu t}\,\varphi_\xi(\sigma t) = e^{i\mu t}\,e^{-\frac{\sigma^2 t^2}{2}} = e^{i\mu t-\frac{\sigma^2 t^2}{2}}.$$

8. *Entartete Verteilung:* $P(\xi = a) = 1,\ P(\xi \neq a) = 0$

$$\varphi_\xi(t) = \int e^{itx}\,dF(x) = e^{ita}.$$

Die für die erzeugenden Funktionen in Abschn. 1.712 hergeleiteten Sätze für Mischung und Faltung gelten hier aus analogen Gründen weiter.

Mischungssatz: Die Verteilung der Zufallsvariablen η sei die mit den Gewichten g_n versehene Mischung der Zufallsvariablen $\xi_1, \xi_2, \ldots, \xi_n, \ldots$, so daß $g_n \geqq 0$, $\sum_n g_n = 1$.
Dann ist

$$\varphi_\eta(t) = \sum_n g_n\,\varphi_{\xi_n}(t).$$

Beweis: analog Mischungssatz 1.712.

Faltungssatz: Seien $\xi_1, \xi_2, \ldots, \xi_n$ gegenseitig unabhängige Zufallsvariable mit den charakteristischen Funktionen $\varphi_{\xi_k}(t)$, $k = 1, 2, \ldots, n$. Dann hat die Summenvariable

$$\eta = \xi_1 + \xi_2 + \cdots + \xi_n$$

die charakteristische Funktion

$$\varphi_\eta(t) = \prod_{k=1}^{n} \varphi_{\xi_k}(t).$$

Beweis: durch vollständige Induktion, ausgehend von $n = 2$.
Es gilt

$$\varphi_{\xi_1}(t) = E(e^{it\xi_1}), \qquad \varphi_{\xi_2}(t) = E(e^{it\xi_2}).$$

Da ξ_1 und ξ_2 unabhängig sind, sind auch $e^{it\xi_1}$ und $e^{it\xi_2}$ unabhängig. Also gilt gemäß 1.454, Regel 8:

$$E(e^{it\xi_1}\,e^{it\xi_2}) = E(e^{it\xi_1})\,E(e^{it\xi_2})$$

oder

$$E[e^{it(\xi_1+\xi_2)}] = E(e^{it\xi_1})\,E(e^{it\xi_2})$$

woraus

$$\varphi_{\xi_1+\xi_2}(t) = \varphi_{\xi_1}(t)\,\varphi_{\xi_2}(t).$$

Der Faltung $F_1 * F_2$ zweier unabhängiger Verteilungen im Originalraum (vgl. 1.62):

$$\Phi(y) = \iint\limits_{x_1+x_2 \leqq y} dF_1(x_1)\, dF_2(x_2) = \int F_1(y - x_2)\, dF_2(x_2)$$
$$= \int F_2(y - x_1)\, dF_1(x_1)$$

entspricht also die Multiplikation der zugehörigen charakteristischen Funktionen im Bildraum. Man darf aber umgekehrt nicht daraus schließen, daß zwei Verteilungen unabhängig sein müssen, wenn $\varphi_{\xi_1+\xi_2}(t) = \varphi_{\xi_1}(t)\,\varphi_{\xi_2}(t)$. In [2, 5] sind Beispiele gegeben, wo eine derartige Schlußfolgerung falsch wäre.

Beispiel: Additionssatz der Normalverteilung

Die Variablen ξ_k, $k = 1, 2, \ldots, n$ seien gegenseitig unabhängig und normal verteilt mit $E(\xi_k) = \mu_k$, $\mathrm{Var}(\xi_k) = \sigma_k^2$. Dann ist die Summenvariable $\eta = \xi_1 + \xi_2 + \cdots + \xi_n$ ebenfalls normal verteilt mit $E(\eta) = \sum_{k=1}^{n} \mu_k$ und $\mathrm{Var}\,\eta = \sum_{k=1}^{n} \sigma_k^2$.

Gemäß Beispiel 7 lautet nämlich die charakteristische Funktion von ξ_k:

$$\varphi_{\xi_k}(t) = e^{i\mu_k t - \frac{\sigma_k^2 t^2}{2}}$$

und nach dem Faltungssatz ist

$$\varphi_\eta(t) = \prod_{k=1}^{n} \varphi_{\xi_k}(t) = e^{i\sum_{k=1}^{n}\mu_k t - \frac{\sum_{k=1}^{n}\sigma_k^2 t^2}{2}}$$

und dies ist die charakteristische Funktion der oben genannten Normalverteilung.

Man beweise mit Hilfe des Satzes 4 von Abschn. 1.721, daß jede Linearverbindung $\eta = \sum_{k=1}^{n} a_k \xi_k$, wobei a_k, $k = 1, \ldots, n$ beliebige Konstante sind, ebenfalls normal verteilt ist!

Man kann übrigens zeigen, daß die Summe von n normal verteilten Zufallsvariablen auch dann normal verteilt bleibt, wenn die Summanden abhängig sind. Diese Behauptung läßt sich induktiv beweisen, ausgehend von $n = 2$, und verwendet Eigenschaften der zweidimensionalen Normalverteilung bei Drehung des Koordinatensystems (vgl. 2.532).

Sind die ξ_k gegenseitig unabhängig und insbesondere alle nach dem gleichen Gesetz $F_k(x_k) = F(x_k)$ verteilt, so lautet die charakteristische Funktion der Summenvariablen $\eta = \sum_{k=1}^{n} \xi_k$: $\varphi_\eta(t) = \varphi_\xi^n(t)$.

Mischungs- und Faltungssatz führen auch hier zur Anwendung für zusammengesetzte Verteilungen: sind $\xi_1, \xi_2, \ldots, \xi_\nu$ nach demselben Gesetz verteilt, gegenseitig und von der Zufallsvariablen ν unabhängig und sind $\varphi_\xi(t)$ und $\varphi_\nu(t)$ die charakteristischen Funktionen der ξ_k bzw. von ν, so lautet die zur Summenvariablen $\eta = \sum_{k=1}^{\nu} \xi_k$ gehörige charakteristische Funktion $\varphi_\eta(t) = \varphi_\nu\left[\frac{1}{i}\ln \varphi_\xi(t)\right]$.

Der Beweis hiefür verläuft analog jenem für erzeugende Funktionen:

$$\varphi_{\eta_n}(t) = \varphi_\xi^n(t) \qquad \text{(Faltungssatz für } \nu = n),$$

$$\varphi_\eta(t) = \sum_{n=0}^{\infty} g_n\, \varphi_\xi^n(t) \qquad \big(\text{Mischungssatz für } P(\nu = n) = g_n\big).$$

Setzt man $\varphi_\xi(t) = e^{it^*}$, wobei t^* im allgemeinen komplex ausfällt (vgl. Fußnote zu Seite 137), so wird

$$\varphi_\eta(t) = \sum_{n=0}^{\infty} g_n\, e^{it^* n} = E(e^{it^*\nu}) = \varphi_\nu(t^*).$$

Aus $t^* = \frac{1}{i} \ln \varphi_\xi(t)$ folgt dann die Behauptung.

1.723. Der Stetigkeitssatz für charakteristische Funktionen

Der folgende Satz, auch als Satz von Lévy-Cramér bekannt, ist von größter Bedeutung, da man mit seiner Hilfe aussagen kann, ob eine Folge von Verteilungsfunktionen $F_n(x)$ bei $n \to \infty$ gegen eine Grenzverteilungsfunktion strebt.

Satz: *Eine Folge von Verteilungsfunktionen $F_n(x)$, $n = 1, 2, \ldots$ konvergiert dann und nur dann gegen eine Verteilungsfunktion $F(x)$ an jeder Stetigkeitsstelle von $F(x)$, wenn die zugehörige Folge der charakteristischen Funktionen $\varphi_{\xi_n}(t)$ für jedes t bei $n \to \infty$ gegen eine Funktion $\varphi_\xi(t)$ konvergiert, die an der Stelle $t = 0$ stetig ist. Dann ist $\varphi_\xi(t)$ die charakteristische Funktion von $F(x)$.*

Auf den Beweis dieses Satzes soll hier verzichtet werden; es sei auf [*1*—*3*, *5*] usw. verwiesen.

1.8. Gesetze der Großen Zahlen

1.81. Intuitive Grundlagen

Die Erfahrung lehrt, daß Erscheinungen, deren Wahrscheinlichkeit nahe 1 liegt, fast immer auftreten, und solche, deren Wahrscheinlichkeit nahe 0 ist, sehr selten zustande kommen. Je nach der Wichtigkeit, die man der Realisation eines Ereignisses beimißt, wird man dann von höchstwahrscheinlichen oder aber praktisch sicheren, bzw. äußerst unwahrscheinlichen oder aber praktisch unmöglichen Ereignissen sprechen. Intuitiv ist man daher auch auf eine andere Art der Konvergenz vorbereitet, als man sie aus der Analysis gewöhnt ist. Tatsächlich definiert man zwei neue Arten der Konvergenz:

Definition: *Sei $\xi_1, \xi_2, \ldots, \xi_n, \ldots$ eine Folge von Zufallsvariablen.*

1. Wenn dann für jedes $\varepsilon > 0$ gilt

$$\lim_{n\to\infty} P\{|\xi_n| \geqq \varepsilon\} = 0,$$

*so **konvergiert** die Folge ξ_n **stochastisch** gegen 0.*

Man schreibt dies gelegentlich auch $\lim\limits_{n\to\infty} \operatorname{st} \xi_n = 0$ (lies limes stochasticus).

2. Wenn dann gilt

$$P(\lim_{n\to\infty} \xi_n = 0) = 1,$$

so ***konvergiert*** *die Folge ξ_n* ***fast sicher*** *(****mit Wahrscheinlichkeit*** 1) *gegen* 0.

Man kann zeigen [2], daß fast sichere Konvergenz stärker ist als stochastische.

Nun kann jedes beliebige Ereignis mit strikt positiver Wahrscheinlichkeit, wie klein diese auch sei, eintreten. Ist die Anzahl Versuche, in welchen es sich stets mit der gleichen Wahrscheinlichkeit realisieren könnte, sehr groß, so wird die Wahrscheinlichkeit dafür, daß es wenigstens einmal im Verlaufe all dieser Versuche auftrete, doch nahe bei 1 liegen. Allerdings kann man bei kleinen Wahrscheinlichkeiten für den einzelnen Versuch nicht im Voraus angeben, *wann* etwa das Ereignis sich realisieren wird.

Wenn jemand wettet, er werde heute nach Geschäftsschluß bei der Heimfahrt quer durch die Stadt mit seinem Auto kein einziges Mal vor einer roten Verkehrsampel halten müssen, so dürfte man zu einer Gegenwette gern bereit sein. Wenn der betreffende indessen behauptet, dieses Ereignis sei ihm heute zugestoßen, so wird man ihn, je nach seiner Vertrauenswürdigkeit, dazu beglückwünschen.

Eine der wichtigsten Aufgaben der Wahrscheinlichkeitsrechnung ist die Formulierung von Gesetzmäßigkeiten, die „fast sicher", d. h. mit Wahrscheinlichkeit 1 gelten. Hiezu gehören in erster Linie jene Gesetzmäßigkeiten, die unter dem Einfluß einer sehr großen Zahl von unabhängigen oder schwach abhängigen zufälligen Ursachen entstehen. Man könnte daher alle diesbezüglichen Lehrsätze als Gesetze der Großen Zahlen bezeichnen. Es ist jedoch üblich, diesem Begriff eine engere Deutung zu geben, die sich auf das arithmetische Mittel von Zufallsgrößen bezieht. Aussagen, die auf stochastischer Konvergenz beruhen, werden Schwache, solche, die auf fast sichere Konvergenz zurückgehen, Starke Gesetze der Großen Zahlen genannt.

1.82. Schwache Gesetze der Großen Zahlen

1.821. Die Ungleichung von Bienaymé-Tschebyschew

Satz: *Sei ξ eine Zufallsvariable mit $E(\xi) = \mu$ und $\operatorname{Var}(\xi) = \sigma^2$. Dann gilt für beliebiges $t > 0$:*

$$P\{|\xi - \mu| \geqq t\} \leqq \frac{\sigma^2}{t^2}$$

(*Ungleichung von* Bienaymé-Tschebyschew).

Beweis: Sei $F(x)$ die Verteilungsfunktion von ξ. Dann gilt

$$P\{|\xi-\mu|\geqq t\}=\int\limits_{|x-\mu|\geqq t} dF(x)\leqq\int\limits_{|x-\mu|\geqq t}\left(\frac{x-\mu}{t}\right)^2 dF(x)\leqq$$

$$\leqq\int\limits_{x=-\infty}^{+\infty}\left(\frac{x-\mu}{t}\right)^2 dF(x)=\frac{\sigma^2}{t^2}.$$

Für $0<t\leqq\sigma$ ist der Satz trivial, denn dann wird $\frac{\sigma^2}{t^2}\geqq 1$. Daraus geht schon hervor, daß die Bienaymé-Tschebyschewsche Ungleichung für individuelle praktische Zwecke offenbar keine hohe Aussagekraft besitzt; sie ist indessen von universeller Gültigkeit und stellt solcherart ein sehr wichtiges Werkzeug der theoretischen Wahrscheinlichkeitsrechnung dar, das für die Herleitung der Gesetze der Großen Zahlen benötigt wird.

1.822. Das verallgemeinerte Schwache Gesetz der Großen Zahlen

Satz (*von Tschebyschew*): *Seien* ξ_i, $i=1,2,\ldots,n$, *(paarweise) unabhängige Zufallsvariable mit den Erwartungswerten* $E(\xi_i)$ *und den Varianzen* $\operatorname{Var}(\xi_i)\leqq c^2<\infty$. *Dann hat die Zufallsvariable*

$$\eta_n=\frac{1}{n}\sum_{i=1}^{n}\xi_i$$

den Erwartungswert $E(\eta_n)=\frac{1}{n}\sum_{i=1}^{n}E(\xi_i)$ *und die Varianz* $\operatorname{Var}(\eta_n)=\frac{1}{n^2}\sum_{i=1}^{n}\operatorname{Var}(\xi_i)\leqq\frac{c^2}{n}$ *und es gilt für jedes* $\varepsilon>0$:

$$\lim_{n\to\infty}P\{|\eta_n-E(\eta_n)|<\varepsilon\}=1$$

(*verallgemeinertes Schwaches Gesetz der Großen Zahlen*).

Bemerkung: Die „Verallgemeinerung" besteht darin, daß hier beliebige Variable ξ_i ins Auge gefaßt werden, während beim historisch ursprünglichen Schwachen Gesetz der Großen Zahlen nur der gleichen Bernoulli-Verteilung gehorchende Variable zugelassen waren (Satz von Bernoulli, vgl. 1. Spezialfall).

Beweis: Nach der Ungleichung von Tschebyschew gilt für beliebiges n:

$$P\{|\eta_n-E(\eta_n)|\geqq\varepsilon\}\leqq\frac{\operatorname{Var}(\eta_n)}{\varepsilon^2}\leqq\frac{c^2}{n\,\varepsilon^2}$$

also

$$P\{|\eta_n-E(\eta_n)|<\varepsilon\}\geqq 1-\frac{c^2}{n\,\varepsilon^2}.$$

Für $n\to\infty$ wird daher für beliebiges $\varepsilon>0$:

$$\lim_{n\to\infty}P\{|\eta_n-E(\eta_n)|<\varepsilon\}\geqq 1.$$

Da eine Wahrscheinlichkeit aber höchstens gleich 1 sein kann, ist der Satz bewiesen.

Einige Spezialfälle dieses Satzes sollen nun erwähnt werden.

1. *Der Satz von Bernoulli als Folge des Satzes von Tschebyschew*

Sei ϱ *die Anzahl Treffer in* n *unabhängigen Bernoulli-Versuchen mit konstanter Trefferwahrscheinlichkeit*: $P(\xi_i = 0) = q$, $P(\xi_i = 1) = p$, $i = 1, 2, \ldots, n$; $q + p = 1$.

Dann ist für beliebiges $\varepsilon > 0$:

$$\underline{\lim_{n\to\infty} P\left\{\left|\frac{\varrho}{n} - p\right| < \varepsilon\right\} = 1.}$$

Beweis:

Da $\operatorname{Var}(\xi_i) = q\,p$, ist mit $c^2 = \frac{1}{4}$ die Bedingung des Satzes von Tschebyschew erfüllt. Setzt man noch $\frac{\varrho}{n} = \eta_n$, so wird $E(\eta_n) = p$ und der Satz ist bewiesen.

Dieser Satz sagt in Worten aus: für $n \to \infty$ strebt die Wahrscheinlichkeit dafür, daß die relative Trefferhäufigkeit $\frac{\varrho}{n}$ bei unabhängigen Bernoulli-Versuchen um weniger als einen festen vorgesehenen Wert ε von der Trefferwahrscheinlichkeit p abweiche, gegen 1.

Dies ist ein oft mißverstandenes und in seiner Bedeutung meist überschätztes Ergebnis, das den Namen „Satz von Bernoulli", aber auch „(Schwaches) Gesetz der Großen Zahlen" führt. Zum Mißverständnis trägt wesentlich bei, daß die aus diesem Satze gezogenen Fehlinterpretationen äußerst wichtige Sachverhalte schildern, die dank einem *anderen*, stärkeren Satze sich — wenigstens in vielen Fällen — dann doch als richtig erweisen.

So ist der vorliegende Spezialfall ausdrücklich nur für Bernoulli-Versuche gültig, weshalb man ihn nicht umfassenderweise „Gesetz der Großen Zahlen", sondern „Satz von Bernoulli" nennen sollte. Ferner sagt er keineswegs aus, daß mit wachsender Zahl n Versuchen die relative Trefferhäufigkeit gegen die Trefferwahrscheinlichkeit strebe und diese immer besser approximiere; diese Behauptung erhält erst Berechtigung auf Grund des „Starken Gesetzes der Großen Zahlen", dessen Beweis schwieriger ist; dieses stellt nämlich fest, daß mit Wahrscheinlichkeit 1 nur endlich viele Fälle auftreten, wo $\frac{\varrho}{n}$ nicht gegen p strebt, wenn $n \to \infty$. Schließlich läßt die Bezeichnung „Gesetz der Großen Zahlen" die irrtümliche Vermutung aufkommen, es sei hier bewiesen worden, daß es genüge, eine sehr große Zahl n von Versuchen durchzuführen, um ganz allgemein irgendwelche von n abhängige Größen (z. B. Mittelwerte) als präzise Schätzungen entsprechender theoretischer Werte auffassen zu dürfen; in Wirklichkeit gibt es Zufallsgrößen, die dem Gesetz der Großen Zahlen gar nicht unterworfen sind, wie ein Beispiel in Abschn. 1.823 zeigen wird.

2. *Ein Satz von Poisson als Folge des Satzes von Tschebyschew*

Sei ϱ die Anzahl Treffer in n unabhängigen Bernoulli-Versuchen mit variabler Trefferwahrscheinlichkeit: $P(\xi_i = 0) = q_i$, $P(\xi_i = 1) = p_i$, $i = 1, 2, \ldots, n$; $q_i + p_i = 1$.

Dann ist für beliebiges $\varepsilon > 0$:

$$\lim_{n\to\infty} P\left\{\left|\frac{\varrho}{n} - \frac{\sum_{i=1}^{n} p_i}{n}\right| < \varepsilon\right\} = 1.$$

Beweis: analog dem Beweis für 1.

3. *Ein Satz über das arithmetische Mittel als Folge des Satzes von Tschebyschew*

Seien $\xi_1, \xi_2, \ldots, \xi_n$ *(paarweise) unabhängige Zufallsvariable mit demselben Erwartungswert* $E(\xi_i) = \mu$, $i = 1, 2, \ldots, n$, *und den Varianzen* $\mathrm{Var}(\xi_i) \leqq c^2 < \infty$. *Dann ist für beliebiges* $\varepsilon > 0$:

$$\lim_{n\to\infty} P\left\{\left|\frac{1}{n}\sum_{i=1}^{n} \xi_i - \mu\right| < \varepsilon\right\} = 1.$$

Beweis:

Man setzt $\eta_n = \frac{1}{n}\sum_{i=1}^{n} \xi_i$. Dann ist $E(\eta_n) = \mu$ und der Satz von Tschebyschew läßt sich direkt anwenden.

Dieser Satz und der folgende Satz von Chintschin sind mit ein Grund dafür, daß das arithmetische Mittel bei physikalischen Messungen eine so große Rolle spielt, denn für genügend große Werte von n läßt sich mit einer beliebig nahe bei 1 liegenden Wahrscheinlichkeit ein Wert gewinnen, der von der gesuchten Größe μ beliebig wenig abweicht.

4. *Ein Satz von Chintschin als Folge des Satzes von Tschebyschew*

Seien $\xi_1, \xi_2, \ldots, \xi_n$ *(paarweise) unabhängige Zufallsvariable, die alle die gleiche Verteilungsfunktion besitzen. Wenn ihr Erwartungswert* $E(\xi_i) = E(\xi) = \mu$ *existiert, gilt für beliebiges* $\varepsilon > 0$:

$$\lim_{n\to\infty} P\left\{\left|\frac{1}{n}\sum_{i=1}^{n} \xi_i - \mu\right| < \varepsilon\right\} = 1.$$

Dieser Satz sieht auf den ersten Blick ähnlich aus wie der vorhergehende. Hier fällt aber die Bedingung, daß $\mathrm{Var}(\xi_i) \leqq c^2 < \infty$ sein muß, weg; hingegen müssen alle Variablen die gleiche Verteilung aufweisen. Dann genügt die Existenz des Erwartungswertes für die Gültigkeit des Schwachen Gesetzes der Großen Zahlen. Man wird sehen, daß dann auch das Starke Gesetz der Großen Zahlen gilt (1.832, Satz 3). Dies zeigt die fundamentale Bedeutung des Erwartungswertes.

Der Beweis für diesen Satz ist elementar, jedoch recht langwierig (vgl. [*1, 2, 4*] usw.) und soll deshalb hier nicht geführt werden; er beruht auf der sog. Methode der „Verkürzung" (method of truncation), die von großer Bedeutung in der Wahrscheinlichkeitsrechnung ist.

Man definiert bei Anwendung dieser Methode im allgemeinen neue Variable η_i, $i = 1, 2, \ldots, n$, gemäß

$$\eta_i = \begin{cases} \xi_i & \text{für} \quad |\xi_i| \leqq \delta n \\ 0 & \text{für} \quad |\xi_i| > \delta n \end{cases} \qquad \delta > 0,$$

die für endliche n beschränkt sind. Auf Funktionen dieser „verkürzten" Variablen η_i wendet man bekannte Sätze (hier die Ungleichung von BIENAYMÉ-TSCHEBYSCHEW) an und studiert das Verhalten der gewonnenen Resultate für $n \to \infty$. Dann aber wird für beliebig kleines $\delta > 0$ stets $\delta n \to \infty$, so daß $\eta_i = \xi_i$ praktisch erfüllt ist.

Sind die Variablen $\xi_1, \xi_2, \ldots, \xi_n$ nicht nur paarweise, sondern gegenseitig unabhängig, so läßt sich der Satz sehr leicht mit Hilfe des Stetigkeitssatzes für charakteristische Funktionen (vgl. 1.723) herleiten. Ist nämlich $\varphi_\xi(t)$ die charakteristische Funktion der Variablen ξ_i, $i = 1, 2, \ldots, n$, so lautet die charakteristische Funktion von $\frac{\xi_i}{n}$ nach Satz 4 von 1.721:

$$\varphi_{\frac{\xi_i}{n}}(t) = \varphi_\xi\left(\frac{t}{n}\right)$$

und nach dem Faltungssatz (1.722) gilt für $\bar{\xi} = \sum_{i=1}^{n} \frac{\xi_i}{n}$:

$$\varphi_{\bar{\xi}}(t) = \varphi_\xi^n\left(\frac{t}{n}\right).$$

Für $\frac{t}{n} \to 0$ liefert die MacLaurinsche Entwicklung

$$\varphi_\xi\left(\frac{t}{n}\right) = \varphi_\xi(0) + \frac{d\varphi_\xi(0)}{d\left(\frac{t}{n}\right)} \frac{t}{n} + \cdots = 1 + i\mu\frac{t}{n} + \cdots$$

und somit

$$\frac{t}{n} \to 0: \quad \varphi_{\bar{\xi}}(t) = \left(1 + i\mu\frac{t}{n} + \cdots\right)^n.$$

Strebt $n \to \infty$, so wird daher für jedes endliche t:

$$n \to \infty: \quad \varphi_{\bar{\xi}}(t) = \left(1 + i\mu\frac{t}{n} + \cdots\right)^n \to e^{i\mu t}.$$

Dies aber ist die charakteristische Funktion der entarteten Verteilung: $P(\bar{\xi} = \mu) = 1$, $P(\bar{\xi} \neq \mu) = 0$, wie in 1.722, Beispiel 8, gezeigt wurde. Auf Grund des Stetigkeitssatzes für charakteristische Funktionen (1.723) ist diese entartete Verteilung die Grenzverteilung von $\bar{\xi}$ und es gilt somit für beliebiges $\varepsilon > 0$:

$$\lim_{n\to\infty} P\{|\bar{\xi} - \mu| < \varepsilon\} = 1,$$

was den Satz für gegenseitig unabhängige Variable beweist.

1.823. Ein Kriterium für die Gültigkeit des Schwachen Gesetzes der Großen Zahlen

Im vorhergehenden Abschnitt wurden verschiedene Sätze besprochen, die auf einfache Weise erkennen lassen, ob eine Folge von Zufallsvariablen dem Schwachen Gesetz der Großen Zahlen unterworfen ist. Diese Sätze fordern jedoch die Einhaltung von teilweise noch recht einschränkenden, hinreichenden Bedingungen. Es gibt aber auch allgemeinere Kriterien, beispielsweise den

Satz: *Sei* $\xi_1, \xi_2, \ldots, \xi_n$ *eine Folge beliebiger (voneinander unabhängiger oder abhängiger) Zufallsvariabler mit den Erwartungswerten* $E(\xi_1)$, $E(\xi_2), \ldots, E(\xi_n)$. *Dann ist notwendig und hinreichend für die Erfüllung des Schwachen Gesetzes der Großen Zahlen:*

$$\lim_{n\to\infty} P\left\{\left|\frac{1}{n}\sum_{i=1}^{n}\xi_i - \frac{1}{n}\sum_{i=1}^{n}E(\xi_i)\right| < \varepsilon\right\} = 1, \qquad \varepsilon > 0,$$

daß für $n \to \infty$ *gelte:*

$$E\left\{\frac{\left(\sum_{i=1}^{n}[\xi_i - E(\xi_i)]\right)^2}{n^2 + \left(\sum_{i=1}^{n}[\xi_i - E(\xi_i)]\right)^2}\right\} \to 0.$$

Sind die Variablen gegenseitig unabhängig, so vereinfacht sich die Bedingung zu:

$$n \to \infty: \quad \sum_{i=1}^{n} E\left\{\frac{[\xi_i - E(\xi_i)]^2}{n^2 + [\xi_i - E(\xi_i)]^2}\right\} \to 0.$$

Den Beweis für diesen Satz findet man bei [*1*]; er ist elementar. Man beachte, daß die Bedingung dieses Satzes auch *notwendig* ist.

Beispiel 1: Eine Folge von gegenseitig unabhängigen Bernoulli-Versuchen $P(\xi_i = 0) = q$, $P(\xi_i = 1) = p$, $i = 1, 2, \ldots, n$; $q + p = 1$, ist, wie man auf Grund des Satzes von Bernoulli (1.822) weiß, dem Schwachen Gesetz der Großen Zahlen unterworfen. Dies soll jetzt mit Hilfe des soeben angegebenen Satzes kontrolliert werden.

Es gilt

$$E\left\{\frac{[\xi_i - E(\xi_i)]^2}{n^2 + [\xi_i - E(\xi_i)]^2}\right\} = \frac{(-p)^2}{n^2 + (-p)^2}\, q + \frac{(1-p)^2}{n^2 + (1-p)^2}\, p$$

$$= q\,p\left[\frac{p}{n^2 + p^2} + \frac{q}{n^2 + q^2}\right], \qquad i = 1, \ldots, n$$

und

$$n \to \infty: \quad \sum_{i=1}^{n} E\left\{\frac{[\xi_i - E(\xi_i)]^2}{n^2 + [\xi_i - E(\xi_i)]^2}\right\} = q\,p\left[\frac{p}{n + \frac{p^2}{n}} + \frac{q}{n + \frac{q^2}{n}}\right] \to 0.$$

Dieses Resultat war zu erwarten.

Beispiel 2: Es soll untersucht werden, ob das Schwache Gesetz der Großen Zahlen für eine Folge gegenseitig unabhängiger Bernoulli-Versuche der Form

$$P(\xi_k = -k^a) = \tfrac{1}{2}, \quad P(\xi_k = +k^a) = \tfrac{1}{2}, \qquad k = 1, 2, \ldots, n$$

gelte, wobei $a > 0$ vorausgesetzt wird.

Wegen $E(\xi_k) = 0$, $k = 1, 2, \ldots, n$, ist

$$E\left\{\frac{[\xi_k - E(\xi_k)]^2}{n^2 + [\xi_k - E(\xi_k)]^2}\right\} = \frac{(-k^a)^2}{n^2 + (-k^a)^2}\,\frac{1}{2} + \frac{(+k^a)^2}{n^2 + (+k^a)^2}\,\frac{1}{2} = \frac{k^{2a}}{n^2 + k^{2a}}$$

und

$$\sum_{k=1}^{n} E\left\{\frac{[\xi_k - E(\xi_k)]^2}{n^2 + [\xi_k - E(\xi_k)]^2}\right\} = \sum_{k=1}^{n} \frac{k^{2a}}{n^2 + k^{2a}} < \frac{1}{n^2} \sum_{k=1}^{n} k^{2a}.$$

Setzt man $y = \frac{k}{n}$, $\Delta y = \frac{1}{n}$, so wird

$$\frac{1}{n^2} \sum_{k=1}^{n} k^{2a} = \frac{1}{n^2} \sum_{y=\frac{1}{n}}^{1} (n\,y)^{2a}\, n\, \Delta y$$

und für $n \to \infty$ strebt diese Summe gegen $\frac{1}{n^2} \int\limits_{y=\frac{1}{n}}^{1} (n\,y)^{2a}\, n\, dy$.

Fall I: $0 < a < \frac{1}{2}$

Dann wird für $n \to \infty$:

$$\frac{1}{n^2} \int\limits_{y=\frac{1}{n}}^{1} (n\,y)^{2a}\, n\, dy = \frac{n^{2a-1}}{2a+1}\left[1 - \left(\frac{1}{n}\right)^{2a+1}\right] \to 0$$

und das Schwache Gesetz der Großen Zahlen gilt.

Fall II: $a \geqq \frac{1}{2}$

Dann strebt die Vergleichssumme $\frac{1}{n^2} \sum\limits_{k=1}^{n} k^{2a}$ für $n \to \infty$ nicht mehr gegen Null und man muß daher den Ausdruck $\sum\limits_{k=1}^{n} \frac{k^{2a}}{n^2 + k^{2a}}$ selber betrachten. Bereits für $a = \frac{1}{2}$ divergiert jedoch dieser Ausdruck, denn

$$n \to \infty: \quad \sum_{k=1}^{n} \frac{k}{n^2 + k} \to \int\limits_{y=\frac{1}{n}}^{1} \frac{n\,y}{n^2 + n\,y}\, n\, dy = \int\limits_{y=\frac{1}{n}}^{1} \frac{y\,dy}{1 + \frac{y}{n}} \not\to 0,$$

so daß das Schwache Gesetz der Großen Zahlen dann nicht mehr gilt.

1.83. Starke Gesetze der Großen Zahlen

1.831. Die Ungleichung von Kolmogorov

Satz: *Seien $\xi_1, \xi_2, \ldots, \xi_n$ gegenseitig unabhängige Zufallsvariable mit den Erwartungswerten $\mu_1, \mu_2, \ldots, \mu_n$ und den Varianzen $\sigma_1^2, \sigma_2^2, \ldots, \sigma_n^2$. Dann gilt für beliebiges $t > 0$:*

$$P\left\{\max_{1\leqq k\leqq n}\left|\sum_{i=1}^{k}(\xi_i-\mu_i)\right|\geqq t\right\}\leqq\frac{\sum_{i=1}^{n}\sigma_i^2}{t^2}$$

(*Ungleichung von Kolmogorov*).

Bemerkung: Für $n = 1$ geht die Ungleichung von KOLMOGOROV in jene von BIENAYMÉ-TSCHEBYSCHEW über.

Beweis: Der Satz sagt aus, die Wahrscheinlichkeit dafür, daß *wenigstens eine* der n gleichzeitigen Ungleichungen $\left|\sum_{i=1}^{k}(\xi_i-\mu_i)\right| < t$, $k = 1, 2, \ldots, n$, *nicht* erfüllt sei, betrage höchstens $\frac{\sum_{i=1}^{n}\sigma_i^2}{t^2}$. Um diese Aussage zu kontrollieren, führt man n Zufallsvariable η_ν, $\nu = 1, 2, \ldots, n$, ein, so daß

$$\eta_\nu=\begin{cases}1, & \text{wenn } \left|\sum_{i=1}^{k}(\xi_i-\mu_i)\right|<t \text{ für } k=1,2,\ldots,\nu-1 \text{ und} \\ & \left|\sum_{i=1}^{\nu}(\xi_i-\mu_i)\right|\geqq t \\ 0, & \text{sonst}\end{cases}$$

d. h.: η_ν ist gleich 1, wenn die ν-te Ungleichung $\left|\sum_{i=1}^{k}(\xi_i-\mu_i)\right| < t$, $k \in \{1, 2, \ldots, n\}$, die *erste* ist, welche *nicht* eingehalten wird. Dann kann die Summe $\eta_1 + \eta_2 + \cdots + \eta_n$ nur entweder 0 sein (alle Ungleichungen $\left|\sum_{i=1}^{k}(\xi_i-\mu_i)\right| < t$, $k = 1, 2, \ldots, n$ gelten), oder 1 (es kann ja nur eine Ungleichung geben, die als erste nicht stimmt). Ist diese Summe aber gleich 1, so ist *wenigstens eine* der Ungleichungen nicht erfüllt und man hat also zu zeigen, daß

$$P\left(\sum_{\nu=1}^{n}\eta_\nu=1\right)\leqq\frac{\sum_{i=1}^{n}\sigma_i^2}{t^2}.$$

Da aber $\sum_{\nu=1}^{n}\eta_\nu$ einer Bernoulli-Verteilung gehorcht, ist

$$P\left(\sum_{\nu=1}^{n}\eta_\nu=1\right)=E\left(\sum_{\nu=1}^{n}\eta_\nu\right)$$

und dieser Erwartungswert soll nun gesucht werden.

Wegen der Unabhängigkeit der ξ_i gilt

$$\operatorname{Var}\left(\sum_{i=1}^{n}\xi_i\right) = E\left\{\left[\sum_{i=1}^{n}(\xi_i-\mu_i)\right]^2\right\} = \sum_{i=1}^{n}\sigma_i^2$$

und da $\sum_{k=1}^{n}\eta_k \leqq 1$, ist offenbar

$$\sum_{k=1}^{n} E\left\{\eta_k\left[\sum_{i=1}^{n}(\xi_i-\mu_i)\right]^2\right\} \leqq \sum_{i=1}^{n}\sigma_i^2.$$

Aber

$$E\left\{\eta_k\left[\sum_{i=1}^{n}(\xi_i-\mu_i)\right]^2\right\} = E\left\{\eta_k\left[\sum_{i=1}^{k}(\xi_i-\mu_i)\right]^2\right\} +$$
$$+ E\left\{\eta_k\left[\sum_{i=k+1}^{n}(\xi_i-\mu_i)\right]^2\right\} + 2E\left\{\left[\eta_k\sum_{i=1}^{k}(\xi_i-\mu_i)\right]\left[\sum_{i=k+1}^{n}(\xi_i-\mu_i)\right]\right\}.$$

Da $\sum_{i=k+1}^{n}(\xi_i-\mu_i)$ keine gemeinsame Variable ξ_i mit dem anderen Term im Doppelprodukt aufweist (η_k hängt ja nur von $\xi_1, \xi_2, \ldots, \xi_k$ ab), also unabhängig ist, kann man den Erwartungswert des Produkts durch das Produkt der Erwartungswerte ersetzen (vgl. 1.454, Regel 8), und dieses ist natürlich 0. Also wird

$$E\left\{\eta_k\left[\sum_{i=1}^{n}(\xi_i-\mu_i)\right]^2\right\} = E\left\{\eta_k\left[\sum_{i=1}^{k}(\xi_i-\mu_i)\right]^2\right\} + E\left\{\eta_k\left[\sum_{i=k+1}^{n}(\xi_i-\mu_i)\right]^2\right\}$$

und daher

$$E\left\{\eta_k\left[\sum_{i=1}^{k}(\xi_i-\mu_i)\right]^2\right\} \leqq E\left\{\eta_k\left[\sum_{i=1}^{n}(\xi_i-\mu_i)\right]^2\right\}.$$

Gemäß Definition von η_k ist aber $\eta_k = 1$ nur, wenn $\left|\sum_{i=1}^{k}(\xi_i-\mu_i)\right| \geqq t$. Also gilt, ob nun $\eta_k = 1$ oder 0:

$$\eta_k\left[\sum_{i=1}^{k}(\xi_i-\mu_i)\right]^2 \geqq \eta_k t^2,$$

so daß

$$\sum_{k=1}^{n} E(\eta_k t^2) \leqq \sum_{k=1}^{n} E\left\{\eta_k\left[\sum_{i=1}^{k}(\xi_i-\mu_i)\right]^2\right\} \leqq$$
$$\leqq \sum_{k=1}^{n} E\left\{\eta_k\left[\sum_{i=1}^{n}(\xi_i-\mu_i)\right]^2\right\} \leqq \sum_{i=1}^{n}\sigma_i^2.$$

Also ist

$$t^2\sum_{k=1}^{n}E(\eta_k) = t^2 E\left(\sum_{k=1}^{n}\eta_k\right) \leqq \sum_{i=1}^{n}\sigma_i^2$$

und

$$E\left(\sum_{k=1}^{n}\eta_k\right) \leqq \frac{\sum_{i=1}^{n}\sigma_i^2}{t^2},$$

was zu beweisen war.

Die Ungleichung von KOLMOGOROV spielt für die Starken Gesetze der Großen Zahlen eine analoge Rolle wie die Ungleichung von BIENAYMÉ-TSCHEBYSCHEW für die Schwachen.

1.832. Das verallgemeinerte Starke Gesetz der Großen Zahlen

Satz 1: *Seien ξ_i, $i = 1, 2, \ldots, n$, gegenseitig unabhängige Zufallsvariable mit den Erwartungswerten $E(\xi_i)$ und den Varianzen $\mathrm{Var}(\xi_i) \leqq c^2 < \infty$. Dann hat die Zufallsvariable*

$$\eta_n = \frac{1}{n} \sum_{i=1}^{n} \xi_i$$

den Erwartungswert $E(\eta_n) = \frac{1}{n} \sum_{i=1}^{n} E(\xi_i)$ und die Varianz $\mathrm{Var}(\eta_n) = \frac{1}{n^2} \sum_{i=1}^{n} \mathrm{Var}(\xi_i) \leqq \frac{c^2}{n}$ und es gilt:

$$P\left\{\lim_{n\to\infty} \left[\eta_n - \frac{1}{n} \sum_{i=1}^{n} E(\xi_i)\right] = 0\right\} = 1$$

(verallgemeinertes Starkes Gesetz der Großen Zahlen).

Die „Verallgemeinerung" bezieht sich wiederum auf die Tatsache, daß die Variablen ξ_i beliebig sind und nicht einer gemeinsamen Bernoulli-Verteilung zu gehorchen brauchen, wie dies historisch gesehen ursprünglich verlangt wurde (Satz von BOREL). Jener Spezialfall, wo also $P\left\{\lim_{n\to\infty} \eta_n = p\right\} = 1$, stellt jedoch die Grundlage der statistischen Definition der Wahrscheinlichkeit als Limes der relativen Häufigkeit dar, wie sie VON MISES vorgeschlagen hatte (vgl. 1.22). Obwohl die statistische Definition der Wahrscheinlichkeit aus dem seinerzeit erwähnten Grunde nicht befriedigen konnte, bietet sie doch den intuitiv wohl klarsten Pfeiler der Wahrscheinlichkeitsrechnung. Deshalb fällt dem Starken Gesetz der Großen Zahlen eine fundamentale Rolle in dieser ganzen Wissenschaft zu.

Aus dem soeben erwähnten Bernoullischen Spezialfall folgt auch sofort die Tatsache, daß eine empirisch aufgenommene Verteilungsfunktion „fast sicher" gegen die theoretische strebt, wenn der Stichprobenumfang nur genügend groß ist. Seien $\xi_1, \xi_2, \ldots, \xi_N$ die gegenseitig unabhängigen Elemente der Stichprobe aus einer Grundgesamtheit, also gegenseitig unabhängige Zufallsvariable mit der gleichen Verteilungsfunktion $F(x)$. Seien ferner ζ_i, $i = 1, 2, \ldots, N$ Indikatorvariable, so daß für einen beliebig gegebenen Wert x gelte

$$\zeta_i = \begin{cases} 1, & \text{wenn} \quad \xi_i \leqq x, \\ 0, & \text{wenn} \quad \xi_i > x. \end{cases}$$

Dann sind die ζ_i gegenseitig unabhängig nach BERNOULLI verteilt und es gilt für sie alle $P(\zeta_i = 1) = F(x)$, $P(\zeta_i = 0) = 1 - F(x)$,

$i = 1, 2, \ldots, N$. Also ist $E(\zeta_i) = F(x)$, $i = 1, 2, \ldots, N$, und nach dem Starken Gesetz der Großen Zahlen wird

$$P\left\{\lim_{N\to\infty}\left[\frac{1}{N}\sum_{i=1}^{N}\zeta_i - \frac{1}{N}\sum_{i=1}^{N}E(\zeta_i)\right] = 0\right\} = 1$$

oder

$$P\left\{\lim_{N\to\infty}\frac{1}{N}\sum_{i=1}^{N}\zeta_i = F(x)\right\} = 1.$$

$\frac{1}{N}\sum_{i=1}^{N}\zeta_i$ ist aber die relative Häufigkeit für $\xi \leqq x$ und sie strebt für $N \to \infty$ offenbar fast sicher gegen $F(x)$.

Eine noch stärkere Aussage erbringt der „Hauptsatz der mathematischen Statistik" von Gliwenko (s. [*1*, *2*, *5*] usw.), der auch auf dem Starken Gesetz der Großen Zahlen beruht.

Für Operations Research-Belange findet das Starke Gesetz der Großen Zahlen unmittelbare Anwendung auf dem Gebiete der Simulation (Kap. 3).

Der vorhin formulierte Satz 1 ist eine Folge des allgemeineren Kriteriums von Kolmogorov (Satz 2), wie gezeigt werden wird.

Satz 2: *Sei* $\xi_1, \xi_2, \ldots, \xi_n$ *eine Folge gegenseitig unabhängiger Zufallsvariabler mit den Erwartungswerten* $E(\xi_k) = \mu_k$ *und den Varianzen* $\mathrm{Var}(\xi_k) = \sigma_k^2$. *Damit diese Folge dem Starken Gesetz der Großen Zahlen gehorche:*

$$P\left\{\lim_{n\to\infty}\left[\frac{1}{n}\sum_{k=1}^{n}\xi_k - \frac{1}{n}\sum_{k=1}^{n}E(\xi_k)\right] = 0\right\} = 1,$$

ist die Bedingung hinreichend, daß

$$\lim_{n\to\infty}\sum_{k=1}^{n}\frac{\sigma_k^2}{k^2} < \infty$$

(*Kriterium von Kolmogorov*).

Beweis: Nach der Ungleichung von Kolmogorov ist

$$P\left\{\max_{1\leqq k\leqq n}\left|\sum_{i=1}^{k}(\xi_i - \mu_i)\right| \geqq t\right\} \leqq \frac{\sum_{i=1}^{n}\sigma_i^2}{t^2}.$$

Seien nun N und r zwei ganze Zahlen > 0. Dann ist für beliebiges $\varepsilon > 0$:

$$P\left\{\max_{N\leqq k\leqq N+r}\left|\sum_{i=1}^{k}(\xi_i - \mu_i)\right| \geqq k\varepsilon\right\} \leqq P\left\{\max_{N\leqq k\leqq N+r}\left|\sum_{i=1}^{k}(\xi_i - \mu_i)\right| \geqq N\varepsilon\right\} \leqq$$

$$\leqq P\left\{\max_{1\leqq k\leqq N+r}\left|\sum_{i=1}^{k}(\xi_i - \mu_i)\right| \geqq N\varepsilon\right\} \leqq \frac{\sum_{i=1}^{N+r}\sigma_i^2}{N^2\varepsilon^2}.$$

Wäre der Term $\frac{\sum_{i=1}^{N+r}\sigma_i^2}{N^2\varepsilon^2}$ kleiner als eine beliebig kleine Größe $\delta > 0$, so würde die Wahrscheinlichkeit, daß vom gewählten N an jede der $r + 1$

Ungleichungen $\frac{1}{k}\left|\sum_{i=1}^{k}(\xi_i-\mu_i)\right|<\varepsilon$ erfüllt sei, größer als $1-\delta$ sein. Speziell für $\delta\to 0$ wäre dann für $r\to\infty$ das Starke Gesetz der Großen Zahlen gewährleistet. Nun kann aber nicht ohne weiteres gezeigt werden, daß $\frac{\sum_{i=1}^{N+r}\sigma_i^2}{N^2\varepsilon^2}<\delta$.

Man teilt das Intervall $[N, N+r]$ deshalb auf in Unterintervalle $[2^{\nu-1}N, 2^{\nu}N-1]$, $\nu=1,2,\ldots\nu_{\max}(N,r)$, wobei das willkürlich gewählte geometrische Wachstum sich als für die Beweisführung praktisch herausstellt. Bezeichnet man nun mit A_ν das Ereignis, daß *wenigstens eine* der Ungleichungen $\frac{1}{k}\left|\sum_{i=1}^{k}(\xi_i-\mu_i)\right|<\varepsilon$, $k\in[2^{\nu-1}N, 2^{\nu}N-1]$ *nicht* erfüllt ist, so wird

$$P(A_\nu)\leqq\frac{\sum_{i=1}^{2^\nu N-1}\sigma_i^2}{(2^{\nu-1}N)^2\varepsilon^2}\leqq\frac{\sum_{i=1}^{2^\nu N}\sigma_i^2}{(2^{\nu-1}N)^2\varepsilon^2}.$$

Für die Wahrscheinlichkeit, daß im ganzen Intervall $[N, N+r]$ bei $r\to\infty$ *wenigstens eine* der Ungleichungen $\frac{1}{k}\left|\sum_{i=1}^{k}(\xi_i-\mu_i)\right|<\varepsilon$ *nicht* erfüllt ist, gilt dann

$$P\left(\sum_{\nu=1}^{\infty}A_\nu\right)\leqq\sum_{\nu=1}^{\infty}P(A_\nu)\leqq\sum_{\nu=1}^{\infty}\left\{\frac{\sum_{i=1}^{2^\nu N}\sigma_i^2}{(2^{\nu-1}N)^2\varepsilon^2}\right\}.$$

Man führe ein:

$$N=2^M$$

und

$$\nu-1+M=s.$$

Dann wird:

$$P\left(\sum_{\nu=1}^{\infty}A_\nu\right)\leqq\sum_{\nu=1}^{\infty}\left\{\frac{\sum_{i=1}^{2^{\nu+M}}\sigma_i^2}{(2^{\nu-1+M})^2\cdot\varepsilon^2}\right\}=\sum_{s=M}^{\infty}\left\{\frac{\sum_{i=1}^{2^{s+1}}\sigma_i^2}{2^{2s}\cdot\varepsilon^2}\right\}.$$

Vertauscht man die Summierungsreihenfolge, so ist zu summieren

für $1\leqq i\leqq 2^{M+1}-1$: $\frac{\sigma_i^2}{\varepsilon^2}\sum_{s=M}^{\infty}\frac{1}{2^{2s}}=\frac{\sigma_i^2}{\varepsilon^2}\frac{1}{4^{M-1}}\frac{1}{3}$,

für $2^{M+1}\leqq i\leqq\infty$: $\frac{\sigma_i^2}{\varepsilon^2}\sum_{s={}^2\log\frac{i}{2}}^{\infty}\frac{1}{2^{2s}}=\frac{\sigma_i^2}{\varepsilon^2}\frac{1}{4^{({}^2\log\frac{i}{2})-1}}\frac{1}{3}=\frac{\sigma_i^2}{\varepsilon^2}\frac{16}{i^2}\frac{1}{3}$,

woraus:

$$P\left(\sum_{\nu=1}^{\infty}A_\nu\right)\leqq\frac{1}{3\cdot 4^{M-1}\varepsilon^2}\sum_{i=1}^{2^{M+1}-1}\sigma_i^2+\frac{16}{3\varepsilon^2}\sum_{i=2^{M+1}}^{\infty}\frac{\sigma_i^2}{i^2}.$$

Wenn $\sum\limits_{i=1}^{\infty} \frac{\sigma_i^2}{i^2} < \infty$, so gilt offenbar $\sum\limits_{i=2^M+1}^{\infty} \frac{\sigma_i^2}{i^2} \to 0$ für $M \to \infty$. Da aber $M = {}^2\log N$, strebt der zweite Term der Ungleichung für $P\left(\sum\limits_{\nu=1}^{\infty} A_\nu\right)$ bei $N \to \infty$ gegen Null. Nach einem leicht verständlichen Satz von KRONECKER (vgl. [2]) verschwindet dann aber auch der erste Term. Somit ist die Wahrscheinlichkeit, daß *wenigstens eine* der früher genannten Ungleichungen $\frac{1}{k}\left|\sum\limits_{i=1}^{k} (\xi_i - \mu_i)\right| < \varepsilon$ *nicht* eingehalten wird, tatsächlich Null und diese Aussage ist äquivalent der Aussage:

$$P\left\{\lim_{k\to\infty}\left[\frac{1}{k}\sum_{i=1}^{k}\xi_i - \frac{1}{k}\sum_{i=1}^{k}\mu_i\right] = 0\right\} = 1$$

d. h., das Starke Gesetz der Großen Zahlen ist erfüllt.

Um *Satz 1* zu verifizieren, bildet man lediglich

$$\sum_{k=1}^{\infty}\frac{\sigma_k^2}{k^2} \leqq \sum_{k=1}^{\infty}\frac{c^2}{k^2} < 2c^2 < \infty$$

und dies ist auf Grund von Satz 2 schon der Beweis.

Satz 3 (KOLMOGOROV): *Seien* $\xi_1, \xi_2, \ldots, \xi_n$ *gegenseitig unabhängige Zufallsvariable, die alle die gleiche Verteilungsfunktion besitzen. Wenn und nur wenn ihr Erwartungswert* $E(\xi_i) = E(\xi) = \mu$ *existiert, so gilt*

$$P\left\{\lim_{n\to\infty}\frac{1}{n}\sum_{i=1}^{n}\xi_i = \mu\right\} = 1$$

d. h., das Starke Gesetz der Großen Zahlen ist erfüllt.

Dieser äußerst wichtige Satz ist analog jenem für das Schwache Gesetz geltenden von CHINTSCHIN (vgl. 1.822). Die Existenz der Varianz ist also überflüssig, für die Gültigkeit des Starken Gesetzes der Großen Zahlen ist die Existenz des Erwartungswertes allein notwendig und hinreichend.

Der Beweis beruht wieder auf der Methode der Verkürzung; außerdem wird ein Hilfssatz von BOREL-CANTELLI benötigt, der sich mit einer Bedingung dafür auseinandersetzt, daß von einer Folge beliebiger Ereignisse A_n „fast sicher" nur endlich viele auftreten, wenn n Versuche ausgeführt werden mit $n \to \infty$. Obwohl die Argumentation auch hier elementar bleibt, soll auf die Beweisführung verzichtet werden; man lese nach etwa bei [*1*, *2*, *4*] usw.

1.9. Der Zentrale Grenzwertsatz

1.91. Allgemeines über Grenzverteilungssätze

Eine wichtige Fragestellung, mit welcher die Wahrscheinlichkeitsrechnung sich befaßt, betrifft die Konvergenz einer Folge von Verteilungsfunktionen $F_n(x)$ gegen eine Grenzverteilungsfunktion $F(x)$. In

Abschn. 1.43 war beispielsweise die Rede davon, daß man eine theoretische Verteilungsfunktion mit Hilfe von empirisch aufgenommenen Verteilungsfunktionen abschätzen kann und in Abschn. 1.832 wurde darauf hingewiesen, daß dieses Vorgehen dank dem Starken Gesetz der Großen Zahlen und insbesondere auf Grund eines Satzes von GLIWENKO gerechtfertigt ist. Offenbar nimmt die Genauigkeit der Schätzung „fast sicher" mit wachsendem Stichprobenumfang n zu und das eingehende Studium der Konvergenzeigenschaften gestattet gewisse Aussagen hinsichtlich der im konkreten Falle bestehenden Zulässigkeit der Approximation. Hier ist also zum vornherein klar, daß eine Grenzverteilungsfunktion existiert und das Problem lautet, mit welcher minimalen Wahrscheinlichkeit eine bestimmte Approximation eine vorgeschriebene Toleranz nicht überschreitet.

In anderen Fällen ist die Existenz einer Grenzverteilungsfunktion a priori nicht sichergestellt, beispielsweise bei stochastischen Prozessen. Man nehme an, ein System könne endlich viele verschiedene Zustände $i = 1, 2, \ldots, N$ in diskreten Zeitpunkten $t = 1, 2, \ldots$ annehmen. Die Wahrscheinlichkeit des Übergangs vom Zustand i auf den Zustand j im Zeitelement $\Delta t = 1$ hängt im allgemeinen ab von der Art, wie der Zustand i erreicht worden ist und vom Zeitpunkt t, in welchem Δt beginnt. Man mag sich nun dafür interessieren, wie die Wahrscheinlichkeiten für Erreichung[1] der einzelnen Zustände $i = 1, 2, \ldots, N$ im unendlich fernen Zeitpunkt $t \to \infty$ lauten. Unter gewissen Voraussetzungen betreffend den Charakter des Prozesses können diese Wahrscheinlichkeiten stationär sein und auf diese Weise eine Grenzverteilung bilden; darunter versteht man Zustandswahrscheinlichkeiten, die sich von t auf $t + 1$ nicht ändern, wenn $t \to \infty$. Die Erkennung und Bestimmung solcher stationärer Grenzverteilungen sowie der Art ihrer Erreichung ist nicht nur vom mathematischen Standpunkt aus reizvoll, sondern besitzt auch praktische Bedeutung im Operations Research (Wartelinientheorie, stochastische dynamische Programmierung, Simulation). Hängt die Grenzverteilung nämlich von gewissen Parametern ab, deren Werte man durch Entscheidungen beeinflussen kann, so ist man in die Lage versetzt, diese Entscheidungen bewußt so zu treffen, daß mit dem Prozeß verbundene ökonomische Funktionen optimiert werden.

Ein weiteres Gebiet, wo Prüfung der Existenz und gegebenenfalls Bestimmung von Grenzverteilungsfunktionen im Blickpunkt stehen, betrifft das Verhalten der Summenvariablen von unabhängigen Zufallsgrößen, wenn die Anzahl Summanden über alle Massen wächst. In diesem Zusammenhang sei an die Grenzwertsätze von DE MOIVRE-

[1] Hier handelt es sich also um die Zustandswahrscheinlichkeiten selber, nicht um die Übergangswahrscheinlichkeiten.

LAPLACE (1.51) erinnert, die für die Treffersumme von $n \to \infty$ unabhängigen Bernoulli-Versuchen gelten. Hier zeichnet sich eine gewisse Verwandtschaft mit den Gesetzen der Großen Zahlen ab, wie sie im vorhergehenden Abschnitt zur Sprache gelangten. War dort die Fragestellung im wesentlichen darauf konzentriert, zu eruieren, welche Wahrscheinlichkeit einer Abweichung

$$\left|\frac{1}{n}\sum_{i=1}^{n}(\xi_i - \mu_i)\right| < \varepsilon$$

für $n \to \infty$ zugeordnet werden kann, wobei eigentlich nur interessierte, ob diese Wahrscheinlichkeit 1 sei bzw. gegen 1 strebe, steht hier die ganze Verteilung für beliebige, standardisierte Abweichungen

$$\frac{\frac{1}{n}\sum_{i=1}^{n}(\xi_i - \mu_i)}{\sqrt{\operatorname{Var}\left[\frac{1}{n}\sum_{i=1}^{n}(\xi_i - \mu_i)\right]}}$$

bei $n \to \infty$ zur Diskussion. Es ist also durchaus denkbar (und wird auch an einem Beispiel demonstriert werden), daß derartige Grenzverteilungen unter Umständen existieren und berechnet werden können, sogar wenn *die Schwachen Gesetze der Großen Zahlen nicht gelten* (*Beispiel 5*), *und umgekehrt.* Unter sehr allgemeinen Bedingungen handelt es sich bei diesen Grenzverteilungen, sofern sie existieren, um Normalverteilungen; die diesbezüglichen Lehrsätze werden unter der Bezeichnung „Zentrale Grenzverteilungssätze“ zusammengefaßt. Obwohl es außer der Normalverteilung noch andere Grenzverteilungen gibt, so z. B. die Poisson-Verteilung, sollen in diesem Abschnitt nur die Zentralen Grenzverteilungssätze als wichtigster Fall behandelt werden.

1.92. Zentrale Grenzverteilungssätze

Satz 1: *Seien $\xi_1, \xi_2, \ldots, \xi_n$ gegenseitig unabhängige Zufallsvariable mit gleicher, beliebiger Verteilung. Sofern der Erwartungswert $E(\xi_k) = \mu$, $k = 1, 2, \ldots, n$ und die Varianz $\operatorname{Var}(\xi_k) = \sigma^2 > 0$, $k = 1, 2, \ldots, n$ existieren, gilt für die Verteilungsfunktion $F_{\eta_n}(y)$ der Variablen $\eta_n = \frac{\sum_{k=1}^{n}(\xi_k - \mu)}{\sqrt{n}\,\sigma}$:*

$$\lim_{n\to\infty} F_{\eta_n}(y) = \Phi(y), \qquad -\infty < y < +\infty$$

wobei $\Phi(y)$ die Verteilungsfunktion der standardisierten Normalverteilung ist.

Beweis: Sei $\varphi(t)$ die charakteristische Funktion der Zufallsvariablen $(\xi_k - \mu)$. Dann lautet die charakteristische Funktion von $\frac{\xi_k - \mu}{\sqrt{n}\,\sigma}$ gemäß

Satz 4 von 1.721 $\varphi\left(\frac{t}{\sqrt{n}\,\sigma}\right)$ und nach dem Faltungssatz (1.722) besitzt $\frac{\sum_{k=1}^{n}(\xi_k-\mu)}{\sqrt{n}\,\sigma}$ die charakteristische Funktion $\varphi^n\left(\frac{t}{\sqrt{n}\,\sigma}\right)$.

Entwickelt man $\varphi\left(\frac{t}{\sqrt{n}\,\sigma}\right)$ für $\frac{t}{\sqrt{n}\,\sigma}\to 0$, so gilt:

$$\frac{t}{\sqrt{n}\,\sigma}\to 0:\quad \varphi\left(\frac{t}{\sqrt{n}\,\sigma}\right)=\varphi(0)+\varphi'(0)\frac{t}{\sqrt{n}\,\sigma}+\frac{1}{2}\varphi''(0)\left(\frac{t}{\sqrt{n}\,\sigma}\right)^2+\cdots$$

Nun ist aber (vgl. 1.722):

$$\varphi'(0)=i\,E(\xi_k-\mu)=0$$

$$\varphi''(0)=-E(\xi_k-\mu)^2=-\operatorname{Var}(\xi_k-\mu)=-\sigma^2$$

so daß

$$\frac{t}{\sqrt{n}\,\sigma}\to 0:\quad \varphi\left(\frac{t}{\sqrt{n}\,\sigma}\right)=1-\frac{t^2}{2n}+\cdots$$

Strebt $n\to\infty$ und ist $\sigma>0$, so geht für jedes endliche t der Ausdruck $\frac{t}{\sqrt{n}\,\sigma}\to 0$ und daher

$$\varphi^n\left(\frac{t}{\sqrt{n}\,\sigma}\right)=\left(1-\frac{t^2}{2n}+\cdots\right)^n\to e^{-\frac{t^2}{2}}.$$

Da dies die charakteristische Funktion der standardisierten Normalverteilung ist (vgl. 1.722, Beispiel 6), ist Satz 1 auf Grund des Stetigkeitssatzes für charakteristische Funktionen (1.723) bewiesen.

1. Beispiel:

Der Integralgrenzwertsatz von DE MOIVRE-LAPLACE (vgl. 1.512) stellt einen Spezialfall von Satz 1 dar, indem alle ξ_k unabhängig und nach dem gleichen Bernoulli-Gesetz $P(\xi_k=0)=q$, $P(\xi_k=1)=p$, $q+p=1$, $k=1,2,\ldots$ verteilt waren. Die damalige Forderung $p,q>0$ spiegelt sich in der jetzigen Forderung $\operatorname{Var}(\xi_k)=\sigma^2>0$ wieder, denn $\sigma^2=p\,q$.

2. Beispiel: Grenzübergang der χ^2-Verteilung in eine Normalverteilung

Die Zufallsvariable $\zeta_n=\xi_1^2+\xi_2^2+\cdots+\xi_n^2$ ist nach χ^2 mit dem Freiheitsgrad n verteilt, wenn die Variablen ξ_k, $k=1,2,\ldots,n$ standardisiert-normal verteilt und gegenseitig unabhängig sind. Es gilt dann $E(\xi_k^2)=1$, $\operatorname{Var}(\xi_k^2)=2$ und $E(\zeta_n)=n$, $\operatorname{Var}(\zeta_n)=2n$ (vgl. 1.462, Beispiel 1).

Die Bedingungen von Satz 1 sind erfüllt und daher gilt für die Variable

$$\eta_n=\frac{\sum_{k=1}^{n}(\xi_k^2-1)}{\sqrt{2n}}=\frac{\zeta_n-n}{\sqrt{2n}}:$$

$$\lim_{n\to\infty}F_{\eta_n}(y)=\Phi(y).$$

Somit ist für $b^2>a^2>0$:

$$\lim_{n\to\infty}P(a^2<\zeta_n\leq b^2)=\frac{1}{\sqrt{2\pi}\sqrt{2n}}\int_{a^2}^{b^2}e^{-\frac{(\chi^2-n)^2}{4n}}\,d(\chi^2)$$

und dies steht mit der in 1.462 aufgestellten Behauptung im Einklang. Allerdings ist das hier erhaltene Resultat schwächer als die seinerzeitige Aussage, welche die *lokale* Gestalt (Dichtefunktion) betraf. Der später genannte Satz 4 wird indessen auch jene Behauptung rechtfertigen.

3. Beispiel: Grenzübergang der Poisson-Verteilung in eine Normalverteilung

Eine Zufallsvariable ξ ist nach dem Poisson-Gesetz mit dem Parameter $\lambda > 0$ verteilt, wenn $P(\xi = r) = e^{-\lambda} \frac{\lambda^r}{r!}$, $r = 0, 1, 2, \ldots$ Es gilt $E(\xi) = \lambda$, $\mathrm{Var}(\xi) = \lambda$.

Am Ende des Abschn. 1.521 ist gesagt worden, daß für $\lambda \to \infty$ gilt

$$\lim_{\lambda \to \infty} \sum_{r=0}^{k} e^{-\lambda} \frac{\lambda^r}{r!} = \frac{1}{\sqrt{2\pi}\sqrt{\lambda}} \int_{y=-\infty}^{k} e^{-\frac{(y-\lambda)^2}{2\lambda}} dy = \Phi\left(\frac{k-\lambda}{\sqrt{\lambda}}\right).$$

Dies soll hier bewiesen werden. Man geht hiefür in drei Schritten vor.

1. Schritt: Additionssatz der Poisson-Verteilung

Die Variablen $\xi_i = 0, 1, 2, \ldots; i = 1, 2, \ldots, n$ seien gegenseitig unabhängig und nach dem Poisson-Gesetz mit den Parametern $\lambda_1, \lambda_2, \ldots, \lambda_n > 0$ verteilt. Dann ist die Summenvariable $\eta_n = \xi_1 + \xi_2 + \cdots + \xi_n$ ebenfalls nach dem Poisson-Gesetz verteilt mit dem Parameter $\lambda_1 + \lambda_2 + \cdots + \lambda_n$.

Gemäß 1.712, Beispiel 4, lautet nämlich die erzeugende Funktion von ξ_i:

$$F_{\xi_i}(z) = e^{-\lambda_i + \lambda_i z}.$$

Nach dem Faltungssatz gilt dann

$$F_{\xi_1 + \cdots + \xi_n}(z) = \prod_{i=1}^{n} F_{\xi_i}(z) = e^{-\sum_{i=1}^{n} \lambda_i + \left(\sum_{i=1}^{n} \lambda_i\right) z}$$

und dies ist die erzeugende Funktion einer Poisson-Verteilung mit dem Parameter $\sum_{i=1}^{n} \lambda_i$.

Sind speziell $\lambda_i = \lambda^*$, $i = 1, 2, \ldots, n$, d. h., weisen alle ξ_i die gleiche Verteilung auf, so gilt

$$F_{\xi_1 + \cdots + \xi_n}(z) = e^{-n\lambda^* + n\lambda^* z} = e^{-\lambda + \lambda z},$$

wenn man $\lambda = n\lambda^*$ setzt, und die Verteilung von $\eta_n = \xi_1 + \xi_2 + \cdots + \xi_n$ lautet $\left\{e^{-\lambda} \frac{\lambda^k}{k!}\right\}$, $k = 0, 1, 2, \ldots$

2. Schritt: Anwendung des Satzes 1

Nach Satz 1 ist $\dfrac{\sum_{i=1}^{n} (\xi_i - \lambda^*)}{\sqrt{n}\sqrt{\lambda^*}}$ für $n \to \infty$ standardisiert-normal verteilt.

3. Schritt: Schlußfolgerung

Der Additionssatz der Poisson-Verteilung bleibt gültig auch für $n \to \infty$. Daher ist $\eta_n = \xi_1 + \xi_2 + \cdots + \xi_n$ für $\lambda_i = \lambda^* > 0$ dann einerseits nach dem Poisson-Gesetz verteilt mit $\lambda = n\lambda^* \to \infty$. Da aber auf Grund des 2. Schrittes $\eta_n = \xi_1 + \xi_2 + \cdots + \xi_n$ für $n \to \infty$ andererseits normal verteilt ist mit $E(\eta_n) = \lambda = n\lambda^* \to \infty$ und $\mathrm{Var}(\eta_n) = \lambda = n\lambda^* \to \infty$, müssen offenbar diese beiden Verteilungen übereinstimmen.

Nun läßt sich eine Poisson-Verteilung mit dem Parameter $\lambda \to \infty$ aber auf Grund des Additionssatzes stets als Verteilung einer Summenvariablen $\eta_n = \xi_1 + \xi_2 + \cdots + \xi_n$ mit $n \to \infty$ auffassen, deren Glieder gegenseitig unabhängig sind und einer gleichen Poisson-Verteilung entstammen. Daher strebt die Verteilungsfunktion einer Poisson-Verteilung des Parameters $\lambda \to \infty$ tatsächlich gegen jene einer Normalverteilung.

Satz 2 („*Zentraler Grenzwertsatz*"): *Seien* ξ_k, $k = 1, 2, \ldots, n$ *gegenseitig unabhängige Zufallsvariable mit den Verteilungsfunktionen* $F_k(x_k)$. *Ihre Erwartungswerte* $E(\xi_k) = \mu_k$ *und Varianzen* $\operatorname{Var}(\xi_k) = \sigma_k^2 > 0$ *mögen sämtliche existieren. Notwendige und hinreichende Bedingung dafür, daß für die Verteilungsfunktion* $F_{\eta_n}(y)$ *der Variablen* $\eta_n = \dfrac{\sum_{k=1}^{n}(\xi_k - \mu_k)}{\sqrt{\sum_{k=1}^{n}\sigma_k^2}}$ *gelte*

$$\lim_{n\to\infty} F_{\eta_n}(y) = \Phi(y), \qquad -\infty < y < +\infty,$$

ist, daß für beliebiges $\varepsilon > 0$:

$$\lim_{n\to\infty} \frac{1}{\sum_{k=1}^{n}\sigma_k^2} \sum_{k=1}^{n} \int\limits_{|x_k-\mu_k| > \varepsilon\sqrt{\sum_{k=1}^{n}\sigma_k^2}} (x_k - \mu_k)^2\, dF_k(x_k) = 0 \quad \textit{(Lindebergsche Bedingung)}.$$

Diese sehr allgemeine, jedoch nicht allgemeinste Formulierung des Zentralen Grenzwertsatzes wird hier nicht hergeleitet. Die Hinreichlichkeit der Bedingung wurde von LINDEBERG, ihrer Notwendigkeit von FELLER bewiesen [*F*]. Eine Anzahl schwächerer Sätze, geschichtlich Vorgänger dieses Satzes, sind in der vorliegenden Aussage enthalten, so auch Satz 1.

Bemerkungen:

1. Die Forderung $\sigma_k^2 > 0$ soll verhüten, daß von einem endlichen $k > 0$ an keine echten Zufallsvariablen mehr summiert werden.

2. Sei A_k das Ereignis, daß $|\xi_k - \mu_k| > \varepsilon B_n$ mit $B_n^2 = \sum_{k=1}^{n}\sigma_k^2$. Dann ist

$$P\Big\{\max_{1\leq k\leq n} |\xi_k - \mu_k| > \varepsilon B_n\Big\} = P\left(\sum_{k=1}^{n} A_k\right) \leqq \sum_{k=1}^{n} P(A_k).$$

Aber

$$P(A_k) = \int\limits_{|x_k-\mu_k| > \varepsilon B_n} dF_k(x_k) \leqq \int\limits_{|x_k-\mu_k| > \varepsilon B_n} \frac{(x_k-\mu_k)^2}{\varepsilon^2 B_n^2}\, dF_k(x_k).$$

Summiert man diese letzte Ungleichung über alle $k = 1, 2, \ldots, n$, so erhält man für $n \to \infty$ den mit $\frac{1}{\varepsilon^2}$ multiplizierten Ausdruck der Lindebergschen Bedingung: da jener Ausdruck gegen 0 streben soll, wird offenbar verlangt, keine Variable ξ_k möge einen besonders ausgeprägten Einfluß auf $\sum_{k=1}^{n}\sigma_k^2$ ausüben.

4. Beispiel:

Satz 1 ist ein Spezialfall des Satzes 2. Tatsächlich ist hier $B_n^2 = n\,\sigma^2$, und die Lindebergsche Bedingung nimmt die Gestalt an:

$$\lim_{n\to\infty} \frac{1}{n\,\sigma^2}\, n \int\limits_{|x-\mu|>\varepsilon\sqrt{n}\,\sigma} (x-\mu)^2\, dF(x) = 0$$

oder

$$\lim_{n\to\infty} \frac{1}{\sigma^2}\left[\int\limits_{x=-\infty}^{+\infty} (x-\mu)^2\, dF(x) - \int\limits_{|x-\mu|\leqq\varepsilon\sqrt{n}\,\sigma} (x-\mu)^2\, dF(x)\right] = 0.$$

Diese Bedingung ist, da $0 < \sigma^2 < \infty$ vorausgesetzt wurde, offenbar für jedes $\varepsilon > 0$ erfüllt.

5. Beispiel: In Abschn. 1.823, Beispiel 2, ist gezeigt worden, daß das Schwache Gesetz der Großen Zahlen für die Folge von Zufallsvariablen ξ_k, $k = 1, 2, \ldots, n$, mit $P(\xi_k = -k^a) = P(\xi_k = +k^a) = \frac{1}{2}$, $a > 0$, nur gilt, wenn $a < \frac{1}{2}$. Hier soll nun untersucht werden, in welchem Bereiche von a der Zentrale Grenzwertsatz anwendbar ist.

Es gilt $E(\xi_k) = \mu_k = 0$ und $\mathrm{Var}(\xi_k) = \sigma_k^2 = k^{2a}$, $k = 1, 2, \ldots, n$. Daher ist

$$B_n^2 = \sum_{k=1}^{n} \sigma_k^2 = \sum_{k=1}^{n} k^{2a}$$

und aus Beispiel 2 von 1.823 geht hervor, daß für alle $a > 0$:

$$\lim_{n\to\infty} \sum_{k=1}^{n} k^{2a} = \frac{n^{2a+1}}{2a+1} = B_n^2.$$

Nun ist aber

$$|\xi_k| = |\xi_k - \mu_k| = k^a \leqq n^a, \qquad k = 1, 2, \ldots, n.$$

Es interessiert jetzt, von welchem n an gilt

$$|\xi_k - \mu_k| \leqq \varepsilon\, B_n.$$

Offenbar ist diese Beziehung sicher erfüllt, wenn

$$n^a \leqq \varepsilon\, B_n.$$

Für $n \to \infty$ führt dies hier zu

$$n\to\infty\colon\quad n^a \leqq \varepsilon \sqrt{\frac{n^{2a+1}}{2a+1}},$$

woraus

$$n\to\infty\colon\quad n \geqq \frac{2a+1}{\varepsilon^2}.$$

Man schließt daraus, daß

$$n\to\infty\colon\quad \int\limits_{|x_k-\mu_k|>\varepsilon B_n} |x_k-\mu_k|\, dF_k(x_k) = 0$$

und somit die Lindebergsche Bedingung erfüllt ist:

$$\lim_{n\to\infty} \frac{2a+1}{n^{2a+1}} \sum_{k=1}^{n} \int\limits_{|x_k-\mu_k|>\varepsilon B_n} |x_k-\mu_k|\, dF_k(x_k) = 0.$$

Daher gilt der Zentrale Grenzwertsatz hier für alle $a > 0$, während gezeigt wurde, daß das Schwache Gesetz der Großen Zahlen nur bis $a < \frac{1}{2}$ erfüllt ist.

Satz 3: *Wenn die Variablen ξ_k des Satzes 2 alle beschränkt sind, $k = 1, 2, \ldots, n$, so gilt der Grenzübergang in eine Normalverteilung* *unter der notwendigen und hinreichenden Bedingung, daß* $\sum_{k=1}^{n} \sigma_k^2 \to \infty$ *für* $n \to \infty$.

Beweis: Dann kann man immer einen Wert $\varepsilon > 0$ finden, so daß $|x_k - \mu_k| \leqq \varepsilon \sqrt{\sum_{k=1}^{n} \sigma_k^2}$, $k = 1, 2, \ldots, n$. Für diesen Wert ε ist die Lindebergsche Bedingung natürlich erfüllt. Damit aber ε beliebig klein sein könne, muß offenbar $\sum_{k=1}^{n} \sigma_k^2 \to \infty$.

6. Beispiel: Eine Fragestellung aus der Erneuerungstheorie[1]

Die Zwischenzeiten ξ_k, $k = 1, 2, \ldots$ zwischen dem Auftreten der Ereignisse $k - 1$ und k seien gegenseitig unabhängig, beschränkt und weisen alle dieselbe

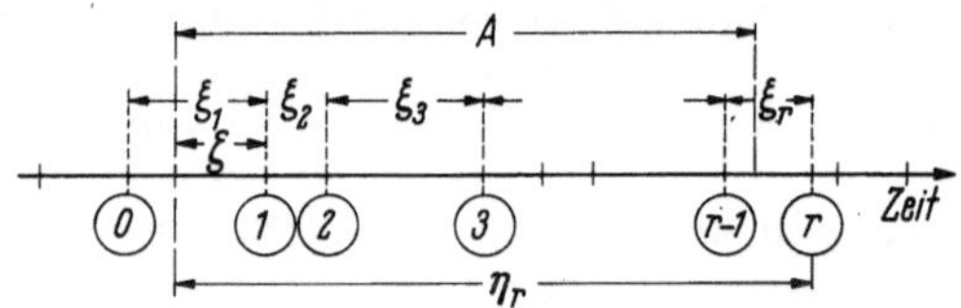

Abb. 1.25. Zeitlich verteilte Ereignisrealisationen

Verteilungsfunktion $F_k(x) = F(x)$ auf. Die beiden ersten Momente $E(\xi_k) = \mu_k = \mu > 0$ und $\mathrm{Var}(\xi_k) = \sigma_k^2 = \sigma^2 > 0$ mögen existieren. Gesucht ist die Verteilung der zufälligen Anzahl ϱ Ereignisrealisationen im zeitlich zufällig beginnenden Intervall der Dauer $A \to \infty$.

Sei η_r die Zeit vom Beobachtungsbeginn bis zur r-ten Ereignisrealisation (vgl. Abb. 1.25). Dann ist offenbar

$$\eta_r \geqq A \Leftrightarrow \varrho \leqq r$$

woraus

$$P(\eta_r \geqq A) = P(\varrho \leqq r).$$

Da aber, wenn ζ die Wartezeit vom Intervallbeginn bis zur ersten Ereignisrealisation bedeutet,

$$\eta_r = \zeta + \sum_{k=2}^{r} \xi_k,$$

sind bei $r \to \infty$ die Bedingungen für Satz 3 erfüllt:

$$r \to \infty: \quad \mathrm{Var}(\zeta) + (r-1)\,\sigma^2 \to \infty$$

und η_r ist asymptotisch normal verteilt mit

$$E(\eta_r) = E(\zeta) + (r-1)\,\mu \to r\,\mu$$

und

$$\mathrm{Var}(\eta_r) = \mathrm{Var}(\zeta) + (r-1)\,\sigma^2 \to r\,\sigma^2.$$

Es ist also:

$$r \to \infty: \quad P(\eta_r \geqq A) = P\left(\frac{\eta_r - r\,\mu}{\sigma\sqrt{r}} \geqq \frac{A - r\,\mu}{\sigma\sqrt{r}}\right) \to 1 - \Phi\left(\frac{A - r\,\mu}{\sigma\sqrt{r}}\right).$$

Sei nun

$$r = \frac{A}{\mu} + x\,\sigma\sqrt{\frac{A}{\mu^3}}.$$

[1] Vgl. D. R. Cox: Renewal Theory, Kap. 3, § 3. London: Methuen 1962.

Setzt man diesen Ausdruck für r ein, so wird

$$\frac{A - r\mu}{\sigma\sqrt{r}} = \frac{-x\sigma\mu\sqrt{\frac{A}{\mu^3}}}{\sigma\sqrt{\frac{A}{\mu} + x\sigma\sqrt{\frac{A}{\mu^3}}}} = \frac{-x}{\sqrt{1 + x\sigma\frac{1}{\sqrt{\mu A}}}}$$

und

$$A \to \infty: \quad \begin{cases} \frac{A - r\mu}{\sigma\sqrt{r}} \to -x, \\ r \to \infty. \end{cases}$$

Also gilt

$$A \to \infty: \quad P(\eta_r \geqq A) \to P\left(\frac{\eta_r - r\mu}{\sigma\sqrt{r}} \geqq -x\right) \to 1 - \Phi(-x).$$

Wegen $P(\eta_r \geqq A) = P(\varrho \leqq r)$ ist somit

$$A \to \infty: \quad P(\varrho \leqq r) = P\left(\varrho \leqq \frac{A}{\mu} + x\sigma\sqrt{\frac{A}{\mu^3}}\right) \to 1 - \Phi(-x) = \Phi(x)$$

oder

$$\underline{A \to \infty:} \quad \underline{P(\varrho \leqq r) = P\left(\frac{\varrho - \frac{A}{\mu}}{\sigma\sqrt{\frac{A}{\mu^3}}} \leqq x\right) \to \Phi(x).}$$

ϱ ist daher asymptotisch normal verteilt mit

$$\underline{A \to \infty:} \quad \underline{E(\varrho) = \frac{A}{\mu}, \qquad \mathrm{Var}(\varrho) = \sigma^2\frac{A}{\mu^3}.}$$

Die bisherigen Sätze haben sich auf die *Verteilungsfunktion* einer (standardisierten) Summenvariablen bezogen. Es gibt auch Sätze, die deren *Dichtefunktion* betreffen, jedoch stärkere Voraussetzungen bedingen; sie heißen *lokale Grenzwertsätze.*

Satz 4 (Gnedenko): *Es seien alle Voraussetzungen des Satzes* 1 *erfüllt und außerdem besitze jede Variable* ξ_k, $k = 1, 2, \ldots, n$ *eine beschränkte Dichtefunktion* $f_{\xi_k}(x_k)$. *Dann gilt*

$$\lim_{n\to\infty} f_{\eta_n}(y) = \varphi(y) = \frac{1}{\sqrt{2\pi}} e^{-\frac{y^2}{2}}$$

und die Konvergenz ist gleichmäßig in y (*Lokaler Grenzwertsatz*).

Den Beweis dieses Satzes lese man bei [*1*, *2*, *5*] usw. nach.

Man hat auch Formulierungen gefunden, die für diskrete Variable ξ_k gelten; der lokale Grenzwertsatz von de Moivre-Laplace (1.511) ist ein Beispiel für die Existenz solcher Sätze. Offenbar wird man hier verlangen müssen, daß von einem bestimmten Index n_0 an die standardisierte Zufallsvariable η_n eine Verteilungsdichte $f_{\eta_n}(y)$ besitze.

Auch für Summenvariable mit variabler Anzahl Summanden existieren Zentrale Grenzverteilungssätze, sofern die variable Anzahl

Summanden gegen ∞ strebt [2]. Ferner gibt es Fälle, wo der Zentrale Grenzwertsatz gültig bleibt, sogar wenn gewisse schwache Abhängigkeiten zwischen den Summanden bestehen [2].

1.10. Grundregeln der Kombinatorik und Formelsammlung

1.10.1. Kombinatorik

I. *Multipel*

$$\begin{array}{lll} \text{Aus } k_a & \text{verschiedenen Elementen} & a_1, a_2, \ldots, a_{k_a} \\ \quad\;\; k_b & & b_1, b_2, \ldots, b_{k_b} \\ \quad\;\; \vdots & & \vdots \\ \quad\;\; k_n & & n_1, n_2, \ldots, n_{k_n} \end{array}$$

lassen sich $k_a\, k_b \ldots k_n$ verschiedene n-Tupel $(a_{j_a}, b_{j_b}, \ldots, n_{j_n})$ bilden, die je ein Element aus jeder Gruppe enthalten. (Die Reihenfolge innerhalb des n-Tupels spielt keine Rolle, $(a_1, b_7) \equiv (b_7, a_1)$ wird nur einmal gezählt).

II. *Anordnungen*

II. 1. Aus einer Auswahl von k verschiedenartigen Elementen $a_1, a_2, \ldots, a_k$ lassen sich n Elemente auf k^n verschiedene Arten anordnen, wenn man Wiederholungen gestattet ($n \gtrless k$), und auf $(k)_n = k(k-1)(k-2)\ldots(k-n+1)$ verschiedene Arten, wenn man keine Wiederholung erlaubt ($n \leqq k$). Hier spielt also die Reihenfolge eine Rolle.

II. 2. Folge von II.1: Die Anzahl verschiedener Anordnungen von genau k verschiedenen Elementen beträgt

$$(k)_k = k! = k(k-1)(k-2)\cdot\ldots\cdot 3\cdot 2\cdot 1.$$

II. 3. Gegeben k verschiedene Arten von Elementen. Die Elemente innerhalb jeder Art sind untereinander nicht unterscheidbar. Man bildet Anordnungen des Umfanges $n, n \gtrless k$:

— es sei eine beliebige Anzahl Wiederholungen beliebiger Arten zugelassen. Dann gibt es k^n verschiedene Anordnungen;

— es sei eine bestimmte Anzahl Wiederholungen bestimmter Arten vorgeschrieben:

$$\left.\begin{array}{ll} r_1 \text{ Elemente der Art} & 1 \\ r_2 & 2 \\ \vdots & \vdots \\ r_k & k \end{array}\right\} \text{ so daß } \begin{array}{l} r_1 + r_2 + \cdots + r_k = n \\ r_i \in \{0, 1, 2, \ldots, n\}, i = 1, 2, \ldots, k. \end{array}$$

Dann gibt es $\dfrac{n!}{r_1!\, r_2! \ldots r_k!}$ verschiedene Anordnungen.

II. 4. Folge von II.3: Gegeben zwei verschiedene Arten von Elementen. Die Elemente innerhalb jeder Art sind untereinander nicht unterscheidbar. Man bildet Anordnungen des Umfanges n, $n \gtrless 2$:

— es sei eine beliebige Anzahl Wiederholungen beliebiger Arten zugelassen. Dann gibt es 2^n verschiedene Anordnungen;

— es sei eine bestimmte Anzahl Wiederholungen bestimmter Arten vorgeschrieben

$$\left.\begin{array}{r} r \text{ Elemente der Art } 1 \\ n - r \text{ Elemente der Art } 2 \end{array}\right\}$$

Dann gibt es $\frac{n!}{r!(n-r)!} = \binom{n}{r} = \binom{n}{n-r} = \frac{(n)_r}{r!} = \frac{(n)_{n-r}}{(n-r)!}$ verschiedene Anordnungen. Die Ausdrücke $\binom{n}{r}$ heißen Binomial-Koeffizienten.

II. 5. Folge von II.3

$$\sum \frac{n!}{r_1!\, r_2! \ldots r_k!} \Bigg|_{\substack{r_1 + r_2 + \cdots + r_k = n \\ r_i \in \{0, 1, 2, \ldots, n\},\; i = 1, 2, \ldots, k}} = k^n, \qquad n \gtrless k$$

speziell $\sum_{r=0}^{n} \binom{n}{r} = 2^n$.

III. *Mengen, Teilmengen*

III. 1. Eine Menge von n verschiedenen Elementen $E_1, E_2, \ldots, E_n$ besitzt $\binom{n}{r}$ verschiedene Teilmengen des Umfanges $r \leqq n$. (Hier spielt die Reihenfolge keine Rolle: $(E_1, E_7) \equiv (E_7, E_1)$ wird nur einmal gezählt.)

III. 2. Eine Menge von n verschiedenen Elementen besitzt 2^n verschiedene Teilmengen, inklusive der leeren Menge (Folge von II.5).

IV. *Hinweis*

$\binom{n}{r}$ ist die Antwort auf zwei verschiedenartige Fragestellungen:

1. $\binom{n}{r}$ = Anzahl verschiedener Anordnungen des Umfanges n von Elementen zweier Arten, welche innerhalb jeder Art nicht unterscheidbar sind, so daß r Elemente der einen und $n - r$ Elemente der anderen Art auftreten (Reihenfolge spielt Rolle).

2. $\binom{n}{r}$ = Anzahl verschiedener Teilmengen des Umfanges r, hervorgegangen aus einer Gesamtmenge von n verschiedenen Elementen (Reihenfolge spielt keine Rolle).

1.10.2. Formelsammlung

n sei eine beliebige ganze Zahl, r eine ganze Zahl $\geqq 0$, x eine beliebige Zahl; alle Zahlen seien reell.

1. $n! = 1 \cdot 2 \cdot 3 \ldots n$, Stirlingsche Formel: $\lim\limits_{n\to\infty} n! \sim (2\pi)^{\frac{1}{2}} n^{n+\frac{1}{2}} e^{-n}$, $n > 0$
speziell $0! = 1$

2. $\binom{n}{r} = \frac{n!}{r!(n-r)!} = \binom{n}{n-r}$ für $n = 0, 1, 2, \ldots$

speziell $\binom{n}{0} = \binom{n}{n} = 1$

3. Verallgemeinerung $\binom{x}{r} = \frac{x(x-1)(x-2)\ldots(x-r+1)}{r!}$

$$\binom{x}{r} = 0 \quad \text{für} \quad r < 0$$

Ist $x = n$ eine ganze positive Zahl und $r > n$, so erscheint im Zähler der Faktor 0, so daß

$$\binom{n}{r} = 0 \quad \text{für} \quad r > n$$

Beispiele

$$\binom{-1}{3} = \frac{-1 \cdot -2 \cdot -3}{1 \cdot 2 \cdot 3} = -1$$

$$\binom{3/2}{4} = \frac{(3/2)(1/2)(-1/2)(-3/2)}{1 \cdot 2 \cdot 3 \cdot 4} = \frac{3}{128}$$

$$\binom{-1}{n} = \frac{-1 \cdot -2 \cdot -3 \ldots -n}{n!} = (-1)^n$$

$$\binom{-1/2}{n} = (-1)^n \binom{2n}{n} 2^{-2n}$$

4. $\binom{x}{r-1} + \binom{x}{r} = \binom{x+1}{r}$

Beispiel: $x = 0,\ r = 1$: $\binom{0}{0} + \binom{0}{1} = \binom{1}{1}$ in Übereinstimmung mit den Definitionen (2) und (3).

5. $(1+t)^x = \binom{x}{0} t^0 + \binom{x}{1} t^1 + \binom{x}{2} t^2 + \binom{x}{3} t^3 + \cdots$
für $-1 < t < +1$

Ist x eine ganze positive Zahl $< \infty$, so verschwinden alle Glieder mit höheren Potenzen als t^x automatisch. Dann gilt die Formel auch für alle t. Ansonsten handelt es sich um eine unendliche Reihe.

Beispiele

$x = n$ (ganz), $t = 1$: $2^n = \binom{n}{0} + \binom{n}{1} + \binom{n}{2} + \binom{n}{3} + \cdots + \binom{n}{n}$

$x = n$ (ganz), $t = -1$: $0 = \binom{n}{0} - \binom{n}{1} + \binom{n}{2} - \binom{n}{3} + \cdots + (-1)^n \binom{n}{n}$

$x = -1$, $|t| < 1$: $\frac{1}{1+t} = 1 - t + t^2 - t^3 + t^4 \ldots$ (geometrische Reihe)

6. $e^x = \lim\limits_{n\to\infty} \left(1 + \frac{x}{n}\right)^n = 1 + \frac{x}{1!} + \frac{x^2}{2!} + \frac{x^3}{3!} + \cdots$

speziell $x = 1$: $e = 2{,}71828\ldots$

Kapitel 2

Einige Ergebnisse aus der mathematischen Statistik

Mathematische Statistik und Wahrscheinlichkeitstheorie gehören zusammen. Während die Wahrscheinlichkeitstheorie sich im wesentlichen mit den Konsequenzen befaßt, die auf Grund einer mathematischen Formulierung von Zusammenhängen zu erwarten sind, geht die Statistik umgekehrt aus von beobachteten Erscheinungen, um zu einer Formulierung der Zusammenhänge zu gelangen. Dem Operations Research-Ingenieur, der gestalterisch in die Konsequenzen von Zusammenhängen eingreifen will, bedeutet die Wahrscheinlichkeitsrechnung daher oft ein aktives Mittel für seine Aktionspläne; die Statistik dient ihm dabei zur Aufnahme der Ausgangssituation und zur nachträglichen Kontrolle der Wirksamkeit seiner Maßnahmen.

In diesem Kapitel sollen, im Gegensatz zur Vorgehensweise bei Kap. 1, lediglich einige wenige Ergebnisse der klassischen Statistik pro memoria angeführt werden, häufig ohne näheren Beweis und ohne besondere Erläuterung. Diese Bescheidenheit der Darstellung hat ihre Ursachen. Einmal weist die mathematische Statistik für den Operations Research-Ingenieur vorwiegend Routinecharakter auf, indem es sich für ihn meist nur darum handelt, empirisch gefundene Verteilungsgesetze zu studieren sowie Varianz- und Regressionsanalysen mit entsprechenden Signifikanztests durchzuführen. Der praktisch tätige Operations Research-Ingenieur wird auf dem Gebiete oder mit Hilfe der mathematischen Statistik im allgemeinen kaum etwas wirklich Originelles zu leisten haben, wie dies etwa im Bereiche der angewandten Wahrscheinlichkeitsrechnung von ihm durchaus gefordert werden darf. Zum anderen ist es Vorteil, allerdings auch große Gefahr der mathematischen Statistik, daß sie hohe Schematisierungsfähigkeit besitzt: komplizierte und mathematisch sehr ausgeklügelte Verfahren lassen sich hier oft derart einfach formulieren, daß sogar wissenschaftlich völlig Unbelastete damit erfolgreich zu arbeiten vermögen.

Das Risiko, diese Methoden könnten in Unkenntnis der Zusammenhänge auf inadäquate Verhältnisse übertragen werden, besteht natürlich wie immer und überall, wo theoretische Systeme einer breiteren, nichtfachmännischen Schicht zugänglich sind. Man mag sich daher nicht darüber täuschen, daß gerade die mathematische Statistik nicht stets sachgerecht angewandt wird, oft in guten Treuen, oft auch nicht, und es sei deshalb an den Leser appelliert, er möge nicht leichtfertig mit der nun gleich zur Sprache gelangenden Materie umgehen; am besten ist es, er vertieft sich in diesen speziellen Wissenszweig mit Hilfe wenigstens eines der vorzüglichen, im Literaturverzeichnis angegebenen Werke ([*13*—*15*, *22*; *3*, *5*—*7*] usw.) und macht sich auch mit den neueren Entwicklungen auf diesem Gebiete vertraut.

In diesem Kapitel wird normalerweise von einer nicht ganz formschönen, dafür aber sehr praktischen Vereinfachung Gebrauch gemacht werden, auf deren Zweckmäßigkeit bereits im vorhergehenden Kapitel hingewiesen wurde (vgl. 1.462): Zufallsvariable und effektiver, von ihr angenommener Zahlenwert werden mit dem gleichen Symbol bedacht. Beispielsweise sind dann $F(x)$ die Verteilungsfunktion der Zufallsvariablen x, $E(x)$ ihr Erwartungswert, Var x ihre Varianz usw.

Die griechischen Symbole ξ, η usw. dienen hier meist der Darstellung von Parametern, z. B. $E(x) = \xi$, $E(y) = \eta$ usw.

Schließlich sei noch erwähnt, daß eine nach dem standardisierten Normalgesetz verteilte Variable hier im allgemeinen das Symbol u erhalten soll.

Dieses Kapitel ist stark von [*13*] inspiriert.

2.1. Aufgaben der mathematischen Statistik

Die mathematische Statistik befaßt sich mit der quantitativen Beobachtung und Analyse von Massenerscheinungen. Sie läßt sich in drei Hauptgebiete aufteilen:

1. sammelnde Statistik,
2. beschreibende Statistik,
3. folgernde Statistik.

Die *sammelnde Statistik* betrifft das Gebiet der Stichprobenerhebung. Als *Stichprobe* des *Umfanges* N bezeichnet man eine Menge von N zufällig aus der *Grundgesamtheit* herausgegriffenen Beobachtungen. Die Grundgesamtheit aller denkbaren Beobachtungen wird als theoretisch unendlich aufgefaßt, wobei die Unendlichkeit eventuell nur in unbegrenzter Reproduzierbarkeit der zufälligen Beobachtungen bestehen mag.

Zweckmäßige Planung solcher Stichprobenerhebungen ist von großer Bedeutung und kann einen Wissenszweig für sich darstellen. Das einfachste Vorgehen besteht in der Entnahme einer rein *zufälligen* Stichprobe (random sampling); unter Umständen verwendet man hiefür

Zufallszahlen (vgl. Kap. 3). Es gibt aber verfeinerte Verfahren, die der Erhöhung der Aussagekraft bei konstantem Aufwand dienen, so z. B. geschichtete Stichproben, vgl. 1.61 („stratified random sampling"), u. a. Ziel der Stichprobenerhebung ist es, ein möglichst getreues Bild der Grundgesamtheit zu vermitteln, das keine systematischen Fehler aufweist.

Die *beschreibende Statistik* setzt sich zur Aufgabe, dieses Bild in knapper Form zu präsentieren. Hiezu dienen graphische Darstellungen, systematische numerische Charakterisierungen (z. B. Verteilungsfunktion), Aufzählung von besonders wichtigen Zahlenwerten (statistische Maßzahlen, z. B. Momente; Regressionskoeffizienten usw.).

Die *folgernde Statistik* zieht aus dem Material der beiden vorher genannten Stufen die Schlußfolgerungen: sie überprüft und interpretiert die aus der Stichprobe gefundenen Zahlenwerte und „legitimiert" solcherart gewissermaßen die Rückschlüsse auf die Grundgesamtheit.

Hier sollen lediglich einige klassische Resultate der beschreibenden und der folgernden Statistik genannt werden, so wie der Operations Research-Ingenieur von ihnen im Alltag Gebrauch macht.

Wenn das Ziel der Statistik, Einblick in die Beschaffenheit einer Grundgesamtheit zu bieten, erreicht werden soll, müssen gewisse Regeln festgelegt sein, nach welchen die hervorzuhebenden Merkmale der Grundgesamtheit zu beschreiben sind. Diese Regeln haben aber bereits eine solche Konzeption aufzuweisen, daß nach ihnen erhaltene Beschreibungen sich für die Weiterverarbeitung im Hinblick auf die Aufstellung von Schlußfolgerungen eignen.

Beispielsweise wird man sehen, daß die Varianz σ^2 einer Zufallsvariablen x:

$$\operatorname{Var} x = \sigma^2 = E[x - E(x)]^2$$

sich auf Grund der von x zufällig angenommenen Stichprobenwerte $x_1, x_2, \ldots, x_N$ schätzen läßt gemäß

$$s^2 = \frac{1}{N-1} \sum_{i=1}^{N} (x_i - \bar{x})^2 \approx \sigma^2,$$

wobei $\bar{x} = \frac{1}{N} \sum_{i=1}^{N} x_i$ eine Schätzung von $E(x)$ darstellt. Die Tatsache, daß man in der Relation von s^2 durch $N - 1$ und nicht durch N dividiert, ist auf den ersten Blick wohl nicht einleuchtend, stellt aber eine derartige Regel dar. Offenbar bestehen gute Gründe, deretwegen der Zahlenwert $s^2 = \frac{1}{N-1} \sum_{i=1}^{N} (x_i - \bar{x})^2$ die Varianz besser beschreibt als ein Zahlenwert $\frac{1}{N} \sum_{i=1}^{N} (x_i - \bar{x})^2$, und diese Gründe haben mit der folgernden Statistik zu tun.

So wird es für die vorliegende knappe Darstellung am zweckmäßigsten sein, Aspekte aus beiden Gebieten in zwanglos sich abwechselnder Folge je nach augenblicklichem Erfordernis zu behandeln.

2.2. Der Aufteilungssatz der χ^2-Verteilung

In der klassischen Statistik ist die Annahme normal verteilter Grundgesamtheiten sehr gebräuchlich. Die Zentralen Grenzverteilungssätze (vgl. 1.9) liefern die Begründung, weshalb diese Annahme so oft statthaft ist. Allerdings erweist sie sich nicht immer als zutreffend und darum sollte man sich stets gewissenhaft über ihre Zulässigkeit Rechenschaft abgeben.

Wo die Grundgesamtheit als normal angenommen werden darf, spielt ein von W. G. Cochran formulierter Satz[1] eine besonders wichtige Rolle; er soll hier in vereinfachter Form wiedergegeben werden als

Aufteilungssatz der χ^2-Verteilung: Die Zufallsvariablen $u_1, u_2, \ldots, u_N$ seien gegenseitig unabhängig und standardisiert-normal verteilt: $E(u_i) = 0$, $\operatorname{Var} u_i = 1$, $i = 1, \ldots, N$. *Die Größe*

$$Q = \sum_{i=1}^{N} u_i^2$$

ist also definitionsgemäß nach χ^2 mit dem Freiheitsgrad N verteilt (vgl. 1.462, 1. Beispiel). *Sie werde aufgeteilt:*

$$Q = \sum_{r=1}^{h} Q^{(r)}$$

mit

$$Q^{(r)} = \sum_{k=1}^{m_r} \left\{ \sum_{i=1}^{N} \lambda_{ki}^{(r)} u_i \right\}^2, \quad r = 1, \ldots, h,$$

wobei die Größen $\lambda_{ki}^{(r)}$ reelle Koeffizienten darstellen.

Dann lautet die notwendige und hinreichende Bedingung dafür, daß alle $Q^{(r)}$ nach χ^2 mit dem jeweiligen Freiheitsgrad f_r verteilt und gegenseitig unabhängig seien:

$$\sum_{r=1}^{h} f_r = N.$$

Die Freiheitsgrade f_r sind hiebei gleich der Anzahl m_r linearer Funktionen $\sum_{i=1}^{N} \lambda_{ki}^{(r)} u_i$ innerhalb jeder Quadratsumme $Q^{(r)}$ abzüglich der Anzahl b_r zwischen ihnen darin etwa bestehender unabhängiger linearer Beziehungen der Form

$$\sum_{k=1}^{m_r} \beta_k^{(r)} \sum_{i=1}^{N} \lambda_{ki}^{(r)} u_i = 0,$$

für welche die Koeffizienten $\beta_k^{(r)}$ nicht alle verschwinden:

$$\underline{f_r = m_r - b_r, \qquad r = 1, \ldots, h.}$$

Einen leicht verständlichen Beweis findet man beispielsweise bei [*13*].

[1] Cochran, W. G.: The distribution of quadratic forms in a normal system, with applications to the analysis of covariance. Proc. Cambr. Phil. Soc. Nr. 30 (1933/34) 178–191.

1. Beispiel:

Sei $\bar{u}$ das arithmetische Mittel der einzelnen Werte u_i: $\bar{u} = \frac{1}{N} \sum_{i=1}^{N} u_i$.

Dann läßt sich $Q = \sum_{i=1}^{N} u_i^2$ aufteilen:

$$\sum_{i=1}^{N} u_i^2 = \sum_{k=1}^{N} (u_k - \bar{u})^2 + 2\bar{u} \sum_{k=1}^{N} u_k - N\,\bar{u}^2 = \sum_{k=1}^{N} (u_k - \bar{u})^2 + N\,\bar{u}^2$$

$$\sum_{i=1}^{N} u_i^2 = \sum_{k=1}^{N} (u_k - \bar{u})^2 + \left(\sqrt{N}\,\bar{u}\right)^2.$$

Hier sind

$$\sum_{k=1}^{N} (u_k - \bar{u})^2 = Q^{(1)} = \sum_{k=1}^{N} \left\{u_k - \frac{1}{N} \sum_{i=1}^{N} u_i\right\}^2 = \sum_{k=1}^{N} \left\{\sum_{i=1}^{N} \lambda_{ki}^{(1)}\, u_i\right\}^2$$

$$\text{mit} \quad \lambda_{ki}^{(1)} = \begin{cases} -\frac{1}{N} & \text{für} \quad i \neq k \\ 1 - \frac{1}{N} & \text{für} \quad i = k \end{cases}$$

und

$$\left(\sqrt{N}\,\bar{u}\right)^2 = Q^{(2)} = \left\{\sqrt{N}\,\frac{1}{N} \sum_{i=1}^{N} u_i\right\}^2 = \left\{\sum_{i=1}^{N} \lambda_{ki}^{(2)}\, u_i\right\}^2$$

$$\text{mit} \quad \lambda_{ki}^{(2)} = \frac{1}{\sqrt{N}}.$$

$Q^{(1)}$ setzt sich aus $m_1 = N$ Quadraten linearer Funktionen der u_i zusammen, zwischen welchen $b_1 = 1$ lineare Beziehung besteht, nämlich

$$\sum_{k=1}^{N} \sum_{i=1}^{N} \lambda_{ki}^{(1)}\, u_i = \sum_{k=1}^{N} \left(u_k - \frac{1}{N} \sum_{i=1}^{N} u_i\right) = 0.$$

Also ist $f_1 = m_1 - b_1 = N - 1$.

$Q^{(2)}$ besteht nur aus $m_2 = 1$ Quadrat einer linearen Funktion der u_i. Daher muß $b_2 = 0$ sein und es gilt $f_2 = m_2 - b_2 = 1 - 0 = 1$.

Somit ist $f_1 + f_2 = N - 1 + 1 = N$, der Aufteilungssatz ist anwendbar und man hat

$$Q^{(1)} = \sum_{k=1}^{N} (u_k - \bar{u})^2 = \chi_{N-1}^2,$$

$$Q^{(2)} = \left(\sqrt{N}\,\bar{u}\right)^2 = \chi_1^2 = u^2,$$

wobei die Indizes von χ^2 den jeweiligen Freiheitsgrad angeben, und $Q^{(1)}$ und $Q^{(2)}$ sind stochastisch unabhängig.

2. Beispiel: Anwendung des 1. Beispiels

Einer normalen Grundgesamtheit mit dem Erwartungswert η und der Varianz σ^2 wird eine unabhängige Stichprobe des Umfangs N entnommen. Gesucht sind Schätzungen von η und σ^2 sowie die Verteilungen der Schätzwerte.

Man kann die Stichprobeneinzelwerte $y_1, y_2, \ldots, y_N$ als Zahlenwerte auffassen, die von N gegenseitig unabhängigen Zufallsvariablen $y_1, y_2, \ldots, y_N$ mit derselben Verteilung angenommen worden sind.

Dann ist $u_i = \frac{y_i - \eta}{\sigma}$, $i = 1, \ldots, N$ standardisiert-normal verteilt. Man findet

$$\bar{u} = \frac{1}{N} \sum_{i=1}^{N} u_i = \frac{1}{N} \sum_{i=1}^{N} \frac{y_i - \eta}{\sigma} = \frac{\bar{y} - \eta}{\sigma},$$

so daß

$$u_i - \bar{u} = \frac{y_i - \bar{y}}{\sigma}.$$

Daher ist

$$Q^{(1)} = \sum_{k=1}^{N} (u_k - \bar{u})^2 = \sum_{k=1}^{N} \left(\frac{y_k - \bar{y}}{\sigma}\right)^2 = \chi^2_{N-1}$$

$$Q^{(2)} = (\sqrt{N}\,\bar{u})^2 = \left(\sqrt{N}\,\frac{\bar{y} - \eta}{\sigma}\right)^2 = \chi^2_1 = u^2$$

und $Q^{(1)}$ und $Q^{(2)}$ sind stochastisch unabhängig.

Dieses Resultat verdient nähere Betrachtung. Führt man eine Größe s^2 als „Streuung" der Einzelwerte y_k um den Stichprobenmittelwert $\bar{y}$ ein:

$$s^2 = \frac{\sum_{k=1}^{N} (y_k - \bar{y})^2}{N - 1},$$

so wird durch Einsetzen in die Gleichung für $Q^{(1)}$:

$$\underline{s^2 = \sigma^2 \frac{\chi^2_{N-1}}{N - 1}}.$$

s^2 ist also eine Zufallsvariable mit

$$\underline{E(s^2)} = \sigma^2 \frac{E(\chi^2_{N-1})}{N - 1} = \sigma^2 \frac{N - 1}{N - 1} = \underline{\sigma^2},$$

$$\underline{\operatorname{Var}(s^2)} = \sigma^4 \frac{\operatorname{Var}(\chi^2_{N-1})}{(N - 1)^2} = \sigma^4 \frac{2(N - 1)}{(N - 1)^2} = \underline{\frac{2\sigma^4}{N - 1}}.$$

Da $E(s^2) = \sigma^2$, ist offenbar $\frac{\sum_{k=1}^{N} (y_k - \bar{y})^2}{N - 1}$ eine „erwartungstreue" (biasfreie) Schätzung von σ^2. Daraus erklärt sich, daß $\sum_{k=1}^{N} (y_k - \bar{y})^2$ durch $N - 1$ und nicht durch N zu dividieren ist[1].

[1] Man beachte, daß aus $E(s^2) = \sigma^2$ nicht etwa folgt, $E(s)$ müsse gleich σ sein. Vielmehr läßt sich zeigen (vgl. z. B. [*13*]), daß

$$E(s) = \sigma \sqrt{\frac{2}{N - 1}}\, \frac{\Gamma\left(\frac{N}{2}\right)}{\Gamma\left(\frac{N - 1}{2}\right)}, \quad \operatorname{Var}(s) = \sigma^2 \left\{1 - \frac{2}{N - 1} \left[\frac{\Gamma\left(\frac{N}{2}\right)}{\Gamma\left(\frac{N - 1}{2}\right)}\right]^2\right\}.$$

Für große N ist dann allerdings $E(s) \approx \sigma$, $\operatorname{Var}(s) \approx \frac{\sigma^2}{2N}$, und s ist dann annähernd normal verteilt. Da $\operatorname{Var}(s)$ sehr klein ist, ist $E(s) \approx \sigma$ sehr gut erfüllt.

Aus der Beziehung für $Q^{(2)}$ erkennt man, daß

$$\sqrt{N}\,\frac{\bar{y}-\eta}{\sigma} = \sqrt{\chi_1^2} = u$$

standardisiert-normal verteilt ist. Offenbar sind

$$E(\bar{y}) = \eta,$$

$$\operatorname{Var}(\bar{y}) = \frac{\sigma^2}{N},$$

und $\bar{y}$ ist normal verteilt. Wegen $E(\bar{y}) = \eta$ ist $\bar{y}$ eine erwartungstreue (biasfreie) Schätzung von η.

Das von früher her (vgl. 1.455, 2. Beispiel) bekannte Resultat, daß der Stichprobenmittelwert $\bar{y}$ denselben Erwartungswert wie die Einzelwerte y_i aufweist und daß seine Varianz den N-ten Teil der Varianz der Einzelwerte ausmacht, findet sich hier also wieder. Auch die Tatsache, daß $\bar{y}$ normal verteilt ist, war auf Grund des Additionssatzes der Normalverteilung (vgl. 1.722) zu erwarten.

Hier ist neu, daß die Streuung s^2 der Einzelwerte um den Stichprobenmittelwert $\bar{y}$ verteilt ist wie $\sigma^2 \frac{\chi_{N-1}^2}{N-1}$ und daß Streuung s^2 und Mittelwert $\bar{y}$ voneinander stochastisch unabhängig sind.

2.3. Anwendungen der Verteilungen von $\bar{y}$ und s^2

2.31. Untersuchung von Mittelwerten

2.311. Große Stichproben: u-Test

Einer beliebigen Grundgesamtheit mit existierenden beiden ersten Momenten werde eine unabhängige Stichprobe $y_1, y_2, \ldots, y_N$ des Umfanges N entnommen, wobei N eine große Zahl sei. Dann ist der Mittelwert $\bar{y} = \frac{1}{N}\sum_{i=1}^{N} y_i$ als Folge des Zentralen Grenzwertsatzes (vgl. 1.92, Satz 1) annähernd normal um $E(\bar{y}) = E(y) = \eta$ mit der Varianz $\operatorname{Var}\bar{y} = \frac{1}{N}\operatorname{Var} y = \frac{\sigma^2}{N}$ verteilt. Ist die ins Auge gefaßte Grundgesamtheit selber normal, so ist $\bar{y}$ strikt normal verteilt.

Kennt man Erwartungswert η und Varianz σ^2 der Grundgesamtheit, so läßt sich die Größe

$$u = \frac{\bar{y}-\eta}{\dfrac{\sigma}{\sqrt{N}}}$$

bilden, welche als standardisiert-normal verteilt angesehen werden darf.

Oft stellt sich in der Praxis die Frage, ob eine Zufallsvariable y einer ganz bestimmten Grundgesamtheit (η, σ^2) angehöre. Für ihre

Beantwortung betrachtet man eine große Zahl N unabhängiger, zufällig angenommener Stichprobenwerte $y_1, y_2, \ldots, y_N$ und berechnet die Größe

$$u = \frac{\bar{y} - \eta}{\frac{\sigma}{\sqrt{N}}}.$$

Ist der theoretische, richtige Wert σ^2 nicht genau bekannt, so darf man bei großen Stichproben σ durch $s = \sqrt{\frac{1}{N-1} \sum_{i=1}^{N} (y_i - \bar{y})^2}$ approximieren, da $\operatorname{Var} s \approx \frac{\sigma^2}{2N}$ für große N sehr klein ist (vgl. Abschn. 2.2, Fußnote zu Beispiel 2).

Sofern u in ein Gebiet fällt, wo man auf Grund der Kenntnis der standardisierten Normalverteilung relativ häufig derartige Werte erwarten sollte, gestattet man sich den Schluß, die Zufallsvariable entstamme tatsächlich der fraglichen Grundgesamtheit; anderenfalls verwirft man diese Annahme. Genauer gesagt: liegt der aus der Stichprobe und der Kenntnis von η und σ^2 berechnete Wert u innerhalb zweier willkürlich gewählter Grenzen $u_{\min} < u_{\max}$, so läßt man die Hypothese der Herkunft aus der fraglichen Grundgesamtheit gelten, anderenfalls verwirft man sie. Man macht die schließliche Aussage hier also *subjektiv* davon abhängig, ob der effektive Mittelwert $\bar{y}$ „rein zufällig" oder „systematisch" vom theoretischen Wert η abweicht.

Mit der Wahl von $u_{\min}$ und $u_{\max}$ ist die Wahrscheinlichkeit P festgelegt, daß u außerhalb dieser Grenzen zu liegen kommt:

$$P = P(\{u < u_{\min}\} \cup \{u > u_{\max}\}) = P(u < u_{\min}) + P(u > u_{\max}).$$

Im allgemeinen wählt man $u_{\max} = -u_{\min} = u_P$, so daß

$$P = 2P(u < u_{\min}) = 2\Phi(-u_P)$$

oder

$$P = 2P(u > u_{\max}) = 2[1 - P(u \leqq u_{\max})] = 2[1 - \Phi(u_P)].$$

Mit Φ ist die Verteilungsfunktion der standardisierten Normalverteilung gemeint.

Beispielsweise gilt für $u_{\max} = -u_{\min} = u_P$:

u_P	P
2,58	0,01
1,96	0,05
1,64	0,10

Dieses Prüfverfahren bezeichnet man als (doppelseitigen) *u-Test*, weil es die standardisierte Normalverteilung, welcher die Variable u gehorcht, verwendet.

Bei der Anwendung derartiger Tests riskiert man ganz allgemein grundsätzlich zwei Arten von Fehlschlüssen:

a) *Fehler erster Art:* Diese betreffen die Verwerfung einer richtigen Hypothese.

Die Wahrscheinlichkeit oder das „Risiko" für einen Fehler erster Art wurde soeben für den Fall $u_{\max} = -u_{\min} = u_P$ diskutiert: sie lautet P.

b) *Fehler zweiter Art:* Diese betreffen die Stützung einer falschen Hypothese.

Derartige Fälle sind auch möglich, denn die Werte $y_1, y_2, \ldots, y_N$ können einer anderen Grundgesamtheit entstammen und dennoch zufälligerweise einen Mittelwert $\bar{y}$ liefern, der in die „Annahmeregion" des Tests fällt, d. h., der zu einem $u = \frac{\bar{y} - \eta}{\sigma/\sqrt{N}}$ führt, so daß $u_{\min} \leqq u \leqq u_{\max}$.

Es seien zwei Grundgesamtheiten mit gleicher Varianz σ^2, aber zwei verschiedenen Erwartungswerten η_0 und η_1 gegeben. Man habe gewählt:

$$u_{\max} = -u_{\min} = u_P.$$

Das Risiko erster Art lautet dann

$$R_1 = P = 2[1 - \Phi(u_P)],$$

während für das Risiko zweiter Art gilt

$$R_2 = P\left(\left|\frac{\bar{y} - \eta_0}{\sigma}\sqrt{N}\right| \leqq u_P \,\middle|\, E(y) = \eta_1\right).$$

Dies ist also die Wahrscheinlichkeit dafür, daß der Wert $\frac{\bar{y} - \eta_0}{\sigma}\sqrt{N}$ zwischen $\pm u_P$ liegt, obwohl nicht η_0, sondern η_1 der richtige Erwartungswert ist.

Man kann eine Größe λ einführen, so daß

$$\frac{\bar{y} - \eta_0}{\sigma}\sqrt{N} = \frac{\bar{y} - \eta_1}{\sigma}\sqrt{N} + \lambda.$$

Dann erhält man

$$R_2 = P\left(-u_P - \lambda \leqq \frac{\bar{y} - \eta_1}{\sigma}\sqrt{N} \leqq +u_P - \lambda \mid E(y) = \eta_1\right).$$

Da aber $\bar{y}$ der Grundgesamtheit mit dem Erwartungswert η_1 entstammt, ist $\frac{\bar{y} - \eta_1}{\sigma}\sqrt{N}$ für genügend große N annähernd oder bei normaler Grundgesamtheit überhaupt standardisiert-normal verteilt und man erhält

$$R_2 = \Phi(+u_P - \lambda) - \Phi(-u_P - \lambda) = 1 - \Phi(-u_P + \lambda) - \Phi(-u_P - \lambda).$$

Die Wahrscheinlichkeit, daß *kein* Fehler zweiter Art auftritt, lautet daher

$$\pi = 1 - R_2 = \Phi(-u_P + \lambda) + \Phi(-u_P - \lambda)$$

und man sieht, daß sie hier davon unabhängig ist, ob λ positiv oder negativ ausfällt. π ist hier also eine symmetrische Funktion von λ und wird als *Stärkefunktion* (oder auch *Gütefunktion*, power function) bezeichnet:

$$\pi(\lambda) = \Phi(-u_P + \lambda) + \Phi(-u_P - \lambda) \quad \text{mit} \quad \lambda = \frac{\eta_1 - \eta_0}{\sigma}\sqrt{N}.$$

Beispielsweise gilt für $u_P = 1{,}96$: $R_1 = P = 5{,}0\%$ und:

$\lvert\lambda\rvert$	0,0	0,5	1,0	1,5	2,0
$\pi(\lambda)$	5,0%	7,9%	17,0%	32,3%	51,6%

Speziell ist

$$\pi(0) = 2\Phi(-u_P) = R_1.$$

Je größer $\pi(\lambda)$ ausfällt, um so besser ist die *Trennschärfe* des Tests. Aus $\pi(0) = R_1$ erkennt man aber, daß erwünschte hohe Trennschärfe offenbar zu unerwünschtem hohen Fehlschlußrisiko erster Art führt und umgekehrt.

Man beachte, daß die Tatsache der Existenz von Fehlschlußrisiken weder mit „gut" noch mit „schlecht" qualifiziert werden darf: sie ist dem Wesen einer statistischen Aussage inhärent. Auch zieht ein ganz bestimmter, außerhalb der Annahmeregion des Tests liegender Wert $u = \frac{\bar{y} - \eta}{\sigma}\sqrt{N}$ nicht etwa nach sich, daß die konkrete, zugehörige Hypothese mit der Wahrscheinlichkeit $R_1 = P$ fälschlicherweise verworfen wird: die Verwerfung ist nämlich als Einzelereignis entweder richtig oder falsch und es ist auf Grund des im Kriterium berücksichtigten Tatsachenmaterials gar nicht möglich, eine Wahrscheinlichkeit für die Richtigkeit oder die Fälschlichkeit dieser bestimmten Verwerfung auszurechnen. Vielmehr weist der *Test* selber die betreffenden Risiken auf, d. h.: wird er unendlich oft angewandt, so wird er mit der Wahrscheinlichkeit $R_1 = P$ zur Verwerfung richtiger Hypothesen und mit der Wahrscheinlichkeit R_2 zur Stützung falscher Hypothesen führen (vgl. hiezu 1.23).

Kennt man nur die Varianz σ^2 der (normalen) Grundgesamtheit, nicht hingegen den Erwartungswert η, so läßt sich auf Grund einer großen Stichprobe angeben, welcher Wertebereich für η als vernünftig anzusehen ist. Aus

$$P\left\{-u_P \leqq \frac{\bar{y} - \eta}{\frac{\sigma}{\sqrt{N}}} \leqq u_P\right\} = 1 - P$$

ergibt sich nämlich

$$P\left\{\bar{y} - u_P\frac{\sigma}{\sqrt{N}} \leqq \eta \leqq \bar{y} + u_P\frac{\sigma}{\sqrt{N}}\right\} = 1 - P$$

und die beiden Grenzen $\bar{y} - u_P \frac{\sigma}{\sqrt{N}}$ und $\bar{y} + u_P \frac{\sigma}{\sqrt{N}}$ nennt man „*Vertrauensgrenzen*"[1] für η bei der gewählten Verwerfungswahrscheinlichkeit P.

Als weiteres *Anwendungsbeispiel* des u-Tests sei die Prüfung der Signifikanz des Unterschieds zweier Mittelwerte $\bar{x}_1$ und $\bar{x}_2$ angeführt, die zwei unabhängigen, großen Stichproben entstammen (die entsprechenden Grundgesamtheiten brauchen wiederum im allgemeinen nicht normal verteilt zu sein): die Stichprobeneinzelwerte mögen $x_{\nu i}$, $i = 1, \ldots, N_\nu$, $\nu = 1, 2$ lauten.

So mag beispielsweise die Frage interessieren, ob die mittlere Lebensdauer zweier verschiedener Glühlampentypen systematisch vom Fabrikat abhängt. Offensichtlich sind die beiden Grundgesamtheiten hier nicht die gleichen; bei anderen Beispielen könnten sie es sein.

Um diese Frage zu behandeln, ist es gar nicht notwendig, die Erwartungswerte der betreffenden Grundgesamtheiten zu kennen. Es genügt, die Hypothese zu testen, daß die Größe

$$y = \bar{x}_1 - \bar{x}_2$$

mit

$$\bar{x}_\nu = \frac{1}{N_\nu} \sum_{i=1}^{N_\nu} x_{\nu i}, \qquad \nu = 1, 2$$

den Erwartungswert $E(y) = \eta = 0$ besitze.

Als Differenz zweier wenigstens annähernd normal verteilter Größen $\bar{x}_1$ und $\bar{x}_2$ (Zentraler Grenzwertsatz!) ist y ebenfalls annähernd normal verteilt (vgl. 1.722, Additionssatz der Normalverteilung). Da die Stichproben unabhängig sind, lautet die Varianz von y:

$$\operatorname{Var} y = \sigma_y^2 = \operatorname{Var} \bar{x}_1 + \operatorname{Var} \bar{x}_2 = \frac{\sigma_1^2}{N_1} + \frac{\sigma_2^2}{N_2}.$$

Für große N_1 und N_2 kann man σ_1^2 und σ_2^2 gut schätzen mit Hilfe von

$$\sigma_\nu^2 \approx s_\nu^2 = \frac{1}{N_\nu - 1} \sum_{i=1}^{N_\nu} (x_{\nu i} - \bar{x}_\nu)^2, \qquad \nu = 1, 2.$$

Die Größe

$$u = \frac{y - \eta}{\sigma_y}$$

[1] LINDER [*14*] u. a. unterscheiden zwischen „Vertrauensgrenzen" (fiducial limits) und „Mutungsgrenzen" (confidence limits), welch letztere anzuwenden sind, wenn die Schätzung des Parameters gewisse Voraussetzungen nicht erfüllt. Diese Nuancierung geht auf R. A. FISHER zurück. HALD [*13*] spricht hingegen allgemein von „confidence limits", ebenso andere Autoren.

ist also wenigstens annähernd standardisiert-normal verteilt. Soll die „Nullhypothese" $\eta = 0$ gestützt werden, so muß

$$|u| = \frac{|y|}{\sigma_y} \leqq u_P$$

ausfallen.

Spezialfall: Seien $E(x_1) = E(x_2) = E(x)$, $\sigma_1^2 = \sigma_2^2 = \sigma^2$, $N_1 < \infty$, $N_2 = \infty$. Dann hat man es mit der vorher behandelten Frage zu tun, ob der Mittelwert $\bar{x}_1$ rein zufällig oder systematisch vom theoretischen Wert $E(\bar{x}_1) = E(x)$ abweiche. Tatsächlich gilt ja dann $\bar{x}_2 \to E(\bar{x}) = E(x)$ und $s_2^2 \to \sigma_2^2 = \sigma^2$. Ferner wird

$$y \to \bar{x}_1 - E(x)$$

$$\sigma_y^2 = \frac{\sigma_1^2}{N_1} + \frac{\sigma_2^2}{N_2} \to \frac{\sigma_1^2}{N_1} = \frac{\sigma^2}{N_1}$$

so daß $|u| = \frac{|y|}{\sigma_y} \leqq u_P$ hier bedeutet

$$\frac{|\bar{x}_1 - E(x)|}{\frac{\sigma}{\sqrt{N_1}}} \leqq u_P.$$

Der u-Test wird in anderen Anwendungen gegebenenfalls auch als *einseitiger* Test benützt, wenn beispielsweise nur interessiert, ob $\bar{y}$ systematisch *größer* als η ist, d. h. ob eine signifikante Abweichung nach *oben* besteht[1]. Die Annahmewahrscheinlichkeit für nur zufällige Abweichung lautet dann

$$P\left\{\frac{\bar{y} - \eta}{\sigma} \sqrt{N} \leqq u_{\max}\right\} = \Phi(u_{\max}).$$

Analog geht man für die Prüfung von Abweichungen nach unten vor.

2.312. Kleine Stichproben: t-Test

Bei kleinen Stichproben aus nicht normal verteilten Grundgesamtheiten ist der Mittelwert $\bar{y}$ nicht einmal mehr annähernd normal verteilt. Deshalb erweist sich die *Voraussetzung einer normal verteilten Grundgesamtheit* hier als zwingend dafür, daß $\bar{y}$ normal um $E(y) = \eta$ mit $\operatorname{Var}\bar{y} = \frac{\sigma^2}{N}$ verteilt sei.

Ist wieder die Frage gestellt, ob die Zufallsvariable y einer ganz bestimmten, normalen Grundgesamtheit mit den beiden Parametern (η, σ^2) angehöre, so kann man ihre Beantwortung wie früher (2.311)

[1] Ein einleuchtendes Beispiel für einen *einseitigen* Test, der allerdings kein u-Test ist, findet sich in Abschn. 2.4, wo zwei empirische Streuungen miteinander verglichen werden sollen. Von der einen Streuung weiß man aus theoretischen Gründen, daß ihr Erwartungswert nur gleich oder aber größer als jener der anderen Streuung sein kann.

auf zufälliges oder systematisches Abweichen des Mittelwerts $\bar{y}$ vom Erwartungswert η stützen. Kennt man σ^2 genau, so läßt sich auch hier der u-Test anwenden:

$$u = \frac{\bar{y} - \eta}{\sigma} \sqrt{N}.$$

Liegt indessen keine genaue Kenntnis von σ^2 vor, so wird man sich zwar wieder mit s^2 statt σ^2 behelfen. Doch ist s dann keine gute Schätzung von σ mehr, so daß die Verteilung von s selber in den Test eingebaut werden muß. Man führt also die Größe $\frac{\bar{y} - \eta}{s} \sqrt{N}$ ein und berechnet vorerst ihre Verteilung. Es gilt

$$\frac{\bar{y} - \eta}{s} \sqrt{N} = \frac{\bar{y} - \eta}{\sigma} \sqrt{N} \sqrt{\frac{\sigma^2}{s^2}}.$$

Erinnert man sich (2.2, Beispiel 2), daß

$$s^2 = \sigma^2 \frac{\chi^2_{N-1}}{N-1}$$

(der Index von χ^2 gibt den Freiheitsgrad an), so wird

$$\frac{\bar{y} - \eta}{s} \sqrt{N} = \frac{u}{\chi_{N-1}} \sqrt{N-1}.$$

Dies ist aber die Variable der tabellierten t-Verteilung mit dem Freiheitsgrad $N-1$ (vgl. 1.462, 2. Beispiel), wobei hier das dortige ξ_0 durch u, das dortige n durch $N-1$ und das dortige $\sqrt{\xi_1^2 + \xi_2^2 + \cdots + \xi_n^2}$ durch $\sqrt{\chi_n^2} = \chi_{N-1}$ ersetzt sind. Läßt man gemäß Schreibweise dieses Kapitels anstelle von τ hier t_{N-1} gelten, so ist

$$t_{N-1} = \frac{u}{\chi_{N-1}} \sqrt{N-1} = \frac{\bar{y} - \eta}{s} \sqrt{N},$$

d. h., man kann die Abweichung des Wertes $\bar{y}$ vom theoretischen Wert η mit Hilfe des sog. *t-Tests* untersuchen, wobei der Freiheitsgrad $N-1$ beträgt. Für $N \to \infty$ strebt, wie man weiß (1.462, 2. Beispiel), die Größe t gegen u. Dann tendiert aber auch s gegen σ und der t-Test geht über in den vorher besprochenen u-Test.

Auch der t-Test ist mit Fehlschlußrisiken erster und zweiter Art verknüpft. Das Risiko erster Art beträgt unter Verwendung der Symmetrie der t-Verteilung für den doppelseitigen Test

$$R_1 = P\left\{\frac{|\bar{y} - \eta|}{s} \sqrt{N} > t_{N-1_P}\right\} = P$$

und liefert den Wert t_{N-1_P}. Das Risiko zweiter Art lautet

$$R_2 = P\left\{\frac{|\bar{y} - \eta_0|}{s} \sqrt{N} \leq t_{N-1_P} \middle| E(y) = \eta_1\right\}$$

und bietet größere Ausrechnungsschwierigkeiten als für den u-Test (vgl. z. B. [7]; eine einfachere Abschätzung, die auf der Approximation der Verteilung von s durch eine Normalverteilung beruht, ist in [13] gegeben).

Die Vertrauensgrenzen von η sind hier fixiert durch

$$P\left\{\bar{y} - \frac{s\,t_{N-1_P}}{\sqrt{N}} \leqq \eta \leqq \bar{y} + \frac{s\,t_{N-1_P}}{\sqrt{N}}\right\} = 1 - P.$$

Da wegen der Form der t-Verteilung für alle P immer $t_{N-1_P} > u_P$ für $N < \infty$, liegen bei gleich großen s und σ die Vertrauensgrenzen des t-Tests weiter als jene des u-Tests. Also ist die Aussage des t-Tests weniger scharf als jene des u-Tests. Dies ist verständlich, weil im Falle des t-Tests bezüglich der Varianz der Grundgesamtheit noch zusätzliche Unsicherheiten mitberücksichtigt werden müssen.

Soll der Unterschied zweier Mittelwerte $\bar{x}_1$ und $\bar{x}_2$, die zwei unabhängigen, kleinen Stichproben *aus normal verteilten Grundgesamtheiten* (μ_ν, σ_ν^2) entstammen, geprüft werden, so eignet sich hiefür der t-Test.

Die Stichprobeneinzelwerte lauten $x_{\nu i}$, $i = 1, \ldots, N_\nu$, $\nu = 1, 2$ und es gelte wiederum

$$y = \bar{x}_1 - \bar{x}_2$$

mit

$$\bar{x}_\nu = \frac{1}{N_\nu} \sum_{i=1}^{N_\nu} x_{\nu i}, \qquad \nu = 1, 2.$$

Über die Gleichheit der Parameter μ_ν jeweils und σ_ν^2 jeweils der beiden Grundgesamtheiten $\nu = 1, 2$ sei vorderhand noch nichts vorausgesetzt. Es gilt

$$\operatorname{Var} y = \operatorname{Var} \bar{x}_1 + \operatorname{Var} \bar{x}_2 = \frac{\sigma_1^2}{N_1} + \frac{\sigma_2^2}{N_2}$$

und die Größe

$$u = \frac{\bar{x}_1 - \bar{x}_2 - E(y)}{\sqrt{\frac{\sigma_1^2}{N_1} + \frac{\sigma_2^2}{N_2}}}$$

ist standardisiert-normal verteilt.

Wegen

$$s_\nu^2 = \frac{\sigma_\nu^2\,\chi_{N_\nu-1}^2}{N_\nu - 1}, \qquad \nu = 1, 2$$

ist

$$\chi_{N_1-1}^2 + \chi_{N_2-1}^2 = \chi_{N_1+N_2-2}^2 = \frac{s_1^2(N_1-1)}{\sigma_1^2} + \frac{s_2^2(N_2-1)}{\sigma_2^2}$$

verteilt nach χ^2 mit dem Freiheitsgrad $N_1 + N_2 - 2$.

Also weist die Größe

$$t_{N_1+N_2-2} = u\,\frac{\sqrt{n}}{\chi_n} = \frac{\bar{x}_1 - \bar{x}_2 - E(y)}{\sqrt{\frac{\sigma_1^2}{N_1} + \frac{\sigma_2^2}{N_2}}}\;\frac{\sqrt{N_1 + N_2 - 2}}{\sqrt{\frac{s_1^2(N_1-1)}{\sigma_1^2} + \frac{s_2^2(N_2-1)}{\sigma_2^2}}}$$

eine t-Verteilung mit dem Freiheitsgrad $n = N_1 + N_2 - 2$ auf.

Sind nun insbesondere $\sigma_1^2 = \sigma_2^2 = \sigma^2$ und $\mu_1 = \mu_2 = \mu$, d. h., entstammen die beiden Stichproben der gleichen normalen Grundgesamtheit, so ist $E(y) = 0$ (Nullhypothese!) und

$$t_{N_1+N_2-2} = \frac{\bar{x}_1 - \bar{x}_2}{\sqrt{\frac{N_1+N_2}{N_1 N_2}}} \frac{\sqrt{N_1+N_2-2}}{\sqrt{s_1^2(N_1-1)+s_2^2(N_2-1)}}.$$

Führt man eine gewichtete mittlere Streuung ein:

$$s^2 = \frac{s_1^2(N_1-1)+s_2^2(N_2-1)}{(N_1-1)+(N_2-1)},$$

so wird

$$t_{N_1+N_2-2} = \frac{\bar{x}_1 - \bar{x}_2}{s}\sqrt{\frac{N_1 N_2}{N_1+N_2}},$$

und wenn dieser Wert innerhalb eines durch $\pm t_{(N_1+N_2-2)P}$ begrenzten Intervalls liegt, so läßt sich die Hypothese, daß beide Stichproben aus der gleichen Grundgesamtheit stammen, stützen.

Spezialfall: $N_1 < \infty$, $N_2 = \infty$.

Dann hat man es wieder mit der Frage zu tun, ob der Mittelwert $\bar{x}_1$ rein zufällig oder systematisch vom theoretischen Wert $E(\bar{x}_1) = E(x)$ abweiche.

Tatsächlich gilt ja dann $\bar{x}_2 \to E(\bar{x}) = E(x)$, $s^2 \to s_2^2 \to \sigma^2$ und auch $s \to s_2 \to \sigma$, woraus

$$t_{N_1+N_2-2} \to \frac{\bar{x}_1 - E(x)}{\sigma}\sqrt{N_1} = u$$

d. h., der t-Test geht trotz der kleinen Stichprobe 1 über in den u-Test. Dies ist aber begründet, denn hier ist ja die Varianz σ^2 bekannt.

Auch für den t-Test gibt es einseitige Anwendungen.

2.32. Untersuchung von Streuungen

2.321. Vergleich von s^2 mit σ^2: χ^2-Test

Die einer *normalen Grundgesamtheit* entnommenen Stichprobeneinzelwerte y_i, $i = 1, \ldots, N$ liefern durch

$$s^2 = \frac{1}{N-1}\sum_{i=1}^{N}(y_i - \bar{y})^2 \quad \text{mit} \quad \bar{y} = \frac{1}{N}\sum_{i=1}^{N} y_i$$

eine Schätzung von σ^2. Es wurde gezeigt (2.2, 2. Beispiel), daß

$$s^2 = \sigma^2 \frac{\chi^2_{N-1}}{N-1},$$

wobei der Freiheitsgrad $N - 1$ beträgt[1].

[1] Wäre der theoretische Wert $\eta = E(y)$ bekannt, so könnte man als Schätzung von σ^2 verwenden

$$\hat{s}^2 = \frac{1}{N}\sum_{i=1}^{N}(y_i - \eta)^2 = \sigma^2\frac{\chi^2_N}{N}$$

mit dem Freiheitsgrad N.

Da also $\frac{s^2}{\sigma^2}(N-1)$ verteilt ist wie χ^2_{N-1}, läßt sich mit Hilfe der χ^2-Verteilung testen, ob der aus der Stichprobe gewonnene konkrete Zahlenwert s^2 „zufällig“ oder „systematisch“ vom theoretischen Wert σ^2 abweicht, den man kennen (oder annehmen) muß. Ähnlich wie beim u-Test und beim t-Test wählt man auch hier zwei Grenzen $\chi^2_{N-1_{P_1}}$ und $\chi^2_{N-1_{P_2}}$, die die Annahmeregion des χ^2-Tests abstecken. Die Verteilung von χ^2 ist jedoch nicht symmetrisch (vgl. 1.462, 1. Beispiel); deshalb sind beim doppelseitigen χ^2-Test jeweils beide Grenzen anzugeben. Meist wählt man $\chi^2_{N-1_{P_1}}$ und $\chi^2_{N-1_{P_2}}$ derart, daß

$$\Phi(\chi^2_{N-1_{P_1}}) = 1 - \Phi(\chi^2_{N-1_{P_2}}) = \frac{P}{2}, \quad \text{also} \quad P_1 = 1 - P_2 = \frac{P}{2}.$$

Die Annahmewahrscheinlichkeit beträgt dann

$$P\left\{\chi^2_{N-1_{P_1}} \leqq \frac{s^2}{\sigma^2}(N-1) \leqq \chi^2_{N-1_{P_2}}\right\}$$
$$= \Phi(\chi^2_{N-1_{P_2}}) - \Phi(\chi^2_{N-1_{P_1}}) = P_2 - P_1 = 1 - P,$$

so daß $R_1 = P$ das Fehlschlußrisiko erster Art darstellt.

Die Vertrauensgrenzen für σ^2 lauten

$$\frac{s^2(N-1)}{\chi^2_{N-1_{P_2}}} \leqq \sigma^2 \leqq \frac{s^2(N-1)}{\chi^2_{N-1_{P_1}}}.$$

Die Stärkefunktion ist hier leicht zu berechnen, denn das Fehlschlußrisiko zweiter Art lautet

$$R_2 = P\left\{\chi^2_{N-1_{P_1}} \leqq \frac{s^2}{\sigma_0^2}(N-1) \leqq \chi^2_{N-1_{P_2}} \middle| E(s^2) = \sigma_1^2\right\}.$$

Setzt man

$$\frac{\sigma_1^2}{\sigma_0^2} = \lambda^2,$$

so ist

$$R_2 = P\left\{\frac{\chi^2_{N-1_{P_1}}}{\lambda^2} \leqq \frac{s^2}{\sigma_1^2}(N-1) \leqq \frac{\chi^2_{N-1_{P_2}}}{\lambda^2}\right\},$$

wobei die Größe $\frac{s^2}{\sigma_1^2}(N-1)$ jetzt verteilt ist wie χ^2_{N-1}:

$$R_2 = P\left\{\frac{\chi^2_{N-1_{P_1}}}{\lambda^2} \leqq \chi^2_{N-1} \leqq \frac{\chi^2_{N-1_{P_2}}}{\lambda^2}\right\}$$

und die Stärkefunktion lautet

$$\pi(\lambda^2) = 1 - R_2.$$

Der χ^2-Test läßt sich ebenfalls einseitig anwenden.

2.322. Vergleich von s_1^2 mit s_2^2: v^2-Test

Soll der Unterschied zweier Streuungen s_1^2 und s_2^2, die zwei unabhängigen Stichproben *aus normal verteilten Grundgesamtheiten* mit den Parametern (μ_ν, σ_ν^2), $\nu = 1, 2$ entstammen, geprüft werden, so eignet sich hiefür der *v^2-Test* von R. A. FISHER[1]. Die Stichprobeneinzelwerte lauten $y_{\nu i}$, $i = 1, \ldots, N_\nu$, $\nu = 1, 2$. Es ist

$$s_\nu^2 = \frac{1}{N_\nu - 1} \sum_{i=1}^{N_\nu} (y_{\nu i} - \bar{y}_\nu)^2 \quad \text{mit} \quad \bar{y}_\nu = \frac{1}{N_\nu} \sum_{i=1}^{N_\nu} y_{\nu i}$$

und es gilt

$$\frac{s_\nu^2}{\sigma_\nu^2}(N_\nu - 1) = \chi^2_{N_\nu - 1}, \qquad \nu = 1, 2,$$

wobei der Freiheitsgrad $N_\nu - 1$ beträgt. Man bildet das Verhältnis

$$\frac{s_1^2}{s_2^2} = \frac{\sigma_1^2}{\sigma_2^2} \frac{\dfrac{\chi^2_{N_1-1}}{N_1 - 1}}{\dfrac{\chi^2_{N_2-1}}{N_2 - 1}}.$$

Erinnert man sich an die in 1.462, 3. Beispiel, definierte Zufallsvariable

$$\zeta = \frac{\dfrac{1}{n_1}(\xi_1^2 + \cdots + \xi_{n_1}^2)}{\dfrac{1}{n_2}(\eta_1^2 + \cdots + \eta_{n_2}^2)},$$

deren Verteilung dort behandelt und v^2-Verteilung genannt wurde, so erkennt man, daß in der Schreibweise des vorliegenden Kapitels offenbar

$$\zeta = v^2(n_1, n_2) = \frac{\dfrac{\chi^2_{n_1}}{n_1}}{\dfrac{\chi^2_{n_2}}{n_2}},$$

wobei n_1 und n_2 die Freiheitsgrade darstellen. Also ist

$$\frac{s_1^2}{s_2^2} = \frac{\sigma_1^2}{\sigma_2^2} v^2(N_1 - 1, N_2 - 1).$$

Sind insbesondere $\sigma_1^2 = \sigma_2^2 = \sigma^2$ bzw. soll die diesbezügliche Hypothese getestet werden, so ist

$$\frac{s_1^2}{s_2^2} = v^2(N_1 - 1, N_2 - 1).$$

Da also das Verhältnis $\frac{s_1^2}{s_2^2}$ unter der Voraussetzung $\frac{\sigma_1^2}{\sigma_2^2} = 1$ verteilt ist wie $v^2(N_1 - 1, N_2 - 1)$, läßt sich mit Hilfe der v^2-Verteilung testen, ob der aus den Stichproben gewonnene konkrete Zahlenwert $\frac{s_1^2}{s_2^2}$ auf

[1] Dieser Test wird zur Ehrung seines Begründers oft auch als F-Test bezeichnet.

zufällige oder systematische Abweichung des theoretischen Verhältnisses $\frac{\sigma_1^2}{\sigma_2^2}$ vom Werte 1 deutet: fällt nämlich $\frac{s_1^2}{s_2^2}$ aus einem festgelegten Intervall $[v_{P_1}^2(N_1-1, N_2-1),\ v_{P_2}^2(N_1-1, N_2-1)]$ heraus, so ist die Hypothese $\frac{\sigma_1^2}{\sigma_2^2}=1$ zu verwerfen. Die Annahmewahrscheinlichkeit beträgt für diesen doppelseitigen v^2-Test daher

$$P\left\{v_{P_1}^2(N_1-1, N_2-1) \leqq \frac{s_1^2}{s_2^2} \leqq v_{P_2}^2(N_1-1, N_2-1)\right\} = P_2 - P_1.$$

Dieser *doppelseitige* Test läßt sich in eine vereinfachte Gestalt überführen, die wie ein *einseitiger* Test aussieht, jedoch nicht einseitig ist. Die Hypothese $\sigma_1^2=\sigma_2^2$ wird nämlich verworfen, wenn:

$$\text{— entweder } \frac{s_1^2}{s_2^2} > v_{P_2}^2(N_1-1, N_2-1)$$

$$\text{— oder } \frac{s_1^2}{s_2^2} < v_{P_1}^2(N_1-1, N_2-1).$$

Nun ist aber

$$\frac{1}{v^2(N_1-1, N_2-1)} = \frac{\dfrac{\chi_{N_2-1}^2}{N_2-1}}{\dfrac{\chi_{N_1-1}^2}{N_1-1}} = v^2(N_2-1, N_1-1),$$

so daß

$$P\left\{\frac{s_1^2}{s_2^2} < v_{P_1}^2(N_1-1, N_2-1)\right\} = P_1 = P\left\{\frac{s_2^2}{s_1^2} > v_{1-P_1}^2(N_2-1, N_1-1)\right\}.$$

Daher wird die Hypothese $\sigma_1^2=\sigma_2^2$ verworfen, wenn:

$$\text{— entweder } \frac{s_1^2}{s_2^2} > v_{P_2}^2(N_1-1, N_2-1)$$

$$\text{— oder } \frac{s_2^2}{s_1^2} > v_{1-P_1}^2(N_2-1, N_1-1).$$

Setzt man nun $P_1 = 1 - P_2 = \frac{P}{2}$, so wird die Hypothese $\sigma_1^2=\sigma_2^2$ verworfen, wenn:

$$\text{— entweder } \frac{s_1^2}{s_2^2} > v_{1-\frac{P}{2}}^2(N_1-1, N_2-1)$$

$$\text{— oder } \frac{s_2^2}{s_1^2} > v_{1-\frac{P}{2}}^2(N_2-1, N_1-1).$$

Für genügend kleine $\frac{P}{2}$ $\left(\text{etwa ab } \frac{P}{2} < 0{,}30\right)$ ist aber $v_{1-\frac{P}{2}}^2(f_1, f_2) \geqq \geqq 1$ für alle vorkommenden f_1 und f_2, wie die Tabellen der v^2-Verteilung zeigen. Daher ist im Falle $P_1 = 1 - P_2 = \frac{P}{2}$ bei verschieden großen s_1^2 und s_2^2 wenigstens eine der beiden Verwerfungsbedingungen niemals erfüllbar, denn $\frac{s^2_{\text{klein}}}{s^2_{\text{groß}}} < 1$. Bei gleich großen s_1^2 und s_2^2 sind sogar beide Verwerfungsbedingungen nicht erfüllt, denn dann ist $\frac{s_1^2}{s_2^2} = \frac{s_2^2}{s_1^2} = 1 \leqq v^2_{1-\frac{P}{2}}(f_1, f_2)$. Verwerfung ist also nur möglich, wenn $\frac{s^2_{\text{groß}}}{s^2_{\text{klein}}} > v^2_{1-\frac{P}{2}}\left(N_{s^2_{\text{groß}}} - 1, N_{s^2_{\text{klein}}} - 1\right)$. Die Annahmewahrscheinlichkeit lautet daher

$$P\left\{\frac{s^2_{\text{groß}}}{s^2_{\text{klein}}} \leqq v^2_{1-\frac{P}{2}}\left(N_{s^2_{\text{groß}}} - 1, N_{s^2_{\text{klein}}} - 1\right)\right\} = 1 - P$$

und diese einseitige Darstellung ist äquivalent der doppelseitigen

$$P\left\{v^2_{\frac{P}{2}}(N_1 - 1, N_2 - 1) \leqq \frac{s_1^2}{s_2^2} \leqq v^2_{1-\frac{P}{2}}(N_1 - 1, N_2 - 1)\right\} = 1 - P.$$

Das Fehlschlußrisiko erster Art beträgt hiebei $R_1 = P$.

Das Fehlschlußrisiko zweiter Art lautet

$$R_2 = P\left\{v^2_{P_1}(N_1 - 1, N_2 - 1) \leqq \frac{s_1^2}{s_2^2} \leqq v^2_{P_2}(N_1 - 1, N_2 - 1) \,\middle|\, \frac{\sigma_1^2}{\sigma_2^2} = \lambda^2 \neq 1\right\}.$$

Hier ist also

$$\frac{s_1^2}{s_2^2} = \lambda^2\, v^2(N_1 - 1, N_2 - 1),$$

so daß

$$R_2 = P\left\{\frac{1}{\lambda^2} v^2_{P_1}(N_1 - 1, N_2 - 1) \leqq \frac{1}{\lambda^2}\frac{s_1^2}{s_2^2} \leqq \frac{1}{\lambda^2} v^2_{P_2}(N_1 - 1, N_2 - 1)\right\}.$$

Die Größe $\frac{1}{\lambda^2}\frac{s_1^2}{s_2^2}$ ist jetzt verteilt wie $v^2(N_1 - 1, N_2 - 1)$:

$$R_2 = P\left\{\frac{1}{\lambda^2} v^2_{P_1}(N_1 - 1, N_2 - 1) \leqq v^2(N_1 - 1, N_2 - 1) \leqq \leqq \frac{1}{\lambda^2} v^2_{P_2}(N_1 - 1, N_2 - 1)\right\}$$

und die *Stärkefunktion* lautet

$$\pi(\lambda^2) = 1 - R_2.$$

Die *Vertrauensgrenzen* für $\frac{\sigma_1^2}{\sigma_2^2}$ erhält man durch Auflösung der Argumentungleichung von

$$P\left\{v^2_{P_1}(N_1 - 1, N_2 - 1) \leqq \frac{s_1^2/\sigma_1^2}{s_2^2/\sigma_2^2} \leqq v^2_{P_2}(N_1 - 1, N_2 - 1)\right\} = P_2 - P_1,$$

nämlich:

$$P\left\{\frac{s_1^2}{s_2^2}\,\frac{1}{v^2_{P_2}(N_1 - 1, N_2 - 1)} \leqq \frac{\sigma_1^2}{\sigma_2^2} \leqq \frac{s_1^2}{s_2^2}\,\frac{1}{v^2_{P_1}(N_1 - 1, N_2 - 1)}\right\} = P_2 - P_1.$$

Auch der v^2-Test läßt sich natürlich einseitig anwenden, wenn beispielsweise nur interessiert, ob eine bestimmte der beiden empirischen Streuungen signifikant größer als die andere ist.

2.4. Prüfung der Gleichheit der Erwartungswerte von k Normalverteilungen mit gleicher Varianz

Mit Hilfe der bisherigen Ergebnisse lassen sich wichtige statistische Probleme behandeln: so die Varianzanalyse und die Regressionsrechnung. In diesem Abschnitt soll ein einfaches Beispiel aus dem großen Gebiete der Varianzanalyse herausgegriffen werden, weil es eine gute Vorbereitung für die in späteren Abschnitten zur Sprache gelangende Regressionsrechnung bietet. Als Einführung in die Varianzanalyse ist beispielsweise [*13*] sehr zu empfehlen.

Gegeben seien k unabhängige Stichproben der Umfänge $N_1, N_2, \ldots, N_k$, von denen man nur weiß, daß jede aus einer Normalverteilung mit der *für alle gleichen Varianz* σ^2 entstammt, und deren Erwartungswerte $\eta_1, \eta_2, \ldots, \eta_k$ lauten. Weder σ^2 noch $\eta_1, \eta_2, \ldots, \eta_k$ sind bekannt. Man möchte die Frage beantworten, ob alle k Stichproben der *gleichen* Grundgesamtheit entnommen sind: dies kann nur dann zutreffen, wenn alle η_i, $i = 1, \ldots, k$, einander gleich sind.

Die Voraussetzung gleicher Varianz ist für die Gemeinsamkeit der Grundgesamtheit natürlich wesentlich, denn eine Normalverteilung ist durch Erwartungswert und Varianz spezifiziert. Bestehen hinsichtlich der Gleichheit der Varianz Zweifel, so lassen sie sich für $k = 2$ mit Hilfe des v^2-Tests zerstreuen, der die Hypothese $\sigma_1^2 = \sigma_2^2 = \sigma^2$ entweder stützt oder verwirft. Bei $k > 2$ würde wegen der Notwendigkeit, alle Paare von etwa verschiedenen Grundgesamtheiten bezüglich der Varianz zu prüfen, die Anzahl v^2-Tests bald zu groß. Deshalb verwendet man in solchen Fällen einen speziellen Test von Bartlett für die Gleichheit von k Varianzen. Liefert dieser Test das Resultat, die Varianzen seien nicht gleich, so kann man immer noch versuchen, durch Variablentransformation Verhältnisse mit gleichen Varianzen zu schaffen (vgl. [*13*]).

Die Einzelwerte der i-ten Stichprobe mögen $y_{i1}, \ldots, y_{i\nu}, \ldots, y_{iN_i}$ lauten, $i = 1, \ldots, k$. Dann gilt

$$\left.\begin{aligned} \bar{y}_i &= \frac{1}{N_i}\sum_{\nu=1}^{N_i} y_{i\nu} \\ s_i^2 &= \frac{1}{N_i - 1}\sum_{\nu=1}^{N_i} (y_{i\nu} - \bar{y}_i)^2 \end{aligned}\right\} \quad i = 1, \ldots, k.$$

Für Bartletts Test bildet man

$$s^2 = \frac{\sum_{i=1}^{k} s_i^2 (N_i - 1)}{\sum_{i=1}^{k} (N_i - 1)}.$$

Nach Bartlett (vgl. [*G*]) gilt dann

$$\frac{1}{c}\sum_{i=1}^{k} (N_i - 1) \ln \frac{s^2}{s_i^2} \cong \chi_{k-1}^2$$

d. h., der Ausdruck links folgt *annähernd* einer χ^2-Verteilung mit dem Freiheitsgrad $k-1$. Die Konstante c lautet

$$c = 1 + \frac{1}{3(k-1)}\left[\sum_{i=1}^{k}\frac{1}{N_i-1} - \frac{1}{\sum_{i=1}^{k}(N_i-1)}\right].$$

Fällt $\frac{1}{c}\sum_{i=1}^{k}(N_i-1)\ln\frac{s^2}{s_i^2}$ besonders groß oder besonders klein aus, so ist die Hypothese der Gleichheit $\sigma_1^2 = \sigma_2^2 = \cdots = \sigma_k^2 = \sigma^2$ zu verwerfen (χ^2-Test!). Die Näherung ist aber schlecht für $N_i \leqq 3$.

Es sei hier nun also vorausgesetzt, daß $\sigma_i^2 = \text{konst.}$, $i = 1, \ldots, k$ gelte, während über die Erwartungswerte η_i, $i = 1, \ldots, k$ vorerst noch keine Annahmen getroffen sind. Dann ist

$$\sum_{\nu=1}^{N_i}(y_{i\nu}-\eta_i)^2 = \sum_{\nu=1}^{N_i}(y_{i\nu}-\bar{y}_i)^2 + N_i(\bar{y}_i-\eta_i)^2, \qquad i = 1, \ldots, k. \tag{1}$$

Die linke Seite ist verteilt wie $\sigma^2\chi^2_{N_i}$. Die beiden Ausdrücke rechts sind verteilt wie $\sigma^2\chi^2_{N_i-1}$ bzw. $\sigma^2\chi_1^2$ (vgl. 2.2, Aufteilungssatz der χ^2-Verteilung) und daher stochastisch unabhängig. Summiert man (1) über alle i, so wird

$$\underbrace{\sum_{i=1}^{k}\sum_{\nu=1}^{N_i}(y_{i\nu}-\eta_i)^2}_{Q} = \underbrace{\sum_{i=1}^{k}\sum_{\nu=1}^{N_i}(y_{i\nu}-\bar{y}_i)^2}_{Q^{(1)}} + \underbrace{\sum_{i=1}^{k}N_i(\bar{y}_i-\eta_i)^2}_{Q^{(*)}} \tag{2, 3}$$

und es gilt

$$Q = \sigma^2\chi^2_{\sum_{i=1}^{k}N_i}, \qquad Q^{(1)} = \sigma^2\chi^2_{\left(\sum_{i=1}^{k}N_i\right)-k}, \qquad Q^{(*)} = \sigma^2\chi^2_k \tag{4}$$

und $Q^{(1)}$ und $Q^{(*)}$ sind stochastisch unabhängig.

Man kann die Größe s_1^2 einführen:

$$\underline{s_1^2 = \frac{Q^{(1)}}{\left(\sum_{i=1}^{k}N_i\right)-k} = \sigma^2\frac{\chi^2_{\left(\sum_{i=1}^{k}N_i\right)-k}}{\left(\sum_{i=1}^{k}N_i\right)-k} = \frac{\sum_{i=1}^{k}\sum_{\nu=1}^{N_i}(y_{i\nu}-\bar{y}_i)^2}{\left(\sum_{i=1}^{k}N_i\right)-k}} \tag{5}$$

und es gilt

$$\underline{E(s_1^2) = \sigma^2}. \tag{6}$$

Nun zerlegt man den Ausdruck $Q^{(*)}$. Es ist

$$\bar{y}_i - \eta_i = (\bar{y}_i - \bar{y} + \bar{\eta} - \eta_i) + (\bar{y} - \bar{\eta}), \qquad i = 1, \ldots, k, \tag{7}$$

wobei

$$\bar{y} = \frac{\sum_{i=1}^{k}\sum_{\nu=1}^{N_i}y_{i\nu}}{\sum_{i=1}^{k}N_i} = \frac{\sum_{i=1}^{k}N_i\bar{y}_i}{\sum_{i=1}^{k}N_i} \tag{8}$$

und

$$\bar{\eta} = \frac{\sum_{i=1}^{k} N_i \eta_i}{\sum_{i=1}^{k} N_i}. \tag{9}$$

Wegen (8) und (9) ist

$$\sum_{i=1}^{k} N_i(\bar{y}_i - \bar{y} + \bar{\eta} - \eta_i) = 0 \tag{10}$$

und man erhält

$$\sum_{i=1}^{k} N_i(\bar{y}_i - \eta_i)^2 = \sum_{i=1}^{k} N_i(\bar{y}_i - \bar{y} + \bar{\eta} - \eta_i)^2 + (\bar{y} - \bar{\eta})^2 \sum_{i=1}^{k} N_i \tag{11}$$

$$Q^{(*)} \qquad = \qquad Q^{(**)} \qquad + \qquad Q^{(3)} \tag{12}$$

wobei

$$Q^{(*)} = \sigma^2 \chi_k^2, \quad Q^{(**)} = \sigma^2 \chi_{k-1}^2, \quad Q^{(3)} = \sigma^2 \chi_1^2 \tag{13}$$

und $Q^{(**)}$ und $Q^{(3)}$ sind stochastisch unabhängig. (Die Bestimmung der Freiheitsgrade von $Q^{(**)}$ und $Q^{(3)}$ erfolgt nach der in 2.2, Aufteilungssatz der χ^2-Verteilung, angegebenen Regel: für $Q^{(**)}$ sind $m^{**} = k$ und $b^{**} = 1$ [Gl. (10)!], für $Q^{(3)}$ sind $m_3 = 1$ und $b_3 = 0$.)

Man führt nun die Größen s^{**2} und s_3^2 ein:

$$s^{**2} = \frac{Q^{(**)}}{k-1} = \sigma^2 \frac{\chi_{k-1}^2}{k-1} = \frac{\sum_{i=1}^{k} N_i(\bar{y}_i - \bar{y} + \bar{\eta} - \eta_i)^2}{k-1}, \tag{14}$$

$$s_3^2 = \frac{Q^{(3)}}{1} = \sigma^2 \frac{\chi_1^2}{1} = (\bar{y} - \bar{\eta})^2 \sum_{i=1}^{k} N_i. \tag{15}$$

Es wird

$$\underline{E(s^{**2}) = \sigma^2}, \quad \underline{E(s_3^2) = \sigma^2}. \tag{16}$$

Für $E(s^{**2})$ gilt die Zerlegung

$$E(s^{**2}) = E\left\{\frac{\sum_{i=1}^{k} N_i(\bar{y}_i - \bar{y})^2}{k-1}\right\} + E\left\{\frac{\sum_{i=1}^{k} N_i(\bar{\eta} - \eta_i)^2}{k-1}\right\} + $$
$$+ 2E\left\{\frac{\sum_{i=1}^{k} N_i(\bar{y}_i - \bar{y})(\bar{\eta} - \eta_i)}{k-1}\right\}. \tag{17}$$

Unter Verwendung von

$$E(\bar{y}_i - \bar{y}) = \eta_i - \bar{\eta} \tag{18}$$

wird

$$E(s^{**2}) = E\left\{\frac{\sum_{i=1}^{k} N_i(\bar{y}_i - \bar{y})^2}{k-1}\right\} - \frac{\sum_{i=1}^{k} N_i(\bar{\eta} - \eta_i)^2}{k-1}. \tag{19}$$

Setzt man noch

$$s_2^2 = \frac{\sum_{i=1}^{k} N_i(\bar{y}_i - \bar{y})^2}{k-1}, \tag{20}$$

so erhält man aus (19):

$$E(s_2^2) = E(s^{**2}) + \frac{\sum_{i=1}^{k} N_i(\bar{\eta} - \eta_i)^2}{k-1} \tag{21}$$

oder

$$\underline{E(s_2^2) = \sigma^2 + \frac{\sum_{i=1}^{k} N_i(\bar{\eta} - \eta_i)^2}{k-1} \geqq \sigma^2.} \tag{22}$$

Jetzt werde die *Hypothese* aufgestellt:

$$\eta_i = \eta = \bar{\eta}, \qquad i = 1, \ldots, k. \tag{23}$$

Dann wird

$$Q^{(**)} = \sum_{i=1}^{k} N_i(\bar{y}_i - \bar{y})^2 = Q^{(2)} \tag{24}$$

und

$$\underline{E(s_2^2) = \sigma^2.} \tag{25}$$

Die für diese Hypothese gültigen Resultate seien nun tabellarisch festgehalten, wobei als Ergänzung noch $Q^{(1)} + Q^{(2)}$ hinzugefügt werde.

Tabelle 2.4.1, *gültig unter der Hypothese* $\eta_i = \eta$, $i = 1, \ldots, k$

Summe der Quadrate SQ	Freiheitsgrad FG	$s^2 = \frac{SQ}{FG}$	$E(s^2)$	Streuung
$Q^{(3)} = (\bar{y} - \eta)^2 \sum_{i=1}^{k} N_i$	1	s_3^2	σ^2	gemeinsamer Mittelwert um gemeinsamen Erwartungswert
$Q^{(2)} = \sum_{i=1}^{k} N_i(\bar{y}_i - \bar{y})^2$	$k-1$	s_2^2	σ^2	Stichprobenmittelwerte um gemeinsamen Mittelwert
$Q^{(1)} = \sum_{i=1}^{k} \sum_{\nu=1}^{N_i} (y_{i\nu} - \bar{y}_i)^2$	$\left(\sum_{i=1}^{k} N_i\right) - k$	s_1^2	σ^2	Stichprobeneinzelwerte um Stichprobenmittelwerte
$Q^{(1)} + Q^{(2)} = \sum_{i=1}^{k} \sum_{\nu=1}^{N_i} (y_{i\nu} - \bar{y})^2$	$\left(\sum_{i=1}^{k} N_i\right) - 1$	s_0^2	σ^2	Stichprobeneinzelwerte um gemeinsamen Mittelwert[1]
$Q = \sum_{i=1}^{k} \sum_{\nu=1}^{N_i} (y_{i\nu} - \eta)^2$	$\sum_{i=1}^{k} N_i$	—	—	Stichprobeneinzelwerte um gemeinsamen Erwartungswert

[1] Statt $(y_{i\nu} - \bar{y})$ zu quadrieren und über ν und i zu summieren, kann man ebensogut $[(y_{i\nu} - \bar{y}_i) + (\bar{y}_i - \bar{y})]$ derselben Prozedur unterwerfen. Daraus ergibt sich aber ohne Schwierigkeit die Gleichheit mit $Q^{(1)} + Q^{(2)}$, da die Doppelprodukte verschwinden.

Unter der Hypothese $\eta_i = \eta$, $i = 1, \ldots, k$ sind also die Streuungen s_1^2, s_2^2, s_3^2 unabhängig und nach $\sigma^2 \frac{\chi^2_{FG}}{FG}$ verteilt. Daher läßt sich der v^2-Test für die Prüfung dieser Hypothese verwenden.

Im allgemeinen ist der Wert η selber nicht bekannt. Es soll ja lediglich untersucht werden, ob alle Stichproben auf denselben Wert η schließen lassen, d. h. ob sie der gleichen Grundgesamtheit entnommen sind. Zu diesem Zweck werden die Streuungen s_1^2 und s_2^2 für den v^2-Test herangezogen, indem man

$$\frac{s_2^2}{s_1^2} = v^2\left[k-1, \left(\sum_{i=1}^{k} N_i\right) - k\right]$$

setzt.

Während s_1^2 nur die Streuungen der Stichprobeneinzelwerte um den jeweiligen Stichprobenmittelwert erfaßt, also unabhängig von der Hypothese ist, bezieht sich s_2^2 auf die Abweichungen dieser Stichprobenmittelwerte um den gemeinsamen Mittelwert. Nur unter der Hypothese der Gleichheit der Erwartungswerte ist aber $s_2^2 = \sigma^2 \frac{\chi^2_{k-1}}{k-1}$ unabhängig von s_1^2 und besitzt den Erwartungswert $E(s_2^2) = \sigma^2$ [vgl. (25)]. Ist diese Hypothese hingegen nicht erfüllt, so ist $E(s_2^2) > \sigma^2$, wie aus (22) hervorgeht. Daher ist der v^2-Test tatsächlich geeignet, über die Zulässigkeit der Hypothese eine Aussage zu leisten, indem die Hypothese verworfen wird, wenn s_2^2 signifikant größer als s_1^2 ist. Da hier nur die Signifikanz von $s_2^2 > s_1^2$ interessiert, ist der *einseitige* v^2-Test zu verwenden.

Liefert dieser Test nun *keine* signifikante Abweichung zwischen s_2^2 und s_1^2, so kann man eine gemeinsame Schätzung s_0^2 von σ^2 berechnen:

$$s_0^2 = \frac{\sum_{i=1}^{k} \sum_{\nu=1}^{N_i} (y_{i\nu} - \bar{y})^2}{\left(\sum_{i=1}^{k} N_i\right) - 1} = \sigma^2 \frac{\chi^2_{\left(\sum_{i=1}^{k} N_i\right)-1}}{\left(\sum_{i=1}^{k} N_i\right) - 1}.$$

Mit Hilfe von s_0 kann man die Vertrauensgrenzen von η bestimmen, da

$$\frac{\bar{y} - \eta}{s_0} \sqrt{\sum_{i=1}^{k} N_i} = t_{\left(\sum_{i=1}^{k} N_i\right)-1}.$$

2.5. Regressions- und Korrelationsrechnung

2.51. Allgemeines

Der Zusammenhang zwischen zwei oder mehreren Zufallsvariablen ist in der Wahrscheinlichkeitsrechnung sehr anschaulich durch die gemeinsame Verteilungsfunktion und die verschiedenen Parameter gegeben. Die Aufgabe der Statistik besteht darin, auf Grund von Beobachtungen (Stichproben) auf die Existenz bzw. Nichtexistenz eines derartigen Zusammenhangs zu schließen und ihn gegebenenfalls durch Schätzung der theoretischen Struktur möglichst gut zu approximieren.

Die *Regressionsrechnung* befaßt sich mit der numerischen Darstellung einer hypothetischen funktionalen Abhängigkeit jeweils einer Zufallsvariablen von anderen variablen Größen, ob diese nun selber stochastisch oder nichtstochastisch, stetig oder diskret seien: das Verfahren bleibt immer das gleiche.

Die *Korrelationsrechnung* zielt auf die Darstellung des Zusammenhangs durch Schätzung der gemeinsamen Verteilungsfunktion ab: dies setzt natürlich voraus, daß alle vorkommenden Variablen stochastisch sind.

Daneben existieren noch andere Methoden, die diesen Fragen gewidmet sind.

2.52. Einfache lineare Regressionsrechnung

2.521. Allgemeine Voraussetzungen

Man betrachte die unabhängige Variable x und die abhängige stochastische Variable y; ist hiebei x eine Zufallsvariable, so wird man im folgenden mit bedingten Verteilungen und daraus abgeleiteten Größen zu tun haben; ist x hingegen eine deterministische Variable, so spielt sie die Rolle eines Parameters. Trotzdem sei für beide Fälle die gleiche Schreibweise gewählt. Man treffe die Annahmen:

A) Für jeden Wert x folgt y einer bedingten Normalverteilung mit der Wahrscheinlichkeitsdichte

$$p(y \mid x) = \frac{1}{\sqrt{2\pi}\,\sigma_y(x)}\, e^{-\frac{[y - E(y \mid x)]^2}{2\sigma_y^2(x)}} .$$

B) $E(y \mid x)$, der bedingte Erwartungswert von y an der Stelle x, ist eine Funktion von x:

$$E(y \mid x) = \eta = f(x) = f(x; \alpha, \beta, \gamma, \ldots).$$

Diese Funktion, genannt „theoretische Regressionskurve“, beinhaltet gewisse *linear* auftretende Konstante $\alpha, \beta, \gamma, \ldots$, die sog. Parameter.

Beispiel: Die Funktion $\eta = \alpha + \beta x + \gamma x^2 + \delta e^x$ genügt der Annahme B), weil die Parameter α, β, γ, δ linear erscheinen. Die Funktion $\eta = \frac{1}{\alpha} + \alpha x$ genügt der Annahme B) nicht, weil der Parameter α nicht mehr rein linear auftritt. In einem solchen Falle wird man eine Linearisierung der Parameter durch Variablentransformation oder durch Reihenentwicklung herbeiführen (vgl. 2.56).

C) $\operatorname{Var}(y \mid x)$, die bedingte Varianz von y an der Stelle x, ist konstant oder proportional einer bekannten Funktion von x:

$$\operatorname{Var}(y \mid x) = \sigma_y^2(x) = \sigma^2 h^2(x),$$

wobei σ^2 ein unbekannter Proportionalitätsfaktor ist.

D) Die Beobachtungen von Wertepaaren (x, y) sind stochastisch unabhängig.

E) Hinsichtlich des *Typus* der theoretischen Regressionskurve wird ein *hypothetischer Ansatz* getroffen. Ist dieser Ansatz eine lineare Funktion von x, so spricht man von „einfacher, linearer Regression“: einfach, weil hier nur eine einzige unabhängige Variable x vorkommt, und linear, weil sie linear auftritt. [Ist der Ansatz keine lineare Funktion von x, so handelt es sich um „nichtlineare Regression mit einer unabhängigen Variablen“ (vgl. 2.56), enthält der Ansatz mehrere Variable, so hat man es mit „mehrfacher Regression“ zu tun (vgl. 2.54).]

Die Regressionsrechnung bezweckt einerseits, über die Zulässigkeit des hypothetischen Ansatzes eine Aussage zu leisten und andererseits, die in diesem Ansatz vorkommenden unbekannten Parameter $\alpha, \beta, \gamma, \ldots$, sowie auch σ^2 auf Grund der Beobachtungen (x, y) möglichst gut durch „empirische“ Größen $a, b, c, \ldots$, sowie s^2 zu schätzen. Beide Anliegen stehen allerdings in gegenseitiger Abhängigkeit. Man kann zeigen, daß die beste lineare Schätzung mit Hilfe der Methode der kleinsten Fehlerquadrate gewonnen wird.

Regressionsrechnung hat nur einen Sinn, wenn zwischen den Größen x und y wirklich ein Zusammenhang besteht, der die Existenz einer theoretischen Regressionskurve garantiert. Mit dem Ansatz des Typus dieser Regressionskurve werden die Parameter $\alpha, \beta, \gamma, \ldots$ definiert (im Falle der einfachen linearen Regressionsrechnung nur α und β). Dies will aber noch keineswegs heißen, daß der Zusammenhang zwischen x und y durch die angesetzte theoretische Regressionskurve auch wirklich richtig beschrieben ist. Vielmehr handelt es sich beim Ansatz ja um eine *Hypothese*, deren Berechtigung erst statistisch geprüft werden muß. Ergibt diese erste Untersuchung, daß die Hypothese gestützt werden darf, so bleibt zu prüfen, ob die Schätzungen $a, b, c, \ldots$ der theoretischen Parameter $\alpha, \beta, \gamma, \ldots$ genügend präzis ausfallen, um noch einen Aussagewert zu bieten. So wird etwa bei einfacher linearer Regression zuerst zu untersuchen sein, ob der Zusammenhang zwischen x und y tatsächlich durch eine Gerade dargestellt werden darf. Gegebenenfalls wird man hierauf studieren, ob beispielsweise die berechnete Schätzung der Geradensteigung genügend zuverlässig und vom Werte 0 signifikant verschieden ist, d. h. ob man eine diesbezügliche Nullhypothese verwerfen darf.

Die Tatsache, daß jede Regressionsrechnung erst eines Ansatzes bedarf, bietet Phantasie und Intuition des Untersuchenden Spielraum, sie hebt die Behandlung des Problems aber auch aus dem Rahmen der bloßen Routine heraus. Die Möglichkeit der nachträglichen statistischen „Begutachtung“ verschiedener Ansätze gestattet die Wahl einer vernünftigen Variante. Eingehende Sachkenntnis, betreffend den Zusammenhang zwischen x und y, sind jedoch von größter Wichtigkeit und man sollte weitestgehend Gebrauch davon machen, gibt es doch für jeden beliebigen Ansatz eine beste Schätzung der darin vorkommenden Parameter $\alpha, \beta, \gamma, \ldots$

In der Praxis stellt man häufig fest, daß das Verfahren der Regressionsrechnung sich allmählich herumgesprochen hat. Die Rechenregeln sind simpel, speziell bei der einfachen linearen Regression, und manche Sachbearbeiter wenden die Methode auch dort an, wo sie niemals wagen würden, eine Kurve von Auge durch einen Punktehaufen (x, y) zu legen; nachträgliche Tests werden allerdings unterlassen. Hier äußern sich augenfällig eine gewisse Wissenschaftsgläubigkeit, oft aber auch ein unbekümmertes Abschieben von Verantwortung.

Regressionsrechnung wird also niemals von logischem Denken befreien. Nur sinnvolle Ansätze, die aus der Kenntnis der Materie heraus ihre sachliche Berechtigung schöpfen, können zu brauchbaren Resultaten führen. Deshalb sollten Regressionskurven nach Möglichkeit so angesetzt werden, daß sie auch in Bereichen, wo praktisch kaum mehr mit dem Auftreten von Beobachtungen zu rechnen ist, noch vernünftig bleiben. Beispielsweise sollte eine Regressionsrechnung, in welcher eine Arbeitszeit als abhängige Variable y erscheint, niemals zu negativen Werten der $E(y \mid x)$ führen, auch wenn die betreffenden x praktisch noch nicht vorgekommen sind. Derartige aus fachlichem Wissen hervorgehende Anforderungen an das Rechenergebnis lassen sich meist ohne große Mühe schon im Regressionsansatz berücksichtigen.

Aber auch, wenn alle vernunftsmäßigen Vorkehren gegen sinnwidrige Resultate getroffen worden sind, kann — bei mehrfacher linearer Regression — eine schwerwiegende Vortäuschung von Abhängigkeiten entstehen: über diese Gefahr wird zur gegebenen Zeit (2.542) unter dem Stichwort „Multikollinearität“ noch zu sprechen sein.

2.522. Schätzung der Parameter

Die im Abschn. 2.521 getroffenen Annahmen seien alle erfüllt und die Größe y an k verschiedenen Stellen $x_1, \ldots, x_i, \ldots, x_k$ je N_i mal gemessen worden, so daß k unabhängige Beobachtungssätze des Umfangs N_i vorliegen:

Tabelle 2.522.1

Beobachtungsstelle (unabhängige Variable)	Beobachtungssatz (abhängige Variable)	Satzmittelwerte	Satzerwartungswerte
x_1	$y_{11}, \ldots, y_{1\nu}, \ldots, y_{1N_1}$	$\bar{y}_1$	η_1
$\vdots$		$\vdots$	$\vdots$
x_i	$y_{i1}, \ldots, y_{i\nu}, \ldots, y_{iN_i}$	$\bar{y}_i$	η_i
$\vdots$		$\vdots$	$\vdots$
x_k	$y_{k1}, \ldots, y_{k\nu}, \ldots, y_{kN_k}$	$\bar{y}_k$	η_k

Die Tabelle zeigt, daß man es hier mit einer Erweiterung der in Abschn. 2.4 behandelten Aufgabe zu tun hat: dort stand die Gleichheit der Erwartungswerte η_i, $i = 1, \ldots, k$, von k unabhängigen Stichproben der Umfänge N_i zur Diskussion, wobei die jeweilige Grundgesamtheit normal verteilt war und die Varianz $\sigma_i^2 = \sigma^2$, $i = 1, \ldots, k$, aufwies. Bei Gleichheit der Erwartungswerte sollte auf Gleichheit der Grundgesamtheit geschlossen werden.

Hier ließe sich prinzipiell das gleiche Problem studieren, wenn man $\mathrm{Var}(y \mid x_i) = \sigma^2 =$ konst. voraussetzt. Dann übernimmt die unabhängige Variable x lediglich die Rolle der Stichprobennummer, und einem jetzigen Beobachtungssatz entspricht eine damalige Stichprobe. Da Regressionsrechnung indessen gerade wegen vermuteter Abhängigkeit zwischen y und x durchgeführt wird, stellt sich die Frage der Gleichheit der η_i doch wohl nur, wenn die Hypothese der Abhängigkeit widerlegt werden soll; hiefür gibt es allerdings auch andere Kriterien. Hingegen läßt sich mit Hilfe der Regressionsanalyse testen, ob die berechnete hypothetische Abhängigkeit $\eta = f(x)$ gut erfüllt ist, d. h., ob jeder Stelle x_i ein Erwartungswert η_i zugeordnet werden kann, der einer bestimmten Funktion von x gehorcht. Da die Erwartungswerte η_i in diesem Falle nicht alle gleich sind, kommt auch Gleichheit der k normalen Grundgesamtheiten ohnehin nicht in Frage. Deshalb stört es hier nicht weiter, wenn die Grundgesamtheiten verschiedene Varianzen aufweisen: ist die Abhängigkeit der Varianz in Funktion von x genau bekannt, so läßt sich die Aufgabe, abgesehen von einer geringfügigen Normierungstransformation, gleich wie die Regressionsaufgabe mit konstanter Varianz behandeln.

Auf den Zusammenhang mit der Aufgabe von 2.4 wird später nochmals verwiesen (vgl. Text nach Tab. 2.522.2).

Für den Erwartungswert $E(y \mid x)$ wird der Ansatz getroffen:

$$E(y \mid x) = \eta = f(x) = \alpha + \beta(x - \bar{x}). \tag{1}$$

Dies ist eine *Hypothese* gemäß Abschn. 2.521, Voraussetzung E), deren Zulässigkeit nachträglich überprüft werden muß. $\bar{x}$ stellt das gewichtete arithmetische Mittel der x_i dar [s. Gl. (7)]. Der Grund, weshalb hier nicht etwa $f(x) = \alpha' + \beta x$ angesetzt wird, hängt mit den Forderungen des χ^2-Aufteilungssatzes zusammen und wird später offenkundig werden.

Für die Varianz $\mathrm{Var}(y \mid x)$ gelte [Annahme C)]:

$$\mathrm{Var}(y \mid x) = \sigma^2 h^2(x), \tag{2}$$

wobei $h^2(x)$ vollständig bekannt, σ^2 hingegen unbekannt seien. Häufig ist $h^2(x) = 1$; dann ist $\mathrm{Var}(y \mid x) = \sigma^2 =$ konst.

Wegen Annahme A) ist

$$u_{i\nu} = \frac{y_{i\nu} - \eta_i}{\sigma h(x_i)}, \quad \begin{array}{l} i = 1, \ldots, k \\ \nu = 1, \ldots, N_i \end{array} \tag{3}$$

standardisiert-normal verteilt. Zufolge Annahme D) gilt

$$\sum_{i=1}^{k} \sum_{\nu=1}^{N_i} u_{i\nu}^2 = \frac{1}{\sigma^2} \sum_{i=1}^{k} \sum_{\nu=1}^{N_i} \left[\frac{y_{i\nu} - \eta_i}{h(x_i)}\right]^2 = \chi^2_{\sum\limits_{i=1}^{k} N_i}. \tag{4}$$

Der Freiheitsgrad von χ^2 ist, wie hier immer üblich, durch den Index $\sum\limits_{i=1}^{k} N_i$ angegeben.

Es ist zweckmäßig, eine Größe w_i einzuführen:

$$w_i = \frac{1}{h^2(x_i)}, \quad i = 1, \ldots, k. \tag{5}$$

Dann folgt aus (4):

$$\sigma^2 \chi^2_{\sum\limits_{i=1}^{k} N_i} = \sum_{i=1}^{k} \sum_{\nu=1}^{N_i} w_i (y_{i\nu} - \eta_i)^2. \tag{6}$$

Je größer $h^2(x_i)$, um so größer ist gemäß (2) $\operatorname{Var}(y \mid x_i)$ und um so kleiner ist gemäß (5) w_i. Die Größe w_i ist also eine Art Gewicht, das angibt, wie ernst man die über ν summierten Abweichungsquadrate $(y_{i\nu} - \eta_i)^2$ nehmen soll: bei großem $\operatorname{Var}(y \mid x_i)$ hat eine große Summe also weniger Gewicht als bei kleinem $\operatorname{Var}(y \mid x_i)$. Dementsprechend sind auch die zugehörigen Größen x_i zu gewichten, so daß ihr gewichtetes arithmetisches Mittel lautet

$$\bar{x} = \frac{\sum\limits_{i=1}^{k} w_i N_i x_i}{\sum\limits_{i=1}^{k} w_i N_i}. \tag{7}$$

Es gilt ferner

$$\bar{y}_i = \frac{1}{N_i} \sum_{\nu=1}^{N_i} y_{i\nu}, \qquad i = 1, \ldots, k \tag{8}$$

und

$$\bar{y} = \frac{1}{\sum\limits_{i=1}^{k} \sum\limits_{\nu=1}^{N_i} w_i} \sum_{i=1}^{k} \sum_{\nu=1}^{N_i} w_i y_{i\nu} = \frac{\sum\limits_{i=1}^{k} w_i N_i \bar{y}_i}{\sum\limits_{i=1}^{k} w_i N_i}. \tag{9}$$

Eine Anwendung des χ^2-Aufteilungssatzes liefert (vgl. 2.4):

$$\underbrace{\sum_{i=1}^{k} \sum_{\nu=1}^{N_i} w_i (y_{i\nu} - \eta_i)^2}_{Q} = \underbrace{\sum_{i=1}^{k} \sum_{\nu=1}^{N_i} w_i (y_{i\nu} - \bar{y}_i)^2}_{Q^{(1)}} + \underbrace{\sum_{i=1}^{k} w_i N_i (\bar{y}_i - \eta_i)^2}_{Q^{(*)}} \tag{10, 11}$$

mit

$$Q = \sigma^2 \chi^2_{\sum\limits_{i=1}^{k} N_i}, \quad Q^{(1)} = \sigma^2 \chi^2_{\left(\sum\limits_{i=1}^{k} N_i\right) - k}, \quad Q^{(*)} = \sigma^2 \chi^2_k \tag{12}$$

und $Q^{(1)}$ und $Q^{(*)}$ sind unabhängig.

Man führt ein:

$$s_1^2 = \frac{Q^{(1)}}{\left(\sum_{i=1}^{k} N_i\right) - k} = \sigma^2 \frac{\chi^2_{\left(\sum_{i=1}^{k} N_i\right) - k}}{\left(\sum_{i=1}^{k} N_i\right) - k} = \frac{\sum_{i=1}^{k} \sum_{\nu=1}^{N_i} w_i (y_{i\nu} - \bar{y}_i)^2}{\left(\sum_{i=1}^{k} N_i\right) - k} \tag{13}$$

und es gilt

$$E(s_1^2) = \sigma^2. \tag{14}$$

Nun soll der Ausdruck $Q^{(*)}$ weiter zerlegt werden. Hiefür erweist sich die Verwendung des Regressionsansatzes bereits als notwendig. Zur Auseinanderhaltung der vorkommenden abhängigen Größen sei hier die folgende Zusammenstellung gegeben:

1. $E(y \mid x_i) = \eta_i$. Dies ist der *wahre*, theoretische Erwartungswert der zufälligen Werte y an der Stelle x_i.

2. $f(x_i) = \alpha + \beta(x_i - \bar{x})$. Dies ist der *hypothetische* Regressionsansatz für η_i. Die Größen α und β sind unbekannte Parameter und $f(x_i)$ ist die *hypothetische theoretische* Regressionsgerade.

3. $Y_i = a + b(x_i - \bar{x})$. Dies ist die *hypothetische empirische* Regressionsgerade: sie stellt eine Schätzung der theoretischen Regressionsgeraden dar und a und b sind Schätzungen der Parameter α und β.

Es ist wichtig, zwischen η_i und $f(x_i)$ zu unterscheiden, wenngleich $\eta_i = f(x_i)$ als Hypothese gelten soll. Während nämlich η_i indiskutabel ist, kann die Rechnung ergeben, daß $f(x_i)$ keine richtige Darstellung von η_i liefert: dann ist die *wahre*, theoretische Regressionskurve keine Gerade und ein neuer, nicht mehr linearer Regressionsansatz $f(x_i)$ erweist sich als erforderlich.

Die für den weiter oben (1) getroffenen Regressionsansatz $f(x) = \alpha + \beta(x - \bar{x})$ gültigen Schätzwerte a und b bestimmt man nach der Methode der kleinsten Fehlerquadrate:

$$q = \sum_{i=1}^{k} \sum_{\nu=1}^{N_i} w_i (y_{i\nu} - Y_i)^2 = \sum_{i=1}^{k} \sum_{\nu=1}^{N_i} w_i [y_{i\nu} - a - b(x_i - \bar{x})]^2 = \min! \tag{15}$$

Durch partielle Differentiation nach a bzw. b und Nullsetzung gewinnt man

$$\frac{\partial q}{\partial a} = 0: \quad \sum_{i=1}^{k} \sum_{\nu=1}^{N_i} w_i (y_{i\nu} - Y_i) = \sum_{i=1}^{k} w_i N_i (\bar{y}_i - Y_i) = 0, \tag{16}$$

$$\frac{\partial q}{\partial b} = 0: \quad \sum_{i=1}^{k} \sum_{\nu=1}^{N_i} w_i (y_{i\nu} - Y_i)(x_i - \bar{x}) = \sum_{i=1}^{k} w_i N_i (\bar{y}_i - Y_i)(x_i - \bar{x}) = 0, \tag{17}$$

was zu

$$a = \frac{\sum_{i=1}^{k} w_i N_i \bar{y}_i}{\sum_{i=1}^{k} w_i N_i} \tag{18}$$

und

$$b = \frac{\sum_{i=1}^{k} w_i N_i (x_i - \bar{x}) \bar{y}_i}{\sum_{i=1}^{k} w_i N_i (x_i - \bar{x})^2} = \frac{\sum_{i=1}^{k} w_i N_i (x_i - \bar{x}) (\bar{y}_i - \bar{y})}{\sum_{i=1}^{k} w_i N_i (x_i - \bar{x})^2} \tag{19}$$

führt. Die beiden Schreibweisen von b in (19) sind äquivalent, da $\sum_{i=1}^{k} w_i N_i (x_i - \bar{x}) \bar{y} = 0$ wegen (7). Aus (18) folgt durch Vergleich mit (9), daß

$$\underline{a = \bar{y}.} \tag{20}$$

Schreibt man zur Abkürzung

$$f(x_i) = \alpha + \beta (x_i - \bar{x}) = f_i \tag{21}$$

und setzt man

$$\bar{y}_i - \eta_i = (\bar{y}_i - Y_i + f_i - \eta_i) + (Y_i - f_i) \tag{22}$$

in $Q^{(*)}$ ein, so wird

$$\sum_{i=1}^{k} w_i N_i (\bar{y}_i - \eta_i)^2 = \sum_{i=1}^{k} w_i N_i (\bar{y}_i - Y_i + f_i - \eta_i)^2 + \\ + (b - \beta)^2 \sum_{i=1}^{k} w_i N_i (x_i - \bar{x})^2 + (a - \alpha)^2 \sum_{i=1}^{k} w_i N_i, \tag{23}$$

oder:

$$Q^{(*)} = Q^{(**)} + \\ + Q^{(3)} + Q^{(4)}, \tag{24}$$

denn die Doppelprodukte werden alle Null:

$$1. \quad \sum_{i=1}^{k} w_i N_i (x_i - \bar{x}) = 0$$

wegen (7);

$$2. \quad \sum_{i=1}^{k} w_i N_i (\bar{y}_i - Y_i + f_i - \eta_i) = 0,$$

weil $\sum_{i=1}^{k} w_i N_i (\bar{y}_i - Y_i) = 0$ wegen (16) und weil

$$\sum_{i=1}^{k} w_i N_i (f_i - \eta_i) = \sum_{i=1}^{k} w_i N_i [\alpha + \beta (x_i - \bar{x}) - \eta_i] \\ = \sum_{i=1}^{k} w_i N_i (\alpha - \eta_i) + \beta \sum_{i=1}^{k} w_i N_i (x_i - \bar{x}) = 0.$$

Hierin ist nämlich $\sum_{i=1}^{k} w_i N_i (\alpha - \eta_i) = 0$, da man in Anlehnung an (20) setzen kann $\alpha = \bar{\eta}$, während der andere Term wieder wegen (7) wegfällt;

$$3. \quad \sum_{i=1}^{k} w_i N_i (\bar{y}_i - Y_i + f_i - \eta_i) (x_i - \bar{x}) = 0,$$

weil $\sum_{i=1}^{k} w_i N_i (\bar{y}_i - Y_i)(x_i - \bar{x}) = 0$ wegen (17) und weil

$$\sum_{i=1}^{k} w_i N_i (f_i - \eta_i)(x_i - \bar{x}) = \sum_{i=1}^{k} w_i N_i [\alpha + \beta(x_i - \bar{x}) - \eta_i](x_i - \bar{x})$$

$$= \alpha \sum_{i=1}^{k} w_i N_i (x_i - \bar{x}) + \beta \sum_{i=1}^{k} w_i N_i (x_i - \bar{x})^2 - \sum_{i=1}^{k} w_i N_i \eta_i (x_i - \bar{x}) = 0 .$$

Der erste Term fällt nämlich wieder wegen (7) weg und die beiden anderen Terme heben sich gegenseitig auf, da man in Anlehnung an (19) setzen kann:

$$\beta = \frac{\sum_{i=1}^{k} w_i N_i (x_i - \bar{x}) \eta_i}{\sum_{i=1}^{k} w_i N_i (x_i - \bar{x})^2} .$$

Zufolge der beiden linearen Beziehungen (16) und (17) zwischen den k linearen Funktionen der $\bar{y}_i$, deren Quadrate in $Q^{(**)}$ vorkommen, hat $Q^{(**)}$ den Freiheitsgrad $k - 2$, während $Q^{(3)}$ und $Q^{(4)}$ je den Freiheitsgrad 1 besitzen. Somit ist der χ^2-Aufteilungssatz gültig:

$$Q^{(**)} = \sum_{i=1}^{k} w_i N_i (\bar{y}_i - Y_i + f_i - \eta_i)^2 = \sigma^2 \chi^2_{k-2} \tag{25}$$

$$Q^{(3)} = (b - \beta)^2 \sum_{i=1}^{k} w_i N_i (x_i - \bar{x})^2 = \sigma^2 \chi^2_1 \tag{26}$$

$$Q^{(4)} = (a - \alpha)^2 \sum_{i=1}^{k} w_i N_i = \sigma^2 \chi^2_1 \tag{27}$$

und $Q^{(**)}$, $Q^{(3)}$ und $Q^{(4)}$ sind unabhängig. Aus (26) und (27) erkennt man übrigens, was schon aus (19) bzw. (18) hervorging, daß nämlich b und a als lineare Funktionen der normal verteilten $\bar{y}_i$ selber normal verteilt sind. Hier kommt noch das Wissen um ihre stochastische Unabhängigkeit hinzu. Diese Tatsachen liefern den Grund, weshalb man den Regressionsansatz $f(x) = \alpha + \beta(x - \bar{x})$ und nicht etwa $\alpha' + \beta x$ gewählt hat: in diesem Falle wäre nämlich der χ^2-Aufteilungssatz nicht erfüllt worden.

Man bildet

$$s^{**2} = \frac{Q^{(**)}}{k-2} = \sigma^2 \frac{\chi^2_{k-2}}{k-2} = \frac{\sum_{i=1}^{k} w_i N_i (\bar{y}_i - Y_i + f_i - \eta_i)^2}{k-2} \tag{28}$$

$$s_3^2 = \frac{Q^{(3)}}{1} = \sigma^2 \chi^2_1 = (b - \beta)^2 \sum_{i=1}^{k} w_i N_i (x_i - \bar{x})^2 \tag{29}$$

$$s_4^2 = \frac{Q^{(4)}}{1} = \sigma^2 \chi^2_1 = (a - \alpha)^2 \sum_{i=1}^{k} w_i N_i \tag{30}$$

und es gilt

$$\underline{E(s^{**2}) = E(s_3^2) = E(s_4^2) = \sigma^2.} \tag{31}$$

$E(s^{**2})$ kann man gemäß (28) noch aufteilen:

$$E(s^{**2}) = \sigma^2 = E\left\{\frac{\sum_{i=1}^{k} w_i N_i(\bar{y}_i - Y_i)^2}{k-2}\right\} + \frac{\sum_{i=1}^{k} w_i N_i(f_i - \eta_i)^2}{k-2} + $$
$$+ \frac{2\sum_{i=1}^{k} w_i N_i(f_i - \eta_i)\, E(\bar{y}_i - Y_i)}{k-2}. \tag{32}$$

Da aber gilt

$$E(\bar{y}_i - Y_i) = \eta_i - f_i, \tag{33}$$

wird, wenn man

$$s_2^2 = \frac{\sum_{i=1}^{k} w_i N_i(\bar{y}_i - Y_i)^2}{k-2} \tag{34}$$

einführt:

$$\underline{E(s_2^2) = \sigma^2 + \frac{\sum_{i=1}^{k} w_i N_i(f_i - \eta_i)^2}{k-2} \geqq \sigma^2.} \tag{35}$$

Ist die *Hypothese*

$$\eta_i = f_i, \qquad i = 1, \ldots, k \tag{36}$$

richtig, so wird

$$Q^{(**)} = \sum_{i=1}^{k} w_i N_i(\bar{y}_i - Y_i)^2 = Q^{(2)} \tag{37}$$

und

$$\underline{E(s_2^2) = \sigma^2.} \tag{38}$$

Die für diese Hypothese gültigen Resultate seien nun wieder tabellarisch festgehalten, wobei als Ergänzung noch $Q^{(1)} + Q^{(2)} + Q^{(3)}$ für $\beta = 0$ hinzugefügt werde. Dabei macht man Gebrauch von der Relation

$$\sum_{i=1}^{k} w_i N_i(Y_i - \bar{y})^2 = \sum_{i=1}^{k} w_i N_i[a + b(x_i - \bar{x}) - \bar{y}]^2$$
$$= b^2 \sum_{i=1}^{k} w_i N_i(x_i - \bar{x})^2, \tag{39}$$

da ja $\bar{y} = a$ gemäß (20).

Die Gültigkeit der Hypothese $\eta = f(x) = \alpha + \beta(x - \bar{x})$, also der Linearität der Regression, läßt sich durch Vergleich von s_2^2 und s_1^2 testen: tatsächlich besitzt ja s_2^2 wegen (35) nur bei Gültigkeit der Hypothese denselben Erwartungswert σ^2 wie s_1^2, andernfalls einen größeren. Soll die Hypothese gestützt werden, so muß gelten

$$\frac{s_2^2}{s_1^2} = v^2\left[k-2, \left(\sum_{i=1}^{k} N_i\right) - k\right].$$

Tabelle 2.522.2, *gültig unter der Hypothese* $\eta = f(x) = \alpha + \beta(x - \bar{x})$

Summe der Quadrate SQ	Freiheitsgrad FG	$s^2 = \frac{SQ}{FG}$	$E(s^2)$	Streuung
$Q^{(4)} = (a - \alpha)^2 \sum_{i=1}^{k} w_i N_i$	1	s_4^2	σ^2	a um α
$Q^{(3)} = (b - \beta)^2 \sum_{i=1}^{k} w_i N_i (x_i - \bar{x})^2$	1	s_3^2	σ^2	b um β
$Q^{(2)} = \sum_{i=1}^{k} w_i N_i (\bar{y}_i - Y_i)^2$	$k - 2$	s_2^2	σ^2	Satz-Mittelwerte um die empirischen Regressionswerte
$Q^{(1)} = \sum_{i=1}^{k} \sum_{\nu=1}^{N_i} w_i (y_{i\nu} - \bar{y}_i)^2$	$\left(\sum_{i=1}^{k} N_i\right) - k$	s_1^2	σ^2	Satzeinzelwerte um die Satzmittelwerte
$Q^{(1)} + Q^{(2)} + Q^{(3)} = \sum_{i=1}^{k} \sum_{\nu=1}^{N_i} w_i (y_{i\nu} - \bar{y})^2$	$\left(\sum_{i=1}^{k} N_i\right) - 1$	s_0^2	σ^2	Satzeinzelwerte um den gemeinsamen Mittelwert,[1] wenn $\beta = 0$
$Q = \sum_{i=1}^{k} \sum_{\nu=1}^{N_i} w_i (y_{i\nu} - \eta_i)^2$	$\sum_{i=1}^{k} N_i$	—	—	Satzeinzelwerte um die wahren Satzerwartungswert

Ist s_2^2 signifikant größer als s_1^2, so muß die Hypothese der Linearität verworfen werden (*einseitiger* v^2-Test). Andernfalls kann man als gemeinsame Schätzung s^2 von σ^2 einführen

$$\underline{s^2} = \frac{\sum_{i=1}^{k} \sum_{\nu=1}^{N_i} w_i (y_{i\nu} - \bar{y}_i)^2 + \sum_{i=1}^{k} w_i N_i (\bar{y}_i - Y_i)^2}{\left(\sum_{i=1}^{k} N_i\right) - k + k - 2} = \underline{\frac{\sum_{i=1}^{k} \sum_{\nu=1}^{N_i} w_i (y_{i\nu} - Y_i)^2}{\left(\sum_{i=1}^{k} N_i\right) - 2}}$$

$$= \underline{\frac{\sigma^2 \chi^2_{\left(\sum_{i=1}^{k} N_i\right) - 2}}{\left(\sum_{i=1}^{k} N_i\right) - 2}} \tag{40}$$

und für die Prüfung weiterer Hypothesen, die von Interesse sein mögen, verwenden.

So wird wohl die Frage eine nähere Untersuchung verdienen, ob man zu Recht annehmen darf, daß die theoretische Steigung β von Null verschieden und, wie man sagt, die Regression somit gesichert seien. Dies hängt offenbar davon ab, ob ein genügend großer Teil der Streuung

[1] Um die Richtigkeit der Formel in der Kolonne der SQ zu überprüfen, ersetze man $(y_{i\nu} - \bar{y})^2$ durch $[(y_{i\nu} - \bar{y}_i) + (\bar{y}_i - Y_i) + (Y_i - \bar{y})]^2$ und verwende (39) sowie (17).

der Einzelwerte um den gemeinsamen Mittelwert sich durch die Streuung der Regressionswerte um diesen gemeinsamen Mittelwert erklären läßt.

Es gilt

$$\begin{aligned} s_3^2 &= (b-\beta)^2 \sum_{i=1}^{k} w_i N_i (x_i - \bar{x})^2 \\ &= b^2 \sum_{i=1}^{k} w_i N_i (x_i - \bar{x})^2 + (\beta^2 - 2b\beta) \sum_{i=1}^{k} w_i N_i (x_i - \bar{x})^2 . \end{aligned} \tag{41}$$

Setzt man

$$s_3^2(0) = b^2 \sum_{i=1}^{k} w_i N_i (x_i - \bar{x})^2, \tag{42}$$

was man wegen (39) auch

$$s_3^2(0) = \sum_{i=1}^{k} w_i N_i (Y_i - \bar{y})^2 \tag{43}$$

schreiben kann, so wird, da $E(b) = \beta$:

$$E(s_3^2) = \sigma^2 = E[s_3^2(0)] - \beta^2 \sum_{i=1}^{k} w_i N_i (x_i - \bar{x})^2 \tag{44}$$

oder

$$E[s_3^2(0)] = \sigma^2 + \beta^2 \sum_{i=1}^{k} w_i N_i (x_i - \bar{x})^2 \geqq \sigma^2 . \tag{45}$$

Offenbar ist $E[s_3^2(0)]$ nur gleich σ^2, wenn die Nullhypothese $\beta = 0$ erfüllt ist, andernfalls größer. Somit läßt diese sich durch einen einseitigen v^2-Test:

$$\frac{s_3^2(0)}{s^2} = v^2 \left[1, \left(\sum_{i=1}^{k} N_i\right) - 2\right]$$

prüfen. Fällt dieser Wert sehr groß aus, so ist die Hypothese $\beta = 0$ zu verwerfen und die Regression ist gesichert. Im gegenteiligen Falle ist der Schluß $\eta_1 = \cdots = \eta_i = \cdots = \eta_k$ berechtigt, da ja eine lineare Abhängigkeit gemäß (1) vorausgesetzt wurde.

Das Prinzip dieses Tests ist jenem von 2.4 für die Prüfung der Gleichheit von k Erwartungswerten analog. Dort war geprüft worden:

$$\frac{\sum_{i=1}^{k} N_i (\bar{y}_i - \bar{y})^2 / (k-1)}{\sum_{i=1}^{k} \sum_{\nu=1}^{N_i} (y_{i\nu} - \bar{y}_i)^2 \Big/ \left[\left(\sum_{i=1}^{k} N_i\right) - k\right]} = v^2 \left[k-1, \left(\sum_{i=1}^{k} N_i\right) - k\right],$$

während hier zur Untersuchung gelangt:

$$\frac{\sum_{i=1}^{k} w_i N_i (Y_i - \bar{y})^2 / 1}{\sum_{i=1}^{k} \sum_{\nu=1}^{N_i} w_i (y_{i\nu} - Y_i)^2 \Big/ \left[\left(\sum_{i=1}^{k} N_i\right) - 2\right]} = v^2 \left[1, \left(\sum_{i=1}^{k} N_i\right) - 2\right].$$

Im Falle konstanter Varianz $\sigma_i^2 = \sigma^2$, $i = 1, \ldots, k$, ist $w_i = 1$, $i = 1, \ldots, k$, und man erkennt, daß die zur Varianzanalyse gehörigen Stichprobenmittelwerte $\bar{y}_i$ hier lediglich ersetzt werden durch die empirischen Regressionswerte Y_i. Während die $\bar{y}_i$ jedoch unabhängig voneinander existierten, kommt in den Y_i ein systematischer Zusammenhang zur Geltung: dies äußert sich in der Verschiedenheit der Freiheitsgrade.

Als Resultat der Regressionsanalyse läßt sich festhalten (vgl. Tab. 2.522.2):

1. a ist normal verteilt um α mit der Varianz

$$\operatorname{Var} a = \frac{\sigma^2}{\sum_{i=1}^{k} w_i N_i};$$

2. b ist normal verteilt um β mit der Varianz

$$\operatorname{Var} b = \frac{\sigma^2}{\sum_{i=1}^{k} w_i N_i (x_i - \bar{x})^2};$$

3. a und b sind stochastisch unabhängig und unabhängig von s^2;

4. $Y = a + b(x - \bar{x})$ ist normal verteilt um $\eta = f(x) = \alpha + \beta\,(x - \bar{x})$ mit der Varianz

$$\operatorname{Var} Y = \operatorname{Var} a + (x - \bar{x})^2 \operatorname{Var} b = \sigma^2 \left[\frac{1}{\sum_{i=1}^{k} w_i N_i} + \frac{(x - \bar{x})^2}{\sum_{i=1}^{k} w_i N_i (x_i - \bar{x})^2}\right].$$

Daher wird η am genauesten durch Y abgeschätzt, wenn $x = \bar{x}$. Für große $|x - \bar{x}|$ wird die Regressionsrechnung also recht unzuverlässig.

Da σ^2 selber nicht bekannt ist und durch

$$s^2 = \frac{\sum_{i=1}^{k} \sum_{\nu=1}^{N_i} w_i N_i (y_{i\nu} - Y_i)^2}{\left(\sum_{i=1}^{k} N_i\right) - 2} = \sigma^2 \frac{\chi^2_{\left(\sum_{i=1}^{k} N_i\right) - 2}}{\left(\sum_{i=1}^{k} N_i\right) - 2} \tag{40}$$

geschätzt wird, lassen sich die Vertrauensgrenzen für a, b und Y mit Hilfe der für den Freiheitsgrad $\left(\sum_{i=1}^{k} N_i\right) - 2$ geltenden t-Verteilung angeben:

$$t = \frac{a - \alpha}{s_a}, \qquad s_a^2 = \frac{s^2}{\sum_{i=1}^{k} w_i N_i},$$

$$t = \frac{b - \beta}{s_b}, \qquad s_b^2 = \frac{s^2}{\sum_{i=1}^{k} w_i N_i (x_i - \bar{x})^2},$$

$$t = \frac{Y - \eta}{s_Y}, \qquad s_Y^2 = s^2 \left[\frac{1}{\sum_{i=1}^{k} w_i N_i} + \frac{(x - \bar{x})^2}{\sum_{i=1}^{k} w_i N_i (x_i - \bar{x})^2}\right].$$

Spezialfälle:

1. $\sigma_i^2 = \sigma^2, i = 1, \ldots, k$

Dann ist $w_i = 1$ für alle $i = 1, \ldots, k$.

2. $N_i = 1,\ i = 1, \ldots, k$

Dann ist $y_{i\nu} = y_i = \bar{y}_i$ für $i = 1, \ldots, k$ und die folgenden Vereinfachungen gelten:

$$\bar{x} = \frac{\sum_{i=1}^{k} w_i x_i}{\sum_{i=1}^{k} w_i} \qquad \text{statt (7)},$$

$$\bar{y} = \frac{\sum_{i=1}^{k} w_i y_i}{\sum_{i=1}^{k} w_i} \qquad \text{statt (9)},$$

$$b = \frac{\sum_{i=1}^{k} w_i(x_i - \bar{x})\, y_i}{\sum_{i=1}^{k} w_i(x_i - \bar{x})^2} = \frac{\sum_{i=1}^{k} w_i(x_i - \bar{x})\,(y_i - \bar{y})}{\sum_{i=1}^{k} w_i(x_i - \bar{x})^2} \qquad \text{statt (19)}.$$

Für a gilt weiterhin $a = \bar{y}$.

Die Hypothese der Linearität des Regressionsansatzes läßt sich in diesem Falle nicht mehr mit dem v^2-Test prüfen, da s_1^2 nicht mehr existiert. Man wird sich hier daher meist mit der Begutachtung einer graphischen Darstellung der Punkte (x_i, y_i) von Auge begnügen.

3. *Die Gerade soll durch den Nullpunkt gehen.*

Dann lautet der Regressionsansatz

$$\eta = f(x) = \beta x$$

und man hat

$$b = \frac{\sum_{i=1}^{k} w_i N_i x_i \bar{y}_i}{\sum_{i=1}^{k} w_i N_i x_i^2} \qquad \text{statt (19)}.$$

Der Freiheitsgrad von $Q^{(**)}$ bzw. $Q^{(2)}$ beträgt hier $k - 1$ statt $k - 2$ wie früher, weil nur mehr *eine* lineare Beziehung zwischen den k linearen Funktionen der $\bar{y}_i$, deren Quadrate in $Q^{(**)}$ bzw. $Q^{(2)}$ vorkommen, analog (17) existiert.

4. $\beta = 0$

Dann lautet der Regressionsansatz

$$\eta = f(x) = \alpha .$$

Gemäß (16) gilt hier

$$a = \bar{y} = \frac{\sum_{i=1}^{k} w_i N_i \bar{y}_i}{\sum_{i=1}^{k} w_i N_i} = Y_i, \qquad i = 1, \ldots, k$$

und man ist für $w_i = 1,\ i = 1, \ldots, k$ auf den Fall von Abschn. 2.4 zurückgeführt.

2.53. Einfache lineare Korrelationsrechnung

2.531. Voraussetzungen

Die im vorhergehenden Abschn. 2.521 getroffenen Voraussetzungen seien hier dadurch ergänzt, daß x selber eine normal verteilte Zufallsvariable darstellt; ferner werde spezialisiert:

A) bleibt unverändert;

B) bleibt unverändert;

C) $\operatorname{Var}(y \mid x) = \text{konst.} = \omega^2$;

D) bleibt unverändert;

E) $E(y \mid x) = E(y) + \lambda[x - E(x)]$.

Man wird sehen, daß die gemeinsame Verteilung von x und y dann eine zweidimensionale Normalverteilung mit der Wahrscheinlichkeitsdichte $p(x, y) = p_x(x)\, p_y(y \mid x)$ ist. Die Größen x und y heißen deshalb „normal korreliert". Beide Variable sind in diesem Falle von gleicher Eigenschaft, weshalb eine Umbenennung in $x = x_1$ und $y = x_2$ vernünftig erscheint.

Seien

$$E(x_1) = \mu_1, \tag{1}$$

$$E(x_2) = \mu_2, \tag{2}$$

$$\operatorname{Var} x_1 = \sigma_1^2, \tag{3}$$

$$\operatorname{Var} x_2 = \sigma_2^2. \tag{4}$$

Dann gilt also

$$E(x_2 \mid x_1) = \mu_2 + \lambda(x_1 - \mu_1), \tag{5}$$

$$\operatorname{Var}(x_2 \mid x_1) = \omega^2, \tag{6}$$

und es besteht die Beziehung

$$\sigma_2^2 = \omega^2 + \lambda^2 \sigma_1^2. \tag{7}$$

Tatsächlich ist ja

$$\sigma_2^2 = E(x_2^2) - E^2(x_2) = \int E(x_2^2 \mid x_1)\, p_{x_1}(x_1)\, dx_1 - \mu_2^2.$$

Nun wird wegen

$$\omega^2 = E(x_2^2 \mid x_1) - E^2(x_2 \mid x_1)$$

aber

$$E(x_2^2 \mid x_1) = \omega^2 + E^2(x_2 \mid x_1) = \omega^2 + [\mu_2 + \lambda(x_1 - \mu_1)]^2,$$

so daß

$$\begin{aligned}\sigma_2^2 &= \int [\omega^2 + \mu_2^2 + 2\mu_2 \lambda(x_1 - \mu_1) + \lambda^2 (x_1 - \mu_1)^2]\, p_{x_1}(x_1)\, dx_1 - \mu_2^2 \\ &= \omega^2 + \mu_2^2 + \lambda^2 \sigma_1^2 - \mu_2^2,\end{aligned}$$

woraus (7) folgt. Also wird

$$p(x_1, x_2) = p_{x_1}(x_1)\, p_{x_2}(x_2 \mid x_1)$$

$$= \frac{1}{\sqrt{2\pi}\,\sigma_1} e^{-\frac{(x_1-\mu_1)^2}{2\sigma_1^2}} \frac{1}{\sqrt{2\pi}\,\omega} e^{-\frac{[x_2-\mu_2-\lambda(x_1-\mu_1)]^2}{2\omega^2}}. \tag{8}$$

Durch Umformung unter Verwendung von (7) und bei Einführung der Bezeichnung

$$\lambda \frac{\sigma_1}{\sigma_2} = \varrho \tag{9}$$

erhält man

$$p(x_1, x_2) = \frac{1}{2\pi\,\sigma_1\,\sigma_2\sqrt{1-\varrho^2}}\, e^{-\frac{1}{2(1-\varrho^2)}\left[\left(\frac{x_1-\mu_1}{\sigma_1}\right)^2 + \left(\frac{x_2-\mu_2}{\sigma_2}\right)^2 - 2\varrho\left(\frac{x_1-\mu_1}{\sigma_1}\right)\left(\frac{x_2-\mu_2}{\sigma_2}\right)\right]}. \tag{10}$$

Dies ist die Wahrscheinlichkeitsdichte der zweidimensionalen Normalverteilung (vgl. 1.457, Beispiel 2). Die in (9) definierte Größe ϱ ist also der Korrelationskoeffizient (vgl. 1.456) und es gilt

$$\underline{E(x_2 \mid x_1)} = \mu_2 + \lambda(x_1 - \mu_1) = \underline{\mu_2 + \varrho\frac{\sigma_2}{\sigma_1}(x_1 - \mu_1)}, \tag{11}$$

$$\underline{\operatorname{Var}(x_2 \mid x_1)} = \omega^2 = \sigma_2^2 - \lambda^2\sigma_1^2 = \underline{\sigma_2^2(1-\varrho^2)}. \tag{12}$$

Wegen der Symmetrie von (10) gilt aber auch

$$\underline{E(x_1 \mid x_2) = \mu_1 + \varrho\frac{\sigma_1}{\sigma_2}(x_2 - \mu_2)}, \tag{13}$$

$$\underline{\operatorname{Var}(x_1 \mid x_2) = \sigma_1^2(1-\varrho^2)}, \tag{14}$$

während man kontrolliert, daß

$$\operatorname{Cov}(x_1, x_2) = \int_{x_1}\int_{x_2} (x_1 - \mu_1)(x_2 - \mu_2)\, p(x_1, x_2)\, dx_1\, dx_2 \tag{15}$$

$$= \int_{x_1} (x_1 - \mu_1)\, p_{x_1}(x_1) \left\{\int_{x_2} (x_2 - \mu_2)\, p_{x_2}(x_2 \mid x_1)\, dx_2\right\} dx_1$$

$$= \int_{x_1} (x_1 - \mu_1)\, p_{x_1}(x_1)\, [E(x_2 \mid x_1) - \mu_2]\, dx_1$$

$$= \int_{x_1} (x_1 - \mu_1)\, p_{x_1}(x_1)\, \varrho\frac{\sigma_2}{\sigma_1}(x_1 - \mu_1)\, dx_1$$

$$= \varrho\frac{\sigma_2}{\sigma_1}\sigma_1^2,$$

$$\underline{\operatorname{Cov}(x_1, x_2) = \varrho\,\sigma_1\,\sigma_2}. \tag{16}$$

Als *Spezialfall* sei $\underline{\varrho = 0}$ angeführt: dann sind x_1 und x_2 unabhängig und (11) und (12) führen zu

$$E(x_2 \mid x_1) = \mu_2 = E(x_2),$$

$$\operatorname{Var}(x_2 \mid x_1) = \sigma_2^2 = \operatorname{Var}(x_2).$$

Durch Einführung von

$$\frac{x_1 - \mu_1}{\sigma_1} = u_1 \tag{17}$$

$$\frac{x_2 - \mu_2}{\sigma_2} = u_2 \tag{18}$$

läßt sich die Verteilung standardisieren:

$$\underline{p(x_1, x_2)\, dx_1\, dx_2}$$

$$\underline{= \varphi(u_1, u_2)\, du_1\, du_2 = \frac{1}{2\pi\sqrt{1-\varrho^2}}\, e^{-\frac{1}{2(1-\varrho^2)}(u_1^2 + u_2^2 - 2\varrho u_1 u_2)}\, du_1\, du_2.} \tag{19}$$

Es gilt dann

Tabelle 2.531.1

allgemeine zweidimensionale Normalverteilung	standardisierte zweidimensionale Normalverteiluug
$E(x_1) = \mu_1$	$E(u_1) = 0$
$\operatorname{Var} x_1 = \sigma_1^2$	$\operatorname{Var} u_1 = 1$
$E(x_2) = \mu_2$	$E(u_2) = 0$
$\operatorname{Var} x_2 = \sigma_2^2$	$\operatorname{Var} u_2 = 1$
$\operatorname{Cov}(x_1, x_2) = \varrho\, \sigma_1\, \sigma_2$	$\operatorname{Cov}(u_1, u_2) = \varrho$
$E(x_1 \mid x_2) = \mu_1 + \varrho \frac{\sigma_1}{\sigma_2}(x_2 - \mu_2)$	$E(u_1 \mid u_2) = \varrho\, u_2$
$\operatorname{Var}(x_1 \mid x_2) = \sigma_1^2(1 - \varrho^2)$	$\operatorname{Var}(u_1 \mid u_2) = 1 - \varrho^2$
$E(x_2 \mid x_1) = \mu_2 + \varrho \frac{\sigma_2}{\sigma_1}(x_1 - \mu_1)$	$E(u_2 \mid u_1) = \varrho\, u_1$
$\operatorname{Var}(x_2 \mid x_1) = \sigma_2^2(1 - \varrho^2)$	$\operatorname{Var}(u_2 \mid u_1) = 1 - \varrho^2$

2.532. Einige Eigenschaften der zweidimensionalen Normalverteilung

Nun seien einige wichtige Eigenschaften der zweidimensionalen Normalverteilung durchgesprochen. Von den Randverteilungen weiß man (1.424, Beispiel 2), daß sie normal sind. Ferner wird wohl die Form der *Schnitte* der Verteilung mit zu den Koordinatenachsen orthogonalen Ebenen interessieren.

Ein *Schnitt mit einer Ebene* $\perp x_1$ muß zu einer Glockenkurve führen, denn dies entspricht Voraussetzung A), wonach x_2 für jedes feste x_1 einer bedingten Normalverteilung folgt:

$$p_{x_2}(x_2 \mid x_1) = \frac{1}{\sqrt{2\pi}\,\sigma_2\sqrt{1-\varrho^2}}\, e^{-\frac{\left[x_2-\mu_2-\varrho\frac{\sigma_2}{\sigma_1}(x_1-\mu_1)\right]^2}{2\sigma_2^2(1-\varrho^2)}} \tag{1}$$

Da aber

$$p(x_1, x_2) = p_{x_1}(x_1)\, p_{x_2}(x_2 \mid x_1), \tag{2}$$

ergibt sich durch Wahl eines festen $x_1 = k_1$, daß $p(k_1, x_2)$ bis auf einen konstanten Faktor der Wahrscheinlichkeitsdichte einer Normalverteilung ähnelt.

Die in Gl. (10) von 2.531 sich manifestierende Symmetrie gestattet den Schluß, daß auch

$$p_{x_1}(x_1 \mid x_2) = \frac{1}{\sqrt{2\pi}\,\sigma_1\sqrt{1-\varrho^2}}\, e^{-\frac{\left[x_1-\mu_1-\varrho\frac{\sigma_1}{\sigma_2}(x_2-\mu_2)\right]^2}{2\sigma_1^2(1-\varrho^2)}} \tag{3}$$

gelten muß und der *Schnitt mit einer Ebene* $\perp x_2$ zu einer Kurve $p(x_1, k_2)$ führt, die gleichfalls bis auf einen konstanten Faktor die Wahrscheinlichkeitsdichte einer Normalverteilung beschreibt.

Ein *Schnitt mit einer Ebene parallel zur* (x_1, x_2)-Ebene liefert $p(x_1, x_2) =$ konst., so daß für den Exponenten von (10, 2.531) gelten muß, wenn c eine Konstante ist:

$$\frac{1}{2(1-\varrho^2)}\left[\left(\frac{x_1-\mu_1}{\sigma_1}\right)^2 + \left(\frac{x_2-\mu_2}{\sigma_2}\right)^2 - 2\varrho\left(\frac{x_1-\mu_1}{\sigma_1}\right)\left(\frac{x_2-\mu_2}{\sigma_2}\right)\right] = \frac{c^2}{2}. \tag{4}$$

Dies ist die Gleichung einer Ellipse mit dem Zentrum $x_1 = \mu_1$, $x_2 = \mu_2$. Für $\varrho \neq 0$ sind ihre Achsen nicht parallel zu den Koordinatenachsen x_1 und x_2.

Es ist stets möglich, zwei Variable y_1 und y_2 als lineare Funktionen von x_1 und x_2 so darzustellen, daß y_1 und y_2 normal verteilt und stochastisch unabhängig sind. Legt man nämlich ein gedrehtes Koordinatensystem (y_1, y_2) in die Ellipsenachsen, so gilt (vgl. Abb. 2.1):

$$y_1 = (x_1-\mu_1)\cos\alpha + (x_2-\mu_2)\sin\alpha, \tag{5}$$

$$y_2 = -(x_1-\mu_1)\sin\alpha + (x_2-\mu_2)\cos\alpha. \tag{6}$$

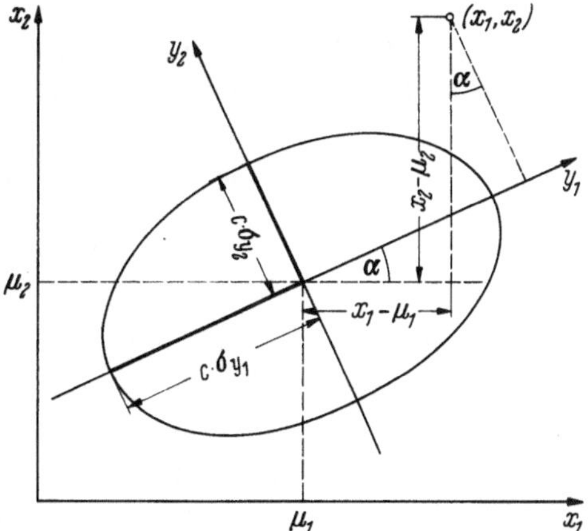

Abb. 2.1. Koordinatentransformation

Multipliziert man (5) mit $\cos\alpha$ und (6) mit $-\sin\alpha$ und addiert man die Resultate, so erhält man

$$y_1 \cos\alpha - y_2 \sin\alpha = x_1 - \mu_1. \tag{7}$$

Analog liefert die Multiplikation von (5) mit $\sin\alpha$ und von (6) mit $\cos\alpha$ und die Addition der Resultate

$$y_1 \sin\alpha + y_2 \cos\alpha = x_2 - \mu_2. \tag{8}$$

Die Funktionaldeterminate für Substitution von x_1 und x_2 gemäß (7) und (8) lautet

$$\varDelta = \begin{vmatrix} \frac{\partial x_1}{\partial y_1} & \frac{\partial x_1}{\partial y_2} \\ \frac{\partial x_2}{\partial y_1} & \frac{\partial x_2}{\partial y_2} \end{vmatrix} = \begin{vmatrix} \cos\alpha & -\sin\alpha \\ \sin\alpha & \cos\alpha \end{vmatrix} = \cos^2\alpha + \sin^2\alpha = 1 \tag{9}$$

und es gilt

$$p(x_1, x_2)\, dx_1\, dx_2 = f(y_1, y_2)\, \varDelta\, dy_1\, dy_2 = \frac{1}{2\pi\,\sigma_1\,\sigma_2 \sqrt{1-\varrho^2}}\, e^{-\frac{1}{2}F(y_1,\, y_2)}\, dy_1\, dy_2 \tag{10}$$

mit

$$F(y_1, y_2) = \frac{1}{1-\varrho^2}\left[\left(\frac{y_1\cos\alpha - y_2\sin\alpha}{\sigma_1}\right)^2 + \left(\frac{y_1\sin\alpha + y_2\cos\alpha}{\sigma_2}\right)^2 - \right.$$
$$\left. - 2\varrho\left(\frac{y_1\cos\alpha - y_2\sin\alpha}{\sigma_1}\right)\left(\frac{y_1\sin\alpha + y_2\cos\alpha}{\sigma_2}\right)\right]. \tag{11}$$

Durch Umformung erhält man

$$F(y_1, y_2) = \frac{1}{1-\varrho^2}\left[y_1^2\left(\frac{\cos^2\alpha}{\sigma_1^2} + \frac{\sin^2\alpha}{\sigma_2^2} - \frac{\varrho\sin 2\alpha}{\sigma_1\sigma_2}\right) + \right.$$
$$+ y_2^2\left(\frac{\sin^2\alpha}{\sigma_1^2} + \frac{\cos^2\alpha}{\sigma_2^2} + \frac{\varrho\sin 2\alpha}{\sigma_1\sigma_2}\right) -$$
$$\left. - y_1 y_2\left(\frac{\sin 2\alpha}{\sigma_1^2} - \frac{\sin 2\alpha}{\sigma_2^2} + \frac{2\varrho\cos 2\alpha}{\sigma_1\sigma_2}\right)\right]. \tag{12}$$

Durch geeignete Wahl von α läßt sich das Glied mit $y_1 y_2$ in (12) nun zum Wegfall bringen; es muß lediglich

$$\left(\frac{1}{\sigma_1^2} - \frac{1}{\sigma_2^2}\right)\sin 2\alpha + \frac{2\varrho}{\sigma_1\sigma_2}\cos 2\alpha = 0 \tag{13}$$

oder

$$\underline{\tan 2\alpha = \frac{2\varrho\,\sigma_1\,\sigma_2}{\sigma_1^2 - \sigma_2^2}}. \tag{14}$$

Genügt α der Gl. (14), so sind y_1 und y_2 linear unabhängig. Führt man nämlich ein

$$\frac{1}{\sigma_{y_1}^2} = \frac{1}{1-\varrho^2}\left(\frac{\cos^2\alpha}{\sigma_1^2} + \frac{\sin^2\alpha}{\sigma_2^2} - \frac{\varrho\sin 2\alpha}{\sigma_1\sigma_2}\right), \tag{15}$$

$$\frac{1}{\sigma_{y_2}^2} = \frac{1}{1-\varrho^2}\left(\frac{\sin^2\alpha}{\sigma_1^2} + \frac{\cos^2\alpha}{\sigma_2^2} + \frac{\varrho\sin 2\alpha}{\sigma_1\sigma_2}\right), \tag{16}$$

so wird bei Gültigkeit von (14) aus (12) jetzt

$$F(y_1, y_2) = \frac{y_1^2}{\sigma_{y_1}^2} + \frac{y_2^2}{\sigma_{y_2}^2}. \tag{17}$$

Also ist gemäß (10) und bei Gültigkeit von (14):

$$p(x_1, x_2)\, dx_1\, dx_2 = \frac{1}{2\pi\, \sigma_1\, \sigma_2 \sqrt{1-\varrho^2}}\, e^{-\frac{1}{2}\left(\frac{y_1^2}{\sigma_{y_1}^2} + \frac{y_2^2}{\sigma_{y_2}^2}\right)}\, dy_1\, dy_2. \tag{18}$$

Es muß nun nur mehr gezeigt werden, daß

$$\sigma_1\, \sigma_2 \sqrt{1-\varrho^2} = \sigma_{y_1}\, \sigma_{y_2}. \tag{19}$$

Dann stellt (18) tatsächlich eine zweidimensionale Normalverteilung für die Variablen y_1 und y_2 dar, die unabhängig sind und die Erwartungswerte $E(y_1) = 0$, $E(y_2) = 0$ und die Varianzen $\operatorname{Var} y_1 = \sigma_{y_1}^2$, $\operatorname{Var} y_2 = \sigma_{y_2}^2$ besitzen. Durch Addition von (15) und (16) erhält man

$$\frac{1}{\sigma_{y_1}^2} + \frac{1}{\sigma_{y_2}^2} = \frac{1}{1-\varrho^2}\left(\frac{1}{\sigma_1^2} + \frac{1}{\sigma_2^2}\right). \tag{20}$$

Zieht man hingegen (16) von (15) ab, so wird

$$\frac{1}{\sigma_{y_1}^2} - \frac{1}{\sigma_{y_2}^2} = \frac{1}{1-\varrho^2}\left[\left(\frac{1}{\sigma_1^2} - \frac{1}{\sigma_2^2}\right)(\cos^2\alpha - \sin^2\alpha) - \frac{2\varrho \sin 2\alpha}{\sigma_1\, \sigma_2}\right]$$

$$= \frac{1}{1-\varrho^2}\left[\left(\frac{1}{\sigma_1^2} - \frac{1}{\sigma_2^2}\right)\cos 2\alpha - \frac{2\varrho \sin 2\alpha}{\sigma_1\, \sigma_2}\right].$$

Unter Verwendung von (13) führt dies zu

$$\frac{1}{\sigma_{y_1}^2} - \frac{1}{\sigma_{y_2}^2} = \frac{-2\varrho}{(1-\varrho^2)\, \sigma_1\, \sigma_2 \sin 2\alpha}.$$

Dann wird:

$$\left(\frac{1}{\sigma_{y_1}^2} + \frac{1}{\sigma_{y_2}^2}\right)^2 - \left(\frac{1}{\sigma_{y_1}^2} - \frac{1}{\sigma_{y_2}^2}\right)^2 = \frac{4}{\sigma_{y_1}^2\, \sigma_{y_2}^2}$$

$$= \left(\frac{1}{1-\varrho^2}\right)^2 \left[\left(\frac{1}{\sigma_1^2} + \frac{1}{\sigma_2^2}\right)^2 - \frac{4\varrho^2}{\sigma_1^2\, \sigma_2^2 \sin^2 2\alpha}\right].$$

Bedenkt man, daß

$$\frac{1}{\sin^2 2\alpha} = \frac{1}{\tan^2 2\alpha} + 1,$$

und verwendet man für $\tan 2\alpha$ den Ausdruck (14), so erhält man nach einigem Rechnen tatsächlich (19).
(19) und (20) liefern zusammen

$$\sigma_{y_1}^2 + \sigma_{y_2}^2 = \sigma_1^2 + \sigma_2^2. \tag{21}$$

Die Beziehungen (21) und (19) lassen sich zur Bestimmung von σ_{y_1} und σ_{y_2} verwenden, ohne daß man den Winkel α berechnen müßte. Dann ergibt sich jedoch die Notwendigkeit, zu überlegen, ob $\sigma_{y_1}^2 > \sigma_{y_2}^2$ oder umgekehrt, da aus Symmetriegründen beide Möglichkeiten offenstehen. Deshalb ist die Berechnung von σ_{y_1} und σ_{y_2} nach (15) und (16) vorzuziehen.

Das Vorgehen bei Transformation der Variablen ist also das folgende:

1. x_1 und x_2 sind verteilt gemäß [(10) 2.531];

2. in den Punkt ($x_1 = \mu_1, x_2 = \mu_2$) legt man den Ursprung eines neuen Koordinatensystems (y_1, y_2), so daß die y_1-Achse den Winkel α mit der x_1-Achse einschließt; α wird ausgehend von der x_1-Achse gezählt;

3. man wählt α so, daß (14) gilt;

4. die Variablen y_1 und y_2 sind dann unabhängig: $\mathrm{Cov}(y_1 \cdot y_2) = 0$, und gehorchen einer zweidimensionalen Normalverteilung mit $E(y_1) = 0$, $E(y_2) = 0$; die Varianz von y_1 berechnet man aus (15), jene von y_2 aus (16);

5. zur Kontrolle prüft man, ob (19) und (21) erfüllt sind.

Eine Folge dieser Möglichkeit, für jede zweidimensionale Normalverteilung ein Koordinatensystem zu finden, in welchem die zugehörigen Variablen stochastisch unabhängig sind, besteht darin, daß der Additionssatz der Normalverteilung (vgl. 1.722, Beispiel zum Faltungssatz) auch für abhängige Zufallsvariable gilt. Tatsächlich lassen sich im zweidimensionalen Falle ja x_1 und x_2 darstellen gemäß (7) und (8):

$$x_1 = y_1 \cos\alpha - y_2 \sin\alpha + \mu_1,$$
$$x_2 = y_1 \sin\alpha + y_2 \cos\alpha + \mu_2,$$

so daß die Summenvariable

$$z = a_0 + a_1 x_1 + a_2 x_2$$

auch geschrieben werden kann

$$z = b_0 + b_1 y_1 + b_2 y_2.$$

Hierin sind a_0, a_1, a_2 sowie b_0, b_1, b_2 Konstante.

Da y_1 und y_2 sich aber stets dadurch unabhängig machen lassen, daß (14) erfüllt wird, ist für sie der gewöhnliche Additionssatz der Normalverteilung bei unabhängigen Variablen anwendbar. Die Gültigkeit dieser Überlegung auch für höherdimensionale Fälle zeigt man durch Induktion.

Die durch den Schnitt der Verteilung von (x_1, x_2) mit einer Ebene parallel zur (x_1, x_2)-Ebene entstehenden Ellipsen lassen sich besonders einfach formulieren, wenn man sie in den Koordinaten y_1 und y_2 ausdrückt; wegen

$$\frac{1}{1-\varrho^2}\left[\left(\frac{x_1-\mu_1}{\sigma_1}\right)^2 + \left(\frac{x_2-\mu_2}{\sigma_2}\right)^2 - 2\varrho\left(\frac{x_1-\mu_1}{\sigma_1}\right)\left(\frac{x_2-\mu_2}{\sigma_2}\right)\right] = \frac{y_1^2}{\sigma_{y_1}^2} + \frac{y_2^2}{\sigma_{y_2}^2} \tag{22}$$

bedeutet (4) nämlich, daß gelten muß:

$$\frac{y_1^2}{\sigma_{y_1}^2} + \frac{y_2^2}{\sigma_{y_2}^2} = c^2. \tag{23}$$

Die Ellipse hat also die Halbachsen $c\,\sigma_{y_1}$ und $c\,\sigma_{y_2}$ (die Halbachse $c\,\sigma_{y_1}$ braucht nicht die größere zu sein!). Wegen der stochastischen Unabhängigkeit von y_1 und y_2 und weil $\frac{y_1}{\sigma_{y_1}}$ und $\frac{y_2}{\sigma_{y_2}}$ beide standardisiert-normal verteilt sind, gilt

$$\left(\frac{y_1}{\sigma_{y_1}}\right)^2 + \left(\frac{y_2}{\sigma_{y_2}}\right)^2 = \chi_2^2, \tag{24}$$

wobei der Index 2 von χ_2^2 auf den Freiheitsgrad 2 hindeutet. Somit beträgt die Wahrscheinlichkeit, daß (x_1, x_2) innerhalb der Ellipse (23) liegt, $P(\chi_2^2 \leqq c^2)$.

2.533. Zusammenhang zwischen Regressions- und Korrelationsrechnung

Die Voraussetzungen der Korrelationsrechnung (2.531) erfüllen alle Voraussetzungen der Regressionsrechnung (2.521); es wird aber noch zusätzlich vorausgesetzt, daß x_1 selber eine Zufallsgröße ist. Dies ergibt eine Symmetrie in bezug auf x_1 und x_2 und liefert dadurch zwei theoretische Regressionsgerade (vgl. Tab. 2.531.1; s. Abb. 2.2):

$$X_{2_{\text{theor}}} = E(x_2 \mid x_1) = \mu_2 + \varrho \frac{\sigma_2}{\sigma_1}(x_1 - \mu_1) = \mu_2 + \beta_{x_2|x_1}(x_1 - \mu_1), \quad (1)$$

$$X_{1_{\text{theor}}} = E(x_1 \mid x_2) = \mu_1 + \varrho \frac{\sigma_1}{\sigma_2}(x_2 - \mu_2) = \mu_1 + \beta_{x_1|x_2}(x_2 - \mu_2). \quad (2)$$

$\beta_{x_2|x_1} = \varrho \frac{\sigma_2}{\sigma_1}$ und $\beta_{x_1|x_2} = \varrho \frac{\sigma_1}{\sigma_2}$ sind die theoretischen Regressionskoeffizienten und daher hat der Korrelationskoeffizient den Absolutwert

$$|\varrho| = \sqrt{\beta_{x_2|x_1}\beta_{x_1|x_2}}. \quad (3)$$

(2) kann man für $\varrho \neq 0$ auch umformulieren zu

$$x_2 = \mu_2 + \frac{1}{\varrho}\frac{\sigma_2}{\sigma_1}(X_{1_{\text{theor}}} - \mu_1). \quad (4)$$

Dann erkennt man:

1. Die beiden Geraden (1) und (4) schneiden sich im Punkt

$$(x_1 = X_{1_{\text{theor}}} = \mu_1, x_2 = X_{2_{\text{theor}}} = \mu_2).$$

2. Für $\varrho = \pm 1$ fallen beide Geraden zusammen.

3. Für $|\varrho| < 1$ ist Gerade (1) flacher als Gerade (4) gegen die Abszissenachse x_1 bzw. $X_{1_{\text{theor}}}$ geneigt.

Für $\underline{\varrho = 0}$ erkennt man direkt aus (1) und (2), daß die beiden Geraden orthogonal sind, nämlich (1) parallel zur x_1-Achse, (2) parallel zur x_2-Achse.

Die theoretischen Regressionsgeraden (2) und (1) schneiden die Ellipsen

$$K(x_1, x_2) = \frac{1}{1-\varrho^2}\left[\left(\frac{x_1-\mu_1}{\sigma_1}\right)^2 + \left(\frac{x_2-\mu_2}{\sigma_2}\right)^2 - \right.$$
$$\left. - 2\varrho\left(\frac{x_1-\mu_1}{\sigma_1}\right)\left(\frac{x_2-\mu_2}{\sigma_2}\right)\right] - c^2 = 0 \quad (5)$$

so, daß die Tangenten in den Schnittpunkten parallel zur x_1- bzw. x_2-Achse verlaufen[1]:

$$\frac{dx_2}{dx_1} = -\frac{\dfrac{\partial K(x_1, x_2)}{\partial x_1}}{\dfrac{\partial K(x_1, x_2)}{\partial x_2}} = -\frac{\dfrac{1}{1-\varrho^2}\left[2\,\dfrac{x_1-\mu_1}{\sigma_1^2} - 2\varrho\,\dfrac{x_2-\mu_2}{\sigma_1\sigma_2}\right]}{\dfrac{1}{1-\varrho^2}\left[2\,\dfrac{x_2-\mu_2}{\sigma_2^2} - 2\varrho\,\dfrac{x_1-\mu_1}{\sigma_1\sigma_2}\right]}. \quad (6)$$

Setzt man $\dfrac{dx_2}{dx_1} = 0$, so ist der Zähler von (6) null, also

$$\frac{x_1-\mu_1}{\sigma_1} = \varrho\,\frac{x_2-\mu_2}{\sigma_2}$$

oder

$$x_1 = \mu_1 + \varrho\,\frac{\sigma_1}{\sigma_2}(x_2-\mu_2).$$

Dies ist aber die Gleichung der Regressionsgeraden (2). Diese Regressionsgerade geht also durch jene Punkte der Ellipse, wo $\dfrac{dx_2}{dx_1} = 0$, d. h. wo die Tangente parallel zur x_1-Achse verläuft.

Setzt man $\dfrac{dx_2}{dx_1} = \infty$, so ist der Nenner von (6) null:

$$\frac{x_2-\mu_2}{\sigma_2} = \varrho\,\frac{x_1-\mu_1}{\sigma_1}$$

oder

$$x_2 = \mu_2 + \varrho\,\frac{\sigma_2}{\sigma_1}(x_1-\mu_1)$$

und die Regressionsgerade (1) geht durch jene Punkte der Ellipse, deren Tangente parallel zur x_2-Achse verläuft.

Bei *gewöhnlicher Regressionsrechnung* soll die Summe der Abweichungsquadrate der Beobachtungspunkte um die jeweilige (empirische) Regressionsgerade minimal sein:

1. $\underline{X_{2_{\text{theor}}} = \mu_2 + \varrho\,\dfrac{\sigma_2}{\sigma_1}(x_1-\mu_1)}$ (1)

Die Summe der Abweichungsquadrate in x_2-Richtung soll minimal sein: die Regressionsgerade geht durch die Mittelpunkte der vertikalen Ellipsensehnen.

Dies läßt sich durch Auflösung von (5) nach $\left(\dfrac{x_2-\mu_2}{\sigma_2}\right)$ leicht nachkontrollieren:

$$\frac{x_2-\mu_2}{\sigma_2} = \frac{2\varrho\left(\dfrac{x_1-\mu_1}{\sigma_1}\right) \pm \sqrt{4\varrho^2\left(\dfrac{x_1-\mu_1}{\sigma_1}\right)^2 - 4\left[\left(\dfrac{x_1-\mu_1}{\sigma_1}\right)^2 - c^2(1-\varrho^2)\right]}}{2}$$

$$= \varrho\left(\frac{x_1-\mu_1}{\sigma_1}\right) \pm \sqrt{(1-\varrho^2)\left[c^2 - \left(\frac{x_1-\mu_1}{\sigma_1}\right)^2\right]}.$$

[1] Gl. (6) beruht auf der Regel der „impliziten Differentiation"; vgl. hiezu beispielsweise A. Duschek: Vorlesungen über höhere Mathematik, Bd. II, § 3. Wien: Springer 1963.

Der in der Mitte zwischen den beiden Lösungen liegende Wert lautet

$$\frac{x_2 - \mu_2}{\sigma_2} = \varrho \frac{x_1 - \mu_1}{\sigma_1}$$

oder

$$x_2 = \mu_2 + \varrho \frac{\sigma_2}{\sigma_1} (x_1 - \mu_1).$$

Die rechte Seite ist aber die Gl. (1) der theoretischen Regressionsgeraden $X_{2_{\text{theor}}}$.

2. $\underline{X_{1\text{theor}} = \mu_1 + \varrho \frac{\sigma_1}{\sigma_2} (x_2 - \mu_2)}$ (2)

Die Summe der Abweichungquadrate in x_1-Richtung soll minimal sein:

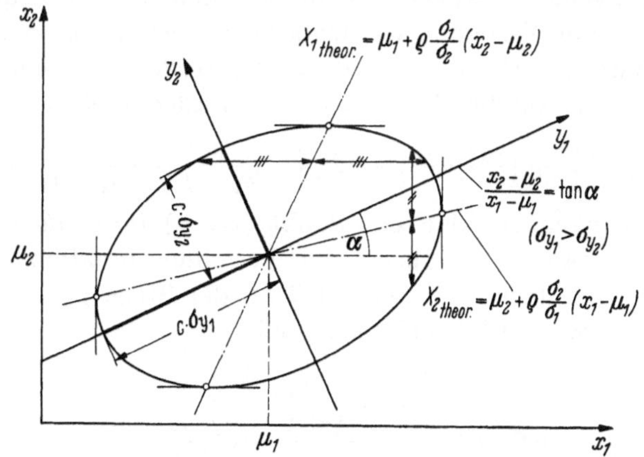

Abb. 2.2. Regressions- und Korrelationsrechnung

die Regressionsgerade geht durch die Mittelpunkte der horizontalen Ellipsensehnen (analoger Beweis).

Bei *orthogonaler Regression* wird die Regressionsgerade durch die größere Ellipsenachse gelegt: die Summe der Quadrate der zu ihr senkrechten Abweichungen ist für sie minimal:

$$\frac{x_2 - \mu_2}{x_1 - \mu_1} = \begin{cases} \tan\alpha & \text{für } \sigma_{y_1} > \sigma_{y_2} \\ \tan\left(\alpha - \frac{\pi}{2}\right) = -\frac{1}{\tan\alpha} & \text{für } \sigma_{y_1} < \sigma_{y_2} \end{cases} \tag{7}$$

mit $\tan 2\alpha = \frac{2\varrho\sigma_1\sigma_2}{\sigma_1^2 - \sigma_2^2}$, (14, 2.532).

Für $\sigma_{y_1} = \sigma_{y_2}$ gibt es keine größere Ellipsenachse, die Ellipse ist ein Kreis und Regression verliert ihren Sinn: durch Gleichsetzung von (15) und (16) von 2.532 ergibt sich $\varrho = 0$.

2.534. Schätzung der Parameter

Es liege eine Stichprobe von k unabhängigen Wertepaaren (x_{1i}, x_{2i}), $i = 1, \ldots, k$, vor. Man interessiert sich dafür, ob die gemeinsame Verteilung der Zufallsvariablen x_1 und x_2 eine zweidimensionale Normalverteilung sei.

Zunächst lassen sich die beiden Randverteilungen untersuchen; erweisen sich diese als nicht normal, so kann auch die gemeinsame Verteilung von (x_1, x_2) keine zweidimensionale Normalverteilung sein (in 1.424, Beispiel 2, ist gezeigt worden, daß die Randverteilungen einer standardisierten zweidimensionalen Normalverteilung normal sind; wegen der in 2.531, Gl. (19) und Tab. 2.531.1 dargelegten Zusammenhänge gilt Analoges auch im nichtstandardisierten Falle). Zeigt die Untersuchung, daß beide Randverteilungen vermutlich normal sind, so ist eine notwendige, jedoch nicht hinreichende Voraussetzung erfüllt, daß die gemeinsame Verteilung tatsächlich eine zweidimensionale Normalverteilung darstellt. Die diesbezügliche Kontrolle fällt leicht.

Am Ende von Abschn. 2.532 ist gesagt worden, daß in diesem Falle

$$\frac{1}{1-\varrho^2}\left[\left(\frac{x_1-\mu_1}{\sigma_1}\right)^2+\left(\frac{x_2-\mu_2}{\sigma_2}\right)^2-2\varrho\left(\frac{x_1-\mu_1}{\sigma_1}\right)\left(\frac{x_2-\mu_2}{\sigma_2}\right)\right]=\chi_2^2. \quad (1)$$

Die Wahrscheinlichkeit, daß ein Punkt (x_1, x_2) *innerhalb* der Ellipse (1) liegt, ist dann also gleich der Verteilungsfunktion $\Phi(\chi_2^2)$ der χ^2-Verteilung mit dem Freiheitsgrad 2 an der Stelle χ_2^2.

Aus 1.462, Beispiel 1, weiß man, daß

$$d\,\Phi(\chi_n^2)=\frac{e^{-\frac{\chi_n^2}{2}}\left(\frac{\chi_n^2}{2}\right)^{\frac{n}{2}-1}}{\Gamma\left(\frac{n}{2}\right)}\,d\left(\frac{\chi_n^2}{2}\right). \quad (2)$$

Für $n = 2$ führt dies zu

$$d\,\Phi(\chi_2^2)=\tfrac{1}{2}e^{-\frac{\chi_2^2}{2}}\,d(\chi_2^2). \quad (3)$$

Somit ist

$$\Phi(\chi_2^2)=\tfrac{1}{2}\int\limits_{z=0}^{z=\chi_2^2}e^{-\frac{z}{2}}\,dz=1-e^{-\frac{\chi_2^2}{2}} \quad (4)$$

und

$$\ln[1-\Phi(\chi_2^2)]=-\frac{\chi_2^2}{2}. \quad (5)$$

Aus den Meßwertepaaren (x_{1i}, x_{2i}) lassen sich entsprechende Werte $\chi_{2_i}^2$ gemäß (1) berechnen, sofern man die Parameter $\mu_1, \mu_2, \sigma_1^2, \sigma_2^2$ und ϱ kennt. Ordnet man die berechneten Werte $\chi_{2_i}^2$ der Größe nach um in $\chi_{2_r}^2$, $r = 1, \ldots, k$, und sind sie alle verschieden groß, so lauten die zugehörigen Approximationen von $\Phi(\chi_2^2)$ dann $\frac{2r-1}{2k}$ (vgl. 1.431, speziell auch für den Fall, daß mehrere $\chi_{2_i}^2$ gleich groß sind!). Eine Darstellung von $-\frac{\chi_{2_r}^2}{2}$ und $1-\frac{2r-1}{2k}$ auf halblogarithmischem Papier sollte bei Gültigkeit einer zweidimensionalen Normalverteilung also eine Gerade liefern.

In der Praxis muß man überall die Parameter μ_1, μ_2, σ_1^2, σ_2^2, ϱ durch Schätzungen $\bar{x}_1$, $\bar{x}_2$, s_1^2, s_2^2, r ersetzen. Die entsprechenden Berechnungsformeln sind im oberen Teil der Tab. 2.534.1 zusammengestellt. Es gilt dann statt (1):

$$\frac{1}{1-r^2}\left[\left(\frac{x_1-\bar{x}_1}{s_1}\right)^2+\left(\frac{x_2-\bar{x}_2}{s_2}\right)^2-2r\left(\frac{x_1-\bar{x}_1}{s_1}\right)\left(\frac{x_2-\bar{x}_2}{s_2}\right)\right]$$
$$=\frac{y_1^2}{s_{y_1}^2}+\frac{y_2^2}{s_{y_2}^2}=\chi_2'^2. \tag{6}$$

Üblicherweise begnügt man sich nicht mit der bloßen Untersuchung, ob die gemeinsame Verteilung von (x_1, x_2) zweidimensional normal ist, sondern man wünscht, bei zufällig gewählten x_1 möglichst genau auf $E(x_2 \mid x_1)$ zu schließen und bei zufällig angetroffenen x_2 möglichst genau $E(x_1 \mid x_2)$ zu bestimmen: dies macht Regressionsrechnung notwendig. Man beachte, daß im vorliegenden Falle der Regressionsrechnung $N_i = 1$, $i = 1, \ldots, k$, gilt. Der untere Teil von Tab. 2.534.1 mag zur Klärung der Zusammenhänge beitragen.

Man beachte, daß die empirischen Regressionskoeffizienten $b_{x_2|x_1}$ bzw. $b_{x_1|x_2}$ hier nicht mehr normal verteilt sind, denn in den hier zur Anwendung gelangenden Berechnungsformeln des Spezialfalls 2 von 2.522, z. B.

$$b_{x_2|x_1}=\frac{\sum_{i=1}^{k}(x_{1i}-\bar{x}_1)(x_{2i}-\bar{x}_2)}{\sum_{i=1}^{k}(x_{1i}-\bar{x}_1)^2}, \tag{7}$$

ist nicht nur x_2 eine Zufallsvariable (damaliges y), sondern neuerdings auch x_1. Bedenkt man indessen, daß die Streuungszerlegung in Anlehnung an Tab. 2.522.2 liefert

$$(b_{x_2|x_1}-\beta_{x_2|x_1})^2\sum_{i=1}^{k}(x_{1i}-\bar{x}_1)^2=\operatorname{Var}(x_2 \mid x_1)\,\chi_1^2, \tag{8}$$

so ist der Ausdruck

$$u=\frac{(b_{x_2|x_1}-\beta_{x_2|x_1})\sqrt{\sum_{i=1}^{k}(x_{1i}-\bar{x}_1)^2}}{\sqrt{\operatorname{Var}(x_2 \mid x_1)}} \tag{9}$$

standardisiert-normal verteilt. In der Praxis muß man wohl $\operatorname{Var}(x_2 \mid x_1)$ durch $s^2_{x_2|x_1}$ approximieren:

$$s^2_{x_2|x_1}=\frac{\sum_{i=1}^{k}(x_{2i}-X_{2i})^2}{k-2}=\operatorname{Var}(x_2 \mid x_1)\,\frac{\chi^2_{k-2}}{k-2}, \tag{10}$$

so daß die Größe

$$t_{x_2|x_1\,k-2}=\frac{(b_{x_2|x_1}-\beta_{x_2|x_1})\sqrt{\sum_{i=1}^{k}(x_{1i}-\bar{x}_1)^2}}{s_{x_2|x_1}} \tag{11}$$

Tabelle 2.534.1

Theoretische Beziehungen		Schätzungen
Standardisiert	Allgemein	
$E(u_1) = 0$	$E(x_1) = \mu_1$	$\bar{x}_1 = \frac{1}{k} \sum x_{1i}$
$\mathrm{Var}(u_1) = 1$	$\mathrm{Var}(x_1) = \sigma_1^2 = E\{(x_1 - \mu_1)^2\}$	$s_1^2 = \frac{1}{k-1} \sum (x_{1i} - \bar{x}_1)^2$
$E(u_2) = 0$	$E(x_2) = \mu_2$	$\bar{x}_2 = \frac{1}{k} \sum x_{2i}$
$\mathrm{Var}(u_2) = 1$	$\mathrm{Var}(x_2) = \sigma_2^2 = E\{(x_2 - \mu_2)^2\}$	$s_2^2 = \frac{1}{k-1} \sum (x_{2i} - \bar{x}_2)^2$
$\varrho = \mathrm{Cov}(u_1, u_2) = E(u_1 u_2)$	$\varrho = \frac{\mathrm{Cov}(x_1, x_2)}{\sigma_1 \sigma_2} = \frac{E\{(x_1 - \mu_1)(x_2 - \mu_2)\}}{\sigma_1 \sigma_2}$	$r = \frac{1}{k-1} \frac{\sum (x_{1i} - \bar{x}_1)(x_{2i} - \bar{x}_2)}{s_1 s_2}$
$E(u_2 \mid u_1) = \varrho u_1$	$E(x_2 \mid x_1) = X_{2_{\mathrm{theor}}} = \mu_2 + \beta_{x_2\mid x_1}(x_1 - \mu_1)$ mit $\beta_{x_2\mid x_1} = \varrho \frac{\sigma_2}{\sigma_1}$ $X_{2_{\mathrm{theor}}} = \mu_2 + \varrho \frac{\sigma_2}{\sigma_1}(x_1 - \mu_1)$	$X_2 = \bar{x}_2 + b_{x_2\mid x_1}(x_1 - \bar{x}_1)$ mit $b_{x_2\mid x_1} = \frac{\sum (x_{1i} - \bar{x}_1) x_{2i}}{\sum (x_{1i} - \bar{x}_1)^2}$ $= \frac{\sum (x_{1i} - \bar{x}_1)(x_{2i} - \bar{x}_2)}{\sum (x_{1i} - \bar{x}_1)^2} = \frac{\sum (x_{1i} - \bar{x}_1)(x_{2i} - \bar{x}_2)}{(k-1) s_1^2} = r \frac{s_2}{s_1}$ $X_2 = \bar{x}_2 + r \frac{s_2}{s_1}(x_1 - \bar{x}_1)$
$\mathrm{Var}(u_2 \mid u_1) = 1 - \varrho^2$	$\mathrm{Var}(x_2 \mid x_1) = \sigma_2^2(1 - \varrho^2)$	$s^2_{x_2\mid x_1} = \frac{1}{k-2} \sum (x_{2i} - X_{2i})^2 = \frac{1}{k-2} \sum \left[(x_{2i} - \bar{x}_2) - r \frac{s_2}{s_1}(x_{1i} - \bar{x}_1)\right]^2$ $= \frac{1}{k-2}\left\{\sum (x_{2i} - \bar{x}_2)^2 - 2r \frac{s_2}{s_1} \sum (x_{1i} - \bar{x}_1)(x_{2i} - \bar{x}_2) + r^2 \frac{s_2^2}{s_1^2} \sum (x_{1i} - \bar{x}_1)^2\right\}$ $= \frac{1}{k-2}\left\{(k-1) s_2^2 - 2r \frac{s_2}{s_1}(k-1) r s_1 s_2 + r^2 \frac{s_2^2}{s_1^2}(k-1) s_1^2\right\}$ $= \frac{k-1}{k-2} s_2^2(1 - r^2)$
$E(u_1 \mid u_2) = \varrho u_2$	$E(x_1 \mid x_2) = X_{1_{\mathrm{theor}}} = \mu_1 + \beta_{x_1\mid x_2}(x_2 - \mu_2)$ $= \mu_1 + \varrho \frac{\sigma_1}{\sigma_2}(x_2 - \mu_2)$	$X_1 = \bar{x}_1 + b_{x_1\mid x_2}(x_2 - \bar{x}_2)$ $= \bar{x}_1 + r \frac{s_1}{s_2}(x_2 - \bar{x}_2)$
$\mathrm{Var}(u_1 \mid u_2) = 1 - \varrho^2$	$\mathrm{Var}(x_1 \mid x_2) = \sigma_1^2(1 - \varrho^2)$	$s^2_{x_1\mid x_2} = \frac{k-1}{k-2} s_1^2(1 - r^2)$

nach t mit dem Freiheitsgrad $k-2$ verteilt ist. Analog gilt

$$t_{x_1|x_{2_{k-2}}} = \frac{(b_{x_1|x_2} - \beta_{x_1|x_2}) \sqrt{\sum_{i=1}^{k} (x_{2i} - \bar{x}_2)^2}}{s_{x_1|x_2}}. \tag{12}$$

Daraus lassen sich die Vertrauensgrenzen von $\beta_{x_2|x_1}$ bzw. von $\beta_{x_1|x_2}$ berechnen.

Soll die Hypothese der linearen Unabhängigkeit zwischen x_1 und x_2 getestet werden, so bedeutet dies, daß gelten muß $\varrho = 0$. Da aber war:

$$\beta_{x_2|x_1} = \varrho \frac{\sigma_2}{\sigma_1} \quad \text{[vgl. 2.533, Gl. (1)]},$$

$$\beta_{x_1|x_2} = \varrho \frac{\sigma_1}{\sigma_2} \quad \text{[vgl. 2.533, Gl. (2)]},$$

sind $\beta_{x_2|x_1} = \beta_{x_1|x_2} = 0$ für $\varrho = 0$. Der Test, ob r nur zufällig von $\varrho = 0$ abweiche, kommt also jenem gleich, daß $b_{x_2|x_1}$ oder $b_{x_1|x_2}$ nur zufällig von $\beta_{x_2|x_1} = 0$ bzw. $\beta_{x_1|x_2} = 0$ abweichen. Man kann hiefür daher (11) bzw. (12) verwenden, indem man darin den betreffenden β-Wert gleich 0 setzt. Es ist jedoch unter Zuhilfenahme von Tab. 2.534.1 auch möglich, hierfür umzuformen, beispielsweise (11):

$$t_{k-2} = \frac{b_{x_2|x_1}}{s_{x_2|x_1}} \sqrt{\sum_{i=1}^{k} (x_{1i} - \bar{x}_1)^2} = \frac{b_{x_2|x_1}}{s_{x_2|x_1}} s_1 \sqrt{k-1}$$

$$= \frac{r \frac{s_2}{s_1} s_1 \sqrt{k-1}}{\sqrt{\frac{k-1}{k-2}}\, s_2 \sqrt{(1-r^2)}} = \frac{r\sqrt{k-2}}{\sqrt{1-r^2}}. \tag{13}$$

Diese Größe ist also verteilt wie t mit dem Freiheitsgrad $k-2$, sofern zwischen x_1 und x_2 keine lineare Abhängigkeit besteht, d. h. sofern $\varrho = 0$ und die Regressionskoeffizienten ebenfalls verschwinden.

Hald weist in seinem Werke [*13*] auf die Gefahr hin, durch ungeschickte Variablenbildung fälschliche Korrelationen zu erzeugen; er führt das Beispiel von drei unabhängigen Variablen (x_1, x_2, x_3) an, aus denen man Indexzahlen $z_1 = \frac{x_1}{x_3}$ und $z_2 = \frac{x_2}{x_3}$ bildet. Diese Indexzahlen z_1 und z_2 sind natürlich korreliert, auch wenn x_1 und x_2, wie angenommen, unabhängig sind.

2.535. Verteilung der Mittelwerte; Signifikanztests

Die Wahrscheinlichkeitsdichte der zweidimensionalen Normalverteilung ist in Abschn. 2.531, Gl. (10), angegeben worden. Die Größen $\bar{x}_1$, $\bar{x}_2$, s_1^2, s_2^2, r einer Stichprobe des Umfanges k aus einer zweidimensionalen Grundgesamtheit lassen sich nach Formeln berechnen, die beispielsweise in Tab. 2.534.1 zusammengestellt sind. Man kann sich nun fragen, wie die gemeinsame Verteilung von ($\bar{x}_1$, $\bar{x}_2$, s_1^2, s_2^2, r) lautet. Die Berechnung dieser Verteilung ist eine recht mühsame Angelegenheit; eine sehr gut verständliche Herleitung ist beispielsweise bei [*14*] zu finden[1]. Sie führt u. a. zu folgendem Resultat:

1. Die Verteilung von $(\bar{x}_1, \bar{x}_2, s_1^2, s_2^2, r)$ läßt sich aus den voneinander stochastisch unabhängigen Verteilungen von $(\bar{x}_1, \bar{x}_2)$ und (s_1^2, s_2^2, r) errechnen.

2. Die Verteilung von $(\bar{x}_1, \bar{x}_2)$ ist eine zweidimensionale Normalverteilung mit den Parametern $\left(\mu_1, \mu_2, \frac{\sigma_1^2}{k}, \frac{\sigma_2^2}{k}, \varrho\right)$.

Daher gilt in Anlehnung an 2.534, (1):

$$\frac{1}{1-\varrho^2}\left[\left(\frac{\bar{x}_1-\mu_1}{\sigma_1/\sqrt{k}}\right)^2+\left(\frac{\bar{x}_2-\mu_2}{\sigma_2/\sqrt{k}}\right)^2-2\varrho\left(\frac{\bar{x}_1-\mu_1}{\sigma_1/\sqrt{k}}\right)\left(\frac{\bar{x}_2-\mu_2}{\sigma_2/\sqrt{k}}\right)\right]=\chi_2^2. \tag{1}$$

Dieser Ausdruck hat also eine χ^2-Verteilung mit dem Freiheitsgrad 2. Folgende beide Hauptfälle lassen sich nun unterscheiden:

Hauptfall 1: σ_1^2, σ_2^2, ϱ *sind bekannt*

Die Mittelwerte $\bar{x}_{1_{\text{eff}}}$ und $\bar{x}_{2_{\text{eff}}}$ einer Stichprobe des Umfanges k liefern einen Punkt $(\bar{x}_{1_{\text{eff}}}, \bar{x}_{2_{\text{eff}}})$, der mit der Wahrscheinlichkeit $\Phi(\chi_2^2)$ innerhalb der Ellipse (1) liegt. Es ist dies eine Ellipse mit dem Zentrum (μ_1, μ_2), dem Drehwinkel α:

$$\tan 2\alpha = 2\varrho\,\frac{\dfrac{\sigma_1}{\sqrt{k}}\,\dfrac{\sigma_2}{\sqrt{k}}}{\dfrac{\sigma_1^2}{k}-\dfrac{\sigma_2^2}{k}} = 2\varrho\,\frac{\sigma_1\sigma_2}{\sigma_1^2-\sigma_2^2} \tag{2}$$

und Halbachsen, die χ_2-mal

$$\sigma_{\bar{y}_1}=\frac{\sigma_{y_1}}{\sqrt{k}},\qquad \sigma_{\bar{y}_2}=\frac{\sigma_{y_2}}{\sqrt{k}} \tag{3}$$

sind, wobei man σ_{y_1} und σ_{y_2} aus 2.532, (15) und (16) bestimmt.

Sind daher μ_1 und μ_2 bekannt, so kann man testen, ob $(\bar{x}_{1_{\text{eff}}}, \bar{x}_{2_{\text{eff}}})$ Anlaß zur Vermutung gibt, die Stichprobe entstamme der ins Auge gefaßten zweidimensionalen normalen Grundgesamtheit mit den Parametern $(\mu_1, \mu_2, \sigma_1^2, \sigma_2^2, \varrho)$. Sind hingegen μ_1 und μ_2 nicht bekannt, so lassen sich die Vertrauensgrenzen für den Punkt (μ_1, μ_2) bestimmen: mit der gleichen Wahrscheinlichkeit $\Phi(\chi_2^2)$ liegt nämlich (μ_1, μ_2) innerhalb einer Ellipse, dessen Zentrum diesmal $(\bar{x}_{1_{\text{eff}}}, \bar{x}_{2_{\text{eff}}})$ ist, während Drehwinkel α und Achsenlängen unverändert bleiben („Konfidenzellipse").

Hauptfall 2: σ_1^2, σ_2^2, ϱ *sind nicht bekannt*

Dann ist man auf eine Prüfverteilung angewiesen, wie ihr im eindimensionalen Falle die t-Verteilung entspräche. Man kann zeigen (vgl. beispielsweise [*3*]), daß für die Größe

$$T^2=\frac{1}{1-r^2}\left[\left(\frac{\bar{x}_1-\mu_1}{s_1/\sqrt{k}}\right)^2+\left(\frac{\bar{x}_2-\mu_2}{s_2/\sqrt{k}}\right)^2-2r\left(\frac{\bar{x}_1-\mu_1}{s_1/\sqrt{k}}\right)\left(\frac{\bar{x}_2-\mu_2}{s_2/\sqrt{k}}\right)\right] \tag{4}$$

[1] Vgl. auch [*3*].

gilt
$$\frac{1}{2} T^2 \frac{k-2}{k-1} = v^2(2, k-2). \tag{5}$$

Die Größe T^2 wurde von H. HOTELLING eingeführt, und zwar für den allgemeineren Fall der Prüfung von Mittelwerten aus n-dimensionalen Normalverteilungen.

Im vorliegenden Falle der zweidimensionalen Normalverteilung übernimmt T^2 also die Rolle von χ_2^2 und statt der χ_2^2-Verteilung zieht man für die Beurteilung des mit Hilfe von (4) berechneten $\frac{1}{2} T_{\text{eff}}^2 \frac{k-2}{k-1}$ die v^2-Verteilung mit den Freiheitsgraden 2 und $k-2$ heran.

2.54. Mehrfache lineare Regressionsrechnung

2.541. Allgemeine Voraussetzungen

Man betrachte die unabhängigen Variablen $x_1, x_2, \ldots, x_m$ und die abhängige Variable y und treffe die folgenden Annahmen (vgl. auch 2.521):

A) Für jedes Werte-m-Tupel $\vec{x} = [x_1, x_2, \ldots, x_m]$ folgt y einer bedingten Normalverteilung mit der Wahrscheinlichkeitsdichte

$$p(y \mid \vec{x}) = \frac{1}{\sqrt{2\pi}\,\sigma_y(\vec{x})} e^{-\frac{[y - E(y \mid \vec{x})]^2}{2\sigma_y^2(\vec{x})}} \tag{1}$$

B) $E(y \mid \vec{x})$, der bedingte Erwartungswert von y an der Stelle $\vec{x}$, ist eine Funktion von $\vec{x}$:

$$E(y \mid \vec{x}) = \eta = f(\vec{x}) = f(\vec{x}; \alpha, \beta, \gamma, \ldots), \tag{2}$$

welche die Parameter $\alpha, \beta, \gamma, \ldots$ linear beinhaltet.

C) $\operatorname{Var}(y \mid \vec{x})$, die bedingte Varianz von y an der Stelle $\vec{x}$, ist konstant oder proportional einer bekannten Funktion von $\vec{x}$:

$$\operatorname{Var}(y \mid \vec{x}) = \sigma_y^2(\vec{x}) = \sigma^2 h^2(\vec{x}). \tag{3}$$

Die Größe σ^2 selber ist ein unbekannter Proportionalitätsfaktor.

Im folgenden wird der Einfachheit halber stets vorausgesetzt sein:

$$h^2(\vec{x}) = 1.$$

D) Die Beobachtungen von $(\vec{x}, y)$ sind stochastisch unabhängig.

E) Hinsichtlich des Typus von $f(\vec{x})$ wird der hypothetische Ansatz getroffen, daß $f(\vec{x})$ eine lineare Funktion von $\vec{x}$ ist:

$$f(\vec{x}) = \alpha + \beta_1(x_1 - \bar{x}_1) + \beta_2(x_2 - \bar{x}_2) + \cdots + \beta_m(x_m - \bar{x}_m). \tag{4}$$

Die Schätzung von $f(\vec{x})$ lautet

$$Y = a + b_1(x_1 - \bar{x}_1) + b_2(x_2 - \bar{x}_2) + \cdots + b_m(x_m - \bar{x}_m) \tag{5}$$

und stellt die empirische Regressionshyperebene dar.

2.542. Schätzung der Parameter

Wie im Falle der einfachen linearen Regression bezweckt auch die mehrfache Regressionsrechnung im allgemeinen, einerseits über die Zulässigkeit des hypothetischen Ansatzes eine Aussage zu leisten und andererseits, die unbekannten Parameter $\alpha, \beta_1, \beta_2, \ldots, \beta_m$ sowie σ^2 möglichst gut durch $a, b_1, b_2, \ldots, b_m$ sowie s^2 zu schätzen.

Seien allgemein $(x_{1i}, x_{2i}, \ldots, x_{mi}, y_{i\nu})$, $i = 1, \ldots, k$, $\nu = 1, \ldots, N_i$ die beobachteten Werte, wobei $k \gg m$, es gelte aber der Einfachheit halber $N_i = 1$, $i = 1, \ldots, k$. Dann lauten die Beobachtungen nur mehr $(x_{1i}, x_{2i}, \ldots, x_{mi}, y_i)$, $i = 1, \ldots, k$. Ein Linearitätstest, wie er dem in 2.522 beschriebenen analog wäre, ist dann zwar nicht möglich, weil $N_i = 1$; die diesbezüglichen Überlegungen dürfen dem Leser jedoch wohl zugemutet werden für den Fall, daß $N_i > 1$.

Man erhält die Koeffizienten $a, b_1, b_2, \ldots, b_m$ wieder nach der Methode der kleinsten Fehlerquadrate:

$$q = \sum_{i=1}^{k} (y_i - Y_i)^2 = \min! \tag{6}$$

weshalb

$$\frac{\partial q}{\partial a} = 0: \quad \Rightarrow \sum_{i=1}^{k} (y_i - Y_i) = 0, \tag{7}$$

$$\frac{\partial q}{\partial b_p} = 0: \quad \Rightarrow \sum_{i=1}^{k} (y_i - Y_i)(x_{pi} - \bar{x}_p) = 0, \qquad p = 1, \ldots, m. \tag{8}$$

(7) führt zu

$$a = \bar{y} = \frac{1}{k} \sum_{i=1}^{k} y_i \tag{9}$$

und (8) zum Gleichungssystem

$$\begin{bmatrix} \sum_{i=1}^{k} (x_{1i} - \bar{x}_1)(x_{1i} - \bar{x}_1) & \sum_{i=1}^{k} (x_{1i} - \bar{x}_1)(x_{2i} - \bar{x}_2) \ldots & \sum_{i=1}^{k} (x_{1i} - \bar{x}_1)(x_{mi} - \bar{x}_m) \\ \sum_{i=1}^{k} (x_{2i} - \bar{x}_2)(x_{1i} - \bar{x}_1) & \sum_{i=1}^{k} (x_{2i} - \bar{x}_2)(x_{2i} - \bar{x}_2) \ldots & \sum_{i=1}^{k} (x_{2i} - \bar{x}_2)(x_{mi} - \bar{x}_m) \\ \vdots & \vdots & \vdots \\ \sum_{i=1}^{k} (x_{mi} - \bar{x}_m)(x_{1i} - \bar{x}_1) & \sum_{i=1}^{k} (x_{mi} - \bar{x}_m)(x_{2i} - \bar{x}_2) \ldots & \sum_{i=1}^{k} (x_{mi} - \bar{x}_m)(x_{mi} - \bar{x}_m) \end{bmatrix} \times$$

$$\times \begin{bmatrix} b_1 \\ b_2 \\ \vdots \\ b_m \end{bmatrix} = \begin{bmatrix} \sum_{i=1}^{k} (x_{1i} - \bar{x}_1)(y_i - \bar{y}) \\ \sum_{i=1}^{k} (x_{2i} - \bar{x}_2)(y_i - \bar{y}) \\ \vdots \\ \sum_{i=1}^{k} (x_{mi} - \bar{x}_m)(y_i - \bar{y}) \end{bmatrix}. \tag{10}$$

Hiebei ist, wie schon erwähnt, $k \gg m$.

In der Praxis ist es oft üblich, statt das System (10) direkt zu lösen, bei Einführung sog. Multiplikatoren transformierte Systeme zu behandeln (vgl. [*13*, *14*] usw.). Die Multiplikatoren haben die Eigenschaft, daß sich nicht nur die b_p selber in ihnen und den Elementen der Matrix von (10) ausdrücken lassen, sondern auch die Varianzen der b_p und die Kovarianzen der b_p und b_r. Hier soll ein anderer Weg der Bestimmung von Varianzen und Kovarianzen aufgezeigt werden. Vorher sei jedoch auf eine wesentliche Gefahrenquelle der mehrfachen linearen Regression hingewiesen, die unter der Bezeichnung „Multikollinearität" bekannt ist, in der Praxis jedoch nur zu oft nicht beachtet wird.

System (10) läßt sich auch schreiben

$$M \vec{b} = \vec{d} \tag{11}$$

wobei mit M die Matrix, mit $\vec{b}$ der Vektor der Unbekannten und mit $\vec{d}$ die rechte Seite von (10) gemeint sind.

Aus der linearen Algebra kennt man den Satz, wonach für ein lineares Gleichungssystem $M \vec{b} = \vec{d}$ mit m Unbekannten $b_1, b_2, \ldots, b_m$ gilt:

— entweder ist $\text{Rang}[M] < \text{Rang}[M, \vec{d}]$: dann hat das System keine Lösung;

— oder $\text{Rang}[M] = \text{Rang}[M, \vec{d}] = m$: dann besitzt das System genau eine Lösung;

— oder $\text{Rang}[M] = \text{Rang}[M, \vec{d}] < m$: dann weist das System unendlich viele Lösungen auf.

Man beachte, daß in diesem Satze nur die Kolonnenzahl der Matrix M durch die Anzahl Unbekannter $b_1, b_2, \ldots, b_m$ fixiert ist; ihre Zeilenzahl wird explizite nirgends genannt, sie kann grundsätzlich also größer, gleich oder kleiner als m sein.

Im vorliegenden Falle beträgt die Zeilenzahl ebenfalls m. Es soll nun gezeigt werden, daß hier stets gilt:

$$\text{Rang}[M] = \text{Rang}[M, \vec{d}], \tag{12}$$

weshalb für System (10) immer wenigstens *eine* Lösung existiert.

Entsprechend der Ordnung m der Matrix ist $\text{Rang}[M] \leqq m$. Man unterscheidet die beiden Fälle:

Fall 1: $\textit{Rang}[M] = m$

Dann ist auch $\text{Rang}[M, \vec{d}] = m$, denn der Rang einer Matrix kann nicht höher sein als die Anzahl ihrer Zeilen; die erweiterte Matrix $[M, \vec{d}]$ besitzt aber nur m Zeilen.

Gemäß dem erwähnten Satze gibt es in diesem Falle genau eine Lösung für (10).

Fall 2: $\textit{Rang}[M] = r < m$

Der Rang der Matrix

$$H = \begin{pmatrix} (x_{11} - \bar{x}_1) \ldots (x_{m1} - \bar{x}_m) \\ \vdots \qquad\qquad \vdots \\ (x_{1k} - \bar{x}_1) \ldots (x_{mk} - \bar{x}_m) \end{pmatrix} \tag{13}$$

ist gleich jenem der Matrix M:

$$\text{Rang}[H] = \text{Rang}[M]. \tag{14}$$

Man kontrolliert nämlich durch Ausrechnen, daß

$$H^* H = M, \tag{15}$$

wobei mit H^* die Transponierte von H gemeint ist. Nach einem weiteren Satz aus der linearen Algebra[1] hat die (symmetrisch definite) Matrix H^*H der Ordnung m aber den gleichen Rang wie die $k \times m$-Matrix H:

$$r = \text{Rang}[M] = \text{Rang}[H^* H] = \text{Rang}[H]. \tag{16}$$

Da im vorliegenden Falle $r < m$, müssen $m - r$ Kolonnen von H sich als Linearkombination der r unabhängigen Kolonnenvektoren ausdrücken lassen.

Durch Umnumerierung ist es stets möglich, zu erreichen, daß die r ersten Kolonnen von H unabhängig sind. Dann gibt es Zahlen $\lambda_p^{(h)}$, so daß

$$(x_{hi} - \bar{x}_h) = \sum_{p=1}^{r} \lambda_p^{(h)} (x_{pi} - \bar{x}_p), \quad i = 1, \ldots, k, \quad h = r+1, \ldots, m. \tag{17}$$

Daraus folgt, daß für $s_i = x_{1i}, x_{2i}, \ldots, x_{mi}; y_i$ gelten muß

$$\sum_{i=1}^{k} (x_{hi} - \bar{x}_h)(s_i - \bar{s}) = \sum_{p=1}^{r} \lambda_p^{(h)} \left[\sum_{i=1}^{k} (x_{pi} - \bar{x}_p)(s_i - \bar{s})\right], \quad h = r+1, \ldots, m, \tag{18}$$

d. h., alle $m - r$ letzten Zeilen der erweiterten Matrix $[M, \vec{d}]$ von (10) lassen sich als Linearkombination der r ersten Zeilen von $[M, \vec{d}]$ darstellen:

$$\text{Rang}[M, \vec{d}] \leqq r. \tag{19}$$

Da aber

$$\text{Rang}[M, \vec{d}] \geqq \text{Rang}[M] = r, \tag{20}$$

gilt

$$\text{Rang}[M, \vec{d}] = r = \text{Rang}[M]. \tag{21}$$

Somit ist auf jeden Fall $\text{Rang}[M] = \text{Rang}[M, \vec{d}]$, wie dies in (12) behauptet wurde, und das System (10) hat tatsächlich stets wenigstens *eine* Lösung.

Wenn nun $\text{Rang}[M] < m$, so besitzt (10) gemäß dem ersterwähnten Satze unendlich viele Lösungen. Es ist aber soeben gezeigt worden, daß $\text{Rang}[M] < m$ bei $k > m$ beispielsweise dann zutrifft, wenn $\text{Rang}[H] < m$, d. h., wenn zwischen den Variablen $x_1, x_2, \ldots, x_m$ lineare Abhängigkeiten bestehen.

System (10) kann für $k > m$ also eine einzige, eindeutige Lösung besitzen, nur wenn zwischen den Größen $x_1, x_2, \ldots, x_m$ keine linearen Beziehungen existieren. Andernfalls (Multikollinearität) gibt es unendlich viele Lösungen. Die Gefahr der Multikollinearität besteht nun aber nicht darin, daß die allgemeine Lösung von (10) vielfältig ist, denn dies würde man sofort erkennen. Vielmehr können die zufälligen Meßungenauigkeiten die linearen Abhängigkeiten derart verwischen, daß sie nicht mehr wahrgenommen werden. Die dann scheinbar eindeutige, einzige Lösung von (10) kann nun zu vollständig falschen Schlußfolgerungen führen. Da bei verwischten linearen Abhängigkeiten die Determinante von M nämlich nahe bei 0 liegt, reagiert das Rechenergebnis sehr empfindlich auf die erwähnten zufälligen Meßungenauigkeiten, wie man sich auf Grund der Cramerschen Regel für die Auflösung linearer Gleichungssysteme überlegt, und die unsinnigsten

[1] Vgl. beispielsweise R. ZURMÜHL: Matrizen und ihre technischen Anwendungen, § 11. Berlin/Göttingen/Heidelberg: Springer 1964.

Resultate werden möglich. Man muß sich bei Aufstellung eines linearen Regressionsmodells also stets vergewissern, daß keine linearen oder annähernd linearen Abhängigkeiten zwischen den Einflußgrößen bestehen.

Ein Beispiel für ein Modell mit vermutlicher Bikollinearität wäre etwa

$$Y = a + b_1 (x_1 - \bar{x}_1) + b_2 (x_2 - \bar{x}_2),$$

worin Y die Kosten für einen Warentransport, x_1 die Anzahl zurückgelegte Kilometer (Zeit; Abnützung) und x_2 den Brennstoffbedarf bedeuten. Sicherlich besteht zwischen x_1 und x_2 mehr oder weniger ausgeprägte lineare Abhängigkeit.

Für die numerische Lösung von (10) gibt es verschiedene Möglichkeiten. Wenn $m > 3$ ist, wird man sich im allgemeinen wohl auf systematische Methoden stützen. Man kennt beispielsweise den Gaußschen Algorithmus oder das für symmetrische Matrizen gültige Verfahren von CHOLESKY[1]. Da man sich hier aber zusätzlich für $\mathrm{Cov}(b_p, b_r)$, $p, r = 1, \ldots, m$ interessiert, ist der Weg über die Inverse der zweckmäßigste, wie sich alsbald zeigen wird.

Unter der Voraussetzung nicht bestehender Multikollinearität ist bei $k \gg m$ normalerweise

$$\mathrm{Rang}[M] = m. \tag{22}$$

Dies sei so angenommen. Dann folgt aus

$$M \vec{b} = \vec{d} \tag{11}$$

wegen der dank (22) verbürgten Existenz der Inversen von M:

$$\vec{b} = M^{-1} \vec{d}. \tag{23}$$

Nun seien die beiden Vektoren

$$\vec{z} = [(y_1 - \bar{y}), \ldots, (y_i - \bar{y}), \ldots, (y_k - \bar{y})] \tag{24}$$

und

$$\vec{y} = [y_1, \ldots, y_i, \ldots, y_k] \tag{25}$$

eingeführt. Dann kann man $\vec{d}$ auch schreiben

$$\vec{d} = H^* \vec{z}^*, \tag{26}$$

wobei man sich der Definition von H gemäß (13) erinnert. Man kontrolliert, daß auch gilt

$$\vec{d} = H^* \vec{y}^*, \tag{27}$$

da ja $\sum_{i=1}^{k} (x_{pi} - \bar{x}_p)\, \bar{y} = 0$ für $p = 1, \ldots, m$. Somit wird

$$E(\vec{b}) = E\{M^{-1} H^* \vec{y}^*\} = M^{-1} H^* E(\vec{y}^*). \tag{28}$$

[1] Vgl. R. ZURMÜHL: Matrizen und ihre technischen Anwendungen, § 6. Berlin/Göttingen/Heidelberg: Springer 1964.

Wegen der Annahmen B) und E) [Gln. (2) und (4) von 2.541] ist der bedingte Erwartungsvektor von $\vec{y}$ an den Stellen $\vec{x}_i$:

$$E(\vec{y}) = \left[\alpha + \sum_{p=1}^{m} \beta_p(x_{p1} - \bar{x}_p), \ldots, \alpha + \sum_{p=1}^{m} \beta_p(x_{pk} - \bar{x}_p)\right]. \quad (29)$$

Bezeichnet man

$$\vec{\beta}^* = [\beta_1, \ldots, \beta_m], \quad (30)$$

so wird

$$E(\vec{y}) = [\alpha, \ldots, \alpha] + \vec{\beta}^* H^*. \quad (31)$$

Dies führt (28) über in

$$E(\vec{b}) = M^{-1} H^*[\alpha, \ldots, \alpha]^* + M^{-1} H^*[\vec{\beta}^* H^*]^*$$

$$= M^{-1}\vec{0} + M^{-1} H^* H \vec{\beta} = M^{-1} M \vec{\beta}$$

$$E(\vec{b}) = \vec{\beta} \quad (32)$$

oder

$$\underline{E(b_p) = \beta_p, \qquad p = 1, \ldots, m.} \quad (33)$$

Für die Bestimmung der Kovarianzen geht man aus von

$$E\{[\vec{b} - \vec{\beta}]\,[\vec{b} - \vec{\beta}]^*\}$$
$$= \begin{pmatrix} E\{(b_1 - \beta_1)(b_1 - \beta_1)\} \ldots E\{(b_1 - \beta_1)(b_m - \beta_m)\} \\ \vdots \qquad\qquad \vdots \\ E\{(b_m - \beta_m)(b_1 - \beta_1)\} \ldots E\{(b_m - \beta_m)(b_m - \beta_m)\} \end{pmatrix}. \quad (34)$$

Die Matrix (34) gibt also alle gesuchten Kovarianzen an[1]. Da nun aber gemäß (23), (27) und (28):

$$\vec{b} - \vec{\beta} = M^{-1} H^*[\vec{y} - E(\vec{y})]^* \quad (35)$$

wird

$$[\vec{b} - \vec{\beta}]\,[\vec{b} - \vec{\beta}]^* = M^{-1} H^*[\vec{y} - E(\vec{y})]^*\,[\vec{y} - E(\vec{y})]\,H[M^{-1}]^*. \quad (36)$$

---

[1] Für (34) wurde Gebrauch gemacht von der Definition einer Erwartungsmatrix: sei

$$[X] = \begin{pmatrix} x_{11} \ldots x_{1s} \\ \vdots \qquad \vdots \\ x_{r1} \ldots x_{rs} \end{pmatrix}$$

eine Matrix von Zufallsvariablen. Dann gilt

$$E[X] = \begin{pmatrix} E(x_{11}) \ldots E(x_{1s}) \\ \vdots \qquad \vdots \\ E(x_{r1}) \ldots E(x_{rs}) \end{pmatrix}.$$

Für (38) wird noch die Regel zur Anwendung gelangen:

$$E[A\,X\,B] = A\,E[X]\,B,$$

wobei A und B passende Koeffizienten-Matrizen darstellen. Eine Kontrolle dieser Regel fällt unter Zuhilfenahme der 4. Regel von 1.454 leicht.

Wegen der Symmetrie $M = M^*$ ist natürlich auch $M^{-1} = [M^*]^{-1} = [M^{-1}]^*$ und es gilt

$$[\vec{b} - \vec{\beta}]\,[\vec{b} - \vec{\beta}]^* = M^{-1} H^* [\vec{y} - E(\vec{y})]^* [\vec{y} - E(\vec{y})]\, H\, M^{-1} \tag{37}$$

und

$$E\{[\vec{b} - \vec{\beta}]\,[\vec{b} - \vec{\beta}]^*\} = M^{-1} H^* E\{[\vec{y} - E(\vec{y})]^* [\vec{y} - E(\vec{y})]\}\, H\, M^{-1}. \tag{38}$$

Nun ist aber

$$E\{[\vec{y} - E(\vec{y})]^* [\vec{y} - E(\vec{y})]\} = \begin{pmatrix} \mathrm{Cov}(y_1, y_1) & \mathrm{Cov}(y_1, y_2) \ldots & \mathrm{Cov}(y_1, y_k) \\ \mathrm{Cov}(y_2, y_1) & \mathrm{Cov}(y_2, y_2) \ldots & \mathrm{Cov}(y_2, y_k) \\ \vdots & \cdot & \vdots \\ \mathrm{Cov}(y_k, y_1) & \mathrm{Cov}(y_k, y_2) \ldots & \mathrm{Cov}(y_k, y_k) \end{pmatrix}. \tag{39}$$

Gemäß Annahme D) von 2.541 sind die Beobachtungen stochastisch unabhängig. Somit ist

$$\mathrm{Cov}(y_{i_1}, y_{i_2}) = \begin{cases} \mathrm{Var}\, y_{i_1} = \sigma^2 & \text{für} \quad i_1 = i_2 \\ 0 & \text{für} \quad i_1 \neq i_2 \end{cases} \tag{40}$$

und man erhält

$$E\{[\vec{y} - E(\vec{y})]^* [\vec{y} - E(\vec{y})]\} = I\,\sigma^2, \tag{41}$$

so daß

$$\underline{E\{[\vec{b} - \vec{\beta}]\,[\vec{b} - \vec{\beta}]^*\}} = M^{-1} H^* I\, \sigma^2 H\, M^{-1} = \underline{M^{-1}\sigma^2}. \tag{42}$$

Schreibt man die Inverse:

$$M^{-1} = \begin{pmatrix} c_{11} & \ldots c_{1r} & \ldots c_{1m} \\ \vdots & \vdots & \vdots \\ c_{p1} & \ldots c_{pr} & \ldots c_{pm} \\ \vdots & \vdots & \vdots \\ c_{m1} & \ldots c_{mr} & \ldots c_{mm} \end{pmatrix}, \tag{43}$$

so ist wegen der Symmetrie $M^{-1} = [M^{-1}]^*$ natürlich

$$c_{pr} = c_{rp}, \qquad p, r = 1, \ldots, m \tag{44}$$

und es gilt

$$\mathrm{Cov}(b_p, b_r) = c_{pr}\,\sigma^2, \qquad p, r = 1, \ldots, m,\ p \neq r, \tag{45}$$

$$\mathrm{Var}\, b_p \quad = c_{pp}\,\sigma^2, \qquad p \quad = 1, \ldots, m. \tag{46}$$

Die Elemente c_{pr} der Matrix M^{-1} sind nichts anderes als die Multiplikatoren, von denen früher nebenbei die Rede war.

Führt man noch die obligate Analyse der Varianzen durch (χ^2-Aufteilungssatz!), wie dies im Falle der einfachen linearen Regression gezeigt wurde, so erhält man das Resultat (vgl. [*13*]):

1. *a ist normal verteilt um* $E(a) = \alpha$ *mit* $\mathrm{Var}(a) = \frac{\sigma^2}{k}$;

2. *$b_1, \ldots, b_m$ sind normal korreliert mit* $E(b_p) = \beta_p$, $p = 1, \ldots, m$ *und* $\mathrm{Cov}(b_p, b_r) = c_{pr}\,\sigma^2$, $p, r = 1, \ldots, m$, *wobei* $(c_{pr}) = M^{-1}$;

3. σ^2 *wird geschätzt mit Hilfe von*

$$s^2 = \frac{\sum_{i=1}^{k} (y_i - Y_i)^2}{k - m - 1} = \sigma^2 \frac{\chi^2_{k-m-1}}{k - m - 1};$$

4. *die Größen* s^2, a *und* $\vec{b}^* = [b_1, \ldots, b_m]$ *sind stochastisch unabhängig;*

5. $Y = a + \sum_{p=1}^{m} b_p(x_p - \bar{x}_p)$ *ist als Linearkombination der Schätzungen* $a, b_1, \ldots, b_m$ *normal verteilt um* $E(Y) = \eta = \alpha + \sum_{p=1}^{m} \beta_p(x_p - \bar{x}_p)$ *mit*

$$\mathrm{Var}(Y) = \sigma^2 \left[\frac{1}{k} + \sum_{p=1}^{m} c_{pp}(x_p - \bar{x}_p)^2 + 2 \sum_{1 \leq p < r \leq m} c_{pr}(x_p - \bar{x}_p)(x_r - \bar{x}_r)\right]$$

---

und es ergeben sich verschiedene Testmöglichkeiten, von denen hier genannt seien:

1. ein t-Test für a:

$$t_{k-m-1} = \frac{a - \alpha}{s_a} \quad \text{mit} \quad s_a^2 = \frac{s^2}{k};$$

2. ein t-Test für jeweils ein b_p, $p \in \{1, \ldots, m\}$:

$$t_{k-m-1} = \frac{b_p - \beta_p}{s_{b_p}} \quad \text{mit} \quad s_{b_p}^2 = c_{pp}\, s^2;$$

3. ein v^2-Test für alle $(b_1, \ldots, b_m)$ gemeinsam:

$$v^2(m, k - m - 1) = \frac{1}{m\, s^2}\left[\sum_{p=1}^{m} (b_p - \beta_p)^2 \sum_{i=1}^{k} (x_{pi} - \bar{x}_p)^2 + \right.$$

$$\left. + 2 \sum_{1 \leq p < r \leq m} (b_p - \beta_p)(b_r - \beta_r) \sum_{i=1}^{k} (x_{pi} - \bar{x}_p)(x_{ri} - \bar{x}_r)\right].$$

Für $\vec{\beta} = \vec{0}$ als Hypothese ist dies der Test, ob die Regression gesichert ist.

Aus $t_{k-m-1} = \frac{Y - \eta}{s_Y}$ mit $s_Y^2 = \frac{s^2}{\sigma^2} \mathrm{Var}(Y)$ lassen sich schließlich die Vertrauensgrenzen für η berechnen.

Mehrfache lineare Regressionsrechnung unterscheidet sich von einfacher linearer Regressionsrechnung im wesentlichen durch bedeutend größeren Rechenaufwand und die Gefahr der Multikollinearität. Wegen der mit der Dimension des Modells steigenden Schwierigkeit, die Streuungen der richtigen Ursache zuzuordnen, wird mehrfache Regressionsrechnung relativ rasch problematisch. Es gibt praktische Beispiele, wo man mit Erfolg hochdimensionale Aufgaben gelöst hat, im allgemeinen sei jedoch empfohlen, mit m nicht über 6 hinauszugehen. Niemals aber setze man mehrfache Regressionsrechnung aus mehreren, getrennt durchgeführten einfachen Regressionsrechnungen zusammen.

2.55. Mehrfache lineare Korrelationsrechnung

Der diesbezügliche Problemkreis ist mit jenem von Abschn. 2.53 verwandt. Als neues Element treten die sog. „partiellen“ oder „bedingten“ Korrelationskoeffizienten auf. Für einläßliche Behandlung der hier zur Diskussion stehenden Fragen sei auf die Fachliteratur verwiesen.

2.56. Nichtlineare Regressionsrechnung

Ist es nicht sinnvoll, eine in $\vec{x} = [x_1, \ldots, x_m]$ lineare Hypothese

$$E(y \mid \vec{x}) = \alpha + \beta_1(x_1 - \bar{x}_1) + \cdots + \beta_m(x_m - \bar{x}_m) \tag{1}$$

wie in Abschn. 2.541, Beziehungen (2) und (4), aufzustellen, so kann man versuchen, mit Hilfe einer Transformation zu einem linearen Modell zu gelangen. Man wird im allgemeinen y durch $\varphi(y)$ ersetzen und $x_1, \ldots, x_m$ in einer passenden Anzahl Funktionen $g_1(\vec{x}), \ldots, g_l(\vec{x})$ darstellen, wobei $l \gtreqless m$. Hier übernehmen also $\varphi(y)$ die Rolle der abhängigen und $g_1, \ldots, g_l$ diejenige der unabhängigen Variablen. Anstelle der alten unbekannten Parameter $\alpha, \beta_1, \ldots, \beta_m$ treten neue unbekannte Parameter $\delta, \gamma_1, \ldots, \gamma_r$ auf. Im einfachsten Falle erscheinen diese Parameter linear in einem bezüglich $g_1, \ldots, g_l$ linearen Modell

$$E(\varphi \mid g_1, \ldots, g_l) = \delta + \gamma_1 g_1 + \cdots + \gamma_l g_l \tag{2}$$

oder auch

$$E(\varphi \mid g_1, \ldots, g_l) = \delta_0 + \gamma_1(g_1 - \bar{g}_1) + \cdots + \gamma_l(g_l - \bar{g}_l) \tag{3}$$

mit $\delta_0 = \delta + \sum_{p=1}^{l} \gamma_p \bar{g}_p$.

Im allgemeinen ist dann

$$\operatorname{Var}(\varphi \mid \vec{x}) = \sigma^2 h^2(\vec{x}), \tag{4}$$

wobei $h^2(\vec{x}) = h^2(x_1, \ldots, x_m)$ eine bekannte Funktion bedeutet, die sich aus der Kenntnis des Verteilungstypus von y bei gegebenem $\vec{x}$ und $\operatorname{Var}(y \mid \vec{x})$ sowie $\varphi(y)$ berechnen läßt.

Gemäß (2) ist also das ursprünglich nichtlineare Regressionsmodell dank Verwendung der Funktionen φ; $g_1, \ldots, g_l$ wieder in ein lineares Modell übergeführt worden. Man beachte jedoch, daß bei derartigen Transformationen die bedingte Normalität der Verteilung der abhängigen Variablen verloren geht. Immerhin kann sich auch hier unter Umständen der Zentrale Grenzwertsatz bei großen Stichprobenumfängen hinsichtlich der Verteilung der Parameterschätzwerte auswirken. Andererseits ist es auch denkbar, daß in gewissen Fällen, wo y selber nicht bedingt normal verteilt ist, gerade die Transformation Anlaß zu bedingt normal verteilten $\varphi(y)$ geben kann.

Die neuen Parameterschätzwerte bestimmt man auch hier nach der Methode der kleinsten Fehlerquadrate, die nach einem Satz von MARKOFF auch bei für gegebene $(g_1, \ldots, g_l)$ nicht normal verteiltem $\varphi(y)$ die beste lineare erwartungstreue Schätzung liefert. Hinsichtlich der Varianzanalyse ist dann allerdings größere Vorsicht geboten, weil die Voraussetzungen für den χ^2-Aufteilungssatz [Normalität der bedingten Verteilungen von $\varphi(y)$] nicht mehr gegeben sind.

Als einfache *Beispiele* seien angeführt:

1. $m = 1$: $\vec{x} = [x]$,

$$E(y \mid \vec{x}) = \alpha + \beta_1 x + \beta_2 x^2 + b_3 \log x, \qquad x > 0.$$

Man transformiert:

$$\varphi(y) = y; \quad g_1(\vec{x}) = g_1 = x, \quad g_2(\vec{x}) = g_2 = x^2, \quad g_3(\vec{x}) = g_3 = \log x$$

und erhält

$$l = 3: \quad \vec{g} = [g_1, g_2, g_3],$$

$$E(\varphi \mid g_1, g_2, g_3) = \alpha + \beta_1 g_1 + \beta_2 g_2 + \beta_3 g_3.$$

2. $m = 4$: $\vec{x} = [x_1, x_2, x_3, x_4]$,

$$E(y \mid \vec{x}) = \alpha + \beta_1 (x_1 + x_2)^2 + \beta_2 x_3 \log x_4, \qquad x_4 > 0.$$

Man transformiert:

$$\varphi(y) = y; \quad g_1(\vec{x}) = g_1 = (x_1 + x_2)^2, \quad g_2(\vec{x}) = x_3 \log x_4$$

und erhält

$$l = 2: \quad \vec{g} = [g_1, g_2],$$

$$E(\varphi \mid g_1, g_2) = \alpha + \beta_1 g_1 + \beta_2 g_2.$$

3. $m = 1$: $\vec{x} = [x]$,

$$E(y \mid \vec{x}) = \alpha\, e^{\beta_1 x} x^{\beta_2}, \qquad x > 0, \quad \alpha > 0.$$

Man transformiert:

$$\varphi(y) = \ln y; \quad g_1(\vec{x}) = g_1 = x, \quad g_2(\vec{x}) = g_2 = \ln x$$

und erhält

$$E(\ln y \mid \vec{x}) = \ln \alpha + \beta_1 x + \beta_2 \ln x$$

oder

$$l = 2: \quad \vec{g} = [g_1, g_2],$$

$$E(\varphi \mid g_1, g_2) = \delta + \beta_1 g_1 + \beta_2 g_2, \qquad \delta = \ln \alpha.$$

In komplizierteren Fällen gelingt es nicht, die neuen Parameter linear erscheinen zu lassen, und es ist vielleicht auch nicht einmal möglich, eine Transformation zu finden, wo die neuen unabhängigen Variablen linear auftreten. In derartigen Fällen führt die Methode der kleinsten Fehlerquadrate zu Gleichungssystemen, die sehr schwer zu lösen sind. Tatsächlich ergibt sich aus

$$q = \sum_{i=1}^{k} [\varphi(y_i) - \Phi(g_1, \ldots, g_l; d, c_1, \ldots, c_r)]^2 = \min! \tag{5}$$

worin Φ die empirische Regressionsfunktion darstellt und $d, c_1, \ldots, c_r$ die Schätzungen von $\delta, \gamma_1, \ldots, \gamma_r$ bedeuten, daß

$$\frac{\partial q}{\partial d} = 0, \qquad \frac{\partial q}{\partial c_p} = 0, \qquad p = 1, \ldots, r \tag{6}$$

nur einfache Systeme liefert, wenn $d, c_1, \ldots, c_r$ in Φ linear auftreten.

Beispiel:

$$m = 1: \quad \vec{x} = [x],$$

$$E(y \mid \vec{x}) = \alpha + \beta_1 x^{\beta_2}, \qquad x > 0.$$

Wäre hier bekannt, daß $\alpha = 0$, so könnte man bei $\beta_1 > 0$ transformieren:

$$\varphi(y) = \ln y, \quad g(x) = \ln x,$$

und erhielte

$$E(\ln y \mid \vec{x}) = \ln \beta_1 + \beta_2 \ln x$$

oder

$$l = 1: \quad E(\varphi \mid g) = \delta + \beta_2 g, \qquad \delta = \ln \beta_1.$$

Für $\alpha \neq 0$ führt eine derartige Transformation nicht mehr zum Ziel, wie man leicht nachkontrolliert.

In solchen Fällen verwendet man eine Methode der sukzessiven Approximation, die auf Reihenentwicklung beruht.[1] Sei $E(y \mid \vec{x}) = f(\vec{x}; \alpha, \beta_1, \ldots, \beta_m)$ nichtlinear in $\alpha, \beta_1, \ldots, \beta_m$, wobei es keine Rolle spielt, ob $x_1, \ldots, x_m$ linear auftreten oder nicht.

Die empirische Regressionsfunktion $Y(\vec{x}; a, b_1, \ldots, b_m)$ ist dann nichtlinear in $a, b_1, \ldots, b_m$. Nach TAYLOR gilt[2]

$$Y(\vec{x}; a, b_1, \ldots, b_m) \cong Y(\vec{x}; a_0, b_{10}, \ldots, b_{m0}) + \\ + \frac{\partial Y(\vec{x}; a_0, b_{10}, \ldots, b_{m0})}{\partial a} \Delta a_0 + \sum_{p=1}^{m} \frac{\partial Y(\vec{x}; a_0, b_{10}, \ldots, b_{m0})}{\partial b_p} \Delta b_{p0}. \tag{7}$$

Für $a_0, b_{10}, \ldots, b_{m0}$ trifft man überschlagsmäßige Schätzungen und bestimmt Δa_0, Δb_{p0}, $p = 1, \ldots, m$ mit Hilfe der Methode der kleinsten Fehlerquadrate:

$$q = \sum_{i=1}^{k} \left[y_i - \left(Y_0 + \frac{\partial Y_0}{\partial a} \Delta a_0 + \sum_{p=1}^{m} \frac{\partial Y_0}{\partial b_p} \Delta b_{p0} \right) \right]^2 = \min! \tag{8}$$

worin

$$Y_0 = Y(\vec{x}; a_0, b_{10}, \ldots, b_{m0}). \tag{9}$$

Da die Unbekannten Δa_0, Δb_{p0}, $p = 1, \ldots, m$ hier alle linear auftreten, läßt sich das System

$$\frac{\partial q}{\partial (\Delta a_0)} = 0, \qquad \frac{\partial q}{\partial (\Delta b_{p0})} = 0, \qquad p = 1, \ldots, m \tag{10}$$

wie üblich lösen. Fallen die Werte $|\Delta a_0|$, $|\Delta b_{p0}|$, $p = 1, \ldots, m$ im Vergleich zu $|a_0|$ und $|b_{p0}|$ sehr klein aus, so läßt man

$$\left.\begin{aligned} a_1 &= a_0 + \Delta a_0 \\ b_{p1} &= b_{p0} + \Delta b_{p0}, \qquad p = 1, \ldots, m \end{aligned}\right\} \tag{11}$$

[1] Eine anschauliche Darstellung der Linearisierungsmethodik ganz allgemein ist bei E. STIEFEL, „Einführung in die numerische Mathematik", Verlag Teubner, Stuttgart 1965, Abschnitte 4.1 bis inkl. 4.4 zu finden. Insbesondere sei auf dort angestellte Konvergenzbetrachtungen hingewiesen.

[2] Auf die bei den partiellen Differentialquotienten verwendete vereinfachte Schreibweise wurde schon bei früherer Gelegenheit (vgl. 1.454, Fußnote zur 5. Regel) aufmerksam gemacht.

als Resultat gelten:

$$\left.\begin{aligned} a &\cong a_1 \\ b_p &\cong b_{p1}, \qquad p = 1, \ldots, m \end{aligned}\right\}. \tag{12}$$

Andernfalls wiederholt man die Prozedur ausgehend von a_1 und b_{p1}, $p = 1, \ldots, m$.

Beim vorher erwähnten Beispiel würde man also bilden:

$$Y = a + b_1 x^{b_2}, \qquad x > 0.$$

Dann wären für geschätzte Werte a_0, b_{10} und b_{20}:

$$Y_0 = a_0 + b_{10} x^{b_{20}}$$

und

$$\frac{\partial Y_0}{\partial a} = 1, \quad \frac{\partial Y_0}{\partial b_1} = x^{b_{20}}, \quad \frac{\partial Y_0}{\partial b_2} = b_{10} x^{b_{20}} \ln x.$$

Man würde daher

$$q = \sum_{i=1}^{k} [y_i - (a_0 + b_{10} x_i^{b_{20}} + \Delta a_0 + x_i^{b_{20}} \Delta b_{10} + b_{10} x_i^{b_{20}} \ln(x_i) \Delta b_{20})]^2 = \min!$$

über partielle Differentiation von q nach Δa_0, Δb_{10} und Δb_{20} suchen.

Aus der Gleichung von Y ist übrigens ersichtlich, daß die Größe a linear auftritt. Demzufolge kann man in der Gleichung von q die Größen $a_0 + \Delta a_0$ zum unbekannten a zusammenfassen, d. h., eine erste Schätzung von a durch a_0 ist gar nicht notwendig, sondern a läßt sich nach der Methode der kleinsten Fehlerquadrate direkt bestimmen. Diese Überlegung gilt nicht für b_1, das ja in Y einen gemeinsamen Term mit b_2 bildet.

2.6. Prüfung von Verteilungen

2.61. Allgemeines

Eine wichtige Frage, mit der die Statistik sich beschäftigt, betrifft die auf Stichprobenerhebungen beruhende Beurteilung von Hypothesen hinsichtlich der Verteilung von Zufallsvariablen. Auf diesen Problemkreis ist schon im Kap. 1, Abschn. 1.431, hingewiesen worden. Derartige Hypothesen und entsprechende Tests, die also nicht einzelne Parameter aufs Korn nehmen, sondern sich auf die Gestalt einer unbekannten Verteilung beziehen, erhalten das Attribut „nichtparametrisch".

Die folgenden Darlegungen sind sehr knapp gehalten und im wesentlichen auf die Nennung von Resultaten beschränkt. So sei hier wiederum ausdrücklich auf die Fachliteratur verwiesen, insbesondere auf [*3*] und [*6*], was den zunächst zur Sprache kommenden χ^2-Test betrifft, und [*5*] und [*6*], was ihn und die nachher aufgeführten Kolmogorov- und Smirnow-Tests anbelangt; daneben konsultiere man aber noch andere der im Zusammenhang mit den beiden ersten Kapiteln des vorliegenden Buches oft zitierten Autoren, so [*1*, *2*], u. a. m.

2.62. Der χ^2-Test für die Prüfung von Verteilungen

2.621. Vollständige Spezifikation der theoretischen Vergleichsverteilung

Gegeben ist eine unabhängige Stichprobe des Umfanges N einer Zufallsvariablen (oder eines mehrdimensionalen Zufallsvektors); es soll geprüft werden, ob die Hypothese, daß diese Variable (bzw. dieser Vektor) einer ganz bestimmten, vollständig spezifizierten „theoretischen" Verteilung entstammt, Stützung verdient.

Die „theoretische" Verteilung sei beispielsweise eine Normalverteilung mit dem Erwartungswert $\mu = 7$ und der Varianz $\sigma^2 = 13$. Durch die Nennung ihres Charakters (hier „Normal"-Verteilung) liefert die theoretische Verteilung vorstellungsmäßig schon ein deutliches Bild; dieses wird aber erst durch die zahlenmäßige Festlegung der Parameter (hier zwei Parameter) vollständig spezifiziert. Wären diese Parameter nicht *alle* numerisch gegeben, so wäre die theoretische Verteilung nicht vollständig spezifiziert.

Man teilt den Raum der Zufallsvariablen (des Zufallsvektors) in eine beliebige endliche Anzahl r punktfremde Unterräume $S_1, S_2, \ldots, S_r$ auf. Die theoretischen, d. h. der hypothetischen Verteilung entsprechenden Wahrscheinlichkeiten dafür, daß diese Teilräume angenommen werden, mögen aber strikt positiv sein; sie lauten

$$P(S_j) = p_j > 0, \qquad j = 1, \ldots, r \tag{1}$$

und es gilt natürlich

$$\sum_{j=1}^{r} p_j = 1. \tag{2}$$

Die untersuchte Stichprobe liefert für jeden Unterraum die zufällige Anzahl ν_j Punkte:

$$\sum_{j=1}^{r} \nu_j = N. \tag{3}$$

Dann gehorcht die Wahrscheinlichkeit dafür, daß der Unterraum S_1 genau ν_1 Punkte, ... der Unterraum S_r genau ν_r Punkte erhalte, wie man von 1.424, 1. Beispiel, weiß, der Multinomialverteilung

$$p(\nu_1, \nu_2, \ldots, \nu_r) = \frac{N!}{\nu_1!\,\nu_2!\ldots\nu_r!}\, p_1^{\nu_1} p_2^{\nu_2} \ldots p_r^{\nu_r}. \tag{4}$$

Führt man die Variablen x_j ein:

$$x_j = \frac{\nu_j - N p_j}{\sqrt{N p_j}}, \qquad j = 1, \ldots, r, \tag{5}$$

so läßt sich zeigen, daß

$$N \to \infty\colon \quad \sum_{j=1}^{r} x_j^2 \to \chi^2_{r-1}, \tag{6}$$

d. h., die Summe der r Quadrate x_j^2 strebt gegen eine χ^2-Verteilung mit dem Freiheitsgrad $r-1$.

Dies sei am Beispiel $r=2$ illustriert. Dort gilt

$$\nu_1=\nu,\quad \nu_2=N-\nu;\quad p_1=p,\quad p_2=1-p;$$

$$x_1=\frac{\nu-Np}{\sqrt{Np}},\quad x_2=\frac{N-\nu-N(1-p)}{\sqrt{N(1-p)}}=-\frac{\nu-Np}{\sqrt{N(1-p)}};$$

$$\begin{aligned} x_1^2+x_2^2&=(\nu-Np)^2\left[\frac{1}{Np}+\frac{1}{N(1-p)}\right]\\ &=(\nu-Np)^2\,\frac{(1-p)+p}{Np(1-p)}\\ &=\left[\frac{\nu-Np}{\sqrt{Np(1-p)}}\right]^2. \end{aligned}$$

Da es sich hier um eine der Binomialverteilung gehorchende Zufallsvariable ν handelt, ist nach dem Grenzwertsatz von DE MOIVRE-LAPLACE der Ausdruck $\frac{\nu-Np}{\sqrt{Np(1-p)}}$ asymptotisch standardisiert normal verteilt und es gilt

$$N\to\infty:\quad x_1^2+x_2^2\to u^2=\chi_1^2.$$

Somit ergibt sich die Möglichkeit für den folgenden

χ^2-Test bei vollständig spezifizierter theoretischer Verteilung

Der Raum der untersuchten Zufallsvariablen (des Zufallsvektors) wird in r beliebige punktfremde Unterräume j aufgeteilt. Die hypothetische Verteilungsfunktion liefere zugehörige theoretische Wahrscheinlichkeiten $p_j>0$, $j=1,\ldots,r$, so daß $\sum_{j=1}^{r}p_j=1$.

Der Stichprobenumfang betrage N. Die Unterräume sollen so gewählt werden, daß $Np_j\geqq 10$ für alle $j=1,\ldots,r$ erfüllt ist[1].

Die Stichprobe liefert ν_j Punkte im Unterraum j, $j=1,\ldots,r$, so daß also $\sum_{j=1}^{r}\nu_j=N$.

Man bildet

$$x_j=\frac{\nu_j-Np_j}{\sqrt{Np_j}}.$$

Wenn die theoretische Verteilung vollständig spezifiziert ist, so gilt

$$N\to\infty:\quad \sum_{j=1}^{r}x_j^2\to\chi_{r-1}^2$$

und von dieser asymptotischen Relation macht man auch bei $N<\infty$ Gebrauch. Den Wert $\sum_{j=1}^{r}x_j^2$ testet man: fällt er, verglichen mit der χ^2-Ver-

---

[1] Manche Autoren geben sich mit kleineren Werten Np_j zufrieden; vgl. insbesondere [6].

teilung des Freiheitsgrades $r-1$, außerhalb einer vernünftigen Grenze, so ist die Hypothese des Zutreffens der theoretischen Verteilung zu verwerfen, andernfalls zu stützen.

Man lese gute Anwendungsbeispiele bei [*3*] nach.

2.622. Unvollständige Spezifikation der theoretischen Vergleichsverteilung

Hier liegen analoge Verhältnisse vor wie in Abschn. 2.621, nur muß die theoretische Verteilung selber hinsichtlich einzelner Parameterwerte erst auf Grund der Stichprobe abgeschätzt werden.

Beim in 2.621 erwähnten Beispiel wäre beispielsweise nur $\mu = 7$ bekannt, hingegen nicht σ^2; oder es wäre nur $\sigma^2 = 13$ bekannt, aber nicht μ; oder weder μ noch σ^2 wären bekannt.

Man wünscht, den Raum der Zufallsvariablen (des Zufallsvektors) also wieder in r distinkte Unterräume S_j, $j = 1, \ldots, r$, mit strikt positiven Wahrscheinlichkeiten aufzuteilen:

$$P(S_j) = p_j > 0, \qquad j = 1, \ldots, r \tag{1}$$

mit

$$\sum_{j=1}^{r} p_j = 1. \tag{2}$$

Doch sind diesmal die Wahrscheinlichkeiten $P(S_j)$ nicht bekannt, da ja die theoretische Verteilung noch nicht vollständig spezifiziert ist. Seien $\alpha_1, \alpha_2, \ldots, \alpha_s$ ihre unbekannten Parameter, $s < r$. Dann ist offenbar

$$p_j = p_j(\alpha_1, \ldots, \alpha_s). \tag{3}$$

Die Stichprobe liefert wieder ν_j Punkte in den einzelnen Unterräumen S_j, $j = 1, \ldots, r$, so daß

$$\sum_{j=1}^{r} \nu_j = N. \tag{4}$$

Wären die Parameter α_k, $k = 1, \ldots, s$, bekannt, so könnte man wie früher bilden

$$\lim_{N \to \infty} \sum_{j=1}^{r} \frac{[\nu_j - N\, p_j(\alpha_1, \ldots, \alpha_s)]^2}{N\, p_j(\alpha_1, \ldots, \alpha_s)} = \chi^2_{r-1}. \tag{5}$$

Da sie aber nicht bekannt sind, müssen sie durch a_k, $k = 1, \ldots, s$, auf Grund der Stichprobe geschätzt werden. Ersetzt man daher α_k durch a_k, $k = 1, \ldots, s$, so kann (5) nicht mehr richtig sein. Wie R. A. Fisher gezeigt hat, darf man *bei Anwendung einer ganz bestimmten Klasse von Abschätzungsmethoden* wiederum mit einer χ^2-Verteilung rechnen, deren Freiheitsgrad diesmal um soviel kleiner ist als $r-1$, wie unbekannte Parameter zu schätzen sind, also $r-1-s$ beträgt:

$$\lim_{N\to\infty} \sum_{j=1}^{r} \frac{[\nu_j - N\,p_j(a_1,\ldots,a_s)]^2}{N\,p_j(a_1,\ldots,a_s)} = \chi^2_{r-1-s}. \tag{6}$$

Eine derartige Abschätzungsmethode ist beispielsweise die sog. χ^2-Minimummethode. Man wählt die Werte a_k, $k=1,\ldots,s$, derart, daß χ^2_{r-1-s} gemäß (6) ein Minimum wird. Man differenziert (6) also partiell nach allen a_k und setzt die Ableitungen Null:

$$\sum_{j=1}^{r} \left\{ \frac{2[\nu_j - N\,p_j(a_1,\ldots,a_s)]}{p_j(a_1,\ldots,a_s)} + \frac{[\nu_j - N\,p_j(a_1,\ldots,a_s)]^2}{N\,p_j^2(a_1,\ldots,a_s)} \right\} \frac{\partial p_j(a_1,\ldots,a_s)}{\partial a_k} = 0, \quad k=1,\ldots,s. \tag{7}$$

Nun ist System (7) aber schon für die einfachsten theoretischen Verteilungen, die ihren Niederschlag ja in p_j finden, praktisch nicht mehr lösbar; man beachte, daß p_j nicht linear auftritt. Glücklicherweise hat man zeigen können, daß das zweite Glied in der geschlungenen Klammer von (7) vernachlässigbar ist, so daß es genügt, das folgende System zu lösen:

$$\sum_{j=1}^{r} \frac{\nu_j - N\,p_j(a_1,\ldots,a_s)}{p_j(a_1,\ldots,a_s)} \frac{\partial p_j(a_1,\ldots,a_s)}{\partial a_k} = 0, \qquad k=1,\ldots,s. \tag{8}$$

Dieses vereinfachte Verfahren trägt den Namen „modifiziertes χ^2-Minimumverfahren".

Wegen (2): $\sum_{j=1}^{r} p_j(a_1,\ldots,a_s) = 1$, ist aber

$$\sum_{j=1}^{r} \frac{\partial p_j(a_1,\ldots,a_s)}{\partial a_k} = \frac{\partial}{\partial a_k}\left\{\sum_{j=1}^{r} p_j(a_1,\ldots,a_s)\right\} = \frac{\partial(1)}{\partial a_k} = 0,\ k=1,\ldots,s, \tag{9}$$

so daß von (8) nur übrigbleibt:

$$\sum_{j=1}^{r} \frac{\nu_j}{p_j(a_1,\ldots,a_s)} \frac{\partial p_j(a_1,\ldots,a_s)}{\partial a_k} = 0, \qquad k=1,\ldots,s. \tag{10}$$

Man hat daher die Möglichkeit für den allgemeineren

χ^2-Test bei nicht vollständig spezifizierter theoretischer Verteilung

Der Raum der untersuchten Zufallsvariablen (des Zufallsvektors) wird in r beliebige punktfremde Unterräume aufgeteilt. Die hypothetische Verteilungsfunktion weist zugehörige, vorerst unbekannte theoretische Wahrscheinlichkeiten $p_j(\alpha_1,\ldots,\alpha_s)$, $j=1,\ldots,r$, auf, die von unbekannten Parametern α_k, $k=1,\ldots,s$, abhangen; es gilt $\sum_{j=1}^{r} p_j(\alpha_1,\ldots,\alpha_s) = 1$.

Die Stichprobe habe den Umfang N und liefere ν_j Punkte im Unterraum j, $j = 1, \ldots, r$, so daß also $\sum_{j=1}^{r} \nu_j = N$. Man schätzt die unbekannten Parameter α_k durch Größen a_k, $k = 1, \ldots, s$, ab, die aus dem Gleichungssystem

$$\sum_{j=1}^{r} \frac{\nu_j}{p_j(a_1, \ldots, a_s)} \frac{\partial p_j(a_1, \ldots, a_s)}{\partial a_k} = 0, \qquad k = 1, \ldots, s$$

gewonnen werden. Nun kontrolliert man, daß gilt:

$$\sum_{j=1}^{r} p_j(a_1, \ldots, a_s) = 1$$

$$p_j(a_1, \ldots, a_s) > 0, \qquad j = 1, \ldots, r$$

und[1]

$$N\, p_j(a_1, \ldots, a_s) \geqq 10, \qquad j = 1, \ldots, r.$$

Nun bildet man

$$x_j = \frac{\nu_j - N\, p_j(a_1, \ldots, a_s)}{\sqrt{N\, p_j(a_1, \ldots, a_s)}}.$$

Dann gilt

$$N \to \infty: \quad \sum_{j=1}^{r} x_j^2 \to \chi^2_{r-1-s}$$

und von dieser asymptotischen Relation macht man auch bei $N < \infty$ Gebrauch. Den Wert $\sum_{j=1}^{r} x_j^2$ testet man: fällt er, verglichen mit der χ^2-Verteilung des Freiheitsgrades $r - 1 - s$ außerhalb einer vernünftigen Grenze, so ist die Hypothese des Zutreffens der theoretischen Verteilung zu verwerfen, andernfalls zu stützen.

Beispiel: (aus dem Buche von Cramér [*3*]; man vergleiche das Beispiel von 1.523):

Szintillationsmessungen an Polonium von Rutherford und Geiger.

Die Anzahl z Szintillationen pro Zeitintervall $t = 7{,}5$ sec wurde für $N = 2608$ Intervalle gemessen. Die Vermutung liegt nahe, daß die Stichprobe $z_1, \ldots, z_i, \ldots, z_{N=2608}$ einer Poisson-Verteilung gehorche, deren Parameter λ indessen nicht bekannt ist. Man untersuche, ob es eine Parameterschätzung l von λ gibt, für welche die Hypothese

$$\varphi(z) = \begin{cases} e^{-\lambda} \dfrac{\lambda^z}{z!}, & z = 0, 1, 2, \ldots; \quad \lambda \cong l \\ 0, & z < 0 \end{cases}$$

zutrifft.

Man teilt den „Raum" von z in die folgenden Unterräume S_j auf:

$$\begin{aligned} &S_1: && z \leqq m, \\ &S_j, \quad j = 2, \ldots, r-1: && z = m + j - 1, \\ &S_r: && z \geqq m + r - 1. \end{aligned}$$

[1] Manche Autoren geben sich mit kleineren $N\, p_j(a_1, \ldots, a_s)$ zufrieden.

Dann gilt

$$P(S_1) = p_1(\lambda) = \sum_{z \leqq m} \varphi(z) = e^{-\lambda} \sum_{z=0}^{m} \frac{\lambda^z}{z!},$$

$$P(S_j) = p_j(\lambda) = e^{-\lambda} \frac{\lambda^{m+j-1}}{(m+j-1)!}, \qquad j = 2, \ldots, r-1,$$

$$P(S_r) = p_r(\lambda) = \sum_{z \geqq m+r-1} \varphi(z) = e^{-\lambda} \sum_{z=m+r-1}^{\infty} \frac{\lambda^z}{z!}.$$

Jeder Unterraum S_j erhält ν_j Punkte der Stichprobe.

Nun ist die Gleichung

$$\sum_{j=1}^{r} \frac{\nu_j}{p_j(l)} \frac{\partial p_j(l)}{\partial l} = 0$$

zu lösen.

Es ist

$$\frac{\partial p_1(l)}{\partial l} = e^{-l} \sum_{z=0}^{m} \left(\frac{z}{l} - 1\right) \frac{l^z}{z!} = e^{-l} \sum_{z=1}^{m} \frac{l^{z-1}}{(z-1)!} - p_1(l),$$

$$\frac{\partial p_j(l)}{\partial l} = e^{-l} \left(\frac{m+j-1}{l} - 1\right) \frac{l^{m+j-1}}{(m+j-1)!}$$

$$= \left(\frac{m+j-1}{l} - 1\right) p_j(l), \qquad j = 2, \ldots, r-1,$$

$$\frac{\partial p_r(l)}{\partial l} = e^{-l} \sum_{z=m+r-1}^{\infty} \left(\frac{z}{l} - 1\right) \frac{l^z}{z!} = e^{-l} \sum_{z=m+r-1}^{\infty} \frac{l^{z-1}}{(z-1)!} - p_r(l).$$

Daher wird

$$\sum_{j=1}^{r} \frac{\nu_j}{p_j(l)} \frac{\partial p_j(l)}{\partial l} = \nu_1 \frac{e^{-l} \sum_{z=1}^{m} \frac{l^{z-1}}{(z-1)!}}{p_1(l)} - \nu_1 +$$

$$+ \sum_{j=2}^{r-1} \nu_j \frac{m+j-1}{l} - \sum_{j=2}^{r-1} \nu_j + \nu_r \frac{e^{-l} \sum_{z=m+r-1}^{\infty} \frac{l^{z-1}}{(z-1)!}}{p_r(l)} - \nu_r = 0$$

oder

$$\nu_1 \frac{A(l)}{l} + \sum_{j=2}^{r-1} \nu_j \frac{m+j-1}{l} + \nu_r \frac{B(l)}{l} - \left[\nu_1 + \sum_{j=2}^{r-1} \nu_j + \nu_r\right] = 0$$

mit

$$A(l) = \frac{e^{-l} \sum_{z=1}^{m} \frac{l^z}{(z-1)!}}{p_1(l)}, \quad B(l) = \frac{e^{-l} \sum_{z=m+r-1}^{\infty} \frac{l^z}{(z-1)!}}{p_r(l)}.$$

Da

$$\nu_1 + \sum_{j=2}^{r-1} \nu_j + \nu_r = N,$$

wird

$$l = \frac{1}{N} \left[\nu_1 A(l) + \sum_{j=2}^{r-1} \nu_j (m+j-1) + \nu_r B(l)\right].$$

Nun ist ν_j, $j = 2, \ldots, r-1$, aber die Anzahl Beobachtungen, wo $z = m + j - 1$ ist; somit ist $\sum_{j=2}^{r-1} \nu_j (m+j-1)$ gleich der Summe aller z_i im Gebiete von S_2 bis S_{r-1}. $\nu_1 A(l)$ und $\nu_r B(l)$ geben andererseits ungefähr die Summe aller z_i in S_1 bzw. in S_r an; z. B. ist

$$\nu_1 A(l) = \frac{\nu_1}{p_1(l)} e^{-l} \sum_{z=1}^{m} \frac{l^z}{(z-1)!} = \frac{\nu_1}{p_1(l)} e^{-l} \sum_{z=0}^{m} \frac{l^z}{z!} z \approx \nu_1 E(z \mid z \leqq m).$$

Also liefert l etwa das arithmetische Mittel der z_i:

$$l \approx \frac{1}{N} \sum_{i=1}^{N} z_i.$$

Dies ist übrigens der Wert, der in Abschn. 1.523 ebenfalls für λ geschätzt wurde: in der dortigen Bezeichnung war $\lambda = \alpha t = \frac{A}{N}$, A = totale Anzahl Szintillationen $= \sum_{i=1}^{N} z_i$.

Da hier nur ein einziger unbekannter Parameter vorkommt, ist $s = 1$ und χ^2 hat den Freiheitsgrad $r - 2$. Demzufolge ist für große N:

$$N \to \infty: \quad \sum_{j=1}^{r} \frac{[\nu_j - N p_j(l)]^2}{N p_j(l)} \to \chi^2_{r-2},$$

wobei $l = \frac{1}{N} \sum_{i=1}^{N} z_i$. Die Werte ν_j lassen sich aus der Stichprobe abzählen und für $p_j(l)$ gelten die Formeln, wie sie zu Beginn dieses Beispiels in λ ausgedrückt waren.

Die folgenden Angaben sind dem Buche von Cramér [3] entnommen. Man wählt $m = 0$, $r = 11$.

z	j	ν_j	$N p_j(l)$	$\frac{[\nu_j - N p_j(l)]^2}{N p_j(l)}$
.				
.				
.				
0	1	57	54,4	0,1244
1	2	203	210,5	0,2688
2	3	383	407,4	1,4568
3	4	525	525,5	0,0005
4	5	532	508,4	1,0938
5	6	408	393,5	0,5332
6	7	273	253,8	1,4498
7	8	139	140,3	0,0125
8	9	45	67,9	7,7132
9	10	27	29,2	0,1642
10	11	16	17,1	0,0677
11				
12				
.				
.				
.				
Total		2608	2608	12,8849

Man erkennt: $p_j(l) > 0, j = 1, \ldots, r$; $N p_j(l) > 10, j = 1, \ldots, r$. Vergleicht man $\sum_{j=1}^{11} \frac{[\nu_j - N p_j(l)]^2}{N p_j(l)} = 12{,}8849$ mit einer χ^2-Verteilung des Freiheitsgrades $r - 2 = 11 - 2 = 9$, so findet man $P(\chi_9^2 > 12{,}8849) \cong 17\%$. Somit wäre es sehr leicht möglich gewesen, sogar größere Werte als 12,8849 anzutreffen, die durchaus noch als aus dem χ^2-Gesetz mit dem Freiheitsgrad 9 stammend hätten gelten können. Tatsächlich ist $P(\chi_9^2 \leqq 23{,}6) = 99{,}5\%$.

Also ist die Vermutung, die Szintillationen seien nach dem Poisson-Gesetz mit $\lambda \approx \frac{1}{N}\sum_{i=1}^{N} z_i = 3{,}87$ verteilt, zu stützen.

2.63. Die Tests von Kolmogorov und Smirnow für die Gültigkeit theoretischer Verteilungen

Wieder sei auf Grund einer unabhängigen Stichprobe des Umfanges N einer Zufallsvariablen x zu prüfen, ob die Hypothese, daß diese Variable einer ganz bestimmten, „theoretischen" Verteilung gehorche, Stützung verdient.

Sofern die theoretische Verteilungsfunktion stetig ist, können hier die Sätze von Kolmogorov und Smirnow die Frage entscheiden helfen.

Sätze von Kolmogorov und Smirnow:

Eine Zufallsvariable besitze die stetige Verteilungsfunktion $F(x)$. Auf Grund einer unabhängigen Stichprobe des Umfanges N stelle man die empirische Verteilungsfunktion $S_N(x)$ auf. Dann gilt[1]

$$\lim_{N\to\infty} P\left[\sqrt{N} \sup_{-\infty<x<+\infty} |S_N(x) - F(x)| < z\right] = K(z) = \begin{cases} 0 & \text{für } z \leqq 0 \\ \sum_{k=-\infty}^{+\infty} (-1)^k e^{-2k^2 z^2} & \text{für } z > 0 \end{cases}$$

(Kolmogorov),

$$\lim_{N\to\infty} P\left[\sqrt{N} \sup_{-\infty<x<+\infty} [S_N(x) - F(x)] < z\right] = \begin{cases} 0 & \text{für } z \leqq 0 \\ 1 - e^{-2z^2} & \text{für } z > 0 \end{cases}$$

(Smirnow).

Diese Sätze werden hier nicht bewiesen. Man vergleiche [*1*, *2*, *6*] usw. und die dort zitierten Originalarbeiten.

Die Funktion $K(z)$ ist tabelliert (z. B. bei [*1*, *2*, *5*, *6*] usw.).

Aus diesen Sätzen ergeben sich unmittelbar die entsprechenden Signifikanztests. Beispielsweise ist $K(z = 1{,}628) = 0{,}99$. Fällt für große N daher $\sqrt{N} \sup_{-\infty<x<+\infty} |S_N(x) - F(x)| \geqq 1{,}628$ aus, so hat sich ein wenig wahrscheinliches Ereignis realisiert und man verwirft die Hypothese der Gültigkeit von $F(x)$.

Weitere Resultate in diesen Belangen findet man beispielsweise bei [*2*]. Verallgemeinerungen wurden schon in 1.431 erwähnt ([*B*, *C*, *D*]).

[1] sup steht für Supremum. Damit ist die oberste Grenze einer Menge, hier der (absoluten) Differenzen $S_N(x) - F(x)$, gemeint. Man verwendet den Begriff des Supremums überall dort, wo nicht sicher ist, daß es ein Maximum gibt. Das Gegenstück hiezu ist inf, das Infimum. Vgl. etwa A. Duschek: Vorlesungen über höhere Mathematik, Bd. I, Kap. I, § 2. Wien: Springer 1965.

2.64. Die Tests von Smirnow für die Verläßlichkeit empirischer Verteilungen

Hier handelt es sich darum, zwei unabhängige Stichproben der Umfänge N_1 und N_2 einer Zufallsvariablen x dahin zu prüfen, ob die Hypothese, daß beide Stichproben der gleichen Grundgesamtheit entnommen sind, Stützung verdient.

Sofern die gemeinsame theoretische Verteilungsfunktion stetig ist, bringen die Sätze von SMIRNOW in dieser Frage Aufschluß. Von der theoretischen Verteilungsfunktion $F(x)$ wird also nur Stetigkeit vorausgesetzt, ihre Gestalt und ihre Parameter spielen keine Rolle.

Sätze von Smirnow:

Eine Zufallsvariable besitze eine stetige Verteilungsfunktion. Auf Grund zweier voneinander und intern unabhängiger Stichproben der Umfänge N_1 und N_2 stelle man die empirischen Verteilungsfunktionen $S_{N_1}(x)$ und $T_{N_2}(x)$ auf. Es sei

$$N = \frac{N_1 N_2}{N_1 + N_2}.$$

Dann gilt

1. $$\lim_{N\to\infty} P\left[\sqrt{N} \sup_{-\infty<x<+\infty} |S_{N_1}(x) - T_{N_2}(x)| < z\right] = K(z) = \begin{cases} 0 & \text{für} \quad z \leqq 0, \\ \sum\limits_{k=-\infty}^{+\infty} (-1)^k e^{-2k^2z^2} & \text{für} \quad z > 0; \end{cases}$$

2. $$\lim_{N\to\infty} P\left[\sqrt{N} \sup_{-\infty<x<+\infty} [S_{N_1}(x) - T_{N_2}(x)] < z\right] = \begin{cases} 0 & \text{für} \quad z \leqq 0, \\ 1 - e^{-2z^2} & \text{für} \quad z > 0. \end{cases}$$

Diese Sätze werden hier nicht bewiesen. Man vergleiche [*1*, *2*], wo der Spezialfall $N_1 = N_2$ näher besprochen wird, usw.

Die entsprechenden Signifikanztests sind analog jenen von 2.63.

Verallgemeinerungen vgl. [*B*, *C*, *D*].

Kapitel 3

Simulationstechnik im Operations Research

Ein im Operations Research häufig verwendeter Begriff ist der des „mathematischen Modells“. Unter dieser Bezeichnung ist die mathematische Formulierung von gegenüber der Wirklichkeit meist vereinfachten Beziehungen zu verstehen, die den Sachverhalt eines Problems beschreiben. Durch Wahl von bestimmten, darin noch offen gelassenen Zahlenwerten, wie sie etwa noch offen gelassenen Entscheidungsmöglichkeiten in der Originalsituation entsprechen, lassen sich an Hand der betreffenden numerischen Auswirkungen auf Modellstufe Rückschlüsse ziehen auf erwartbare zugehörige Resultate in der Realität. Das Spiel mit den offen gelassenen Größen gestattet oft, die Methode aus einer bloß beschreibenden Kategorie in eine solche der Optimierungsverfahren emporzuheben. Man kennt derartiges aus der Physik, wo beispielsweise im Windkanal Widerstandsmessungen an Fahrzeugmodellen vorgenommen werden.

Man unterscheidet deterministische und probabilistische Modelle. Ein typisch deterministisches Modell kann beispielsweise dazu dienen, an Hand von für einen bestimmten Arbeitsplatz gültigen, genau festgelegten Fabrikationsverhältnissen inklusive mittleren zugehörigen Operationszeiten die jeweils optimalen Fertigungsverfahren zu bestimmen. Dabei ist unwesentlich, daß die effektiven Arbeitszeiten von Fall zu Fall schwanken und die sonstigen Fabrikationsbedingungen auch nicht völlig unveränderlich sind: das Modell geht auf derartige zufallsbedingte Abweichungen nicht ein und ist daher deterministisch. Andere deterministische Modelle erfassen beispielsweise Systeme auf eine Anzahl von Variablen einwirkender genau spezifizierter, linearer Restriktionen, unter deren Einhaltung eine ganz bestimmte lineare Funktion derselben Variablen optimiert werden soll: hier ist man ins Gebiet der linearen Programmierung geführt.

Probabilistische Modelle sind in der Formulierung der Zusammenhänge weniger starr; sie lassen den Beziehungen gewissen Spielraum, dessen Ausnützung sie mit Wahrscheinlichkeiten gewichten. Bei einem Problem beispielsweise der Kapazitätsbereitstellung (Autobusplätze;

elektrische Energie; Dienstleistungen usw.), an welche ein ökonomischer Nutzen geknüpft ist, stellt die Nachfrage ein probabilistisches Element von für die Auffindung des Optimums entscheidender Bedeutung dar.

In manchen Fällen ist direkte Behandlung probabilistischer Modelle mit Hilfe der Wahrscheinlichkeitsrechnung nicht möglich, weil keine Lösungsmethoden für die mathematisch oft sehr anspruchsvollen Fragen existieren, oder weil der Rechenaufwand zu groß würde.

Man ist unter solchen Umständen froh, in der *Simulationstechnik* über ein Mittel zu verfügen, das die Redensart „Probieren geht über Studieren" auf Modellstufe abwandelt: statt die Auswirkungen der Manipulationen mit den offen gelassenen Größen zu berechnen, probiert man einzelne Konstellationen einfach aus, indem man die zufallsbedingten Einflüsse in ihrer Wahrscheinlichkeit entsprechender Folge, gleichsam durch Würfeln, aktiv werden läßt und darauf nach festgelegten Modellspielregeln reagiert. Es ist also ein „Studieren über Probieren", das dank dem Aufkommen elektronischer Rechenanlagen, die u. a. das Würfeln besorgen, erst praktische Bedeutung erhalten hat.

Die Simulationstechnik hat den Vorteil relativer Einfachheit: wo theoretische Lösungsmöglichkeiten versagen, bietet sie manchmal noch Chancen der wissenschaftlich einwandfreien Durchdringung des Problems. Damit lädt sie allerdings das Odium der Billigkeit auf sich; denn die theoretischen Lösungsmöglichkeiten sind dort beschränkt, wo die Kenntnisse des Theoretikers ein Ende finden. Ob dies an der Theorie oder am Theoretiker liegt, kann der Auftraggeber meist nicht selber beurteilen. Besitzt seine Firma überdies eine Computeranlage, so sind viele Leute vielleicht noch gar erleichtert, endlich „wissenschaftliche" Arbeit für den Rechenautomaten gefunden zu haben. Wer den Grenzwertsatz von de Moivre-Laplace nicht kennt, kann seine Auswirkung natürlich durch Simulation herbeiführen ...

In Wirklichkeit stellt gute Simulationstechnik durchaus respektable Anforderungen an den damit Operierenden. Er wird nur simulieren, wenn es tatsächlich zweckmäßig ist, und auch dann nach Möglichkeit in ständigem, ergänzendem Wechselspiel mit rechnerischen Verfahren; und er wird vor allem über die Konvergenz der Simulationsmethode für jedes konkrete Problem Studien anstellen, so gut es geht. Viele Mißerfolge und damit verbundener schlechter Ruf der Simulationstechnik hätten bei genügender Beachtung dieser Dinge vermieden werden können und würden wohl auch in Zukunft sich vermeiden lassen. Nicht jeder, der einen Würfel zu werfen weiß, ist schon Simulationstechniker.

Neben der Bezeichnung Simulationstechnik hat sich auch noch der Begriff *Monte-Carlo-Technik* eingebürgert. Hat man die Nachbildung wirtschaftlicher Zufallsprozesse im Auge, so wird man wohl beide Benennungen gelten lassen, denn man kann sich darunter das künstliche Wirkenlassen von Zufallsmechanismen gut vorstellen. Es gibt nun aber abseits vom Operations Research gewisse Aufgaben rein deterministischer Natur (vgl. 3.3), die ebenfalls mit Hilfe einer Art „Probierens“ mehr oder weniger genau gelöst werden können. Hier liegt der Akzent nicht mehr auf der Nachbildung eines zufälligen Ablaufs, sondern eher auf dem Ablauf einer zufälligen Nachbildung und man spricht dann besser von der Monte-Carlo-Technik.

Das Gebiet der Simulations- bzw. Monte-Carlo-Technik ist mit recht ausgiebiger Literatur bedacht, hauptsächlich Zeitschriftenaufsätzen. Man mache Gebrauch vom Literaturverzeichnis dieses Kapitels sowie von der sehr vollständigen Literaturzusammenstellung bei [*1*]. Interessante Beiträge sind speziell auch bei [*2*, *7* und *8*] zu finden.

Das vorliegende Kapitel ist, wie es der allgemeinen Konzeption dieses Buches entspricht, in der Sicht des Ingenieurs, nicht des Computerfachmanns geschrieben. Diese Konzeption wird sich hier wohl besonders stark spürbar machen, indem es in den folgenden Zeilen, die bezug haben auf ein wichtiges Anwendungsgebiet für Computer, nicht darum geht, spezifische Fragen der elektronischen Datenverarbeitung mitzubehandeln, sondern die Theorie der Simulationstechnik in einer für den Modellbauer verständlichen Weise zu erklären. Ziel dieser Abhandlung ist es also, ihm die Formulierung von Modellen und deren „Handbetrieb“, d. h. deren Anwendung mit Hilfe von Zufallszahlentabellen, nahezubringen. Auf die Übersetzung in Computersprache und Berücksichtigung besonderer für den Computereinsatz vorteilhafter Finessen sei hier verzichtet.

3.1. Einführung

In Kap. 4 wird ein Beispiel zur Behandlung gelangen, das sich auf die Ratsamkeit der Anwendung von Leistungslohnsystemen bei gegebenen Arbeitsbedingungen bezieht. Hier soll dem Beispiel nicht vorgegriffen werden, doch darf man jetzt schon erwähnen, daß die Anzahl Arbeitsaufträge, die ein Arbeiter während einer Zahltagsperiode erledigt, für die Beantwortung dieser Frage eine wesentliche Rolle spielt. Es seien die Verhältnisse in der Maschinenindustrie bei vorwiegender Einzel- oder Kleinserienfertigung ins Auge gefaßt. Es handelt sich also darum, die Verteilung der Auftragserledigungen pro Zeiteinheit zu bestimmen (vgl. 4.144).

Diese statistische Teilaufgabe stellt an das fachliche Können des Untersuchenden wohl keine ungeahnten Anforderungen: in Kap. 1, Abschn. 1.431, ist gezeigt worden, wie man empirische Verteilungen aufnimmt, und in Kap. 2, Abschn. 2.62 und 2.63 war von zugehörigen Prüfmethoden die Rede. Schwierigkeiten bestehen also gewiß nicht auf theoretischer Seite, hingegen auf praktischer, was die Datenbeschaffung betrifft.

Grundsätzlich stehen die folgenden Methoden für die Ermittlung der gesuchten Verteilung zur Verfügung:

1. Methode: Abwarten und Abzählen

Man beobachtet die einzelnen Arbeitsplätze und zählt die Anzahl Auftragserledigungen pro Zahltagsperiode. Beträgt die Zahltagsperiode 14 Tage, so erhält man nach Ablauf eines Jahres erst 26 Zahlenwerte pro Arbeitsplatz. Tritt innerhalb dieses Jahres eine plötzliche oder kontinuierliche Änderung im Verkaufsprogramm der Firma oder bei den Herstellungsverfahren auf, so ist die Statistik gefälscht und nicht mehr ohne weiteres brauchbar.

2. Methode: Verwendung historischer Daten

Sofern eine Sammlung alter Arbeitsbelege (z. B. Lochkarten) existiert, kann man diese nach Arbeitsplätzen sortieren und entsprechend der Fragestellung auswerten. Gegenüber der ersten Methode besteht der Vorteil der bedeutend rascheren und umfangreicheren Zahlenmaterialbereitstellung. Der Nachteil des eventuellen Einflusses von Änderungen in den Umweltsbedingungen bleibt bestehen, ja das betreffende Risiko vergrößert sich mit der von der Datenerfassung überdeckten Zeitspanne, denn es ist nicht nur wahrscheinlich, sondern im Hinblick auf den technischen Fortschritt sogar zu hoffen, daß Fabrikationsprogramme und -verfahren im Laufe der Zeit eine Entwicklung durchmachen. Der Vorteil der Verfügbarkeit einer größeren Menge von Daten wird also in überwiegendem Maße vom Nachteil ihrer vermutlichen Ungültigkeit aufgehoben. Hiezu gesellt sich noch die zusätzliche Schwierigkeit der Rekonstruktion des Zustandekommens alter Daten: bei extremen Abweichungen von der sich abzeichnenden Norm läßt sich, wenn der Vorfall weit zurückliegt und die beteiligten Personen vielleicht sogar schon aus der Firma ausgetreten sind, nicht mehr abklären, ob die Divergenzen zufällige oder besondere, einmalige Ursachen aufweisen und dementsprechend berücksichtigt oder nicht mitgeführt werden sollen.

3. Methode: Simulation

In Kenntnis des gegenwärtig gültigen Fabrikationsprogramms und der den einzelnen Arbeitsaufträgen zugeordneten Arbeitszeiten (Vorkalkulation) läßt sich für alle zur Diskussion stehenden Arbeitsplätze je eine Kette von sich folgenden Arbeitsaufträgen simulieren und die Anzahl Erledigungen pro Zahltagsperiode abzählen.

Dieses Verfahren stellt an die Leitung des Betriebes allerdings die Anforderung, sich über die relative Häufigkeit der Fabrikationsaufträge Rechenschaft abzulegen. Solche Anforderungen werden von manchen Führungsorganen als unsympathisch empfunden, wenn sie zu für sie neuartigen Überlegungen zwingen. Der objektive Zuschauer wird sich aber sagen, daß der Frage der relativen Zusammensetzung des Fabrikationsprogramms von einem tüchtigen Führungsteam auf alle Fälle Aufmerksamkeit zu schenken ist und daß, wer nicht einmal weiß, was in welchem Umfang in seiner Werkstatt produziert wird, sich wohl nicht Urteilsfähigkeit anmaßen sollte, welches Lohnsystem als dort zweckmäßigstes anzusprechen sei.

Liegen hingegen über die Auftragszusammensetzung genügende Kenntnisse vor, und dies darf in jedem gut geführten Betrieb verlangt werden, so beantwortet die dritte Methode die gestellte Frage zweifellos am besten[1]: sie arbeitet schnell, beliebig genau (man simuliert so viele Zahltagsperioden, wie man will) und aktuell (sie basiert auf gegenwärtig gültigen Verhältnissen). Die in der Simulationsfachsprache oft gehörte Redewendung, „man simuliert über 20 Jahre", muß also dahin präzisiert werden, daß man in diesem Falle nicht 20 Jahre in die Zukunft vorauszublicken vorgibt, sondern eine Stichprobe des Umfanges von 20 fiktiven Jahren, wie sie unter den gegenwärtigen Bedingungen sich abspielen könnten, konstruiert. Man unterscheide also zwischen kalendarischer Zeitachse, von welcher nur der Zeitpunkt „heute" betrachtet wird, und fiktiver Zeitachse, die den kalendarischen Zeitpunkt „heute" hinsichtlich des für ihn möglichen Geschehens häufigkeitsmäßig ausbreitet (Abb. 3.1).

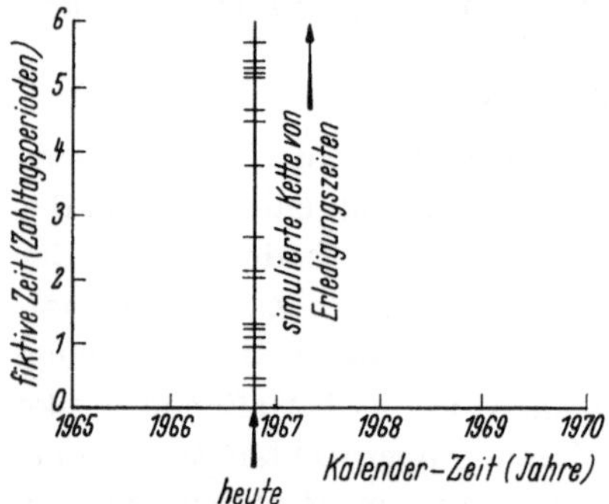

Abb. 3.1. Schematische Darstellung der Simulation von sich folgenden Arbeitsaufträgen an einem Arbeitsplatz

Das Simulationsmodell wäre unter der Voraussetzung, daß die Aufeinanderfolge von Arbeitsaufträgen rein zufälligen Charakter besitzt, höchst einfach: in einer Urne lägen Zettel, deren jeder einzelne einen Arbeitsauftrag bedeuten und die zugehörige Arbeitszeit angeschrieben tragen würde. Da jeder derartige Zettel dieselbe Wahrscheinlichkeit, zufällig gewählt zu werden, besäße, müßte das Mengenverhältnis der diversen Zettel die relative Häufigkeit der verschiedenartigen Arbeitsaufträge wiedergeben. Man würde einen Zettel nach dem anderen mit Rücklegen ziehen und die abgelesenen Arbeitszeiten zu einer Zufallskette aneinanderreihen.

[1] Für den Fall sehr großer Zeitintervalle ist die Anzahl erledigter Arbeitsaufträge asymptotisch normal verteilt, sofern das zweite Moment der Arbeitszeitenverteilung noch existiert (vgl. 1.92, 6. Beispiel); diese Voraussetzung ist hier erfüllt (vgl. 4.144). Unter der Bedingung sehr großer Zeitintervalle erübrigt sich daher die Simulation.

Es wäre auch möglich, das Modell dahin abzuändern, daß man — rechnerisch oder durch Simulation — zuerst die Verteilung der am betreffenden Arbeitsplatz gültigen Arbeitszeiten ζ pro Auftrag aufstellte. Man nehme an, diese Verteilung sei beispielsweise diskret und laute:

Tabelle 3.1

$z^{(\text{Stunden})}$	1	2	3	4	5	6	7	
$P(\zeta = z)$	0,2	0,1	0,3	0,1	0,0	0,1	0,2	$\sum_z P(\zeta = z) = 1$

Dann kann man jedem einzelnen Wert z eine Anzahl $N(z)$ mit z beschrifteter Kugeln in einer Urne zuordnen, so daß, Gleichwahrscheinlichkeit des Ziehens jeder der $\sum_z N(z) = N$ Kugeln vorausgesetzt, eine unendliche Folge unabhängiger Züge mit Rücklegen die Verteilung $P(\zeta = z)$ liefern würde; im folgenden zwei Beispiele:

Tabelle 3.2

$z^{(\text{Stunden})}$	1	2	3	4	5	6	7	
Anzahl $N(z)$ Kugeln a)	2	1	3	1	0	1	2	$N_a = 10$
b)	200	100	300	100	0	100	200	$N_b = 1000$

Die Aneinanderreihung der gezogenen Beschriftungen liefert wieder eine Kette zufällig sich folgender Arbeitszeiten.

Das soeben besprochene zweite Modell bietet keine sonderlichen Vorteile gegenüber dem ersten; solche lassen sich erst wahrnehmen, wenn man die Kugeln laufend numeriert, und zwar derart, daß z eine monoton nichtfallende Funktion der Kugelnummer k ist:

Tabelle 3.3

$z^{(\text{Stunden})}$	1	2	3	4	5	6	7
$k^{(\text{Kugel-Nr.})}$ a)	0, 1	2	3, 4, 5	6	—	7	8, 9
b)	0—199	200—299	300—599	600—699	—	700—799	800—999

Ist nämlich ν die zufällig gezogene Kugelnummer, so läßt sich aus der Tabelle bzw. aus einem Diagramm (Abb. 3.2) sofort ablesen, welcher zufällige Wert ζ betroffen ist: tatsächlich weisen ja der Wert $\zeta = z$ und die Menge aller zugehörigen Werte $\nu = k_1(z), k_2(z), \ldots$ dieselbe Wahrscheinlichkeit $P(\zeta = z)$ auf.

Aus Abb. 3.2 erkennt man übrigens, daß mit steigender Anzahl N in die Urne gelegter Kugeln der abgelesene Wert z zu Zahlen $\frac{k(z)}{N}$ gehört, welche auf der Ordinate $P(\zeta \leqq z) = F(z)$ immer enger aneinander anschließen.

Der zufälligen Wahl einer Kugel mit der Nummer $\nu = k$ entspricht also die zufällige Wahl der Ordinate $P(\zeta \leqq z) = F(z)$ an der Stelle $F(z) = \frac{k}{N}$. Somit ist $F(z)$ selber eine zufällige Größe: $F(z) = \varrho$, von der man weiß, daß sie nur diskrete Werte $0, \frac{1}{N}, \ldots, \frac{k}{N}, \ldots, \frac{N-1}{N}$ annimmt, deren Wahrscheinlichkeiten alle gleich groß sind:

$$P\left\{\varrho = F(z) = \frac{k}{N}\right\} = \frac{1}{N}, \qquad k = 0, 1, \ldots, N-1.$$

Der vorhin erwähnte Vorteil dieses Modells besteht nun zunächst darin, daß man die Züge aus der Urne einerseits und die Umwandlung der gezogenen Kugelnummern $\nu = k$ in entsprechende Werte $\zeta = z$ andererseits getrennt vornehmen kann. In der ersten Phase wird man nämlich eine Zufallsfolge von „gleichverteilten" Werten ϱ, $0 \leqq \varrho < 1$, bilden, die die zufälligen Züge aus der Urne ersetzt und ein für allemal

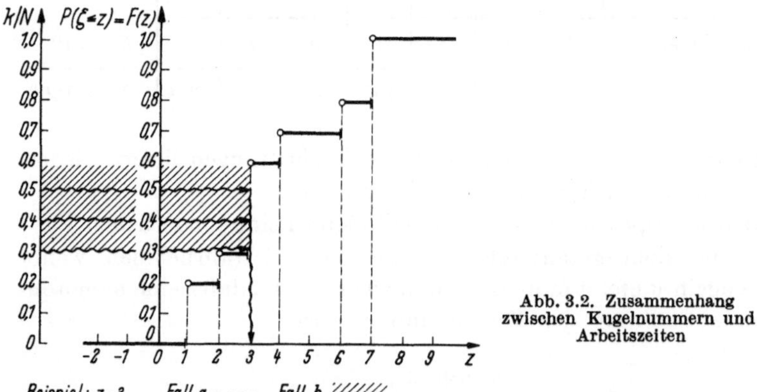

Abb. 3.2. Zusammenhang zwischen Kugelnummern und Arbeitszeiten

gültig bleiben darf: solche Folgen lassen sich mit Hilfe von unter der Bezeichnung „Tabellen von Zufallszahlen" veröffentlichten Daten erzeugen.

Es handelt sich dabei um Blätter, auf denen Zahlen, meist in Blöcken von 5×5 Paaren gruppiert, angeordnet sind. Je nach Bedarf verwendet man ein-, zwei- oder mehrstellige daraus systematisch z. B. von oben nach unten abgelesene Zahlen. Diese faßt man als Dezimalen hinter einer Null auf, so daß sich eine Folge zufälliger Werte $\varrho = r$ ergibt. Diese Werte setzt man nun in der zweiten Phase gleich der dem Simulationsproblem entsprechenden, beliebigen (also evtl. auch stetigen) Verteilungsfunktion: $r = F(z)$ und liest die zugehörigen Werte z ab. Diese liefern ihrerseits die gesuchte zufällige Folge der interessierenden Größen ζ. Verfügt man über einen Computer, so kann dieser beide Phasen und etwaige weitere angeschlossene Operationen nun wieder gemeinsam erledigen, was die ungeheure Wirksamkeit der Methodik erklärt.

Bei der erwähnten Untersuchung der Anzahl Auftragserledigungen pro Zahltag ergibt sich bei Benützung der folgenden Zufallszahlen:

$$2-3-9-0-1-0-0- \cdots -3-4-1-5- \ldots$$
$$\cdots -3-9-3-8-4-1- \cdots$$

und unter Verwendung von Abb. 3.2 die nachstehende Tab. 3.4. Die darin eingetragene Kette der kumulierten Arbeitszeiten $t_i = \sum_i z_i$ liefert

Tabelle 3.4

i	Zufallszahl	$\varrho_i = F(z_i)$	z_i (Stunden)	$t_i = \sum_i z_i$ (Stunden)
1	2	0,2	2	2
2	3	0,3	3	5
3	9	0,9	7	12
4	0	0,0	1	13
5	1	0,1	1	14
6	0	0,0	1	15
7	0	0,0	1	16
.	.	.	.	.
.	.	.	.	.
.	.	.	.	.
411	.	.	.	1524
412	3	0,3	3	1527
413	4	0,4	3	1530
414	1	0,1	1	1531
415	5	0,5	3	1534
.	.	.	.	.
.	.	.	.	.
.	.	.	.	.
430	.	.	.	1601
431	3	0,3	3	1604
432	9	0,9	7	1611
433	3	0,3	3	1614
434	8	0,8	7	1621
435	4	0,4	3	1624
436	1	0,1	1	1625
.	.	.	.	.
.	.	.	.	.
.	.	.	.	.

die Grundlage für die Bestimmung der Verteilung der Anzahl Auftragserledigungen innerhalb von Zeitintervallen der Dauer T.

Sei beispielsweise $T = 90$ Stunden. Dann liegen die Intervallgrenzen bei allen ganzzahligen Vielfachen von $T = 90$, nämlich bei $0, 90, 180, \ldots, 1530, 1620, \ldots$ Man muß nun zunächst generell festlegen, ob ein Arbeitsabschluß, der gerade auf eine Intervallgrenze fällt, dem soeben beendeten oder dem neu beginnenden Intervall angerechnet werden soll. Hier sei die letztere Variante angenommen. Dann zeigt Tab. 3.4, daß beispielsweise im 18. Intervall $[1530, 1620[$ die Aufträge Nr. $i = 413, 414, \ldots, 433$ fertiggestellt werden, also $433 - 413 + 1 = 21$ Aufträge. Auf diese Weise erhält man für jedes simulierte Intervall eine Anzahl erledigter Aufträge; die „Stichprobe" aller Intervalle gestattet dann, die gesuchte Verteilung zu bestimmen. Bei Variation des Intervalles T kann man aus der gleichen Tab. 3.4 analog die zugehörigen Verteilungen ermitteln.

Trotz der Einfachheit des besprochenen Beispiels drängen sich hier bereits einige Fragen von grundsätzlicher Gültigkeit auf: welche Anforderungen müssen die Zufallszahlen erfüllen? wieviele Intervalle muß man simulieren, um verläßliche Aussagen leisten zu können? wie stark wirkt sich der der Simulation zugrunde gelegte Anfangszustand auf das Ergebnis aus (hier begann das erste Intervall mit dem Beginn eines Arbeitsauftrags)?

3.2. Die Anforderungen an die Zufallszahlen

Das zusätzliche Element der Unsicherheit, welches durch die Simulationstechnik in die schließliche Aussage hineingetragen wird, läßt sich gut an Hand eines Spezialfalls des soeben besprochenen Beispiels der Verteilung der Anzahl Auftragserledigungen innerhalb eines gegebenen Zeitintervalls erkennen. Sind die Arbeitszeiten nämlich gegenseitig unabhängig und diesmal exponentiell verteilt, so folgt aus der im Kap. 1, Abschn. 1.53, dargelegten Theorie, daß die Anzahl Auftragserledigungen innerhalb eines festen Zeitintervalls eine entsprechende Poisson-Verteilung aufweist, und zwar unabhängig vom Zeitpunkt, wo man zu beobachten beginnt.

Dies ist eine klare, eindeutige Aussage der Wahrscheinlichkeitsrechnung. Soll die diesbezügliche Erkenntnis auf Grund der Simulationstechnik erworben werden, so kommt dies einem Verzicht auf theoretisches Wissen gleich zugunsten einer empirischen Methode, die mit allen Mängeln solchen Vorgehens behaftet ist. Anstelle von Wahrscheinlichkeitsrechnung wird Statistik getrieben: statt einer Berechnung führt man eine oder mehrere zufällige Stichproben durch. Wenn man Glück hat, wird man vermuten, die empirische Verteilung sei eine Poisson-Verteilung, und man wird diesbezügliche Tests (z. B. den χ^2-Test, vgl. 2.62) darüber befinden lassen. Je nachdem, wie gut die Stichprobe ausgefallen ist — und dies hängt von ihrem Umfang einerseits und den verwendeten Zufallszahlen andererseits ab—, wird man den Fehlschlußrisiken zum Opfer fallen oder nicht. Die Prüfung des etwaigen Einflusses des Beobachtungsbeginns wird sich besonders heikel anlassen und eine exakte Aussage wird sehr stark von der Güte der Simulation abhangen.

Erinnert man sich an die Motivierung der Fehlschlußrisiken bei der statistischen Prüfung von Hypothesen (vgl. 2.311), so ist man sich bewußt, daß es offenbar Stichproben, bestehend aus zwar echt zufälligen, aber dennoch besonders ungewöhnlichen Daten gibt, die beispielsweise zur Verwerfung einer richtigen Hypothese führen. Solche Daten sind also trotz ihrer echten Zufälligkeit unerwünscht. Eine besonders ungewöhnliche Folge von Zufallszahlen, etwa eine ununterbrochene Folge von Nullen, ist für den vorliegenden Zweck der Simulation also gewiß auch nicht erwünscht, wenngleich eine solche Folge genau dieselbe Wahrscheinlichkeit wie irgendeine andere gleichlange Folge aufweist.

Wenn der Zufall einen derartigen Streich spielt, so ist es zweifellos unerlaubt, aber vernünftig, darauf gar nicht einzugehen, den betreffenden Abschnitt zu streichen und erst wieder Zahlenteilfolgen zu akzeptieren, die scheinbar „besser“ zufällig, d. h. regellos aussehen. Dies ist natürlich ein willentlicher Eingriff in den Zufallsmechanismus. Maßt man sich aber schon die Entscheidung an, was als Zufall gelten dürfe und was nicht, so ist es kein weiter Weg mehr bis zur vollständigen Lenkung des Zufalls, d. h. zur rein deterministischen Erzeugung von Zahlenfolgen, welche die an „gute“ Zufallszahlen gestellten Anforderungen erfüllen und „Pseudozufallszahlen“ heißen. Hiefür gibt es verschiedene systematische Methoden; eine von ihnen besteht darin, daß man die Folge von höchstens m-stelligen Zahlen $x_0, x_1, \ldots, x_{i-1}, x_i, \ldots$, bildet, welche der Kongruenzrelation[1]

$$x_i \equiv a\, x_{i-1} + c \pmod{10^m}$$

genügen. Darin seien m, a und c natürliche Zahlen und es gelte

$$c \neq 0 \quad \text{und weder teilbar durch 2 noch durch 5;}$$

$$a \equiv 1 \pmod{20}.$$

[1] Vgl. H. Hasse: Vorlesungen über Zahlentheorie. Berlin/Göttingen/Heidelberg: Springer 1964; dortige *Definition*: „Zwei ganze Zahlen a, b heißen kongruent mod m (lies modulo m), in Zeichen: $a \equiv b \pmod{m}$, wenn sie bei der Division durch m den gleichen Rest lassen. Die natürliche Zahl m nennt man auch den Modul der Kongruenz.“ — Hiezu sei noch in Erinnerung gerufen, daß eine ganze Zahl der Menge $\{\ldots, -2, -1, 0, +1, +2, +3, \ldots\}$ angehört, während eine natürliche Zahl aus der Menge $\{+1, +2, +3, \ldots\}$ stammt.

Da es nur 10^m verschiedene m-stellige Zahlen gibt, besitzen die Zahlen x_i eine Periode, die höchstens 10^m beträgt; bei Einhaltung der aufgeführten Bedingungen erreichen sie sogar die volle Periode 10^m, wie bei [3] gezeigt wird.

Beispiel: $m = 2$, $c = 9$, $a = 41$, $x_0 = 12$

Die Periode muß hier $10^2 = 100$ betragen.

Man bildet

$$x_1 \equiv 41 \cdot 12 + 9 (\mathrm{mod}\, 100) = 492 + 9 (\mathrm{mod}\, 100) = 501 (\mathrm{mod}\, 100).$$

Da x_1 höchstens zweistellig sein darf, kann nur die Zahl $x_1 = 1$ die Kongruenzrelation erfüllen.

Daraus folgt nun

$$x_2 \equiv 41 \cdot 1 + 9 (\mathrm{mod}\, 100) = 50 (\mathrm{mod}\, 100).$$

Also ist, da auch x_2 höchstens zweistellig sein darf, $x_2 = 50$.

So weiterschreitend findet man die Folge 12—01—50— · · ·

Solche Zahlenfolgen x_i weisen für viele Parameterwerte m, a und c Eigenschaften auf, wie man sie an Simulationszwecken dienliche Zufallszahlen stellen muß. Allerdings muß die Periode 10^m einerseits genügend groß sein, damit über die gesamte Simulationsdauer kein Rhythmus entsteht, andererseits ist zu bedenken, daß innerhalb der Periode keine einzige Zahl wiederkehren kann, was ebenfalls gegen durchaus wünschbare Zufälligkeiten verstößt. Der letztere Einwand ist indessen nicht schwer: bei diskreten Verteilungen sind die für die Simulation verwendeten Zahlen $\varrho = x \cdot 10^{-m}$ oft gleichbedeutend, wenn sie in den ersten Stellen nach dem Komma gleich lauten: im Beispiel von 3.1 waren 0,600 . . . bis 0,699 . . . gleichwertig, weil dort die zweite Dezimale für die Ablesung der simulierten Zufallsgröße (dort Arbeitszeit) keine Rolle mehr spielte. Bei stetigen Verteilungen weichen die abzulesenden Beträge der simulierten Zufallsgröße bei nur geringfügig differierenden Werten ϱ entweder ebenfalls nur schwach voneinander ab oder führen bei Mittelwertsbildung wenigstens zu genügend guten Kompensationen. Im übrigen besteht die Möglichkeit, von dieser Erkenntnis dadurch Gebrauch zu machen, daß man von Haus aus einige Stellen der x_i abschneidet und als gesonderte Pseudozufallszahlen verwendet; dann müssen die gewünschten, aperiodischen Wiederholungen auftreten.

Für die Prüfung des „Zufallscharakters" dieser alles andere als zufälligen Zahlen lassen sich verschiedene statistische Tests brauchen oder besser gesagt mißbrauchen, so etwa der in 2.621 beschriebene χ^2-Test: man bildet beispielsweise die 10 Intervalle $[0{,}0, 0{,}1[$, $[0{,}1, 0{,}2[$, . . ., $[0{,}9, 1{,}0[$ und zählt ab, wieviele Zahlen aus einer Stichprobe von N sich folgenden Zahlen $x_i \cdot 10^{-m}$ in jedes Intervall fallen; es seien ν_j Zahlen, $\sum_j \nu_j = N$. Die entsprechenden theoretischen Wahrscheinlichkeiten p_j lauten $p_j = \frac{1}{10}$ für alle j, sofern die „Hypothese" einer gleichverteilten Grundgesamtheit richtig ist. In diesem Falle ist

$$\sum_j \frac{\left(v_j - \frac{N}{10}\right)^2}{\frac{N}{10}} = \chi_9^2$$

annähernd nach χ^2 mit dem Freiheitsgrad $10 - 1 = 9$ verteilt.

Der χ^2-Test wird hier insofern „mißbraucht", als die „Hypothese" der „gleichverteilten" Grundgesamtheit gar keine Hypothese, sondern auf Grund der Erzeugungsregeln der Zahlen x_i wohlbekannte Tatsache ist; hingegen ist die Voraussetzung der Unabhängigkeit der Stichprobe, unter welcher allein man den χ^2-Test anwenden darf, nicht erfüllt, denn jede Zahl x_i hängt deterministisch von ihrer Vorgängerin x_{i-1} ab. Man darf hier also nicht mehr von einer Hypothese betreffend die Verteilung der Grundgesamtheit reden, sondern höchstens von einer Hypothese betreffend die Unabhängigkeit der Stichprobe. Stützt der Test nun — wunschgemäß — die letztere Hypothese, so ist er gewissermaßen einem Fehlschluß zweiter Art zum Opfer gefallen. Mit dieser „unfairen" Absicht, den Test zu täuschen, tritt man aber an das ganze Unterfangen heran.

Für gewisse Anwendungen der Monte-Carlo-Technik benötigt man übrigens nicht einmal Pseudozufallszahlen, die recht allgemeine Tests bestehen müssen, sondern lediglich Zahlen, die den Anforderungen der ganz konkreten Aufgabe standhalten. Man spricht dann mitunter von „Quasizufallszahlen" [*1*].

3.3. Lösung von Integrationsaufgaben

Gewisse deterministische Aufgaben lassen sich mit Hilfe zufälligen Probierens behandeln, so beispielsweise die Berechnung bestimmter Integrale. Zwar gelangt damit nun ein Gebiet zur Sprache, das außerhalb des Operations Research liegt und auch nicht mehr in die Kategorie der Simulation gereiht werden kann: vielmehr hat man es mit der sog. Monte-Carlo-Technik zu tun. Doch treten gerade hier einige grundsätzliche Eigenarten als Folge der Nutzbarmachung des Zufalls besonders deutlich in Erscheinung, die gewisse Rückschlüsse auf die Verhältnisse bei Simulationen im Operations Research zulassen. Deshalb sei die Monte-Carlo-Technik hier für den anschaulichen Fall der einfachen Integration erläutert; vom Standpunkt der numerischen Integration selber aus ist die Anwendung der Monte-Carlo-Technik allerdings erst bei mehrfachen Integralen sinnvoll [*4*].

Gegeben sei die Funktion $y = f(x)$. Ohne Einschränkung der Allgemeingültigkeit sei gesucht (Abb. 3.3):

$$J = \int_{x=0}^{1} f(x)\,dx.$$

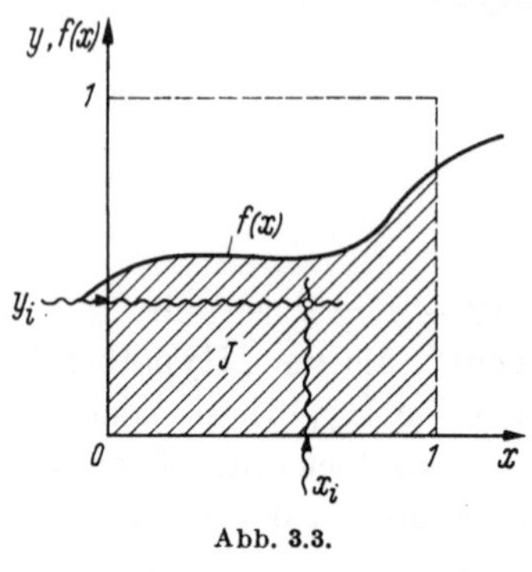

Abb. 3.3.

1. Methode:

Es gelte $0 \leqq f(x) \leqq 1$. Dann ist natürlich $0 \leqq J \leqq 1$.

Faßt man ξ und η als stetige Zufallsgrößen auf, die beide gleichverteilte Werte x bzw. y aus $[0, 1[$ annehmen können, und wählt man mit Hilfe der Monte-Carlo-Technik eine zufällige Doppelstichprobe von N Wertepaaren (x_i, y_i), so sind die beiden, sich gegenseitig ausschließenden, durch „Probieren" unterscheidbaren Fälle möglich: $y_i \leqq f(x_i)$ mit der Wahrscheinlichkeit[1] J und $y_i > f(x_i)$ mit der Wahrscheinlichkeit $1 - J$. Führt man die Indikatorvariablen ζ_i, $i = 1, \ldots, N$ ein:

$$\zeta_i = \begin{cases} 0 & \text{wenn} \quad y_i > f(x_i) \qquad (\text{„Mißerfolg"}), \\ 1 & \text{wenn} \quad y_i \leqq f(x_i) \qquad (\text{„Treffer"}), \end{cases} \tag{1}$$

so gilt für alle $i = 1, \ldots, N$:

$$P(\zeta_i = 0) = 1 - J, \tag{2}$$

$$P(\zeta_i = 1) = J, \tag{3}$$

und die zufällige Anzahl ϱ Treffer in den N unabhängigen Versuchen gehorcht einer Binomialverteilung mit dem Erwartungswert

$$E(\varrho) = N\,E(\zeta) = N\,J \tag{4}$$

und der Varianz

$$\operatorname{Var}(\varrho) = N \operatorname{Var}(\zeta) = N\,J(1 - J). \tag{5}$$

Sei φ eine Zufallsvariable, definiert gemäß

$$\varphi = \frac{\varrho}{N}. \tag{6}$$

Dann gilt

$$E(\varphi) = \frac{E(\varrho)}{N} = J \tag{7}$$

und

$$\operatorname{Var}(\varphi) = \frac{\operatorname{Var}(\varrho)}{N^2} = \frac{\operatorname{Var}(\zeta)}{N} = \frac{J(1 - J)}{N}. \tag{8}$$

[1] Hier handelt es sich um „geometrische" Wahrscheinlichkeiten, wie sie in 1.34 schon einmal erwähnt worden sind.

Der von φ zufällig angenommene Zahlenwert approximiert also J. Wünscht man, daß der Fehler $|\varphi - J|$ mit der Wahrscheinlichkeit W oder mehr höchstens $\delta > 0$ ausmache:

$$P\{|\varphi - J| \leqq \delta\} \geqq W \tag{9}$$

oder

$$P\left\{\frac{|\varphi - J|}{\sqrt{\mathrm{Var}(\varphi)}} \leqq \frac{\delta}{\sqrt{\mathrm{Var}(\varphi)}}\right\} \geqq W, \tag{10}$$

so ist die Größe $(\varphi - J)/\sqrt{\mathrm{Var}(\varphi)}$ für genügend große N, sofern $J \neq 0$ und $J \neq 1$, auf Grund des Grenzwertsatzes von DE MOIVRE-LAPLACE (1.51) annähernd standardisiert-normal verteilt. Daher muß

$$\frac{\delta}{\sqrt{\mathrm{Var}(\varphi)}} \geqq u(W) \tag{11}$$

mit u als Variabler der standardisierten Normalverteilung, oder:

$$N \geqq \left[\frac{u(W)}{\delta}\right]^2 \mathrm{Var}(\zeta), \tag{12}$$

und zwar hier speziell:

$$N \geqq \left[\frac{u(W)}{\delta}\right]^2 J(1 - J). \tag{13}$$

Der Wert J ist unbekannt. Der Ausdruck $J(1 - J)$ wird bei den hier möglichen Werten von J: $0 \leqq J \leqq 1$ maximal und somit kritisch für $J = \frac{1}{2}$. Also ist man auf der sicheren Seite, wenn man

$$N \geqq \left[\frac{u(W)}{2\delta}\right]^2 \tag{14}$$

vorschreibt. Im Falle $W = 0{,}90$ ist $u(W) = 1{,}645$; wählt man $\delta = 0{,}05$, so wird

$$N \geqq \left[\frac{1{,}645}{2 \cdot 0{,}05}\right]^2 \cong 270 \tag{15}$$

(vgl. 1.513, 2. Beispiel). Die Behauptung, man müsse also wenigstens 270 zufällige Wertepaare (x_i, y_i) verwenden, um das Integral mit mindestens 90%iger Sicherheit auf $\pm 0{,}05$ Flächeneinheiten genau zu bestimmen, ist richtig, wenn $J = \frac{1}{2}$. Für $J \neq \frac{1}{2}$ kommt man sogar mit kleineren N für gleiche Genauigkeit aus.

2. Methode:

Hier soll die Annahme $0 \leqq f(x) \leqq 1$ dahin gemildert werden, daß $f(x)$ im ganzen Intervall $[0, 1[$ sein Vorzeichen, sei es positiv oder negativ, nicht ändert. Dies läßt sich für im Intervall $[0, 1[$ beschränkte Funktionen stets durch allfällige Addition oder Subtraktion einer genügend großen Konstanten erreichen.

Sei ξ eine stetige Zufallsvariable mit der Wahrscheinlichkeitsdichte

$$p(x) = \begin{cases} g(x) & \text{für} \quad 0 \leqq x < 1, \\ 0 & \text{sonst}. \end{cases} \tag{16}$$

Über $g(x)$ wird zunächst neben seiner Eigenschaft, einen Teil einer Dichtefunktion beschreiben zu können, nur vorausgesetzt, daß

$$\int_{x=-\infty}^{+\infty} p(x)\,dx = \int_{x=0}^{1} g(x)\,dx = 1. \tag{17}$$

Die Zufallsgröße η sei eine Funktion von ξ:

$$\eta = \frac{f(\xi)}{g(\xi)}. \tag{18}$$

Dann wird

$$E(\eta) = \int_{x=-\infty}^{+\infty} \frac{f(x)}{g(x)}\,p(x)\,dx = \int_{x=0}^{1} \frac{f(x)}{g(x)}\,g(x)\,dx = \int_{x=0}^{1} f(x)\,dx = J. \tag{19}$$

Aus dem Starken Gesetz der Großen Zahlen folgt aber (vgl. 1.832) für eine unabhängige Stichprobe $\eta_i = f(\xi_i)/g(\xi_i)$, $i = 1, \ldots, N$:

$$N \to \infty: \quad \frac{1}{N}\sum_{i=1}^{N} \eta_i \to E(\eta) \quad \text{mit Wahrscheinlichkeit } 1, \tag{20}$$

sofern dieser Erwartungswert, d. h. das Integral J überhaupt existiert.

Sind daher x_i die von ξ_i in der Monte-Carlo-Stichprobe angenommenen Werte, $i = 1, \ldots, N$, wobei diesmal die ξ_i nicht gleichverteilt sind, sondern der Dichtefunktion $p(x)$ gehorchen, so gilt für genügend große N:

$$N \to \infty: \quad \frac{1}{N}\sum_{i=1}^{N} \frac{f(x_i)}{g(x_i)} \to J \quad \text{mit Wahrscheinlichkeit } 1. \tag{21}$$

Führt man wieder eine Zufallsvariable φ ein:

$$\varphi = \frac{1}{N}\sum_{i=1}^{N} \eta_i = \frac{1}{N}\sum_{i=1}^{N} \frac{f(\xi_i)}{g(\xi_i)}, \tag{22}$$

so sind

$$E(\varphi) = \frac{1}{N} E\left\{\sum_{i=1}^{N} \frac{f(\xi_i)}{g(\xi_i)}\right\} = \frac{N}{N} E\left\{\frac{f(\xi)}{g(\xi)}\right\} = J \tag{23}$$

und

$$\operatorname{Var}(\varphi) = \frac{1}{N^2} \operatorname{Var}\left\{\sum_{i=1}^{N} \frac{f(\xi_i)}{g(\xi_i)}\right\} = \frac{N}{N^2} \operatorname{Var}\left\{\frac{f(\xi)}{g(\xi)}\right\} = \frac{1}{N} E\left\{\left[\frac{f(\xi)}{g(\xi)} - J\right]^2\right\}. \tag{24}$$

Nun ist der Augenblick gekommen, wo man sich über die Funktion $g(x)$ nähere Gedanken machen kann. Wählt man nämlich $g(x)$ derart, daß $\operatorname{Var}(\varphi)$ sehr klein ausfällt, so genügt eine relativ kleine Stichprobe, d. h. eine relativ bescheidene Anzahl Monte-Carlo-Schritte, um J durch $\frac{1}{N}\sum_{i=1}^{N} \frac{f(x_i)}{g(x_i)}$ gut zu approximieren. Am besten wäre es natürlich, wenn $\operatorname{Var}(\varphi) = 0$ ausfiele; unter der getroffenen Voraussetzung konstanten Vorzeichens von $f(x)$ im Intervall $[0, 1[$ könnte man dies dadurch erreichen, daß man $g(x) = \frac{1}{a} f(x)$ setzte, wobei a eine aus der Nebenbedingung

$$1 = \int_{x=0}^{1} g(x)\, dx = \frac{1}{a} \int_{x=0}^{1} f(x)\, dx \tag{25}$$

zu bestimmende Konstante wäre, offenbar $a = J$. Wenn man nun aber $a = J$ gemäß (25) wirklich ermitteln könnte, so wäre die anschließende Monte-Carlo-Prozedur überflüssig, denn dann wäre J ja schon bekannt. Da dies der Annahme, das Integral sei auf rein analytischem Wege nicht ohne weiteres lösbar, widerspräche, wird man $g(x)$ recht ähnlich $|f(x)|$ wählen, jedoch so, daß $\int_{x=0}^{1} g(x)\, dx$ analytisch keine Schwierigkeiten bereitet; beispielsweise wird $g(x)$ eine Treppenkurve sein, die einigermaßen proportional der Funktion $|f(x)|$ verläuft („importance sampling").

Da als Folge des Zentralen Grenzwertsatzes (vgl. 1.92) die Zufallsvariable φ für genügend große N im allgemeinen annähernd normal verteilt ist, ergibt sich im Falle der Forderung

$$P\{|\varphi - J| \leqq \delta\} \geqq W, \tag{26}$$

daß gelten muß (vgl. 1. Methode):

$$\frac{1}{\operatorname{Var}(\varphi)} \geqq \left[\frac{u(W)}{\delta}\right]^2 \tag{27}$$

oder

$$N \geqq \left[\frac{u(W)}{\delta}\right]^2 \operatorname{Var}\left[\frac{f(\xi)}{g(\xi)}\right]. \tag{28}$$

Zahlenbeispiel:

Es sei $y = f(x) = x^2$; gesucht ist $J = \int_{x=0}^{1} f(x)\, dx = \int_{x=0}^{1} x^2\, dx$.

Natürlich weiß man, daß $J = \left.\frac{x^3}{3}\right|_0^1 = \frac{1}{3}$, aber von dieser Kenntnis soll lediglich insofern Gebrauch gemacht werden, als interessiert, wie viele Monte-Carlo-Schritte durchzuführen sind, damit mit einer Wahrscheinlichkeit von wenigstens 90% der Approximationsfehler $\pm 0{,}05$ nicht überschreite.

1. Methode:

Da hier $J = \frac{1}{3}$ bekannt ist, kann man den richtigen Wert von $\operatorname{Var}(\zeta)$ verwenden, nämlich

$$\operatorname{Var}(\zeta) = J(1 - J) = \tfrac{1}{3}(1 - \tfrac{1}{3}) = \tfrac{2}{9}.$$

Dann erhält man ein kleineres Minimum für N als 270, nämlich

$$\underline{\underline{N \geqq}} \left[\frac{u(W)}{\delta}\right]^2 \operatorname{Var}(\zeta) = \left[\frac{1{,}645}{0{,}05}\right]^2 \cdot \frac{2}{9} \cong \underline{\underline{242}}.$$

2. Methode:

Es muß

$$N \geqq \left[\frac{u(W)}{\delta}\right]^2 \operatorname{Var}\left[\frac{f(\xi)}{g(\xi)}\right].$$

Wählt man beispielsweise

$$g(x) = 1, \quad 0 \leqq x < 1,$$

so ist

$$\int_{x=0}^{1} g(x)\, dx = 1$$

und

$$\operatorname{Var}\left[\frac{f(\xi)}{g(\xi)}\right] = \operatorname{Var}[f(\xi)] = E\{[f(\xi)]^2\} - E^2\{f(\xi)\} = \frac{4}{45},$$

denn

$$E\{[f(\xi)]^2\} = \int_{x=0}^{1} x^4\, dx = \frac{x^5}{5}\bigg|_0^1 = \frac{1}{5}$$

und

$$E^2\{f(\xi)\} = (\tfrac{1}{3})^2 = \tfrac{1}{9}.$$

Also muß

$$\underline{N \geqq} \left[\frac{1,645}{0,05}\right]^2 \cdot \frac{4}{45} \,\underline{\cong 96}.$$

Die 2. Methode ist also sogar für den Fall, daß man sich der Möglichkeiten, die in $g(x)$ ruhen, gar nicht bedient, besser als die 1. Methode, denn sie liefert gegenüber der 1. Methode auch dann noch eine Varianzreduktion und damit verbundene Monte-Carlo-Umfangreduktion im Verhältnis $\frac{2}{9} : \frac{4}{45}$ oder 2,5 : 1.

Wählt man hingegen beispielsweise

$$g(x) = \begin{cases} \frac{1}{2} & \text{für } 0 \leqq x < \frac{2}{3}, \\ 2 & \text{für } \frac{2}{3} \leqq x < 1, \end{cases}$$

so ist wieder

$$\int_{x=0}^{1} g(x)\, dx = \tfrac{1}{2} \cdot \tfrac{2}{3} + 2 \cdot \tfrac{1}{3} = 1,$$

aber diesmal

$$\operatorname{Var}\left[\frac{f(\xi)}{g(\xi)}\right] = E\left\{\left[\frac{f(\xi)}{g(\xi)}\right]^2\right\} - E^2\left\{\frac{f(\xi)}{g(\xi)}\right\} = \frac{23}{810},$$

denn

$$E\left\{\left[\frac{f(\xi)}{g(\xi)}\right]^2\right\} = \int_{x=0}^{\frac{2}{3}} \left[\frac{x^2}{\frac{1}{2}}\right]^2 \frac{1}{2}\, dx + \int_{x=\frac{2}{3}}^{1} \left[\frac{x^2}{2}\right]^2 2\, dx = \frac{113}{810}$$

und

$$E^2\left\{\frac{f(\xi)}{g(\xi)}\right\} = \left(\frac{1}{3}\right)^2 = \frac{1}{9} = \frac{90}{810}.$$

Also muß jetzt

$$N \geqq \left[\frac{1,645}{0,05}\right]^2 \cdot \frac{23}{810} \cong 31.$$

Die 2. Methode liefert bei dieser Wahl von $g(x)$ gegenüber der 1. Methode also eine Varianz- und somit Arbeitsaufwandsreduktion von $\frac{2}{9} : \frac{23}{810}$ oder fast 8 : 1.

3. Methode:

Aus der Beziehung (24) bei der 2. Methode:

$$\operatorname{Var}(\varphi) = \frac{1}{N} E\left\{\left[\frac{f(\xi)}{g(\xi)} - J\right]^2\right\} \tag{24}$$

wurde die Erkenntnis abgeleitet, daß man mit der Wahl von $g(x)$ ein Mittel in der Hand hat, um den Monte-Carlo-Aufwand für die Integrationsaufgabe relativ tief zu halten. Offenbar wird dieser Aufwand um so geringer, je unbedeutender die Abweichungen $\left|\frac{f(x)}{g(x)} - J\right|$ im Mittel ausfallen. Diesen Sachverhalt macht sich die 2. Methode durch geschickte Festlegung von $g(x)$ zunutze. Es ist aber oft auch möglich, zunächst einmal für $g(x) = 1$, $0 \leqq x < 1$, von der genauen Kenntnis der zu integrierenden Funktion $f(x)$ zu profitieren, indem man sie beispielsweise nur über einen reduzierten x-Bereich integriert, wo $|f(x) - J|$ im Mittel klein ist und hierauf von etwaigen bekannten Relationen zwischen Teilintegral und Gesamtintegral Gebrauch macht; oder indem man $f(x)$ aufspaltet in einen Teil, der sich mühelos analytisch integrieren läßt und einen anderen, dessen Integration mit Hilfe der Monte-Carlo-Technik durchgeführt werden soll; in diesem Falle besteht die Möglichkeit, $f(x)$ so aufzuspalten, daß der für die Monte-Carlo-Integration übrigbleibende Teil von seinem zugehörigen Mittelwert absolut nur mehr wenig abweicht.

Schließlich lassen sich diese Vorgehensweisen auch noch mit geschickter Wahl von $g(x)$ kombinieren, so daß die Vorteile der 2. und der 3. Methode gleichzeitig wahrgenommen werden.

Zahlenbeispiel:

Wieder sei $g = f(x) = x^2$ zu integrieren: $J = \int\limits_{x=0}^{1} x^2\,dx$.

Man teilt $f(x)$ auf in

$$f(x) = f_1(x) + f_2(x)$$

mit

$$f_1(x) = x^2 - x, \quad \text{also} \quad f_1(x) \leqq 0 \quad \text{für} \quad 0 \leqq x \leqq 1,$$

$$f_2(x) = x.$$

Für $\int\limits_{x=0}^{1} f_2(x)\,dx$ werde die Möglichkeit direkter Integration vorausgesetzt; diese liefert hier die Dreiecksfläche

$$\int\limits_{x=0}^{1} f_2(x)\,dx = \int\limits_{x=0}^{1} x\,dx = J_2 = \tfrac{1}{2}.$$

Das Integral

$$\int\limits_{x=0}^{1} f_1(x)\,dx = \int\limits_{x=0}^{1} (x^2 - x)\,dx = J_1$$

soll hingegen mit Hilfe der Monte-Carlo-Technik, 2. Methode, bei Aussagesicherheit von wenigstens 90% auf $\pm 0{,}05$ genau gelöst werden. Natürlich weiß man, daß $J_1 = -\frac{1}{6}$, aber man macht hier davon keinen Gebrauch. Schließlich erhält man das gesamte Integral

$$J = J_1 + J_2$$

und dies gibt $-\frac{1}{6} + \frac{1}{2} = \frac{1}{3}$.

Man führt wieder eine Funktion $g(x)$ ein und verwendet Beziehung (21):

$$N \to \infty: \quad \frac{1}{N} \sum_{i=1}^{N} \frac{f_1(x_i)}{g(x_i)} \to J_1 \quad \text{mit Wahrscheinlichkeit 1.}$$

Für die Zufallsvariable φ [vgl. (22)]:

$$\varphi = \frac{1}{N} \sum_{i=1}^{N} \frac{f_1(\xi_i)}{g(\xi_i)}$$

gilt dann [vgl. (23)]

$$E(\varphi) = J_1$$

und [vgl. (24)]

$$\mathrm{Var}(\varphi) = \frac{1}{N} \mathrm{Var}\left[\frac{f_1(\xi)}{g(\xi)}\right].$$

Wählt man hier beispielsweise lediglich

$$g(x) = 1, \quad 0 \leqq x < 1,$$

so wird

$$\mathrm{Var}\left[\frac{f_1(\xi)}{g(\xi)}\right] = \frac{1}{180}$$

und es müßte

$$N \geqq \left[\frac{u(W)}{\delta}\right]^2 \mathrm{Var}\left[\frac{f_1(\xi)}{g(\xi)}\right] = \left[\frac{1{,}645}{0{,}05}\right]^2 \cdot \frac{1}{180} \cong 6.$$

Diese Zahl ist bereits so klein, daß weder das Starke Gesetz der Großen Zahlen noch der Zentrale Grenzwertsatz in Anspruch genommen werden dürfen. Sicherlich wird man daher $N \geqq 30$ wählen und auf diese Weise z. B. die Integrationsgenauigkeit von $\pm 0{,}05$ auf $\pm 0{,}0224$ bei gleichbleibender Aussagesicherheit von 90% verbessern.

Wählt man hingegen beispielsweise

$$g(x) = \begin{cases} \frac{2}{3} & \text{für} \quad 0 \leqq x < \frac{1}{4}, \\ \frac{4}{3} & \text{für} \quad \frac{1}{4} \leqq x < \frac{3}{4}, \\ \frac{2}{3} & \text{für} \quad \frac{3}{4} \leqq x < 1, \end{cases}$$

so kann man das Resultat nochmals verbessern, indem dann $\mathrm{Var}\left[\frac{f_1(\xi)}{g(\xi)}\right]$ etwa 2,3mal kleiner ausfällt.

Welche Schlüsse lassen sich nun auf die Anwendung der Monte-Carlo-Methode im Operations Research ziehen? Die in diesem Abschnitt besprochenen Verfahren sind nicht direkt auf Operations Research-Fragestellungen übertragbar. Hier wie dort bestehen aber die Probleme der Konvergenz, der Aussagesicherheit und der Aussagegenauigkeit. Die wichtigste Erkenntnis dieses Abschnitts ist wohl die, daß man bei der Nutzbarmachung des Zufalls weniger oder mehr Geschicklichkeit an den Tag legen kann und daß, wie überall, offenbar auch auf dem Gebiete der Simulation Begabung und Erfahrung des untersuchenden Ingenieurs zur Geltung kommen. Als einzige Regel wird man sich merken, daß dort, wo im Hinblick auf das Simulationsresultat sich wichtige Dinge abspielen, größerer Simulationsaufwand zu treiben ist als anderswo: dies hat sich sehr deutlich beim „importance sampling" gezeigt, indem die Dichte $g(x)$ der Zufallsvariablen ξ einigermaßen proportional dem Absolutwert der zu integrierenden Funktion $f(x)$ gemacht werden sollte. Große $|f(x)|$ spielen eben eine wichtigere Rolle für $\int_{x=0}^{1} f(x)\,dx$ als kleine $|f(x)|$.

3.4. Hauptanwendungsgebiete der Simulationstechnik im Operations Research

Monte-Carlo-Methoden sind in verschiedenen Gebieten der angewandten Mathematik und Physik mit teilweise gutem Erfolg ausprobiert worden. So gibt es Verfahren zur Abschätzung der Lösung von linearen Gleichungssystemen, von Problemen der Potentialtheorie, der radioaktiven Strahlung, zur Behandlung von Diffusionsprozessen usw.

Im Operations Research stellt das riesige Gebiet der stochastischen Prozesse wohl eine der wichtigsten Anwendungsmöglichkeiten für die Simulationstechnik dar. Der Begriff des „stochastischen" oder „Zufallsprozesses" ist im Kap. 1 nur knapp und ganz am Rande gestreift worden (1.53). Wegen seiner großen Bedeutung sollte ihm viel breiterer Raum in einem gesonderten Band gewidmet sein. Bei solchen Prozessen handelt es sich, wie der Name sagt, um Abläufe, welche den Gesetzen des Zufalls entsprechen. Hierzu gehören auch so einfache Dinge wie die Trefferzahl in einer Folge von unabhängigen Bernoulli-Versuchen: diese Trefferzahl beschreibt, zeitlich gesehen, einen stochastischen Prozeß, indem sie von Versuch zu Versuch, d. h. mit fortschreitender Zeit sich zufälligerweise vergrößert oder zufälligerweise ihren bisherigen Betrag beibehält. In jedem Versuchszeitpunkt spielt hier für die Treffersumme *nach* dem neuen Versuch nur eine Rolle, wieviel Treffer *vor* dem Versuche schon erzielt worden sind, aber *nicht, auf welche Art* das bisherige Ergebnis zustande gekommen ist. Solche Prozesse sind mathematisch häufig noch relativ leicht durchdringbar, sie gehören dem Markoffschen Typus an, der dadurch definiert ist, daß die sog. Übergangswahrscheinlichkeiten [hier z. B. von r Treffern zur Zeit $n\,\Delta t$ auf $r+1$ Treffer zur Zeit $(n+1)\,\Delta t$] nur vom Systemzustand (hier Trefferzahl) zur Zeit $n\,\Delta t$ und nicht von dessen Vorgeschichte abhangen. Der hier erwähnte Prozeß ist zeitlich diskret und besitzt abzählbar viele Zustände.

Es gibt kompliziertere stochastische Prozesse, wo die Vorgeschichte berücksichtigt werden muß: in Kap. 4 wird unter dem Titel „Fabrikationsmittelmagazin-Bewirtschaftung" ein derartiger Fall kurz erläutert werden (4.3.2). Wenn hier soeben von der Entwicklung einer Trefferzahl als Beispiel eines stochastischen Prozesses die Rede war, so läßt sich daran anknüpfen, indem unter Treffern jetzt von einer Fußballmannschaft geschossene Tore zu verstehen sein mögen. Ein solcher stochastischer Prozeß ist zeitlich nicht mehr diskret, denn ein Tor kann grundsätzlich in jedem Spielaugenblick erzielt werden, und er ist auch nicht Markoffschen Typus, denn die Vorgeschichte spielt zweifellos eine Rolle: befindet sich die Mannschaft im Aufholen oder Verlieren? hat sie im bisherigen Spiel viel Anstrengungen zu leisten gehabt oder nicht?

Hier sind überdies die Übergangswahrscheinlichkeiten zeitlich abhängig, da der Betrag der noch verfügbaren Spielzeit ein Ansporn sein kann oder ein Dämpfer; diese zeitliche Abhängigkeit kann ihrerseits von der Vorgeschichte unabhängig oder abhängig sein. Zeitliche Abhängigkeit der Übergangswahrscheinlichkeiten allein zerstört noch nicht die etwaige Erfüllbarkeit des Markoffschen Prozeßtypus, erst der darin gegebenenfalls notwendig werdende Einbezug des bisherigen Prozeßverlaufs macht sie zunichte.

Die Behandlung solcher stochastischen Prozesse stellt sehr rasch hohe mathematische Anforderungen und in vielen Fällen ist eine analytische Lösung nicht erbringbar. Zwar haben sich hier zwei Unterdisziplinen des Operations Research entwickelt, die *Wartelinientheorie*[1] und die *dynamische Programmierung*[2], und mit ihrer Hilfe gelingt unter günstigen Umständen die saubere, mathematische Durcharbeitung der jeweiligen Frage. Auf diese Methoden wird in einem anderen Band der „Elemente des Operations Research" zurückzukommen sein. Meist aber stellt die Praxis diesbezügliche Probleme, denen, wenn überhaupt, anders als mit der Simulationstechnik nicht beizukommen ist — fällt man nicht in Versuchung, das Modell den mathematischen Möglichkeiten statt der Realität anzupassen. Es fallen übrigens recht viele Operations Research-Fachleute in Versuchung; darauf wurde anläßlich der Besprechung der Eigenschaften von Poisson- und Exponentialverteilung (1.53) schon hingewiesen und die dortigen Bemerkungen stehen im Zusammenhang mit dem hier diskutierten Thema.

Die für Operations Research bedeutungsvollen stochastischen Prozesse betreffen meistens Lagerhaltungsfragen, Probleme des Unterhalts und der Erneuerung, Verkehrsabläufe auf Schiene und Straße, Mehrmaschinenbedienung, Investitionsprogramme, landwirtschaftliche Bebauungs- und Zuchtpläne und vieles andere mehr. Meist interessiert die optimale Verhaltensweise auf lange Sicht, d. h. bei unendlicher Prozeßdauer, wobei von der Gegenwartskostenrechnung Gebrauch gemacht werden kann oder nicht. Aber auch endliche Prozesse mit eventueller Berücksichtigung der Einspiel- und Auslaufvorgänge können im Blickpunkt stehen.

Ein sehr einfaches Beispiel eines zu optimierenden stochastischen Prozesses soll im nun folgenden Abschnitt die prinzipielle Anwendungsweise der Simulationstechnik vor Augen führen. In Kap. 4 werden zwei weitere praktische Anwendungsbeispiele besprochen (4.2 und 4.4).

---

[1] Vgl. z. B. TH. L. SAATY: Elements of Queueing Theory. New York: Mc Graw-Hill 1961; und viele andere.

[2] Vgl. z. B. A. KAUFMANN u. R. CRUON: La Programmation Dynamique. Paris: Dunod 1965; und viele andere.

3.5. Ein sehr einfaches Anwendungsbeispiel

In einem Textilmaschinensaal stehen lauter gleichartige Maschinen; sie sind auch stets gleichartig beansprucht. Gefragt ist nach der optimalen Anzahl n Maschinen, die man jeder Arbeiterin zuteilen soll, wenn man Lohnkosten, Maschinenstundensätze und Bedienungsaufwand im einzelnen kennt.

Da es sich hier um ein Beispiel handelt, das nur der Erläuterung der Methodik dient, nicht aber das zahlenmäßige Resultat in den Vordergrund stellt, sollen weitestgehende Annahmen zur Vermeidung von in diesem Zusammenhang unwesentlichen Komplikationen getroffen werden. So sei angenommen, daß die Zeit zur Zurücklegung des Weges von einer Maschine zu irgendeiner anderen vernachlässigt werden darf; daß die Bedienungen in der Reihenfolge des auftretenden Bedarfs vollzogen werden, d. h. am Wege liegende, bedienungsbedürftige Maschinen erst nach Bedienung aller vor ihnen auf der Warteliste stehenden Maschinen berücksichtigt werden; daß das Bedienungspersonal stets im Einsatz ist, d. h. Bedienungen vornimmt oder verfügbar ist; daß Arbeitsunterbrechungen (Mittagspause, Nachtpause, Feiertage usw.) aus dem zeitlichen Ablauf fortgelassen werden können, ohne die Verhältnisse an den Rändern der Arbeitszeit zu beeinflussen; daß das gesamte Personal gleich tüchtig arbeitet.

Alle diese vereinfachenden Annahmen sind natürlich nicht notwendig. Auch wäre es durchaus möglich, verschiedenartige Maschinen mit verschiedenartigen Beschäftigungsprogrammen zu studieren, wobei überdies Bedienungsprioritäten im Hinblick auf die Ausnützung teurer Maschinen oder auf die Dringlichkeit einzelner Aufträge berücksichtigt und der räumlichen Maschinenaufstellung Rechnung getragen würden. Es wäre denkbar, verschiedene Politiken durchzuspielen, beispielsweise fixe Zuteilung der einzelnen Maschinen an die einzelnen Arbeiterinnen oder gemeinsame Zuteilung aller Maschinen an alle Arbeiterinnen oder bestimmte Zuteilungsüberlappungen, und das Optimum optimorum zu suchen.

Man erkennt, daß hier die betriebliche Aufgabe der Fabrikation unter der Einwirkung verschiedener Zufallseinflüsse erfüllt werden soll; da die Zeit bei der Aufgabenerledigung abläuft, handelt es sich offenbar um einen stochastischen Prozeß. Beim vereinfachten Modell ist es beispielsweise die Anzahl nicht arbeitender Maschinen, die den Zustand des Systems in irgendeinem Zeitpunkt bestimmt und dem stochastischen Prozeß unterworfen ist.

Bezeichnet man mit $S_1(n)$ den von der Anzahl n einer Arbeiterin fix überantworteter Maschinen abhängigen spezifischen Maschinenstillstandsanteil (= Anzahl Stunden Maschinenstillstand pro Stunde und Maschine), und sind k_M die Kosten für eine Stunde Stillstand einer Maschine und k_L die Lohnkosten für die Beanspruchung einer Arbeiterin während einer Stunde, so lautet der hier minimationsfähige Teil der Kosten pro Stunde und Maschine

$$K_1(n) = k_M\, S_1(n) + \frac{k_L}{n}.$$

$S_1(n)$ liegt zwischen 0 und 1. Für $n = 1$ wird $S_1(n)$ ein Minimum nicht unterschreiten:

$$S_1(1) > 0,$$

da Instandstellungen sicher irgendwann vorzunehmen sind.

Für $n \to \infty$ wird $S_1(n) \to 1$ streben, da in diesem Falle die Arbeiterin unendlich viele Maschinen infolge anderweitiger Inanspruchnahme warten lassen muß:

$$n \to \infty: \quad S_1(n) \to 1.$$

So dürfte $S_1(n)$ eine S-förmige, mit n monoton wachsende, nur für ganze n definierte Funktion darstellen. $\frac{k_L}{n}$ ist eine analog definierte, mit n fallende Hyperbel.

Es sollte daher möglich sein, eine optimale Anzahl n Maschinen zu bestimmen, die $K_1(n)$ minimiert.

Die noch unbekannte Funktion $S_1(n)$ kann durch Simulation bestimmt werden, wenn man die Laufzeiten- und die Instandstellungszeiten-Verteilungen kennt. Man wird also einen festen Wert n wählen und für alle Maschinen Laufzeiten, wie man sagt, würfeln. Man erkennt nun, welche der Maschinen als nächste Bedienung nötig hat: dort wird die Instandstellungszeit gewürfelt und sofort auch die nächste Laufzeit, so daß stets für *alle* Maschinen der nächste Ausfallszeitpunkt bekannt und solcherart die Bedienungsreihenfolge fixiert sind: es kann nämlich vorkommen, daß eine soeben instandgestellte Maschine selber wieder als nächste bedient werden muß; dies bleibt dank unverzüglichem Würfeln der folgenden Laufzeit nicht übersehen. Hierauf läßt sich die nächste bedienungsbedürftige Maschine berücksichtigen: ist die Arbeiterin wegen Beanspruchung an der ersten Maschine jedoch noch nicht frei, so muß die nächste Maschine entsprechend warten.

Führt man diese Simulation über eine genügend lange Zeitspanne durch, so daß das Verhältnis der über alle Maschinen summierten Stillstandszeiten (Wartezeiten + Instandstellungszeiten) zur über alle Maschinen summierten Gesamtzeit von einem asymptotischen Wert nicht mehr stark abweicht, so kann man dieses Verhältnis als Approximation von $S_1(n)$ verwenden.

Hierauf variiert man n und löst auf diese Weise die Aufgabe.

Nun soll die mathematische Formulierung des Simulationsprozesses gegeben werden.

Seien:

$T^{(i)}$ [h] Zeitpunkt;

n [Maschinen] Anzahl Maschinen, die einer Arbeiterin fest zugeteilt sind;

r_i [—] Nummer der Maschine, die als nächste bedient werden soll, bezogen auf den Zeitpunkt $T^{(i)}$;

$t_r^{(i)}$ [h] Restzeit bis zum nächsten Ausfall der Maschine r, $r = 1, \ldots, n$, bezogen auf den Zeitpunkt $T^{(i)}$;

$z_r^{(i+1)}$ [h] $\begin{cases} r = r_i: & \text{Wartezeit der Maschine } r_i \text{ auf Instandstellung, nachdem sie im Zeitpunkt } T^{(i)} + t_{r_i}^{(i)} \text{ ausgefallen ist;} \\ r \neq r_i: & z_r^{(i+1)} = 0; \end{cases}$

$y_r^{(i+1)}$ [h] $\begin{cases} r = r_i: & \text{Instandstellungsdauer für Maschine } r_i \text{ nach Beendigung ihrer Wartezeit im Zeitpunkt } T^{(i)} + t_{r_i}^{(i)} + z_{r_i}^{(i+1)}; \\ r \neq r_i: & y_r^{(i+1)} = 0; \end{cases}$

$x_r^{(i+1)}$ [h] $\begin{cases} r = r_i: & \text{ununterbrochene Laufzeit für Maschine } r_i \text{ nach deren Instandstellung im Zeitpunkt } T^{(i)} + t_{r_i}^{(i)} + z_{r_i}^{(i+1)} + y_{r_i}^{(i+1)}; \\ r \neq r_i: & x_r^{(i+1)} = x_r^{(i)}. \end{cases}$

Es wird vorausgesetzt, daß die Laufzeitkurven

$$P(\xi_r \leqq x_r) = P(\xi \leqq x) = F(x), \qquad r = 1, \ldots, n$$

und die Instandstellungsdauer-Kurven

$$P(\eta_r \leqq y_r) = P(\eta \leqq y) = G(y), \qquad r = 1, \ldots, n$$

bekannt sind. Die zufällig auftretenden Werte $\xi_r^{(i)} = x_r^{(i)}$ und $\eta_r^{(i)} = y_r^{(i)}$ werden unter Zuhilfenahme von (Pseudo-) Zufallszahlen „gewürfelt".

Die *Simulationsvorschrift* lautet dann:

① Im Zeitpunkt $T^{(i)}$ seien alle $t_r^{(i)}$ und alle $x_r^{(i)}$, $r = 1, \ldots, n$, bekannt. Bilde

$$T^{(i+1)} = T^{(i)} + \min_r [t_r^{(i)}].$$

Daraus ergibt sich r_i, die Nummer der Maschine, die als nächste bedient werden soll; führen mehrere r zum gleichen $T^{(i+1)}$, so soll das kleinste von ihnen als r_i gelten.

② $r = r_i$: $z_{r_i}^{(i+1)} = \max\left\{0, \max_r [T^{(i)} + (t_r^{(i)} - x_r^{(i)}) - T^{(i+1)}]\right\}$,

$r \neq r_i$: $z_r^{(i+1)} = 0$.

③ $r = r_i$: würfle $y_{r_i}^{(i+1)}$ und $x_{r_i}^{(i+1)}$,

$r \neq r_i$: $y_r^{(i+1)} = 0, \quad x_r^{(i+1)} = x_r^{(i)}$.

④ $r = r_i$: $t_{r_i}^{(i+1)} = z_{r_i}^{(i+1)} + y_{r_i}^{(i+1)} + x_{r_i}^{(i+1)}$,

$r \neq r_i$: $t_r^{(i+1)} = t_r^{(i)} - [T^{(i+1)} - T^{(i)}]$.

⑤ Gehe über zu ①, indem i durch $i + 1$ ersetzt wird.

Zahlenbeispiel:

Das nachstehende Zahlenbeispiel soll die Simulationsiterationen veranschaulichen. Die Instandstellungszeiten sind absichtlich unverhältnismäßig groß angenommen, damit die Zusammenhänge deutlich werden. Es handelt sich selbstverständlich um völlig fiktive, unrealistische Zahlen.

Für die zufällige Bestimmung der Größen $y_{r_i}^{(i+1)}$ und $x_{r_i}^{(i+1)}$ gemäß Schritt ③ des Algorithmus sind (Pseudo-) Zufallszahlen und die Zeitenverteilungen zu verwenden. Hier werden lediglich die resultierenden Werte angegeben, und zwar durch starke Umrandung in der Rechentabelle. Eine zugehörige Skizze veranschaulicht die Prozedur (Abb. 3.4).

Es sei $n = 4$ gewählt.

① $\underline{i = 0}$

Gegeben seien:

$$T^{(0)} = 0; \quad t_1^{(0)} = x_1^{(0)} = 2 \qquad T^{(1)} = T^{(0)} + \min_r [t_r^{(0)}]$$
$$t_2^{(0)} = x_2^{(0)} = 1 \qquad = T^{(0)} + t_2^{(0)} = 0 + 1 = 1.$$
$$t_3^{(0)} = x_3^{(0)} = 4$$
$$t_4^{(0)} = x_4^{(0)} = 3 \qquad \text{Daher ist } r_0 = 2.$$

② $r = r_0 = 2{:}\quad z_2^{(1)} = \max\left\{0, \max_r [T^{(0)} + (t_r^{(0)} - x_r^{(0)}) - T^{(1)}]\right\}$
$$= \max\{0, -1\} = 0$$

$r \neq r_0 = 2{:}\quad z_r^{(1)} = 0$

③ $r = r_0 = 2{:}\quad y_2^{(1)} = 4$ (gewürfelter Wert)

$x_2^{(1)} = 8$ (gewürfelter Wert)

$r \neq r_0 = 2{:}\quad y_r^{(1)} = 0$

$$x_1^{(1)} = x_1^{(0)} = 2$$
$$x_3^{(1)} = x_3^{(0)} = 4$$
$$x_4^{(1)} = x_4^{(0)} = 3$$

④ $r = r_0 = 2{:}\quad t_2^{(1)} = z_2^{(1)} + y_2^{(1)} + x_2^{(1)} = 0 + 4 + 8 = 12$

$r \neq r_0 = 2{:}\quad t_1^{(1)} = t_1^{(0)} - [T^{(1)} - T^{(0)}] = 2 - 1 = 1$
$$t_3^{(1)} = t_3^{(0)} - [T^{(1)} - T^{(0)}] = 4 - 1 = 3$$
$$t_4^{(1)} = t_4^{(0)} - [T^{(1)} - T^{(0)}] = 3 - 1 = 2$$

⑤ = ① $\underline{i = 1}$

$$T^{(2)} = T^{(1)} + \min_r [t_r^{(1)}] = T^{(1)} + t_1^{(1)} = 1 + 1 = 2.$$

Daher ist $r_1 = 1$.

② $r = r_1 = 1{:}\quad z_1^{(2)} = \max\left\{0, \max_r [T^{(1)} + (t_r^{(1)} - x_r^{(1)}) - T^{(2)}]\right\}$

$$= \max\left\{0, \max\begin{bmatrix} 1 + (1-2) - 2 = -2 \\ 1 + (12-8) - 2 = 3 \\ 1 + (3-4) - 2 = -2 \\ 1 + (2-3) - 2 = -2 \end{bmatrix}\right\} = 3$$

$r \neq r_1 = 1{:}\quad z_r^{(2)} = 0$

usw.

Die entsprechenden Zahlen sind in der nachstehenden Tabelle zusammengestellt.

Rechentabelle

i	$T^{(i)}$	$x_1^{(i)}$	$x_2^{(i)}$	$x_3^{(i)}$	$x_4^{(i)}$	$t_1^{(i)}$	$t_2^{(i)}$	$t_3^{(i)}$	$t_4^{(i)}$	r_i	$z_1^{(i)}$	$z_2^{(i)}$	$z_3^{(i)}$	$z_4^{(i)}$	$y_1^{(i)}$	$y_2^{(i)}$	$y_3^{(i)}$	$y_4^{(i)}$
0	0	2	1	4	3	2	1	4	3	2	—	—	—	—	—	—	—	—
1	1	2	8	4	3	1	12	3	2	1	0	0	0	0	0	4	0	0
2	2	5	8	4	3	9	11	2	1	4	3	0	0	0	1	0	0	0
3	3	5	8	4	4	8	10	1	8	3	0	0	0	3	0	0	0	1
4	4	5	8	1	4	7	9	5	7	3	0	0	3	0	0	0	1	0
5	9	5	8	6	4	2	4	9	2	1	0	0	0	0	0	0	3	0
6	11	7	8	6	4	10	2	7	0	4	1	0	0	0	2	0	0	0
7	11	7	8	6	2	10	2	7	8	2	0	0	0	3	0	0	0	3
8	13																	

Stark umrandete y und x sind gewürfelt.

Aus der Rechentabelle und Abb. 3.4 ist ersichtlich, daß die Simulation hier mit gleichzeitigem Arbeitsbeginn aller $n = 4$ Maschinen gestartet wurde. Abgesehen davon, daß die Arbeiterin nicht alle n Maschinen gleichzeitig in Betrieb setzen kann, ist es überhaupt fraglich, ob der Zustand des gleichzeitigen Laufens aller n Maschinen genügend Wahrscheinlichkeit aufweist, damit ein derartiger Simulationsbeginn noch als realistisch gelten darf. Andernfalls könnte sich ein solcher künstlicher Startzustand unter Umständen über recht viele Simulationsstufen fälschend weiterpflanzen, so daß ein nicht unbedeutender Teil der Simulation für die Auswertung nicht berücksichtigt werden dürfte. Die diesbezügliche Problematik kommt u. a. im nächsten Abschnitt zur Sprache.

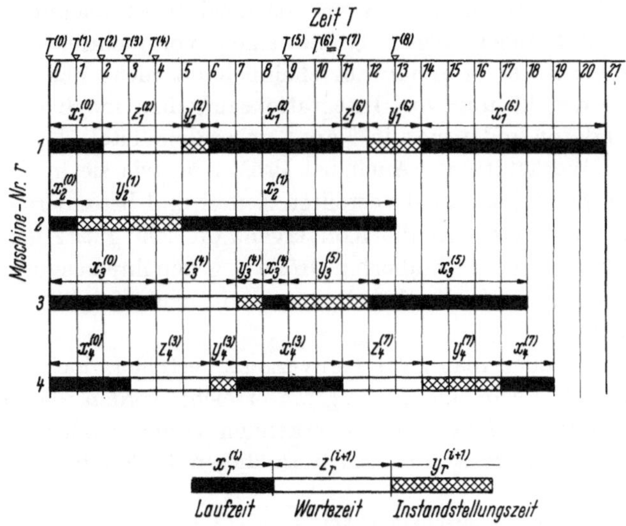

Abb. 3.4

3.6. Konvergenzfragen und Kritik

Im Falle der Integration mit Hilfe der Monte-Carlo-Technik (3.3) ist vom Starken Gesetz der Großen Zahlen Gebrauch gemacht worden. Auf diesem Gesetz beruht die Konvergenz[1] des Verfahrens. Auch bei Simulationen von stochastischen Prozessen vermutet man, daß sich mit wachsender Anzahl Iterationen Konvergenz einstellt. Diese Vermutung ist in vielen Fällen richtig, in anderen falsch. Es gibt stochastische Prozesse, die sich selbstverständlich zwar simulieren lassen, jedoch keine Rückschlüsse auf gewisse gesuchte Größen gestatten. Im Zahlenbeispiel vom vorhergehenden Abschnitt war $S_1(n)$, der spezifische Maschinenstillstandsanteil, eine solche gesuchte Größe. Sofern die Arbeits- und Instandstellungszeiten gegenseitig unabhängig auftreten und Verteilungen mit existierenden Erwartungswerten gehorchen, ist nicht einzusehen, weshalb es einen asymptotischen Wert $S_1(n)$ nicht geben sollte, der nach einer großen Zahl von Simulationsiterationen genügend genau approximiert werden könnte. Bei gegenseitiger Abhängigkeit der Lauf- und Instandstellungszeiten oder bei sich vollziehenden Änderungen der Betriebsbedingungen wäre es indessen möglich, daß $S_1(n)$ nicht mehr zeitlich unabhängig gälte und somit keine Anzahl N Simulationen existieren würde, bei welcher sich $S_1(n)$ genügend genau approximieren ließe. Man müßte dann versuchen, die zeitliche Funktion $S_1(n, \Theta)$ zu approximieren, wobei Θ die Prozeß-Fortschrittszeit bedeutet. Aber auch hier wäre Konvergenz nicht zum Vornherein verbürgt.

In gewissen Fällen mit Konvergenz läßt sich die Anzahl N Iterationen berechnen, die notwendig sind, damit die absolute Abweichung zwischen simulierter und theoretischer Größe einen vorgeschriebenen Betrag mit vorgeschriebener Minimalwahrscheinlichkeit nicht überschreite, so wie dies bei der Lösung von Integrationsaufgaben möglich war (3.3). Ein Beispiel dafür findet man in Kap. 4 unter dem Titel „Beleuchtungsunterhalt in Werkstätten". Auch bei Prozessen, wie sie in der Warteliniientheorie bei exponentiell verteilten Zeiten und besonders einfachen Verhältnissen auftreten, ist die Konvergenz oft sehr gut. Zeichnet man den Einspielvorgang der simulierten Größe f_N gegen ihren asymptotischen Wert auf, so kann man die Simulation auch „nach Gefühl" abbrechen, vgl. Abb. 3.5.

In anderen Fällen mag zwar Konvergenz bestehen, doch theoretisch nicht nachweisbar sein und so langsam erreicht werden, daß man ihre Existenz graphisch nicht mehr zu erkennen vermag; oder es existiert überhaupt keine Konvergenz. Auch in diesen Fällen bricht man die

[1] Konvergenz mit Wahrscheinlichkeit 1, vgl. 1.81.

Simulation nach Gefühl ab, allerdings ohne ein brauchbares Ergebnis erzielt zu haben. Voraussetzung erfolgreicher Simulation ist also Existenz guter und wahrnehmbarer Konvergenz.

Ein für rasche Konvergenz simulierter Größen oft wichtiger Einfluß macht sich in den Startbedingungen geltend. Darüber ist am Ende des Abschn. 3.5 schon die Rede gewesen und in [5] wird diese Frage sehr einläßlich behandelt; allerdings zeigt sich, daß das Problem der Startbedingungen — wie übrigens auch der Abbruchbedingungen —

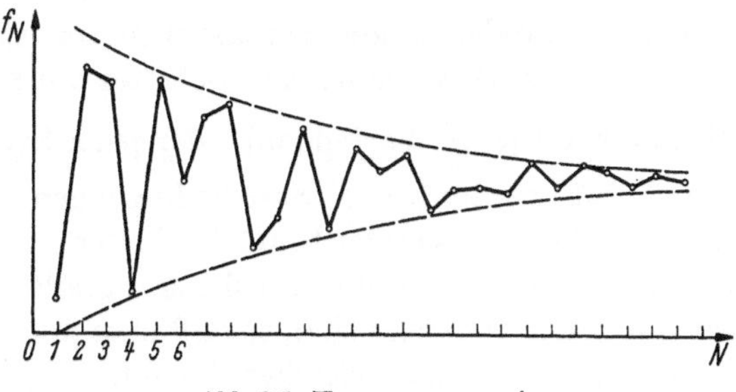

Abb. 3.5. Konvergenz von f_N

normalerweise gefühlsmäßig gelöst werden muß: hier kommen die bei der Anwendung von Simulationstechnik erworbenen Erfahrungen zur Geltung.

Ein Simulationsmodell gerät im allgemeinen erst nach anfänglicher Einlaufzeit in Schwung. Deshalb sollte man die Ergebnisse dieser ersten Zeitspanne für Schlußfolgerungen nicht verwenden. Wie lange diese erste Zeitspanne dauert, ist schwer zu sagen: für ein ständig betriebenes Lager mit gängigen Artikeln sind 3 Monate Einspieldauer viel, für ein Unterhaltsproblem wenig.

In der Wartelinientheorie, die als klassisches Beispiel die Schlange Wartender vor einem Schalter studiert, läßt man das Modell häufig im Zustand „leer und unbeschäftigt“ starten: die Warteschlange ist leer und der Schalterbeamte unbeschäftigt. Dies ist zwar ein einfacher Start, aber oft kein besonders guter, wenn nämlich der Zustand „leer und unbeschäftigt“ sehr geringe Auftretenswahrscheinlichkeit besitzt. Ist man interessiert an den Verhältnissen, wie sie nicht am Rande der Arbeitszeit, sondern durchschnittlich herrschen, so ist es zweckmäßig, von Anfang an mit einer Situation zu beginnen, die hohe Wahrscheinlichkeit aufweist. Besäße man aber schon zum Vornherein die Kenntnis der Zustandswahrscheinlichkeiten, so wäre die Simulation selber wohl überflüssig.

Absolute Resultate der Simulation erweisen sich wegen der Kürze der Simulationsdauer also oft als fragwürdig. Hingegen sind *relative* Resultate häufig sehr aussagefähig: sollen beispielsweise zwei Alternativen A und B verglichen werden, so liefert die Simulationstechnik manchmal einen Vorteil, den man bei keinem einzigen physikalischen Prüfverfahren für Naturgesetze antrifft: will man nämlich zwei physikalische Modelle miteinander vergleichen, so hat man im Laboratorium für beide Fälle möglichst identische Umweltsbedingungen zu schaffen; dies ist mitunter äußerst schwierig. In der Simulationstechnik hingegen ist es unter Umständen möglich, in beiden Fällen die gleiche Folge von Zufallszahlen zu verwenden, was zu identischen Versuchsbedingungen führt.

Man kann dann entweder beide Varianten unter etwa gleichen Startbedingungen prüfen (z. B. Variante A : 1 Schalter mit n Wartenden; Variante B: 2 Schalter mit je $\frac{n}{2}$ Wartenden), oder jedes System mit den ihm eigenen möglichst vernünftigen Startbedingungen. Das erstere Vorgehen liefert wohl bessere Vergleichsmöglichkeiten.

Man achte darauf, daß die Resultate solcher Parallelversuche stochastisch natürlich nicht unabhängig sind, so daß man mit gewöhnlichen statistischen Tests, die auf stochastischer Unabhängigkeit beruhen, nicht auskommt. Es gibt aber gewisse Rangfolgetests, die man verwenden darf [*6*].

Das Beispiel von Abschn. 3.5 zeigt, daß die Benützung gleicher Zufallszahlen unter verschiedenartigen Betriebsbedingungen statthaft oder auch nicht statthaft sein kann. So dürfen die gewürfelten Laufzeiten für die einzelnen Maschinen dann wohl beibehalten werden, wenn man nur die Anzahl n einer Arbeiterin zugeteilter Maschinen variiert. Soll das Beispiel jedoch dahin verfeinert werden, daß zusätzlich verschiedenartige Arbeiten zu berücksichtigen sind, wobei die Laufzeiten unterschiedliche, von Maschine und Arbeit abhängige Störungsursachen erfahren, und gelten als Varianten zwei verschiedene Prioritätsmechanismen, so gelangen unter Umständen bei beiden Vergleichsvarianten nicht dieselben Arbeiten auf dieselben Maschinen: dann können vernünftigerweise auch nicht mehr dieselben Zufallszahlen verwendet werden.

Kapitel 4

Anwendungsbeispiele

In diesem Kapitel kommen vier Anwendungsbeispiele zur Sprache. Sie betreffen durchweg Operations Research-Studien konkreter Aufgabenstellungen aus der Praxis, die sich mit Hilfe des Stoffes, der in den vorangehenden Kapiteln dargelegt wurde, behandeln ließen. Man ersieht daraus, welch verschiedenartige und vom betrieblichen Standpunkt aus teilweise gar nicht einfache Fragen mit doch recht bescheidenen mathematischen Hilfsmitteln in einem Grade geklärt werden konnten, der für die rein intuitive, erfahrungsbezogene Denkweise bei weitem nicht erreichbar gewesen wäre.

Die nun folgenden Darlegungen gehen nicht auf die letzten Feinheiten in der Durchführung der Studien ein; es ist hier vielmehr Anliegen, die Verbindung zwischen Theorie und Praxis in den Vordergrund zu stellen; ist diese Verbindung einmal aufgenommen, so fällt es gewöhnlich nicht schwer, Verbesserungen vorzuschlagen und zu realisieren.

Von der in Kap. 2 schon verwendeten Vereinfachung, Zufallsvariable und von ihr angenommenen Wert durch das gleiche Symbol auszudrücken, soll hier wieder in vielen Fällen Gebrauch gemacht werden.

4.1. Die betriebsindividuelle Beurteilung von Lohnsystemen mit Hilfe der Wahrscheinlichkeitsrechnung[1]

4.11. Grundsätzliches

Die Frage nach dem Wert einer Dienstleistung und der Angemessenheit ihrer Entlöhnung gehört das in Kapitel jener Probleme, die in philosophischer wie in praktisch-wirtschaftlicher Hinsicht gleich interessant und gleich schwer zu lösen sind. Es gibt hier wohl keinen absoluten Maßstab, und jeder Versuch der Klärung steht von vornherein unter dem Zeichen der Relativität, der Bezogenheit auf momentane, individuelle Gegebenheiten. Diese Gegebenheiten setzen sich aus den verschiedenartigsten Elementen zusammen, aus wirtschaftlichen, tech-

---

[1] Vgl. [*1*].

nischen, ethischen, aus sachlich oder persönlich oder politisch bestimmten, aus sozialen, historischen und anderen mehr. All diese Einflüsse liefern einen momentanen, lokalen, bedingten, sehr groben Mittelwert, der sich ohne mathematische Kunstgriffe von selber einstellt und deutlich die Züge stochastischen Charakters offenbart.

Eine der Hauptfunktionen der Lohnsysteme besteht in deren Eigenschaft als vereinfachte, aber doch möglichst adäquate Modelle für die Nachbildung dieses eingespielten bedingten Mittelwerts. Ihre Mechanik löst ihn vorerst auf in besonders signifikante und individuell variierende Komponenten und konstruiert daraus eine ganze Verteilung von viel spezifischeren, um den ursprünglichen Durchschnitt gelagerten Mittelwerten. Dabei bleibt auch hier der Charakter des Stochastischen erhalten.

Solche signifikante und individuell variierende Komponenten lassen sich durch eingehendes Studium des Arbeitsplatzes sowie der Persönlichkeit des dort Tätigen herausschälen. Man bezeichnet dies als Arbeitsplatz- und persönliche Bewertung. Daneben tritt aber noch eine ganz spezielle Komponente in Erscheinung: die für die Dienstleistung benötigte Zeit. Alle anderen Komponenten werden ja nur während der Zeit wirksam, in welcher die Dienstleistung sich vollzieht, und so drängt sich ihre besondere Erfassung geradezu auf, indem man gleichsam den gesamten Merkmalsraum der in Lohn auszudrückenden Elemente auf die Zeitachse projiziert.

Die Komponente Zeit zeichnet sich aber auch dadurch vor allen anderen aus, daß sie leicht objektiv meßbar ist. So ist es nicht weiter erstaunlich, daß gerade hier alle anderen Einflüsse, hat man sich über deren Bewertung einmal geeinigt, nochmals auf indirekte Weise in Erscheinung treten, daß gerade hier Person des Tätigen und Arbeitsplatz konzentriert zur Geltung kommen und daß von hier aus durch die Art der Berücksichtigung der Zeit in starkem Maße auf Menschen und Arbeit zurückgewirkt werden kann. Es ist aber auch nicht verwunderlich, daß gerade von hier aus die Frage der Angemessenheit des Modells, d. h. des Lohnsystems, immer aufs neue aufgeworfen wird und daß sich hier, angesichts der Meßbarkeit der zeitlichen Komponente, alle seine mehr oder weniger zwangsläufigen, in seinem stochastischen Charakter begründeten Ungenauigkeiten besonders augenfällig äußern. So ist von der zeitlichen Komponente aus, auch wenn sonst überall prinzipielle Einigung besteht, immer wieder ein gewisses Malaise zu erwarten, und wer bei der Einschätzung seiner Persönlichkeit oder seines Arbeitsplatzes sich mit Mittelwerten abfindet, weil er dort das Ermessensmoment einsieht, reagiert äußerst empfindlich auf Abweichungen von individuell adäquaten Werten zeitlicher Dimension, auch wenn sie auf lange Sicht für ihn zum richtigen, d. h. adäquaten Mittelwert führen, weil hier nicht *er*messen werden muß, sondern *ge*messen werden kann.

4.12. Zeitlohn und Leistungslohn

Die beiden Hauptrepräsentanten der Lohnsysteme sind Zeitlohn und Leistungslohn. Beim Zeitlohn erhält der Arbeiter für einen festgelegten Operationsauftrag eine Entschädigung, die proportional der von ihm hiefür aufgewendeten Zeit ist; beim Leistungslohn wird im Gegensatz hiezu seine Arbeitsleistung berücksichtigt, d. h. das Arbeitsquantum je Zeiteinheit. Es gibt verschiedene Arten des Leistungslohnes. Hier sei eine seiner gebräuchlichsten Erscheinungsformen betrachtet, nämlich die Klasse des Akkordes.

Beim reinen Akkord, genauer gesagt, beim „proportionalen Zeitakkord", wird die von einem „normalen" Arbeiter für den Operationsauftrag benötigte Zeit vorgegeben, wobei ein entsprechender Zuschlag für persönlich und sachlich bedingte Ursachen gewährt ist. Ein „Normalarbeiter" arbeitet mit „normaler" Intensität. Unter dieser ist nach REFA[1] diejenige Intensität zu verstehen, mit der ein Arbeiter auf die Dauer und im Mittel der täglichen Schichtzeit ohne Gesundheitsschädigung arbeiten kann, wenn er die in der Vorgabezeit berücksichtigten Zeiten für persönliche Bedürfnisse und gegebenenfalls auch Erholung einhält. Diese Intensität wird mit dem Leistungsgrad 1 bewertet. Erledigt der Arbeiter seinen Auftrag schneller als vorauskalkuliert, so verdient er mehr pro Zeiteinheit, arbeitet er langsamer, so erhält er weniger Lohn pro Zeiteinheit, da der zur Auszahlung gelangende Lohnbetrag proportional der Vorgabezeit ist.

Es gibt auch Mischsysteme, die aus einer beispielsweise linearen Überlagerung beider reinen Formen hervorgehen: den unterproportionalen und den überproportionalen linearen Mischakkord.

Die Lohnsysteme dieser Klasse lassen sich alle durch die Gleichung charakterisieren:

$$S = T_{\text{eff}}(1 - k) + k\,V, \tag{1}$$

wobei:

S	[h]	ausbezahlte Zeit für eine Operation,
T_{eff}	[h]	effektiv benötigte Zeit für dieselbe Operation, inklusive Verteilzeiten[2],
V	[h]	Vorgabezeit für dieselbe Operation,
k	[—]	Prämienanteil.

[1] REFA-Buch, Bd. 2: Zeitvorgabe. München: Carl Hanser.

[2] Das Wichtigste am REFA-Wort „Verteilzeiten" ist der Buchstabe V, mit dem es beginnt. Früher sprach man von „Verlustzeiten". Da gesundheitlich notwendige Erholungspausen und auch andere, sachlich bedingte Unterbrechungen (z. B. Werkzeug schleifen) nicht als „Verlust" dargestellt werden sollten, war eine andere Bezeichnung zu suchen. Um die bereits verbreiteten Formeln, wo das diesbezügliche Symbol t_V auftritt, nicht ändern zu müssen, sollte die neue Bezeichnung gleichfalls mit V beginnen. Diesen Wunsch erfüllt das Wort „Verteilzeiten" nun tatsächlich.

Für $k = 0$ handelt es sich um reinen Zeitlohn, für $0 < k < 1$ um unterproportionalen, für $k = 1$ um proportionalen und für $k > 1$ um überproportionalen Zeitakkord.

Die auf die Proportionalität anspielenden Attribute werden sofort verständlich, wenn man die ausbezahlte Zeit und die Vorgabezeit auf die Leistung pro Zeiteinheit bezieht, d. h., wenn man (1) durch T_{eff} dividiert (Abb. 4.1.1).

Gl. (1) offenbart nun zwar die zeitlichen Zusammenhänge, befriedigt hinsichtlich der Leistungskomponente jedoch nicht ganz. Denn während

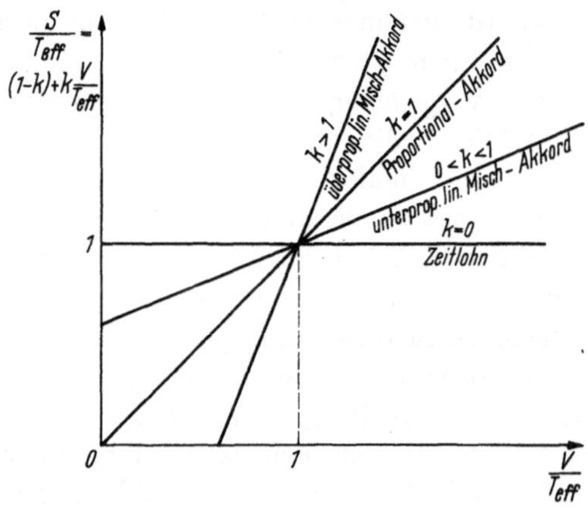

Abb. 4.1.1. Stundenverdienste in Abhängigkeit von Lohnsystem und Leistung

das zweite Glied $k\,V$ die Leistung berücksichtigen will, ist im ersten Glied $T_{\text{eff}}(1 - k)$ keinerlei Bezug auf die Leistung enthalten. Diese Tatsache mag wohl dem Wesen der beiden Komponenten entsprechen — sie macht die Formel jedoch ungeeignet für die Beurteilung der leistungsbezogenen Angemessenheit des Lohnsystems. Denn auch ein im Zeitlohn stehender Arbeiter entwickelt selbstverständlich einen Leistungsgrad und, sofern nicht außerbetriebliche Ursachen (z. B. tarifliche Abmachungen) hindernd im Wege stehen, wird man diesen Leistungsgrad durch einen mittleren Bewertungsfaktor im Lohnansatz zu würdigen suchen.

Ist der Arbeitgeber daher frei in seiner Lohngestaltung, so wird er vernünftigerweise dem Arbeiter auszahlen:

$$S_{\text{eff}} = \underline{L}_g\, T_{\text{eff}}(1 - k) + k\,V. \tag{2}$$

$\underline{L}_g$ ist der geschätzte, über eine Lohnansatz-Gültigkeitsperiode gemittelte und auf das Verhältnis der vom Arbeiter beeinflußbaren zu den von ihm unbeeinflußbaren Zeitanteilen reduzierte Leistungsgrad. $\underline{L}_g$ berücksichtigt also nicht die momentane, sondern die durchschnittliche Leistung innerhalb der Lohnansatz-Gültigkeitsperiode.

Sowohl bei der Festlegung von $\bar{L}_g$ als auch bei jener von V treten Ungenauigkeiten auf, so daß beide Größen als Zufallsvariable anzusehen sind. Die relative Abweichung der Größe $\bar{L}_g$ vom wahren Werte schwankt üblicherweise im Bereiche von ± 5 bis $\pm 20\%$ und wenn überdies noch außerbetriebliche Gründe eine freie Berücksichtigung von $\bar{L}_g$ im Lohnansatz eindämmen, wird die Ungenauigkeit um so größer. Die relative Genauigkeit der Vorgabezeiten V darf ihrerseits schon als ausgezeichnet gelten, wenn sie zwischen ± 15 und $\pm 35\%$ liegt [2]. Angesichts dieser Gegebenheiten muß man sich die Frage stellen, welches Lohnsystem für einen bestimmten Arbeitsplatz wohl das angemessenste sei, d. h., welcher Prämienanteil k als „optimal" gelten dürfe.

Mit dem Begriff der Optimalität sollte man immer sehr vorsichtig umgehen. Im vorliegenden Falle bezieht sich die Optimalität nur auf den unvermeidlichen, von der Charakteristik des Lohnsystems abhangenden Streubereich der Lohnauszahlungen um ihren adäquaten Wert.

Es ist klar, daß nicht allein die Ungenauigkeitseinflüsse für die Wahl des Lohnsystems eine Rolle spielen können. Denn mit der Festlegung des Systems wird, wie schon angedeutet, eine starke Wirkung ausgeübt auf den arbeitenden Menschen und auf seine Arbeit. So bezweckt man ja mit dem Leistungslohn u. a. eine Leistungssteigerung durch Lohnanreiz, d. h. eine Steigerung des Arbeitstempos. Allzu großes Arbeitstempo kann unter Umständen auch riskant sein, beispielsweise wenn die Fertigungsteile teuer und empfindlich sind oder wenn besondere Rücksicht auf die Betriebsmittel notwendig ist. Weitere verschiedenartigste Momente kommen hier zur Geltung. Gelingt es aber, den stets emotionalen Aspekt der im zeitlichen Sinne leistungsbezogenen Angemessenheit der Entschädigung durch objektive Betrachtungsweise zu neutralisieren, so lassen alle anderen Aspekte sich auf viel sachlicherer Ebene behandeln und die Lösung der Frage wird erheblich erleichtert.

Die Problematik der Lohnsysteme als Folge der unvermeidlichen Ungenauigkeiten von $\bar{L}_g$ und V, also Unangemessenheiten im Einzelfalle, äußert sich im Betrieb durch ständig wiederkehrende, mit Beispielen und Gegenbeispielen illustrierte Diskussionen. Sie findet ihren Niederschlag aber gelegentlich auch in unfreundlichem Betriebsklima, in Lohnschiebungen, im Bremsen mit dem Tempo bei schlecht aufgebauten Leistungslohnsystemen. Es ist klar, daß eine objektive Beurteilung dieser Ungenauigkeiten im gleichzeitigen Interesse von Arbeitgeber und Arbeitnehmer liegt. Genauso, wie der Arbeitnehmer wünscht, im Vergleich mit seinen Kollegen eine seinen Leistungen angemessene Entschädigung zu erhalten, ist auch der Arbeitgeber um adäquate Aufteilung der von ihm gesamthaft ausbezahlten Lohnsumme bemüht. Es sei hier aber ausdrücklich festgehalten, daß es in den folgenden

Ausführungen nicht um die Betrachtung dieser gesamten Lohnsumme selber geht, auch nicht um diejenige der einzelnen Lohnansätze, sondern lediglich um die Frage der im zeitlichen Sinne leistungsbezogen angemessenen Differenzierungsfunktion der Lohnsysteme. Es ist also kein Zufall, daß von vergüteter Zeit und nicht von ausbezahlten Löhnen gesprochen wird.

4.13. Korrektur der Vorgabezeitentabellen

Die für Operationsaufträge in der Maschinenindustrie vorgegebenen Arbeitszeiten entstammen im allgemeinen betriebseigenen Tabellenwerken. Damit eine solche Vorgabezeitentabelle überhaupt verwendet werden darf, muß sie auf lange Sicht die richtigen Zeitmittelwerte angeben, d. h., die einzelnen Fehler müssen sich im Vergleich zur in einem unendlich langen Bezugsintervall total aufgewendeten Arbeitszeit kompensieren.

Meist sind die Tabellenwerte nach statistischen Gesichtspunkten, z. B. durch Regressionsrechnung ermittelt worden. Hat man nun etwa eine Regressionsgerade für eine bestimmte Arbeitsart (z. B. Plandrehen) erhalten, so befindet sich diese Gerade, gesamthaft gesehen, wohl in der richtigen Mittellage. Sie bezieht sich indessen oft auf verschiedene Arbeitsplätze. Für Arbeitsplätze mit kleinen Werkzeugmaschinen mögen die Tabellenwerte daher vielleicht systematisch nach der einen Seite falsch sein, für Arbeitsplätze mit großen Maschinen nach der anderen. Hinzu kommt, daß an einer Drehbank nicht nur die Operation „Plandrehen“ ausgeführt, sondern noch ganz andere Arbeiten vorgenommen werden. Hier interessiert aber, ob der Arbeiter, der an einer bestimmten Maschine steht, im Mittel mit einer richtigen Vorgabezeit rechnen darf. Für seine Maschine stehen verschiedene Vorgabezeitentabellen in Anwendung und alle für seinen Arbeitsplatz ausgegebenen Vorgabezeiten müssen deshalb in die richtige Mittellage gebracht werden; unter Umständen genügt die Zusammenfassung von mehreren gleichartigen Arbeitsplätzen mit gleichartigen Aufträgen zu Arbeitsplatzkategorien.

Bei der auf den Arbeitsplatz bezogenen Korrektur der Vorgabezeiten wird man wieder von statistischen Methoden Gebrauch machen. Ob gewöhnliche Regressionsrechnung (korrigierte Vorgabezeit in Abhängigkeit von der unkorrigierten Vorgabezeit) oder andere Methoden zu verwenden sind, ist von Fall zu Fall zu entscheiden. Diese Frage soll hier nicht weiter verfolgt werden; es genügt, sie mit aller Deutlichkeit aufgeworfen zu haben.

Als Resultat der Vorgabezeitenkorrektur ergeben sich indessen gewisse Zahlenwerte (Erwartungswerte, Varianzen) und Verteilungsgesetze, auf die hier noch kurz einzutreten ist. Man bezeichne:

V [h] korrigierte Vorgabezeit für einen Operationsauftrag, umfassend eventuell mehrere Teiloperationen, bei beliebiger Stückzahl; Beispiel: Fertigdrehen von 20 Wellen = Längs-, Plan-, Konisch-, Außen-, Innendrehen usw.;

T [h] auf Normalarbeiter umgerechnete, nachgemessene Zeit für den gleichen Operationsauftrag, bei Annahme der Kenntnis des richtigen Leistungsgrades.

Da an ein- und demselben Arbeitsplatz normalerweise verschiedene Arbeitsaufträge einander folgen, sind V und T Zufallsvariable, deren Verteilungen vom Fabrikationsprogramm abhangen.

Es werde noch die Zufallsvariable D definiert:

$$D = V - T. \tag{3}$$

Dann sind folgende *Annahmen* im allgemeinen mit genügender Genauigkeit erfüllt:

1. Die bedingte Verteilung von T bei gegebenem V ist annähernd normal;
2. $E(T \mid V) \cong V;$ (4)
3. $\mathrm{Var}(T \mid V)$ ist eine Funktion von V.

Daraus folgt:

4. Die bedingte Verteilung von D bei gegebenem V ist annähernd normal;
5. $E(D \mid V) \cong 0;$ (5)
6. $\mathrm{Var}(D \mid V) = \mathrm{Var}(T \mid V).$ (6)

Für $\mathrm{Var}(D \mid V) = \mathrm{Var}(T \mid V)$ kann man das Symbol $\sigma_D^2(V)$ einführen, wobei als Ansatz gelten darf

$$\mathrm{Var}(D \mid V) = \mathrm{Var}(T \mid V) = \sigma_D^2(V) \cong m^2 V^2 + b_1 V + b_2. \tag{7}$$

Darin sind m, b_1 und b_2 Konstante, die aus der Korrektur der Vorgabezeitentabellen und den damit in Zusammenhang stehenden Leistungsgradeinzelschätzungen hervorgehen; meist wird man b_1 und b_2 Null setzen.

4.14. Fehlerkompensation bei reinem Proportionalakkord

4.141. Zulässigkeitskriterium für Akkordtabellen

Seien:

A [h] Kontrollzeitintervall;

r [—] Anzahl von einem Arbeiter innerhalb A vollzogene Arbeitswechsel (= Übergänge von einem Auftrag zum nächsten).

Das Kriterium für die Anwendbarkeit einer Vorgabezeitentabelle für einen Arbeitsplatz mit reinem Zeitakkord ($k = 1$) als Lohnsystem lautet:

Eine Vorgabezeitentabelle ist gültig und darf angewendet werden, wenn die in einem festgelegten Kontrollzeitintervall A für den einzelnen Arbeiter unter Berücksichtigung seines Leistungsgrades auftretenden Differenzen D_i zwischen Vorgabezeiten V_i und effektiv gebrauchten Zeiten T_i sich derart kompensieren, daß die für dieses Zeitintervall A daraus resultierenden relativen Lohnschwankungen mit einer Wahrscheinlichkeit von mindestens W absolut weniger als den Anteil δ seines Verdienstes ausmachen[1]:

$$\frac{1}{\sum_{r=1}^{\infty} P(r \mid A)} \sum_{r=1}^{\infty} \left\{ P(r \mid A)\, P\left(\frac{\left|\sum_{i=1}^{r} D_i\right|}{\sum_{i=1}^{r} V_i} \leqq \delta \mid r, A \right) \right\} \geqq W \tag{8}$$

und mit steigender Größe des Kontrollzeitintervalls A gegen Null streben:

$$A \to \infty: \quad \frac{1}{\sum_{r=1}^{\infty} P(r \mid A)} \sum_{r=1}^{\infty} \left\{ P(r \mid A)\, P\left(\frac{\sum_{i=1}^{r} D_i}{\sum_{i=1}^{r} V_i} \to 0 \mid r, A \right) \right\} = 1. \tag{9}$$

δ, W und A werden von der Betriebsdirektion, eventuell im Einverständnis mit der Arbeiterkommission festgelegt; A ist hier die Zahltagsperiode.

Die Limesbedingung (9) ist auf Grund des Starken Gesetzes der Großen Zahlen erfüllt, wenn die Vorgabezeitenkorrekturen die Tabellen in die richtige Mittellage gebracht haben. Tatsächlich sind die Vorgabezeiten ja beschränkt, so daß

$$A \to \infty: \quad P(r = \infty \mid A) = 1. \tag{10}$$

Also ist (9) mit Wahrscheinlichkeit 1 ersetzbar durch

$$r \to \infty: \quad P\left(\frac{\sum_{i=1}^{r} D_i}{\sum_{i=1}^{r} V_i} \to 0 \right) = 1. \tag{11}$$

Nach dem Starken Gesetz der Großen Zahlen gilt aber mit Wahrscheinlichkeit 1:

$$r \to \infty: \quad \sum_{i=1}^{r} D_i \to r\, E(D), \tag{12}$$

$$r \to \infty: \quad \sum_{i=1}^{r} V_i \to r\, E(V). \tag{13}$$

Daher wird mit Wahrscheinlichkeit 1:

$$r \to \infty: \quad \frac{\sum_{i=1}^{r} D_i}{\sum_{i=1}^{r} V_i} \to \frac{E(D)}{E(V)} \tag{14}$$

[1] Hier handelt es sich um eine Mischung, vgl. Kap. 1.61.

und bei richtiger Mittellage der Tabellen gilt wegen (5):

$$E(D) = 0 \tag{15}$$

[vgl. hiezu auch (19)].

Die an eine Vorgabezeitentabelle geknüpfte Bedingung (8) ist hingegen auch bei richtiger Mittellage der Tabelle nicht ohne weiteres erfüllt und ihre Einhaltung muß deshalb näher geprüft werden. In (8) wird gefordert, daß $\left|\sum_{i=1}^{r} D_i\right| \leqq \delta \cdot \sum_{i=1}^{r} V_i$ mit einer Wahrscheinlichkeit von mindestens W gelten solle, wobei die Aufträge $i = 1, 2, \ldots, r$ ihren Abschluß innerhalb des Intervalls A finden und die Anzahl r

Abb. 4.1.2. Legung eines Kontrollzeitintervalls A

selber dem Zufall überlassen bleibt. Zur Vermeidung von Unklarheiten gelte, daß ein etwa gerade auf den Intervallbeginn von A fallender Arbeitsabschluß noch mitgezählt werde, ein etwa gerade auf das Intervallende fallender hingegen nicht. Dann ergibt sich beispielsweise die in Abb. 4.1.2 dargestellte Konstellation.

Im Intervall A liegen r Arbeitsabschlüsse (= Operationswechsel), und zwar an Stellen, wie sie den exakten Werten T_i, $i = 1, \ldots, r$, entsprechen. Zu jedem T_i gehört ein Wert V_i, woraus sich $D_i = V_i - T_i$ ergibt. Zwischen r und T_i besteht als Folge des Einflusses des Intervalls A eine stochastische Abhängigkeit, die sich in eine Abhängigkeit bezüglich der V_i fortpflanzt.

Bei der sehr umständlichen „exakten" Berechnung von

$$\frac{1}{\sum_{r=1}^{\infty} P(r|A)} \sum_{r=1}^{\infty} \left\{ P(r \mid A)\, P\left(\frac{\left|\sum_{i=1}^{r} D_i\right|}{\sum_{i=1}^{r} V_i} \leqq \delta \mid r, A \right) \right\}$$

$$= \frac{1}{\sum_{r=1}^{\infty} P(r|A)} \sum_{r=1}^{\infty} P\left(\frac{\left|\sum_{i=1}^{r} D_i\right|}{\sum_{i=1}^{r} V_i} \leqq \delta, r \mid A \right) \tag{16}$$

stützt man sich auf die Kenntnis der gemeinsamen Verteilung von V und T, wie sie aus Fabrikationsprogramm und Tabellenkorrektur hervorgeht, wobei die Wertepaare (V_i, T_i) bezüglich i im allgemeinen als unabhängig gelten dürfen. Daraus kann man recht mühsam die gemeinsame, zusammengesetzte Verteilung von r und $\sum_{i=1}^{r} D_i \Big/ \sum_{i=1}^{r} V_i$ für das vorgeschriebene, zeitlich zufällig gelegte Kontrollzeitintervall A bestimmen.

Glücklicherweise haben sich in der Praxis stark vereinfachte Näherungsverfahren bewährt, die das Problem auf die Bildung zweier Kenngrößen und eine Nomogrammablesung reduzieren. Bezeichnet man

$$\frac{1}{r}\sum_{i=1}^{r} D_i = \bar{D}(r) \tag{17}$$

und

$$\frac{1}{r}\sum_{i=1}^{r} V_i = \bar{V}(r), \tag{18}$$

so handelt es sich bei guter Approximation darum, zuerst die gemeinsame, zusammengesetzte Verteilung von r und $\frac{\bar{D}(r)}{\bar{V}(r)}$ für beliebig gelegtes Kontrollzeitintervall A zu bestimmen. Ist A sehr groß, so kann man aber mit genügender Genauigkeit $\bar{V}(r)$ durch $E(V)$ und r durch $\frac{A}{E(V)}$ ersetzen. Dann bleibt nur mehr die Verteilung von $\bar{D}\left[\frac{A}{E(V)}\right]$ zu berechnen.

Die Begründung, weshalb man $\bar{V}(r)$ und r durch feste Werte approximieren darf und $\bar{D}(r)$ nicht, läßt sich leicht plausibel machen. Sei

$$f(y, z) = \frac{y}{z}$$

eine differenzierbare Funktion. Dann ist

$$df = \frac{\partial f}{\partial y} dy + \frac{\partial f}{\partial z} dz.$$

Da aber:

$$\frac{\partial f}{\partial y} = \frac{1}{z}, \quad \frac{\partial f}{\partial z} = -\frac{y}{z^2} = -\frac{\partial f}{\partial y} f,$$

wird:

$$df = \frac{\partial f}{\partial y}[dy - f\,dz].$$

Für sehr kleine $|f| = \left|\frac{y}{z}\right|$ darf man daher

$$df \cong \frac{\partial f}{\partial y} dy$$

gelten lassen, und dies ist ungefähr die hier zutreffende Situation: $\bar{D}(r)$ spielt die Rolle von y und $\bar{V}(r)$ jene von z, wobei für r jeweils ein konstanter Wert einzusetzen ist. Für großes r fällt $\left|\frac{\bar{D}(r)}{\bar{V}(r)}\right|$ sehr klein aus und die Zulässigkeit der Approximation von $\bar{V}(r)$ durch den festen Wert $E(V)$ erscheint gerechtfertigt. Bei gegebenem großen A folgt daraus aber auch ein praktisch festes r:

$$r \cong \frac{A}{E(V)},$$

so daß die Vereinfachung vollständig veranschaulicht ist.

Genügend große Kontrollzeitintervalle A treten jedoch erst bei der Behandlung des optimalen Prämienfaktors k auf (4.16), wo A eine Lohnansatz-Gültigkeitsperiode (z. B. ein halbes oder ein ganzes Jahr) darstellt. Deshalb soll von der Vereinfachung dort in vollem Maße Gebrauch gemacht werden. Bei kleineren A (z. B. 14 Tage oder 1 Monat) läßt sich wenigstens ein wichtiger Gedanke der Vereinfachung übernehmen: die Vernachlässigung der stochastischen Abhängigkeit zwischen $\bar{D}(r)$ und $\bar{V}(r)$, welch letztere bei großen A wegen der Verwendung von $E(V)$ statt $\bar{V}(r)$ ja vollständig verlorengeht.

4.142. Die Verteilung von $\bar{D}(r)$ bei festem r

Im Abschn. 4.13 ist die Verteilung von D bei gegebenem V besprochen worden. Sei $P_V(V)$ die Verteilungsfunktion von V; sie ist bekannt. Dann gilt

$$\underline{E(D)} = \int_V E(D \mid V)\, dP_V(V) \underline{= 0} \tag{19}$$

und

$$\begin{aligned}\operatorname{Var}(D) &= E(D^2) - E^2(D)\\ &= \int_V [E(D^2|V) - E^2(D|V)]\, dP_V(V) + \int_V E^2(D|V)\, dP_V(V) - E^2(D)\\ &= \int_V \operatorname{Var}(D \mid V)\, dP_V(V) + 0 - 0\\ &= \int_V \sigma_D^2(V)\, dP_V(V).\end{aligned} \tag{20}$$

Verwendet man für $\sigma_D^2(V)$ den Ansatz (7), so wird

$$\begin{aligned}\operatorname{Var}(D) &= \int_V [m^2 V^2 + b_1 V + b_2]\, dP_V(V)\\ &= m^2[\operatorname{Var}(V) + E^2(V)] + b_1 E(V) + b_2.\end{aligned} \tag{21}$$

Die Größen $E(V)$ und $\operatorname{Var}(V)$ gehen aus der bekannten Verteilung von V hervor. Man bezeichnet der Einfachheit halber noch

$$\operatorname{Var}(D) = \sigma_D^2, \tag{22}$$

$$\operatorname{Var}(V) = \sigma_V^2, \tag{23}$$

und erhält

$$\underline{\sigma_D^2 = m^2[\sigma_V^2 + E^2(V)] + b_1 E(V) + b_2.} \tag{24}$$

Unter Verwendung von

$$\frac{1}{r}\sum_{i=1}^{r} D_i = \bar{D}(r) \tag{17}$$

wird für festes r:

$$E[\bar{D}(r)] = 0, \tag{25}$$

$$\operatorname{Var}[\bar{D}(r)] = \sigma_{\bar{D}}^2(r) = \frac{\sigma_D^2}{r}, \tag{26}$$

und $\bar{D}(r)$ ist etwa normal verteilt.

4.143. Die Verteilung von $\overline{V}(r)$ bei festem r

Trifft man die vereinfachende Annahme, daß man ähnlich der Abb. 4.1.2 eine solche zeichnen könnte, wo die Operationswechsel durch Zwischenzeiten der Länge V_i getrennt wären, so verursacht man insofern einen Fehler, als unter Umständen Operationswechsel im Intervall A mitgezählt würden, die wegen der anders ausfallenden exakten Zeiten T_i nicht mehr im Intervall A liegen sollten, und umgekehrt. Für genügend große A darf man diesen Fehler jedoch wohl in Kauf nehmen. Dann existiert für jedes feste r eine Verteilung von

$$\overline{V}(r) = \frac{1}{r}\sum_{i=1}^{r} V_i. \tag{18}$$

Für genügend große A (z. B. 14 Tage) kann man nun auf die Verteilung von $\overline{V}(r)$ bei festem r zugunsten des einzigen Wertes

$$\overline{V}(r) \cong \frac{A}{r} \tag{27}$$

verzichten.

4.144. Die Verteilung von r

Die Bestimmung der Verteilung von r sollte von Rechts wegen gemeinsam mit derjenigen der Verteilung von $\overline{V}(r)$ erfolgen. Sofern indessen die Operationszeiten V exponentiell verteilt sind, was in vielen Fällen annähernd zutrifft, spielt die zeitliche Lage von A keine Rolle; dann ist r nach dem Poisson-Gesetz verteilt (vgl. 1.53):

$$\varphi(r) = e^{-\frac{A}{E(V)}} \frac{\left[\frac{A}{E(V)}\right]^r}{r!}. \tag{28}$$

Für genügend große $A/E(V)$ geht, wie man weiß (vgl. 1.92, 3. Beispiel), die Poisson-Verteilung in eine Normalverteilung mit $E(r) = A/E(V)$ und $\operatorname{Var}(r) = A/E(V)$ über.

Ist (28) nicht erfüllt, so kann man die Verteilung von r durch Simulation bestimmen, wie dies in 3.1 beschrieben worden ist.

Für genügend große A besteht auch in diesem Falle eine einfachere Möglichkeit, die auf einem in Kap. 1 erhaltenen Resultat beruht (1.92, 6. Beispiel): sind die Zwischenzeiten ξ_k, $k = 1, 2, \ldots$ zwischen dem Auftreten der Ereignisse $k-1, k$ gegenseitig unabhängig und nach demselben Gesetz verteilt und existieren ferner ihre beiden ersten Momente μ und σ^2, so ist die Anzahl r Ereignisrealisationen im zeitlich zufällig beginnenden Intervall $A \to \infty$ nämlich asymptotisch normal verteilt mit

$$E(r) = \frac{A}{\mu}, \quad \operatorname{Var}(r) = \sigma^2 \frac{A}{\mu^3}.$$

Hier werden die Vorgabezeiten V als Zwischenzeiten aufgefaßt. Dann sind

$$E(r) = \frac{A}{E(V)}, \quad \operatorname{Var}(r) = \sigma_V^2 \frac{A}{E^3(V)}.$$

Im sehr häufigen Fall exponentiell verteilter Vorgabezeiten ist (vgl. 1.53)

$$\mathrm{Var}(V) = \sigma_V^2 = E^2(V)$$

und daher

$$\mathrm{Var}(r) = E^2(V) \frac{A}{E^3(V)} = \frac{A}{E(V)} = E(r).$$

Dies liefert die Normalverteilung, welche für diesen Fall weiter oben bereits angeführt worden ist.

4.145. Kriterium

Gemäß (27) ist der Wert $\bar{V}(r) = \frac{A}{r}$ ebenso wahrscheinlich wie der betreffende Wert r: also ist zunächst einmal die Verteilung von $\bar{V}$ bestimmbar aus

$$\int_{z=0}^{\bar{V}} d\,W_{\bar{V}}(z|A) = \sum_{r=\frac{A}{\bar{V}}}^{\infty} \varphi(r). \tag{29}$$

Da aber die Verteilung von $\bar{D}(r)$ bei festem r ebenfalls bekannt ist, braucht man für r nur $\frac{A}{\bar{V}}$ einzusetzen, um die bedingte Verteilung von $\bar{D}$ bei festem $\bar{V}$ zu erhalten: $W_{\bar{D}}(\bar{D} \mid \bar{V}, A)$ sei ihre Verteilungsfunktion.

Also gilt für die gemeinsame Verteilung von $\bar{D}$ und $\bar{V}$ bei gegebenem A:

$$d\,W(\bar{D}, \bar{V} \mid A) = d\,W_{\bar{V}}(\bar{V} \mid A)\, d\,W_{\bar{D}}(\bar{D} \mid \bar{V}, A) \tag{30}$$

und die linke Seite der Kriteriumsgleichung (8) wird

$$\frac{1}{\sum_{r=1}^{\infty} P(r \mid A)} \sum_{r=1}^{\infty} \left\{ P(r \mid A)\, P\left[\frac{\left| \sum_{i=1}^{r} D_i \right|}{\sum_{i=1}^{r} V_i} \leqq \delta \mid r, A \right] \right\}$$

$$= \frac{1}{\sum_{r=1}^{\infty} P(r \mid A)} \sum_{r=1}^{\infty} \left\{ P(r \mid A)\, P\left[-\delta \leqq \frac{\bar{D}(r)}{\bar{V}(r)} \leqq +\delta \mid r, A \right] \right\} \tag{31}$$

$$= \frac{1}{\int_{\bar{V}=0}^{A} d\,W_{\bar{V}}(\bar{V} \mid A)} \int_{\bar{V}=0}^{A} \left\{ \int_{\bar{D}=-\delta\bar{V}}^{+\delta\bar{V}} d\,W_{\bar{D}}(\bar{D} \mid \bar{V}, A) \right\} dW_{\bar{V}}(\bar{V} \mid A). \tag{32}$$

Durch Vergleich des mit Hilfe von (32) berechenbaren Zahlenwertes mit dem in (8) vorgeschriebenen Werte W läßt sich prüfen, ob die Akkordunterlagen zulässig sind.

Das Gleichheitszeichen in (32) darf nicht vergessen machen, daß es sich hier um ein Näherungsverfahren handelt.

4.15. Fehlerkompensation bei allgemeineren Verhältnissen

Man trifft in vielen Fabriken Arbeitsplätze an, wo Leistungslohnarbeiten und Zeitlohnarbeiten sich in beliebiger Wechselfolge aneinanderreihen. Manche Fabrikdirektoren wissen nicht, daß dies keine gute

Betriebspolitik ist; andere wissen es. Trotzdem wird dieses System unbekümmert fortgeführt. Daher müssen auch für diese wenig erfreulichen Betriebsverhältnisse Kriterien aufgestellt werden, wobei der bei Leistungslohnarbeiten gegenüber Zeitlohnarbeiten wirksam werdende Leistungsanreiz mitzuberücksichtigen ist.

Das im vorhergehenden Abschnitt besprochene Kriterium bezog sich nur auf reinen Proportionalakkord; eine entsprechende Erweiterung auf den Fall des linearen Mischakkords, mit und ohne abwechselnd laufende Zeitlohnarbeiten, erweist sich als notwendig. Für das Studium solch allgemeinerer Verhältnisse benötigt man die von k abhängige Größe

$R_V(k)$ [—] durchschnittlicher zeitlicher Anteil Leistungslohnarbeiten an der Gesamtheit aller Arbeiten.

Damit nun im konkreten Falle nicht jedesmal relativ komplizierte Berechnungen auszuführen seien, die wohl zu hohe Anforderungen an das mit diesen Fragen im allgemeinen sich beschäftigende Betriebspersonal stellen, erscheint eine Normierung des Kriteriums wünschens-

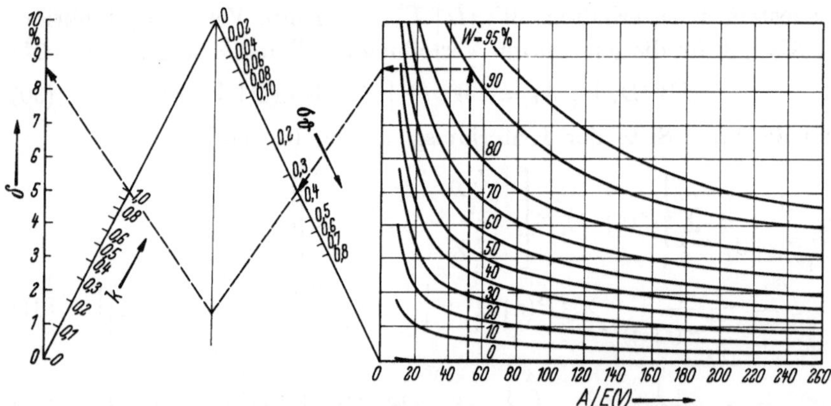

Abb. 4.1.3. Vorgabezeiten-Fehlerkompensation in Zeitintervallen der Dauer A für mit Zeitlohn gemischte Leistungslohnsysteme der Form

$$S_{eff} = \bar{L}_g\, T_{eff}(1 - k) + V\,k$$

$E(V)$ durchschnittliche Dauer einer Operation, egal, ob bei Zeitlohn oder Leistungslohn ausgeführt
k Prämienanteil
δ maximaler relativer Fehler
W Wahrscheinlichkeit der Fehlerkompensation auf höchstens δ

$$\sigma_\vartheta^2 = \frac{R_V}{E^2(V)}\,\sigma_{D_V}^2$$

wobei
R_V durchschnittlicher zeitlicher Anteil Leistungslohnarbeiten an der Gesamtheit aller Arbeiten
$\sigma_{D_V}^2$ Varianz der Werte D für Leistungslohnarbeiten allein

Eingetragenes Beispiel:

$$\left.\begin{array}{lll} A & = 200 & [\mathrm{h}] \\ E(V) & = 3{,}90 & [\mathrm{h}] \\ W & = 0{,}90 & [-] \\ \sigma_\vartheta & = 0{,}366 & [-] \\ k & = 1{,}0 & [-] \end{array}\right\}\ \delta = 0{,}0865$$

wert. So ist es nun tatsächlich gelungen, eine Normierung vorzunehmen, unter der Voraussetzung jedoch, daß die Operationszeiten einigermaßen exponentiell verteilt sind. Ist diese Voraussetzung, die sich leicht nachprüfen läßt (vgl. 1.53), nicht erfüllt, so darf von der betreffenden Normierung kein Gebrauch gemacht werden; andere verteilungstypische Normierungen wären zweifellos auch dann möglich.

Hier ist nicht der Ort, sich in Details zu verlieren, nachdem die wesentlichen Zusammenhänge bereits im Abschn. 4.14 zur Sprache gelangten. Es sei lediglich das Resultat in Form von Abb. 4.1.3 angegeben. Insbesondere erkennt man daraus, daß bei $k = 0$ oder bei $R_V = 0$ (woraus $\sigma_\vartheta^2 = 0$) jede beliebig falsche Vorgabezeitentabelle verwendet werden darf: tatsächlich ist für $k = 0$ das Lohnsystem ja Zeitlohn, während für $R_V = 0$ nur Zeitlohnarbeiten vorkommen, so daß die Vorgabezeitentabellen in beiden Fällen sich nicht auswirken können.

4.16. Bestimmung des optimalen Prämienfaktors k

Das im vorhergehenden Abschnitt unter allgemeinen Verhältnissen behandelte Kriterium für die Zulässigkeit eines Leistungslohnsystems engt den Bereich der als optimal gelten dürfenden Werte k ein.

Seien:

$\bar{L}_g$ [—] geschätzter, über ein Kontrollzeitintervall A gemittelter Leistungsgrad eines Arbeiters bei Ausführung von Leistungslohnarbeiten, reduziert auf die Summe der beeinflußbaren und der nicht beeinflußbaren Zeitanteile;

$\bar{L}$ [—] entsprechender richtiger gemittelter Leistungsgrad.

Es gelte

$$\overline{\Delta L} = \bar{L}_g - \bar{L}. \tag{33}$$

Dann erhält der Arbeiter in einem Kontrollzeitintervall A für die von ihm erledigten Leistungslohnarbeiten ausbezahlt [vgl. (2)]:

$$\sum_V S_{\text{eff}} = \sum_V \left[(\bar{L} + \overline{\Delta L})\, T_{\text{eff}}(1 - k) + k\, V\right]. \tag{34}$$

Die Summierung über V weist darauf hin, daß nur im Leistungslohn ausgeführte Arbeiten zu erfassen sind.

Bedenkt man, daß gilt:

$$\sum_V T = \bar{L} \sum_V T_{\text{eff}}, \tag{35}$$

so kann man (34) auch schreiben:

$$\sum_V S_{\text{eff}} = \sum_V \left[\left(1 + \frac{\overline{\Delta L}}{\bar{L}}\right) T(1 - k) + k\, V\right]. \tag{36}$$

Angemessenerweise sollte der Arbeiter für diese Leistungslohnarbeiten erhalten:

$$\sum_V S_{\text{angemessen}} = \sum_V T. \tag{37}$$

Die relative Abweichung der leistungsbezogenen Lohnangemessenheit lautet für den Arbeiter somit

$$F = \frac{\sum\limits_V S_{\text{eff}} - \sum\limits_V S_{\text{angemessen}}}{\sum\limits_V S_{\text{angemessen}}} \tag{38}$$

oder

$$F = k \frac{\sum\limits_V (V - T)}{\sum\limits_V T} + (1 - k) \frac{\overline{\Delta L}}{L}. \tag{39}$$

Für lange Kontrollzeitintervalle, und um solche handelt es sich hier, da A diesmal eine Lohnansatzgültigkeitsperiode (ein halbes oder ein ganzes Jahr) umfaßt, gilt im allgemeinen, wenn sich die Tabellen in richtiger Mittellage befinden:

$$\sum_V T \cong \sum_V V \tag{40}$$

und (39) läßt sich ersetzen durch

$$F \cong k \frac{\sum\limits_V (V - T)}{\sum\limits_V V} + (1 - k) \frac{\overline{\Delta L}}{L}. \tag{41}$$

Man kann setzen:

$$\sum_V V \cong R_V(k) \sum_{V+Z} V. \tag{42}$$

Der Summierungsindex $V + Z$ bedeutet, daß hier die Vorgabezeiten sowohl über die Leistungslohn- als auch über die Zeitlohnarbeiten zu summieren sind: tatsächlich kann man die Zeitlohnarbeitszeiten *nachträglich*, so wie sie wirklich ausgefallen sind, „vorgeben"; dank solchen fiktiven Vorgabezeiten läßt sich die Vorgehensweise vereinheitlichen.

Dann wird

$$\sum_V (V - T) = \sum_{V+Z} (V - T) = \sum_{V+Z} D \tag{43}$$

und

$$F \cong \frac{k}{R_V(k)} \frac{\sum\limits_{V+Z} D}{\sum\limits_{V+Z} V} + (1 - k) \frac{\overline{\Delta L}}{L}. \tag{44}$$

Man führt ein:

$$\delta = \frac{\sum\limits_{V+Z} D}{\sum\limits_{V+Z} V}, \tag{45}$$

$$\lambda = \frac{\overline{\Delta L}}{L} \tag{46}$$

und erhält:

$$F \cong \frac{k}{R_V(k)} \delta + (1 - k) \lambda. \tag{47}$$

δ und λ sind voneinander unabhängige Zufallsvariable. Es gilt:

$$E(\lambda) \cong 0, \tag{48}$$

$$\operatorname{Var}(\lambda) = \sigma_\lambda^2, \qquad (\sigma_\lambda = 5 \ldots 20\,\%), \tag{49}$$

$$E(\delta) \cong 0, \tag{50}$$

$$\operatorname{Var}(\delta) = \sigma_\delta^2. \tag{51}$$

σ_δ^2 ist vom Lohnsystem abhängig, d. h. eine Funktion von k. Tatsächlich wirkt k ja auf den Leistungsgrad (sonst hätte ein Leistungslohnsystem keinen Sinn) und verschiebt deshalb den zeitlichen Anteil der mit Zeitlohnarbeiten alternierenden Leistungslohnarbeiten an der Gesamtheit aller Arbeiten sowie den Erwartungswert $E(V \mid k)$. Für die Bestimmung von k_{opt} ist eine derartige Feinheit der Berechnung allerdings überflüssig, da k_{opt} nur in seiner Größenordnung und nicht auf viele Dezimalen genau interessiert. Tatsächlich kann ein Betrieb nicht ebensoviele verschiedene Lohnsysteme parallel laufen haben, wie er Arbeitsplätze aufweist, so daß von der praktischen Verwendung des Resultates her die Anforderungen an die Rechnung eher bescheiden sind: es genügt wohl zu sagen, ob an einem Arbeitsplatz im Zeitlohn oder in Proportionalakkord oder in einem Mischakkord mit $k = \frac{1}{3}$ oder $\frac{2}{3}$ gearbeitet werden soll. Immerhin ist genauere Rechnung möglich und wurde bei dieser Studie auch durchgeführt (vgl. Abb. 4.1.5).

Setzt man der Einfachheit halber also

$$\delta = \frac{\sum\limits_{V+Z} D}{\sum\limits_{V+Z} V} \cong \frac{\bar{D}}{E(V \mid k)} \cong \frac{\bar{D}}{E(V)}, \tag{52}$$

wobei man also den Einfluß von k auf $E(V \mid k)$ vernachlässigt, so wird

$$\sigma_\delta^2 \cong \frac{\sigma_{\bar{D}}^2}{E^2(V)} \cong \frac{1}{E^2(V)}\,\frac{\sigma_D^2}{A/E(V)} = \frac{\sigma_D^2}{A\,E(V)}, \tag{53}$$

weil $A/E(V)$ die durchschnittliche Anzahl in A erledigter Aufträge angibt. Ist mit $\sigma_{D_V}^2$ die Varianz von D bei Leistungslohnarbeiten allein gemeint (die entsprechende Varianz für Zeitlohnarbeiten ist gemäß der Definition einer Zeitlohnvorgabezeit Null), gilt[1]

$$\sigma_\delta^2 \cong R_V \frac{\sigma_{D_V}^2}{A\,E(V)}. \tag{54}$$

Die Größe $\sigma_{D_V}^2$ ist aus (20) bzw. (21) zu gewinnen. Läßt man hier R_V als von k annähernd unabhängig gelten, so ist σ_δ^2 eine von k unabhängige, ohne Schwierigkeiten bestimmbare Größe.

[1] Vgl. 1.61, Varianz einer Variablen, deren Verteilung aus einer Mischung von Verteilungen (hier der Abweichungsverteilungen für echte und fiktive Vorgabezeiten) hervorgeht.

Auch in (47) sei die schwache Abhängigkeit R_V von k vernachlässigt. Dann gilt

$$F \cong \frac{k}{R_V}\,\delta + (1 - k)\,\lambda \tag{47'}$$

und

$$E(F) \cong 0, \tag{55}$$

$$\operatorname{Var}(F) \cong \frac{k^2}{R_V^2}\,\sigma_\delta^2 + (1 - k)^2\,\sigma_\lambda^2. \tag{56}$$

Jenes Lohnsystem ist nun hinsichtlich der leistungsbezogenen Angemessenheit das günstigste, für welches Var(F) ein Minimum annimmt:

$$\frac{d\operatorname{Var}(F)}{dk} = 0: \quad k_{\text{opt}} \cong \frac{\sigma_\lambda^2}{\dfrac{\sigma_\delta^2}{R_V^2} + \sigma_\lambda^2}. \tag{57}$$

Dieses Resultat gilt, sofern das Fehlerkompensationskriterium den betreffenden Wert k_{opt} zuläßt; anderenfalls gilt der nächstzulässige Wert.

Gl. (57) ist in Abb. 4.1.4 für $R_V = 1$ dargestellt. Man erkennt sofort, daß gelten muß

$$0 \leqq k_{\text{opt}} \leqq 1 \tag{58}$$

und daß Werte $k > 1$ (überproportionaler Akkord) sicher nicht angemessen sein können.

Trotz den verschiedenen Vereinfachungen zieht man ganz allgemein den Schluß, daß k_{opt} normalerweise weder 0 noch 1 beträgt, so daß normalerweise weder Zeitlohn noch Proportionalakkord die angemessenen Lohnsysteme sind; dies schließt gewisse Ausnahmefälle natürlich nicht aus.

Abb. 4.1.5 zeigt ein Diagramm zur Bestimmung des optimalen Lohnsystems unter Berücksichtigung der Abhängigkeiten $\sigma_\delta^2(k)$, $R_V(k)$

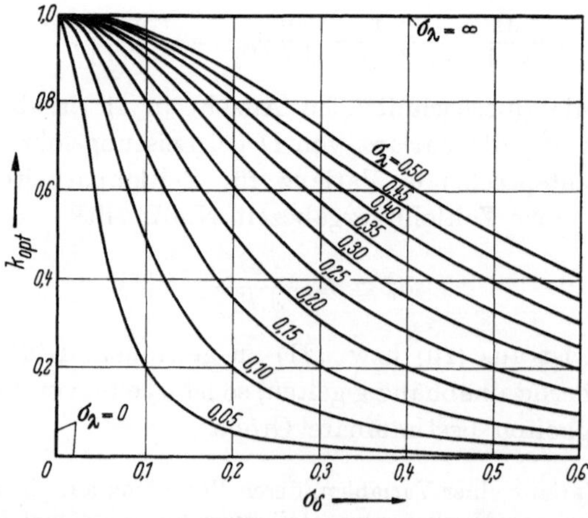

Abb. 4.1.4. Näherungsverfahren zur Bestimmung des optimalen Prämienanteils k_{opt} bei $R_V = 1$

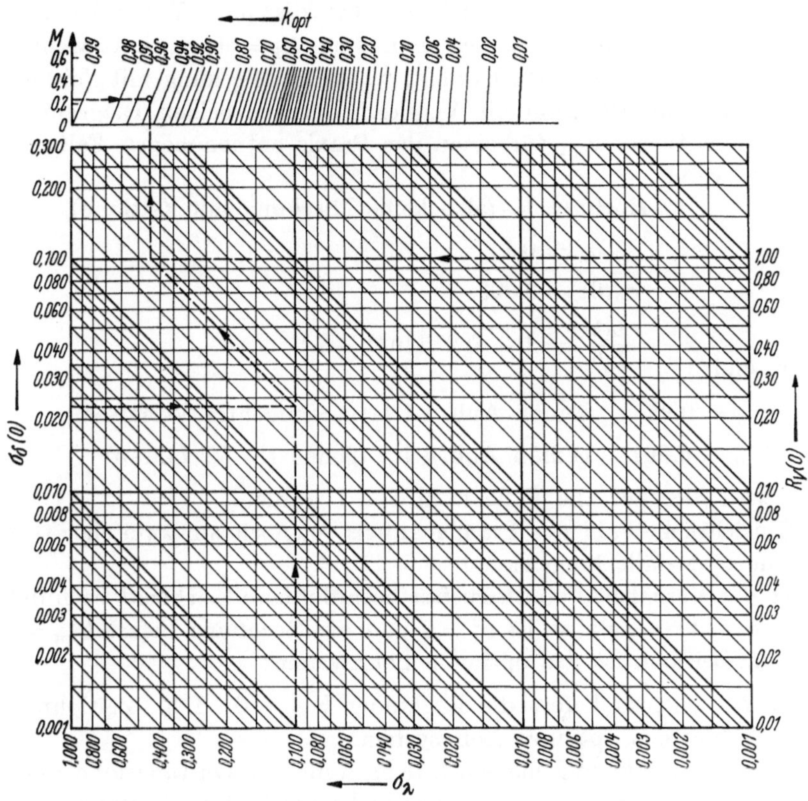

Abb. 4.1.5. Bestimmung des optimalen Prämienanteils k_{opt} (verfeinertes Näherungsverfahren) für mit Zeitlohn gemischte Leistungslohnsysteme der Form

$$S_{\text{eff}} = \bar{L}_g\, T_{\text{eff}}(1 - k) + k\, V,$$

gültig für Leistungslohnnormalarbeiter $(L(k) = 1)$ gemäß

$$\frac{(1 - k_{\text{opt}})\,[1 + M \ln(1 + k_{\text{opt}})]^2}{k_{\text{opt}}[1 + M \ln(1 + k_{\text{opt}})] - \dfrac{\dfrac{M}{2}\,k_{\text{opt}}^2}{1 + k_{\text{opt}}}} = \frac{\sigma_\delta^2(0)}{\sigma_\lambda^2\, R_V^2(0)},$$

wobei $1 + M \ln(1 + k) = \dfrac{\bar{L}(k)}{\bar{L}(0)}$ = Leistungsanreizfunktion,

$$M = \text{konst.}\ \frac{E_V(V_{\text{beeinflußbar}})}{E_V(V)}\ [-],$$

ferner:

$R_V(0)$ = Anteil der echten Vorgabezeiten an der Gesamtheit aller Zeiten (echte plus fiktive Vorgabezeiten), bei $k = 0$,

$\sigma_\delta^2\,(0)$ = Vorgabezeiten-Fehlerstreuung, bei $k = 0$,

σ_λ^2 = Leistungsgrad-Fehlschätzungsstreuung für Zeitlohn.

Beispiel

$$\left.\begin{array}{ll} R_V(0) = 1{,}0 & [-] \\ \sigma_\delta(0) = 0{,}023 & [-] \\ \sigma_\lambda = 0{,}1000 & [-] \\ M = 0{,}216 & [-] \end{array}\right\}\ \underline{\underline{k_{\text{opt}} = 0{,}961\ [-]}}$$

usw. und der betriebsindividuellen Arbeitsdisziplin. Wie geringfügig die Unterschiede im allgemeinen sind, wenn $R_V = 1$ ist, d. h., wenn es sich um einen Arbeitsplatz handelt, wo keine Mischung mit Zeitlohnoperationen auftritt, zeigt ein Vergleich der aus beiden Diagrammen bestimmten Werte k_{opt} für einen der Praxis entnommenen Fall.

Dort waren:

$$R_V(0) = 1 \quad \text{(also keine Mischung mit Zeitlohn)},$$

$$\sigma_\lambda = 0{,}1,$$

$$\sigma_\delta(0) = 0{,}023,$$

$$\frac{\bar{L}(k)}{\bar{L}(0)} = 1 + 0{,}216 \ln(1 + k).$$

Dann sind:

$$k_{\text{opt}} = 0{,}95 \quad \text{gemäß Abb. 4.1.4 (vereinfachtes Verfahren)},$$

$$k_{\text{opt}} = 0{,}961 \quad \text{gemäß Abb. 4.1.5 (genaueres Verfahren)}.$$

Man wird hier auf alle Fälle wohl $k = 1$ wählen.

Hinsichtlich Wahl des Prämienanteils sei noch auf zwei eher theoretische Grenzfälle hingewiesen:

— ist das Verhältnis [vom Arbeiter beeinflußbare Zeit/nicht beeinflußbare Zeit] = Null, so ist $\sigma_\lambda^2 = 0$ und die Rechnung liefert $k_{\text{opt}} = 0$, d. h., Zeitlohn ist das optimale Lohnsystem;

— ist $R_V = 0$, so liefert die Rechnung $k_{\text{opt}} = 0$, d. h., Zeitlohn ist auch hier das optimale Lohnsystem.

Diese Resultate sind plausibel, denn wenn der Leistungslohn wegen der einen oder der anderen Ursache nicht zur Geltung kommen kann, so hat es keinen Sinn, ihn anzuwenden.

Die Abb. 4.1.3 und 4.1.5 sind [*1*] entnommen.

4.2. Ein Lagerbewirtschaftungsmodell aus der Nahrungsmittelindustrie

4.21. Grundsätzliches, Aufgabenstellung

Das vorliegende Beispiel bezieht sich auf Verhältnisse, wie sie in einem großen Konzern der Nahrungsmittelindustrie mit reichhaltigem Sortiment, vielen Fabriken und einer sehr großen Zahl von Lagerhäusern angetroffen wurden. Die zur Sprache kommenden Einzelheiten sollen sich hier jedoch auf einen einzigen Artikel, der in einer einzigen Fabrik hergestellt wird, und auf ein einziges, zentrales Fabriklager beschränken. Die dabei entwickelten Überlegungen lassen sich sinngemäß auf kompliziertere Systeme übertragen, wobei zusätzliche Bedingungen Berücksichtigung erfahren können.

Bekannt sei die Nachfrageverteilung eines Artikels, in kg/Zeiteinheit, z. B. kg/14 Tage. Diese Verteilung braucht nicht stationär zu sein, wenn beispielsweise ein zeitlicher Trend vorliegt, auch können sich saisonale Schwankungen auswirken; ferner ist stochastische Abhängigkeit (Autokorrelation) zwischen den Bedarfszahlen sich folgender Intervalle nicht ausgeschlossen: so scheint beispielsweise eine wellenförmige Charakteristik plausibel (auf ein Intervall hohen Bedarfs folgt vielleicht häufig ein Intervall geringer Nachfrage). Viele dieser besonderen Eigenschaften der Nachfrageverteilung hangen von der Größe des ihr zugrunde gelegten Zeitintervalls ab, so insbesondere etwaige Autokorrelation.

Bevor diese Operations Research-Studie durchgeführt wurde, erfolgte die Beauftragung der Fabrik mit Nachbestellungen im letzten Augenblick, d. h. fast unmittelbar vor dem kommenden Zeitintervall. Zwar existierten mittelfristige Verkaufsprogramme, doch wurden sie laufend adaptiert, so daß sie, außer einen summarischen Überblick über die Wünsche der Geschäftsleitung zu geben, für detaillierte Fabrikationspläne nicht verwendbar waren. Dies bewirkte große Produktionsschwankungen. Da die Aufträge an die Fabrik deshalb in vielen Fällen nicht zur Gänze erfüllt werden konnten, entstanden Lieferverzüge, die zu erhöhten Nachfragespitzen führten. Um sich gegen Verknappungen zu schützen, gab die Verkaufsabteilung daher oft größere Mengen in Auftrag als sie tatsächlich benötigte, da sie sich bei dieser Taktik einen effektiven Lieferumfang versprach, der gerade ihren Bedürfnissen genügte. Das Schicksal war solchen Überlistungsmanövern nicht immer günstig gesinnt: in einigen Fällen ergriff die Fabrik angesichts der besonders hohen Anforderungen Sondermaßnahmen und lieferte die ganze Menge ohne Kürzung pünktlich; die Folge war, daß die Ware teilweise liegenblieb und später für den Konsum nicht mehr freigegeben werden durfte. Jetzt schwand ein Teil des Vertrauens der Fabrikleitung in die Programme der Verkaufsabteilung und die Fabrik produzierte nach eigenen, ziemlich unabhängigen Programmen. Auch diesen Maßnahmen des Selbstschutzes gegenüber war das Schicksal nicht immer gnädig: die Verknappungen verschärften sich teilweise und die Verkaufsabteilung mußte zu neuen Taktiken greifen wie Expreßaufträge usw. usw..... Diese Schilderung ist vielleicht ein wenig zu dramatisch ausgefallen. Dennoch geht aus der kurzen Aufzeichnung recht deutlich hervor, welcher Art die Probleme waren.

Die Aufgabenstellung lautete kurz: die Verhältnisse sollten verbessert werden.

4.22. Modell

Das Modell soll einfach sein, damit es ohne Schwierigkeiten mathematisch nicht ausgebildetem Personal zur Anwendung übergeben werden kann. Es ist so gehalten, daß es sich auch in anderen Industriezweigen,

z. B. in der Maschinenindustrie einsetzen läßt. Jeweils am Ende eines festen Zeitintervalls (z. B. 14 Tage) wird das Fabrikationsprogramm für das Intervall $]k-1, k]$ in gemeinsamer Besprechung von Vertretern des Verkaufs und der Produktion festgelegt; auf diese Weise lassen sich besondere Umstände und Wünsche beider Partner berücksichtigen (Verkaufsaktionen, Maschinenrevisionen, Personalsituation). Das Fabrikationsprogramm für die vorangehenden Intervalle $]0, 1]$, $]1, 2], \ldots,]k-2, k-1]$ darf normalerweise nicht mehr geändert werden. Ziel dieser Fabrikationsplanung ist:

— Senkung der Verknappungen;
— Verhütung von Warenverderb;
— vernünftige Beschränkung der Lagerbestände im Hinblick auf die Lagerhaltungskosten inklusive Kapitalbindungen;
— Glättung der Produktionsschwankungen.

Es gelten die folgenden Bezeichnungen:

T	[Zeiteinheit]	Fortschrittszeit
$D_{j,j+1}^{(T)}$	[kg]	Nachfrage im Intervall $]j, j+1]$, vom Zeitpunkt T an gerechnet;
$\Delta Z_{j,j+1}^{(T)}$	[kg]	Nachlieferung (= Produktion) im Intervall $]j, j+1]$, vom Zeitpunkt T an gerechnet;
$Z_j^{(T}$	[kg]	Lagerbestand im Zeitpunkt j, von T an gerechnet, ohne Berücksichtigung der Abgänge;
$X_{j,j+1}^{(T)}$	[kg]	Abgang aus dem Lager im Intervall $]j, j+1]$, vom Zeitpunkt T an gerechnet; dieser Abgang kann kleiner sein als der Bedarf $D_{j,j+1}^{(T)}$, wenn beispielsweise die Vorräte nicht reichen, oder größer als der Bedarf, wenn beispielsweise Waren verderben; normalerweise sind $X_{j,j+1}^{(T)}$ und $D_{j,j+1}^{(T)}$ jedoch gleich.

Es gelte:

$$E_{j,j+1}^{(T)} = E\{D_{j,j+1}^{(T)}\}, \tag{1}$$

$$\sigma_{j,j+1}^{2(T)} = \operatorname{Var}\{D_{j,j+1}^{(T)}\}, \tag{2}$$

$$S_k^{(T)} = \sum_{j=0}^{k-1} D_{j,j+1}^{(T)}, \tag{3}$$

$$Z_k^{(T)} = Z_0^{(T)} + \sum_{j=0}^{k-1} \Delta Z_{j,j+1}^{(T)}. \tag{4}$$

Abb. 4.2.1 zeigt schematisch drei verschiedene Phasen des Bereitstellungsprogramms. Im Zeitpunkt $0^{(T)}$ (= jetzt) ist das Bereitstellungsprogramm $Z_j^{(T)}$, $j = 0, 1, \ldots, k-1$, bekannt und muß bis $j = k$

verlängert werden: die Menge $\Delta Z_{k-1,k}^{(T)}$ ist zu fixieren. Der Planungshorizont k soll dabei als fester Parameter aufgefaßt werden, dessen Wahl dem Unternehmer auf Grund der Resultate dieser Studie überlassen bleibt. In Abschn. 4.24 wird sich zeigen, daß unter Umständen interessante und vielleicht sogar überraschende Auswirkungen von k

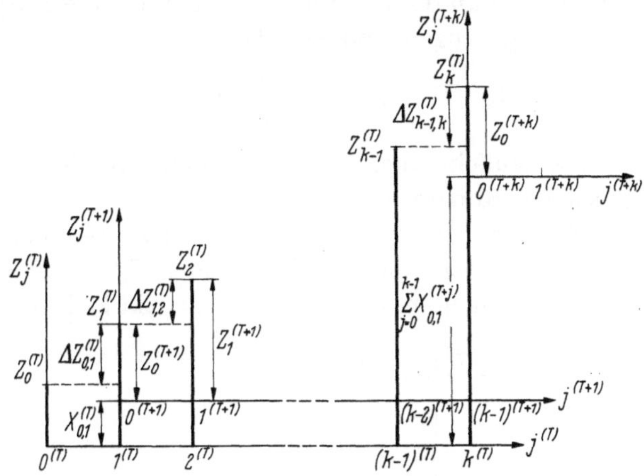

Abb. 4.2.1. Laufendes Bereitstellungsprogramm

existieren. Die Nachbestellmenge $\Delta Z_{k-1,k}^{(T)}$ ist so zu bestimmen, daß

$$Z_k^{(T)} = Z_{k-1}^{(T)} + \Delta Z_{k-1,k}^{(T)} \tag{5}$$

nach Möglichkeit zwischen zwei vorgeschriebene Grenzen fällt:

$$b_k^{(T)}(-1) \leqq Z_k^{(T)} \leqq a_k^{(T)}(-t). \tag{6}$$

Dieser Wunsch wird sich allerdings als nicht immer erfüllbar erweisen. Die beiden Grenzen müssen so berechnet werden, daß den eingangs aufgezählten Anforderungen gut entsprochen ist. Über das Vorgehen zu ihrer Bestimmung, über die Aussage der Argumente -1 bei b und $-t$ bei a sowie über die tiefere Bedeutung der beiden Grenzen selber soll sehr bald eingehend gesprochen werden. Hier ist zunächst noch zu erwähnen, daß verschiedene weitere Anforderungen in $\Delta Z_{k-1,k}^{(T)}$ Berücksichtigung finden können: so soll $\Delta Z_{k-1,k}^{(T)}$ beispielsweise möglichst konstant sein (seltene und dann auch nur geringfügige Produktionsschwankungen), einen minimalen Wert nach Möglichkeit nicht unter- und einen maximalen Wert nicht überschreiten (Produktionskapazität, Personalkontinuität).

Nach Ablauf eines Zeitintervalls sind die früheren Zeitpunkte $j^{(T)}$ in aktuelle $(j-1)^{(T+1)}$ übergegangen: beispielsweise ist der frühere Zeitpunkt $1^{(T)}$ zum gegenwärtigen „Jetzt“ $0^{(T+1)}$ geworden. Da während des verflossenen Intervalls die Menge $X_{0,1}^{(T)}$ aus dem Lager abgegeben wurde, sind aus den früheren Bereitstellungsmengen $Z_j^{(T)}$ die nunmehr gültigen Mengen $Z_{j-1}^{(T+1)}$ geworden:

$$Z_{j-1}^{(T+1)} = Z_j^{(T)} - X_{0,1}^{(T)}, \qquad j = 1, 2, \ldots, k. \tag{7}$$

Abb. 4.2.1 zeigt diese Wandlung durch Verschiebung des Koordinatensystems.

Nach Ablauf der gesamten Planungsperiode k sind die Zeitpunkte $j^{(T)}$ in $(j-k)^{(T+k)}$ übergegangen und es gilt:

$$Z_0^{(T+k)} = Z_k^{(T)} - \sum_{j=0}^{k-1} X_{0,1}^{(T+j)}. \tag{8}$$

Abb. 4.2.1 veranschaulicht auch diese Wandlung durch entsprechende Verlagerung des Koordinatensystems.

Sind die beiden für $Z_k^{(T)}$ erwünschten Grenzen $b_k^{(T)}(-1)$ und $a_k^{(T)}(-t)$ gegeben, so bestehen hinsichtlich der Wahl von $\Delta Z_{k-1,k}^{(T)}$ im allgemeinen unendlich viele Möglichkeiten, sofern $b_k^{(T)}(-1)$ strikt kleiner als $a_k^{(T)}(-t)$

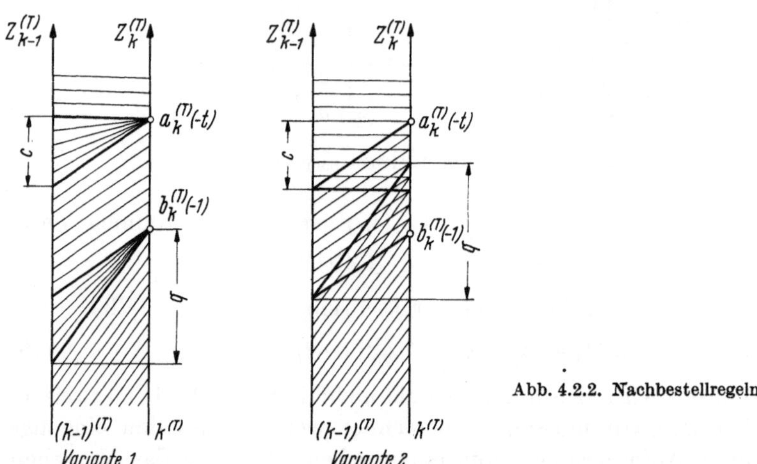

Abb. 4.2.2. Nachbestellregeln

ist und $Z_{k-1}^{(T)}$ einen Betrag angenommen hat, der die Freiheiten nicht allzu stark beschneidet (ist beispielsweise schon $Z_{k-1}^{(T)} = a_k^{(T)}(-t)$, so folgt daraus zwangsläufig $\Delta Z_{k-1,k}^{(T)} = 0$).

Man kann die Vielfalt der jeweils erlaubten $\Delta Z_{k-1,k}^{(T)}$ durch Festlegung eindeutiger Nachbestellregeln (Politiken) aufheben. Hier seien zwei derartige Politiken näher beschrieben.

Variante 1 (Abb. 4.2.2):

$$\Delta Z_{k-1,k}^{(T)} = \begin{cases} \max[a_k^{(T)}(-t) - Z_{k-1}^{(T)}, 0] & \text{für } a_k^{(T)}(-t) < Z_{k-1}^{(T)} + c \quad (9.1) \\ c & \text{für } b_k^{(T)}(-1) \leqq Z_{k-1}^{(T)} + c \leqq a_k^{(T)}(-t) \quad (9.2) \\ \min[b_k^{(T)}(-1) - Z_{k-1}^{(T)}, q] & \text{für } Z_{k-1}^{(T)} + c < b_k^{(T)}(-1) \quad (9.3) \end{cases}$$

Hierin sind c eine konstante Größe, die dem mittleren Bedarf pro Zeitintervall gleichkommt, und q die maximale Menge, die in einem Zeitintervall überhaupt produziert werden kann, $q > c$. Diese Regel lautet in Worten:

— wenn bei Nachbestellung der konstanten Menge c der Wert $Z_k^{(T)} = Z_{k-1}^{(T)} + c$ zwischen $a_k^{(T)}(-t)$ und $b_k^{(T)}(-1)$ zu liegen kommt, so soll immer c nachbestellt werden (9.2);

— wenn dies nicht zutrifft, so soll man derart nachbestellen, daß bei minimaler absoluter Abweichung von c eine der beiden Grenzen so gut erreicht wird als dies möglich ist (9.1, 9.3).

Die Regel hat den Vorteil, daß bei genügend großem Spielraum zwischen $a_k^{(T)}(-t)$ und $b_k^{(T)}(-1)$ die Wahrscheinlichkeit für stets gleichbleibende Nachbestellmengen c sehr groß wird. Es wird später gezeigt werden, wie man diese Wahrscheinlichkeit bestimmen kann. Eine solche Politik ist oft zweckmäßig für Industrien, die auf relativ wenige Produkte ausgerichtet sind und diese stets auf den gleichen, für sie eigens geschaffenen Maschinen oder Straßen erzeugen (z. B. Nahrungsmittelindustrie); tatsächlich ist dadurch für gute Kontinuität der Beschäftigung in jedem einzelnen Sektor gesorgt. Kleinere, stetige Abweichungen von der meist konstanten Nachbestellmenge c können ohne besondere Umstellungen berücksichtigt werden.

Variante 2 (Abb. 4.2.2):

$$\Delta Z_{k-1,k}^{(T)} = \begin{cases} 0 & \text{für } a_k^{(T)}(-t) < Z_{k-1}^{(T)} + c & (10.1) \\ c & \text{für } b_k^{(T)}(-1) \leqq Z_{k-1}^{(T)} + c \leqq a_k^{(T)}(-t) & (10.2) \\ q & \text{für } Z_{k-1}^{(T)} + c < b_k^{(T)}(-1) & (10.3) \end{cases}$$

Darin sind wieder c eine konstante Größe, die in erster Linie auf fabrikatorisch günstige Verhältnisse abzielt, und q die maximale, in einem Intervall überhaupt produzierbare Menge, $q > c$, wobei hier vorausgesetzt ist, daß $b_k^{(T)}(-1) - c + q \leqq a_k^{(T)}(-t)$. Diese Regel lautet in Worten:

— wenn bei Nachbestellung der konstanten Menge c der Wert $Z_k^{(T)} = Z_{k-1}^{(T)} + c$ zwischen $a_k^{(T)}(-t)$ und $b_k^{(T)}(-1)$ zu liegen kommt, so soll immer c nachbestellt werden (10.2);

— wenn dies nicht zutrifft, so wird entweder nichts nachbestellt (10.1) oder das Maximum q (10.3).

Trifft die Voraussetzung

$$b_k^{(T)}(-1) - c + q \leqq a_k^{(T)}(-t)$$

nicht zu, so kann man q durch eine konstante Menge $c' > c$ ersetzen, für welche gilt

$$b_k^{(T)}(-1) - c + c' \leqq a_k^{(T)}(-t),$$

und unter der neuen Voraussetzung

$$b_k^{(T)}(-1) - c' + q \leqq a_k^{(T)}(-t)$$

analoge Richtlinien für c' und q aufstellen wie vorher für c und q. Ist diese neue Voraussetzung wieder nicht eingehalten, so wählt man eine konstante Menge $c'' > c'$ usw. usw. bis die entsprechende Voraussetzung gilt.

Diese Regel ist sehr stark auf Gesichtspunkte der Fabrikation ausgerichtet: gegenüber der ersten Variante wird eine erhöhte Variabilität der Produktion in Kauf genommen, wenn nur die Fabrikationsmengen selber auf wenige diskrete Werte beschränkt bleiben. Eine solche Politik dürfte sich beispielsweise in der chemischen Industrie als zweckmäßig erweisen, wo man gewöhnlich ebensoviel Zeit braucht, um einen zur Gänze wie einen nur teilweise gefüllten Behälter zu verarbeiten, ferner etwa in der Maschinenindustrie mit vielfältigem Sortiment, wo nicht jeder Artikel in jedem Zeitintervall hergestellt werden kann, weil dies zuviel Umrichtungen bedingen würde, wo sich dafür aber die Arbeitsvorbereitung zum Voraus auf einige wenige Seriengrößen festlegen läßt. Es ist klar, daß diese Politik verfeinerungsfähig ist, so daß beispielsweise eine kleine Anzahl fixer Losgrößen $0 = c_1 < c_2 < \cdots < c_n = q$ zugelassen ist, die für bestimmte Bereiche $Z_{k-1}^{(T)}$ in Frage kommen, auch wenn q bezüglich der vorher erwähnten Voraussetzung schon für c_2 genügend klein wäre.

Die Wahl der Grenzen $a_k^{(T)}(-t)$ und $b_k^{(T)}(-1)$ ist so vorzunehmen, daß diese zusammen mit dem gewählten Planungshorizont k die eingangs formulierten Ziele in zufriedenstellendem Maße zu erreichen gestatten. Es handelt sich hier also nicht um eine strenge Optimierung, sondern vielmehr um das Aufsuchen eines betrieblich vernünftigen Gebietes. Denn vor allem dürfte ein Optimum bei echten, wechselnden Fabrikationsbedingungen (Trend einzelner Artikel, Aufnahme neuer Artikel und Aufhebung alter, Änderungen der Fabrikationsanlagen usw.) nicht auf den einzelnen Artikel, sondern müßte auf die Gesamtheit aller Artikel bezogen sein (man kann im gleichen Betrieb, wo verschiedene Artikel an den gleichen Anlagen erzeugt werden, nicht artikelweise individuelle Planungshorizonte einführen, weil dies einerseits aus personell-organisatorischen Gründen unzulässig, andererseits aber auch planungsmäßig sinnlos wäre: wie wollte man ohne systematischen Präferenzfehler die Einhaltung der Fabrikationskapazität eines Planungsintervalls prüfen, dessen Belastung noch nicht alle Artikel umfaßte?). Ferner wäre eine Optimierung der wenigen, hier berücksichtigten Parameter ohne Einbezug detaillierterer fabrikatorischer Gegebenheiten (Reihenfolge-, Losgrößenprobleme usw.) nun doch recht praxisfremd. Besser und ehrlicher ist es, die gröbsten Zusammenhänge in Form des mathematischen Modells darzustellen und sie den an der Führung der Unternehmung beteiligten Instanzen in leicht faßlicher Form zur verstandesmäßigen Weiterverarbeitung auf eine Entscheidung hin zu überlassen. Dies hindert nicht, auf besonders wichtige und eventuell ungeahnte Einflüsse einzelner Parameter durch bewußt isolierte Teiloptimierungen für Demonstrationszwecke einzutreten (4.24), um auf diese Weise das verstandesmäßige Urteil der verantwortlichen Stellen in objektiven Bahnen zu halten.

Um rasch zu bereits gut brauchbaren *Richtwerten* von $a_k^{(T)}(-t)$ und $b_k^{(T)}(-1)$ zu gelangen, die nachträglich noch korrigiert werden können, empfiehlt sich folgende Definition:

$$b_k^{(T)}(-1) = \beta \sqrt{\operatorname{Var} S_{k+1}^{(T)}} + E[S_{k+1}^{(T)}], \qquad k = 0, 1, 2, \ldots, \tag{11}$$

$$b_{-1}^{(T)}(-1) = 0, \tag{12}$$

$$a_k^{(T)}(-t) = \alpha \sqrt{\operatorname{Var} S_{k+t}^{(T)}} + E[S_{k+t}^{(T)}],$$
$$k = -t+1, -t+2, \ldots, 0, 1, 2, \ldots, \quad \text{mit} \quad t \geqq 1, \text{ ganz}, \tag{13}$$

$$a_{-t}^{(T)}(-t) = 0, \tag{14}$$

wobei

$$S_{k+1}^{(T)} = \sum_{j=0}^{k} D_{j,j+1}^{(T)} = \sum_{j=0}^{k} D_{0,1}^{(T+j)}, \tag{15}$$

$$S_{k+t}^{(T)} = \sum_{j=0}^{k+t-1} D_{j,j+1}^{(T)} = \sum_{j=0}^{k+t-1} D_{0,1}^{(T+j)}. \tag{16}$$

α und β sind konstante Größen, auf die gleich näher eingetreten wird.

Die Definitionen (11) bis (14) sind auf den Fall normal verteilter Größen $S_{k+1}^{(T)}$ und $S_{k+t}^{(T)}$ zugeschnitten, bleiben aber natürlich auch für beliebige Verteilungen der beiden Größen verwendbar. In der Praxis werden allerdings oft Normalverteilungen mit genügender Genauigkeit gelten: sind die Bedarfszahlen zweier beliebiger Intervalle nämlich nicht korreliert, so gilt

$$\operatorname{Var} S_{k+1}^{(T)} = \sum_{j=0}^{k} \sigma_{j,j+1}^{2(T)} \tag{17}$$

und

$$\operatorname{Var} S_{k+t}^{(T)} = \sum_{j=0}^{k+t-1} \sigma_{j,j+1}^{2(T)} \tag{18}$$

und dank dem Zentralen Grenzwertsatz (1.92, Satz 3) sind $S_{k+1}^{(T)}$ und erst recht $S_{k+t}^{(T)}$ für genügend große k sogar auch dann annähernd normal verteilt, wenn die Summanden $D_{j,j+1}^{(T)}$ selber nicht normal verteilt waren; gilt für $D_{j,j+1}^{(T)}$ hingegen selber eine Normalverteilung, so sind $S_{k+1}^{(T)}$ und $S_{k+t}^{(T)}$ auf alle Fälle (auch bei kleinen k und bei Autokorrelation) normal verteilt (vgl. 1.722, Additionssatz der Normalverteilung). Dürfen für $S_{k+1}^{(T)}$ und $S_{k+t}^{(T)}$ dennoch keine Normalverteilungen angenommen werden, so sind die Verteilungsfunktionen eben zu berechnen.

Vom Bereitstellungsprogramm $Z_j^{(T)}$, $j = 0, 1, \ldots, k$, werde nun verlangt, daß nach Ablauf der k Zeitintervalle noch genügend Vorrat auf Lager liege, um im Intervall $]k^{(T)}, (k+1)^{(T)}]$ mit Wahrscheinlichkeit W_b oder mehr Verknappungen zu verhüten. Dann muß also

$$P[D_{0,1}^{(T+k)} \leqq Z_0^{(T+k)}] \geqq W_b \tag{19}$$

oder (vgl. Abb. 4.2.1):

$$P\left[D_{0,1}^{(T+k)} \leqq Z_k^{(T)} - \sum_{j=0}^{k-1} X_{0,1}^{(T+j)}\right] \geqq W_b . \tag{20}$$

Nun ist aber gesagt worden, daß

$$X_{0,1}^{(T+j)} \gtrless D_{0,1}^{(T+j)}. \tag{21}$$

W_b ist sehr groß (z. B. 99% oder mehr); daher wird man hier im allgemeinen keinen schlimmen Fehler machen, wenn man den Fall $X_{0,1}^{(T+j)} < D_{0,1}^{(T+j)}$ für (20) ausschließt. Sorgt man, wie dies anschließend gezeigt werden soll, für geringes Verderbrisiko, so kann man ebenfalls ohne schlechtes Gewissen den Fall $X_{0,1}^{(T+j)} > D_{0,1}^{(T+j)}$ vernachlässigen. Dann bleibt also nur mehr $X_{0,1}^{(T+j)} = D_{0,1}^{(T+j)}$ übrig und die Forderung (20) läßt sich annähernd ersetzen durch

$$P\left[D_{0,1}^{(T+k)} \leqq Z_k^{(T)} - \sum_{j=0}^{k-1} D_{0,1}^{(T+j)}\right] \geqq W_b \tag{22}$$

oder

$$P\left[D_{0,1}^{(T+k)} + \sum_{j=0}^{k-1} D_{0,1}^{(T+j)} = S_{k+1}^{(T)} \leqq Z_k^{(T)}\right] \geqq W_b . \tag{23}$$

Daraus ergibt sich sofort die Standardisierung

$$P\left\{\frac{S_{k+1}^{(T)} - E[S_{k+1}^{(T)}]}{\sqrt{\operatorname{Var} S_{k+1}^{(T)}}} \leqq \frac{Z_k^{(T)} - E[S_{k+1}^{(T)}]}{\sqrt{\operatorname{Var} S_{k+1}^{(T)}}}\right\} \geqq W_b . \tag{24}$$

Bezeichnet man mit $\Phi_{k+1}^{(T)}$ die Verteilungsfunktion der standardisierten Variablen

$$u_{k+1}^{(T)} = \frac{S_{k+1}^{(T)} - E[S_{k+1}^{(T)}]}{\sqrt{\operatorname{Var} S_{k+1}^{(T)}}} \tag{25}$$

und setzt man

$$\Phi_{k+1}^{(T)}[u_{k+1}^{(T)} = \beta] = W_b , \tag{26}$$

so muß wegen (24):

$$\frac{Z_k^{(T)} - E[S_{k+1}^{(T)}]}{\sqrt{\operatorname{Var} S_{k+1}^{(T)}}} \geqq \beta \tag{27}$$

oder

$$Z_k^{(T)} \geqq \beta \sqrt{\operatorname{Var} S_{k+1}^{(T)}} + E[S_{k+1}^{(T)}] . \tag{28}$$

Die Grenze $b_k^{(T)}(-1)$ ist nun so definiert, daß für $Z_k^{(T)} = b_k^{(T)}(-1)$ das Gleichheitszeichen in (27), (28) gilt. Mit anderen Worten: die Menge $b_k^{(T)}(-1)$ muß *spätestens* im Zeitpunkt $k^{(T)}$ bereitgestellt sein, damit die Sicherheit gegen Verknappung näherungsweise W_b beträgt. In Funktion des vom Unternehmer noch nicht festgelegten Planungshorizonts k ist $b_k^{(T)}(-1)$ gewissermaßen das „*Spätprogramm*"; das Argument -1 ist jetzt erklärbar: es bedeutet, daß das Spätprogramm im Zeitpunkt $(-1)^T$ beginnt, d. h. dort den Wert 0 annimmt. Dies wiederum steht mit dem Wunsche in Einklang, daß die Bereitstellungsmenge $Z_0^{(T)}$ jeweils zu Beginn des entsprechenden Zeitintervalls vollständig verfügbar sein soll, also im Extremfall (wenn der Bedarf erst im allerletzten Augenblick des Intervalls aufkäme) ein Intervall im Voraus.

Vom Bereitstellungsprogramm $Z_j^{(T)}$, $j = 0, 1, \ldots, k$, werde andererseits verlangt, daß von der bis $k^{(T)}$ bereitgestellten Menge nach Ablauf von insgesamt $k + t$ Zeitintervallen höchstens mit der Wahrscheinlichkeit W_a noch Reste übrigbleiben:

$$P[D_{0,1}^{(T+k)} + \cdots + D_{t-1,t}^{(T+k)} \leqq Z_0^{(T+k)})] \leqq W_a \tag{29}$$

oder

$$P\left[\sum_{j=k}^{k+t-1} D_{0,1}^{(T+j)} \leqq Z_k^{(T)} - \sum_{j=0}^{k-1} X_{0,1}^{(T+j)}\right] \leqq W_a. \tag{30}$$

W_a wählt man sehr klein (z. B. 2%); daher, und weil W_b sehr groß ist, darf man für Approximationszwecke wiederum $X_{0,1}^{(T+j)} = D_{0,1}^{(T+j)}$ setzen und aus (30) wird annähernd

$$P\left[\sum_{j=0}^{k-1} D_{0,1}^{(T+j)} + \sum_{j=k}^{k+t-1} D_{0,1}^{(T+j)} = S_{k+t}^{(T)} \leqq Z_k^{(T)}\right] \leqq W_a. \tag{31}$$

Durch Standardisierung ergibt sich

$$P\left\{\frac{S_{k+t}^{(T)} - E[S_{k+t}^{(T)}]}{\sqrt{\operatorname{Var} S_{k+t}^{(T)}}} \leqq \frac{Z_k^{(T)} - E[S_{k+t}^{(T)}]}{\sqrt{\operatorname{Var} S_{k+t}^{(T)}}}\right\} \leqq W_a. \tag{32}$$

Bezeichnet man mit $\Phi_{k+t}^{(T)}$ die Verteilungsfunktion der standardisierten Variablen

$$u_{k+t}^{(T)} = \frac{S_{k+t}^{(T)} - E[S_{k+t}^{(T)}]}{\sqrt{\operatorname{Var} S_{k+t}^{(T)}}} \tag{33}$$

und setzt man

$$\Phi_{k+t}^{(T)}[u_{k+t}^{(T)} = \alpha] = W_a, \tag{34}$$

so muß wegen (32):

$$Z_k^{(T)} \leqq \alpha \sqrt{\operatorname{Var} S_{k+t}^{(T)}} + E[S_{k+t}^{(T)}]. \tag{35}$$

Die Grenze $a_k^{(T)}(-t)$ ist so definiert, daß für $Z_k^{(T)} = a_k^{(T)}(-t)$ das Gleichheitszeichen in (35) gilt. Mit anderen Worten: die Menge $a_k^{(T)}(-t)$ darf *frühestens* im Zeitpunkt $k^{(T)}$ bereitgestellt sein, damit das Risiko der Existenz von Resten nach dem Zeitpunkt $(k + t)^{(T)}$ näherungsweise W_a beträgt. In Funktion des vom Unternehmer noch nicht festgelegten Planungshorizontes k ist $a_k^{(T)}(-t)$ gewissermaßen das „*Frühprogramm*"; das Argument $-t$ ist jetzt erklärbar: es bedeutet, daß das Frühprogramm im Zeitpunkt $(-t)^{(T)}$ beginnt, d. h. dort den Wert 0 annimmt. Dies wiederum steht mit dem Wunsche in Einklang, daß die Bereitstellungsmenge $Z_0^{(T)}$ im Extremfall frühestens t Intervalle vor dem effektiven Bedarf verfügbar sein soll; t kann von Artikel zu Artikel verschieden sein und stellt beispielsweise die Haltbarkeitszeitspanne dar.

Für gegebene Parameter W_b, W_a und t gibt es also Grenzprogramme in Funktion von k. Die Führungsinstanzen können anhand dieser Grenzprogramme und auf Grund der zugehörigen Betriebsverhältnisse (mittlere Lagerbestände; Verknappungs- und Verderbwahrscheinlichkeiten: diese sind nicht identisch mit W_b bzw. W_a, sondern müssen berechnet werden! Verteilung der Produktionsmengen je Zeitintervall usw. usw.) zweckmäßige Parameterwerte festlegen. Nicht realisierbare Wünsche, z. B. größte Sicherheit sowohl gegen Warenverderb als auch gegen Verknappung bei sehr weitem Planungshorizont k, werden sofort offenkundig, ohne lange Diskussionen zwischen Verkauf und Fabrikation notwendig zu machen, indem in diesem Falle $a_k^{(T)}(-t) < b_k^{(T)}(-1)$ wird, was keine Lösung zuläßt.

Mit diesem Modell werden die gestellten Anforderungen: Senkung der Verknappungen, Verhütung von Warenverderb, vernünftige Beschränkung der Lagerbestände, Glättung der Produktionsschwankungen gut erfüllt. Überdies besteht ein zusätzlicher, in der Praxis sehr geschätzter Vorteil: die Freiheit der Produktion, innerhalb der beiden Grenzen $a_k^{(T)}(-t)$ und $b_k^{(T)}(-1)$ zu disponieren: wie man jetzt weiß, sind diese beiden Funktionen von k nichts anderes als Grenzprogramme mit annähernd konstanter Verderb- bzw. Verknappungswahrscheinlichkeit, so daß die Fabrikation über die ganze Planungszeitspanne $]0^{(T)}, k^{(T)}]$ frei verfügen darf, sofern die effektive Bereitstellung nur innerhalb der Grenzprogramme liegt.

Der Fabrikationsleitung kommt dieser eigene Kompetenzbereich im Rahmen einer etwas gröber gezogenen Planung sehr zustatten: so können Maschinenrevisionen und sonstige fabrikatorische Bedürfnisse (z. B. Losgrößenkriterien) bis zu einem gewissen Grade unabhängig vom Verkaufsprogramm berücksichtigt werden.

4.23. Stationäre Verhältnisse

Die jeweils gültigen, gewünschten Grenzen $a_k^{(T)}(-t)$ und $b_k^{(T)}(-1)$ lassen sich für gegebene α, ρ, k und t aus (11) und (13) bestimmen, wenn man $E[S_{k+1}^{(T)}]$ und $\operatorname{Var} S_{k+1}^{(T)}$ sowie $E[S_{k+t}^{(T)}]$ und $\operatorname{Var} S_{k+t}^{(T)}$ kennt. Dies bedingt laufende Prognose dieser Werte, wobei mit fortschreitender

Zeit T die Werte $E_{j,j+1}^{(T)}$ unter Umständen dem jeweils neuesten Stand der Erkenntnisse angepaßt werden müssen, ebenso die Werte $\sigma_{j,j+1}^{2(T)}$ und etwaige Korrelationskoeffizienten. Änderungen dieser Werte, wenn sie nicht katastrophales Ausmaß annehmen, sollen indessen nicht mehr im bereits festgelegten Bereitsstellungsprogramm berücksichtigt werden: im allgemeinen kann das Planungsintervall $](k-1)^{(T)}, k^{(T)}]$ allein die Abweichungen ausgleichen.

Die Prognose der erwähnten Werte stellt eine Aufgabe für sich dar. Es gibt gewisse Methoden der mathematischen Statistik, die hier nützliche Dienste leisten können; sie gehören in das Gebiet der Zeitreihenanalyse, auf welches hier nicht eingetreten werden kann. Ein einfaches, wenn auch nicht immer besonders zweckmäßiges Verfahren besteht in der Extrapolation von gewöhnlichen Regressionskurven; bessere Resultate lassen sich im allgemeinen mit Hilfe des Exponential-Smoothing (vgl. Literaturangabe [*21*], Kap. 1/2) gewinnen. Aber auch bloße Schätzungen erfahrener Fachleute können zu durchaus befriedigenden Ergebnissen führen; wichtig ist es, daß über die zur Schätzung der Erwartungswerte gehörigen Varianzen ebenfalls stets Angaben beigebracht werden.

Von besonderem Interesse sind stationäre Verhältnisse, weil die das Betriebsverhalten charakterisierenden Größen (mittlerer Lagerbestand, Produktionsschwankungen, Verderb- und Verknappungsrisiken usw.) dann besonders klar in Erscheinung treten. Im folgenden sei der Einfachheit halber angenommen, die Bedarfsverteilung sei zeitunabhängig und auch unabhängig von der Vorgeschichte und habe die Verteilungsfunktion

$$\begin{aligned} P[D_{j,j+1}^{(T)} \leqq d \mid D_{i,i+1}^{(T)},\quad i = \ldots, j-2, j-1] \\ = F_{j,j+1}^{(T)}[d \mid D_{i,i+1}^{(T)},\quad i = \ldots, j-2, j-1] = F(d). \end{aligned} \tag{36}$$

Dann gilt

$$E_{j,j+1}^{(T)} = E = \text{konst.}, \tag{37}$$

$$\sigma_{j,j+1}^{2(T)} = \sigma^2 = \text{konst.}, \tag{38}$$

$$a_k^{(T)}(-t) = a_k(-t), \tag{39}$$

$$b_k^{(T)}(-1) = b_k(-1), \tag{40}$$

und die zu einer bestimmten Parameterwahl k, $a_k(-t)$, $b_k(-1)$ gehörigen Betriebscharakteristiken lassen sich durch Simulation gewinnen. Die Simulation ist dank der Annahme eines stationären Prozesses Markoffschen Typus besonders einfach. Es wäre natürlich ohne weiteres möglich, kompliziertere Verhältnisse in die Simulation miteinzubeziehen, so beispielsweise saisonale Bedarfsschwankungen usw. usw.

Bekannt sei das Programm $Z_j^{(T)}$, $j = 0, \ldots, k-1$, ferner die Nachbestellpolitik

$$\underline{\Delta Z_{k-1,k}^{(T)} = \Delta Z_{0,1}^{(T+k-1)} = f[Z_{k-1}^{(T)}].} \tag{41}$$

Beispielsweise ist $f[Z_{k-1}^{(T)}]$ durch (9.1), (9.2), (9.3) gegeben. Es gelte, daß alle Mengen $\Delta Z_{j,j+1}^{(T)}$, $j = 0, \ldots, k-1$, immer erst im Zeitpunkt $(j+1)^{(T)}$ greifbar seien.

Ferner sei für dieses Beispiel festgelegt, daß negative Lagerbestände nicht geduldet sind: dies ist keineswegs zwingend, denn die in der Praxis oft angetroffene Zulässigkeit von Nachlieferungen ist mathematisch äquivalent der Zulässigkeit von negativen Lagerbeständen.

Dann ergibt sich [vgl. auch (8)]:

$$Z_0^{(T+1)} = Z_1^{(T)} - X_{0,1}^{(T)}. \tag{42}$$

Nun ist aber wegen Warenverderbs

$$Z_0^{(T+1)} \leqq \sum_{j=-t+1}^{0} \Delta Z_{j,j+1}^{(T)} = \sum_{j=-t+1}^{0} \Delta Z_{0,1}^{(T+j)}, \tag{43}$$

wobei die Regel gilt, daß zuerst stets die ältesten Vorräte abgegeben werden müssen und das Lager zu Beginn eines Intervalls keine Ware enthalten darf, die älter als $t-1$ Intervalle ist (sie darf dann gerade noch am Ende des Intervalls an die Kundschaft abgegeben werden, wenn t die höchstzulässige Lagerungsdauer bedeutet: Reste sind zu vernichten). Gemäß (43) müßte also alles Material aus der Produktion $\Delta Z_{0,1}^{(T-t)}$, oder was davon noch vorhanden ist, zu Beginn des Intervalls $]0^{(T+1)}, 1^{(T+1)}]$ vernichtet werden: tatsächlich ist das Material von $\Delta Z_{0,1}^{(T-t)}$ ja schon im Zeitpunkt $1^{(T-t)}$ bereitgestellt worden (vgl. Abb. 4.2.1) und, wenn noch vorrätig, im Zeitpunkt $0^{(T+1)} \equiv 1^{(T)}$ daher gerade t Intervalle alt; im Intervall $]0^{(T+1)}, 1^{(T+1)}]$ würde es das kritische Alter überschreiten und dürfte nicht mehr verwendet werden. Daher ist:

$$X_{0,1}^{(T)} = \begin{cases} \max\left[D_{0,1}^{(T)}, Z_1^{(T)} - \sum\limits_{j=-t+1}^{0} \Delta Z_{0,1}^{(T+j)}\right] & \text{für} \quad D_{0,1}^{(T)} \leqq Z_0^{(T)}, \quad (44.1) \\ Z_0^{(T)} & \text{für} \quad D_{0,1}^{(T)} > Z_0^{(T)}, \quad (44.2) \end{cases}$$

woraus wegen (42):

$$Z_0^{(T+1)} = \begin{cases} \min\left[Z_1^{(T)} - D_{0,1}^{(T)}, \sum\limits_{j=-t+1}^{0} \Delta Z_{0,1}^{(T+j)}\right] & \text{für} \quad D_{0,1}^{(T)} \leqq Z_0^{(T)}, \quad (45.1) \\ Z_1^{(T)} - Z_0^{(T)} & \text{für} \quad D_{0,1}^{(T)} > Z_0^{(T)}. \quad (45.2) \end{cases}$$

Nun ist aber [vgl. auch (4)]:

$$Z_1^{(T)} = Z^{(T)} + \Delta Z_{0,1}^{(T)}, \tag{46}$$

so daß

$$Z_0^{(T+1)} = \Delta Z_{0,1}^{(T)} + \begin{cases} \min\left[Z_0^{(T)} - D_{0,1}^{(T)}, \sum\limits_{j=-t+1}^{-1} \Delta Z_{0,1}^{(T+j)}\right] & \text{für } D_{0,1}^{(T)} \leqq Z_0^{(T)}, \quad (47.1) \\ 0 & \text{für } D_{0,1}^{(T)} > Z_0^{(T)}. \quad (47.2) \end{cases}$$

Ferner gilt

$$Z_{k-1}^{(T+1)} = Z_k^{(T)} - X_{0,1}^{(T)}. \tag{48}$$

Da aber

$$Z_k^{(T)} = Z_{k-1}^{(T)} + \Delta Z_{k-1,k}^{(T)} = Z_{k-1}^{(T)} + \Delta Z_{0,1}^{(T+k-1)}, \tag{49}$$

wird

$$Z_{k-1}^{(T+1)} = Z_{k-1}^{(T)} + \Delta Z_{0,1}^{(T+k-1)} - $$

$$- \begin{cases} \max\left[D_{0,1}^{(T)}, Z_0^{(T)} - \sum\limits_{j=-t+1}^{-1} \Delta Z_{0,1}^{(T+j)}\right] & \text{für } D_{0,1}^{(T)} \leqq Z_0^{(T)}, \quad (50.1) \\ Z_0^{(T)} & \text{für } D_{0,1}^{(T)} > Z_0^{(T)}. \quad (50.2) \end{cases}$$

Die Gln. (47.1) und (47.2), (50.1) und (50.2) sowie (41) gestatten die Durchführung der Simulation. Das Anfangsprogramm $Z_j^{(T)}$, $j = 0, 1, \ldots, k-1$ sowie die Mengen $\Delta Z_{0,1}^{(T+j)}$, $j = -t+1, -t+2, \ldots, -1$ seien bekannt. Dann kennt man auch

$$\Delta Z_{0,1}^{(T+j)} = Z_{j+1}^{(T)} - Z_j^{(T)}, \qquad j = 0, 1, \ldots, k-2. \tag{51}$$

Auf Grund von (41) läßt sich sofort $\Delta Z_{0,1}^{(T+k-1)}$ berechnen. Nun würfelt man $D_{0,1}^{(T)}$ und bestimmt aus (47) $Z_0^{(T+1)}$ und aus (50) $Z_{k-1}^{(T+1)}$. Man beachte, daß (47) die Kenntnis von $Z_0^{(T)}$ voraussetzt; diese wäre in den ersten $k-1$ Iterationsstufen ohne (41) und (50) direkt aus (47) selber simulierbar, da ja $\Delta Z_{0,1}^{(T+j)}$ bis $j = k-2$ gemäß (51) vorliegt. In der k-ten Iterationsstufe wird $\Delta Z_{0,1}^{(T+k-1)}$ für (47) notwendig, und hiezu würde noch die Anwendung von (41) allein genügen. In der $(k+1)$-ten Iterationsstufe hingegen kann man (41) erst gebrauchen, wenn man $Z_{k-1}^{(T+k)}$ kennt, welches aus (50) hervorgeht. Da aber in dieser Iterationsstufe für (50) selber bereits $\Delta Z_{0,1}^{(T+2k-2)}$ bekannt sein muß, ist das ganze System (47), (41) und (50) von Anbeginn an miteinander zu simulieren.

Aus den gewonnenen Werten $Z_0^{(T+j)}$ und $\Delta Z_{0,1}^{(T+j)}$, $j = 1, 2, \ldots$ lassen sich die stationären Verteilungen von Z_0 (greifbare Lagerbestände zu Beginn jedes Intervalls) und von $\Delta Z_{0,1}$ (Nachbestellmengen) gewinnen. Die Verknappungswahrscheinlichkeit berechnet man aus

$$W_{\text{Verknappung}} = P(D_{0,1} > Z_0). \tag{52}$$

Die eingehende Verfolgung des Prozesses zeigt auch, ob und wieviel Ware aus Alterungsgründen vernichtet werden muß, so daß die diesbezüglichen Kosten bestimmt werden können. Ferner läßt sich die altersmäßige Zusammensetzung der Lagerbestände studieren und in einer entsprechenden Verteilung festhalten.

4.24. Rohmaterialplanung

Die Vorausfixierung des Fabrikationsprogramms auf k Intervalle statt auf nur eines macht eine Erhöhung der mittleren Lagerbestände an Fertigmaterial notwendig und verursacht solcherart Mehrkosten. Diese machen sich im allgemeinen gut bezahlt, weil der Betriebsapparat viel ruhiger arbeitet, Kapazitätsschwankungen rechtzeitig erkannt und berücksichtigt werden können und der ganze Ablauf sich in geordneteren Bahnen vollzieht. Leider fällt es normalerweise schwer, solche Vorteile geldmäßig den stets mühelos ausweisbaren Mehrkosten gegenüberzustellen. Um so erfreulicher ist es, daß eine gemeinschaftliche Betrachtung von Fertigwaren- und Rohstofflagern bei günstiger Wahl von k unter Umständen den Nachweis einer Gesamtkostensenkung zu erbringen gestattet, die sich neben den vorher erwähnten ablaufmäßigen Vorteilen zusätzlich wahrnehmen läßt. Derartige Gesamtkostensenkungen treten namentlich in der Nahrungsmittelindustrie auf, wo die Verarbeitung der Rohstoffe in Fertigprodukte im allgemeinen nur einen Bruchteil der Rohmaterialkosten bedingt, so daß die Kapitalinvestitionen nicht wesentlich höher liegen, wenn man statt großer Rohstofflager und kleiner Fertigwarenlager nun kleinere Rohstoff- und größere Fertigwarenlager anordnet. Mit steigendem Planungshorizont k können aber die Lager für alle Rohstoffe, deren Lieferfrist kleiner als $k - 1$ ist, aufgehoben werden, so daß in gewissen Fällen ein Gewinn resultiert, wie man an einem sehr vereinfachten Beispiel alsbald sehen wird.

In der Maschinenindustrie liegen die Verhältnisse allerdings anders: dort steckt in Fertigwarenlagern relativ viel mehr Kapital als in Rohstofflagern, weil die Fabrikation dort sehr lohnintensiv ist. Die nun folgenden Überlegungen sind aber auch in diesem Falle von grundsätzlichem Interesse.

Was die Nachfrage der Kundschaft für das Fertigwarenlager, ist der Produktionsbedarf für das Rohstofflager. Hier sei der Einfachheit halber und für bloße Illustrationszwecke angenommen, das Fertigprodukt weise stationäres Verhalten auf und es gelte

$$a_k^{(T)}(-t_F) = b_k^{(T)}(-1) = b_k(-1). \tag{53}$$

Der Index F bezieht sich hier und im folgenden auf das Fertigprodukt. Zwischen den Bedarfszahlen beliebiger verschiedener Intervalle bestehe keine Abhängigkeit:

$$\operatorname{Var} \sum_j D_{0,1}^{(T+j)} = \sum_j \sigma_{j,j+1}^{2(T)}. \tag{54}$$

Die Fertigwaren seien unbeschränkt haltbar und negative Lagerbestände (= Nachlieferungen) werden toleriert:

$$X_{0,1}^{(T)} = D_{0,1}^{(T)}. \tag{55}$$

Ferner möge keine Schranke für die maximal produzierbare Menge pro Intervall bestehen ($q = \infty$), so daß $b_k(-1)$ immer erreicht werden kann.

Dann lautet der mittlere Fertigwarenbestand:

$$J_F = b_k(-1) - E[S_k] - \tfrac{1}{2} E_{k,k+1} \tag{56}$$

$$= \beta_F \sqrt{\operatorname{Var} S_{k+1}} + E[S_{k+1}] - E[S_k] - \tfrac{1}{2} E_{k,k+1}$$

$$= \beta_F \sqrt{\operatorname{Var} S_{k+1}} + \tfrac{1}{2} E_{k,k+1}. \tag{57}$$

Wegen der Stationarität sind

$$E^{(T)}_{j,j+1} = E_F, \tag{58}$$

$$\sigma^{2(T)}_{j,j+1} = \sigma^2_F, \tag{59}$$

wobei der Index F wieder auf das Fertigprodukt hinweist. Also ist

$$\underline{J_F = \beta_F \sigma_F \sqrt{k+1} + \tfrac{1}{2} E_F.} \tag{60}$$

Da das Fertigwarenprogramm in $0^{(T)}$ für $](k-1)^{(T)}, k^{(T)}]$ fixiert wird, heißt das, daß man in $0^{(T)}$ auch alle Rohmaterialmengen kennt, die man bis $k^{(T)}$ benötigen wird. Andererseits ist gleichzeitig auch die Beschaffungsplanung für das Rohmaterial durchzuführen. Man nehme an, eine bestimmte, für das untersuchte Fertigprodukt benötigte Rohmaterialsorte weise die Lieferfrist L Intervalle auf. Dann ist in $0^{(T)}$ also auch das betreffende Rohmaterialprogramm für $](L-1)^{(T)}, L^{(T)}]$ festzulegen. Da der genaue Bedarf aber wegen des fixen Fabrikationsprogramms für k Intervalle bekannt ist, besteht Unsicherheit bei $L \geqq k$ nur über die Zeitspanne $](L-k)^{(T)}, L^{(T)}]$, also über $L - k$ Perioden. Da nun aber auch das Rohmaterial im Extremfall ein volles Intervall vor seiner Verwendung in der Produktion verfügbar sein soll, muß das betreffende Rohmaterialspätprogramm für $L - k + 1$ Intervalle bestimmt werden.

Wird das Rohstofflager nach den gleichen Gesichtspunkten bewirtschaftet ($a^{(T)}_{L-k+1}(-t_R) = b^{(T)}_{L-k+1}(-1) = b_{L-k+1}(-1)$, wobei der Index R auf das Rohmaterial hinweist), so ergibt sich ein mittlerer Bestand der Rohmaterialsorte:

$$J_R = \begin{cases} \beta_R \sigma_R \sqrt{L-k+1} + \tfrac{1}{2} E_R & \text{für} \quad k < L+1, \quad (61.1) \\ \tfrac{1}{2} E_R & \text{für} \quad k \geqq L+1. \quad (61.2) \end{cases}$$

Hierin stellen E_R und σ^2_R die stationären beiden ersten Momente der betreffenden Rohmaterialbedarfsverteilung dar.

Im Falle $k \geqq L+1$, d. h., wenn die Lieferfrist der Rohmaterialsorte so kurz ist, daß keine Unsicherheit über ihren Bedarf mehr besteht, benötigt man für sie kein Sicherheitslager mehr und im Durchschnitt liegt die Hälfte des erwartbaren Intervallbedarfs auf Lager (61.2).

Seien:

F [Fr./kg] Fabrikationskosten für 1 kg Fertigware;

R [Fr./kg] Rohmaterialkosten für 1 kg einer bestimmten Rohmaterialsorte;

g [kg/kg] Anzahl kg der betreffenden Rohmaterialsorte pro kg Fertigware.

Es gelte

$$\delta_R = \begin{cases} 1 & \text{für} \quad k < L + 1, \qquad (62.1) \\ 0 & \text{für} \quad k \geqq L + 1. \qquad (62.2) \end{cases}$$

Dann sind die gemeinsamen Kapitalbindungskosten für Fertigwarenlager und Lager der betreffenden Rohmaterialsorte proportional der Größe C:

$$C = \left(\beta_F \sigma_F \sqrt{k+1} + \frac{E_F}{2}\right)(F + gR) + \left(\delta_R \beta_R \sigma_R \sqrt{L-k+1} + \frac{E_R}{2}\right) R. \quad (63)$$

Hier werde der Einfachheit halber angenommen, das Fertigprodukt setze sich nur aus einem einzigen Rohstoff zusammen. Dann sind

$$g = 1, \quad (64)$$

$$E_F = E_R = E, \quad (65)$$

$$\sigma_F^2 = \sigma_R^2 = \sigma^2. \quad (66)$$

Im allgemeineren Falle mehrerer Rohstoffsorten lassen sich ohne Schwierigkeit analoge Überlegungen anstellen.

Die Größe

$$\frac{C}{F+R} = \beta_F \sigma \sqrt{k+1} + \frac{E}{2} + \left(\delta_R \beta_R \sigma \sqrt{L-k+1} + \frac{E}{2}\right) \frac{R}{F+R} \quad (67)$$

ist in Abb. 4.2.3 für folgende Zahlenwerte als Funktion von k dargestellt:

$L = 5$;

$\beta_F = 2{,}33$ ($W_{b_F} = 99{,}0\%$);

$\beta_R = 3{,}1$ ($W_{b_R} = 99{,}9\%$; die Sicherheit im Rohstofflager soll im allgemeinen höher sein als im Fertigwarenlager, denn wenn man einmal zu fabrizieren begonnen hat, soll das Material nicht ausgehen);

$E = 1$;

$\sigma = \frac{E}{3}$;

$$\frac{R}{F+R} = \begin{cases} \frac{5}{6} \text{ (Kurve ①)}, \\ \frac{2}{6} \text{ (Kurve ②)}. \end{cases}$$

Da $k_{\min} = 1$ (die Fabrik muß spätestens zu Beginn eines Planungsintervalls wissen, was sie produzieren soll), kommen als optimale Werte von k nur $k = 1$ oder $k = L + 1$ in Frage. Welcher der beiden Werte zutrifft, hängt vom Verhältnis $\frac{R}{F+R}$ ab. Hier zeigt sich deutlich, daß gefühlsmäßiges Abwägen unter Umständen eine sehr fragwürdige Methodik darstellen kann und der „goldene Mittelweg" (hier $k \cong \frac{1 + L + 1}{2}$, also etwa $k = 3$ oder 4) dann und wann zu einer sehr schlechten Lösung führen mag (vgl. Abb. 4.2.3).

Das Optimum von k liege nun entsprechend $\frac{R}{F+R}$ annahmegemäß bei $L + 1$. Sei C_I eine Größe, die den gesamten Kapitalbindungskosten

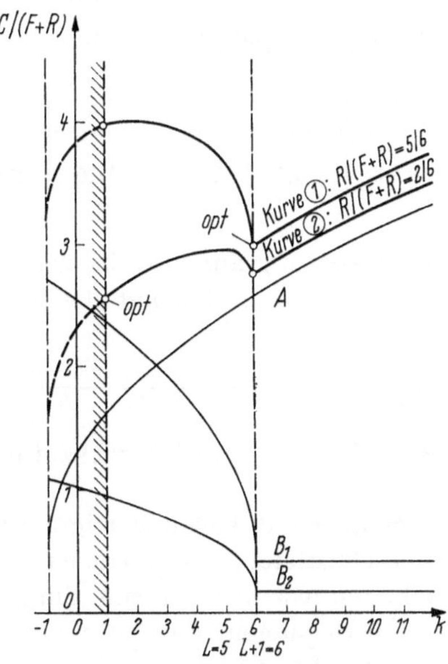

Abb. 4.2.3. Optimierung von k

$$\frac{C}{F+R} = A + B, \quad A = \beta_F \sigma \sqrt{k+1} + \frac{E}{2}, \quad B = \left(\delta_R \beta_R \sigma \sqrt{L-k+1} + \frac{E}{2}\right)\frac{R}{F+R},$$

$$\frac{R}{F+R} = \begin{cases} \frac{5}{6} & \text{für } B_1 \\ \frac{2}{6} & \text{für } B_2 \end{cases}$$

$$k_{\text{opt}} = \begin{cases} L+1 & \text{für } R/(F+R) = 5/6 \\ 1 & \text{für } R/(F+R) = 2/6 \end{cases}$$

proportional ist, wenn man dennoch $k = 1$ wählt, und sei C_{II} die entsprechende Größe für $k = k_{\text{opt}} = L + 1$. Die Größe L selber sei hier noch nicht fixiert.

Dann sind im Falle von (64), (65), (66) gemäß (63):

$$C_I = \left(\beta_F \sigma \sqrt{2} + \frac{E}{2}\right)(F + R) + \left(\beta_R \sigma \sqrt{L} + \frac{E}{2}\right) R \tag{68}$$

und

$$C_{II} = \left(\beta_F\,\sigma\sqrt{L+2} + \frac{E}{2}\right)(F+R) + \frac{E}{2}R. \tag{69}$$

Man erhält die relative Einsparung

$$\frac{\Delta C}{C_I} = \frac{C_I - C_{II}}{C_I} = 1 - \frac{C_{II}}{C_I}. \tag{70}$$

Für $\beta_F = 2{,}33$, $\beta_R = 3{,}1$, $\sigma = \frac{E}{3}$ und $\frac{R}{F+R} = \frac{5}{6}$ wird:

$$\frac{\Delta C}{C_I} = 1 - \frac{16{,}5 + 14\sqrt{L+2}}{36{,}3 + 15{,}5\sqrt{L}} \tag{71}$$

und dies gibt die z. T. recht ansehnlichen Beträge:

L	0	1	2	3	5	7	23	∞
$\frac{\Delta C}{C_I}$ [%]	0,00	21,3	23,5	24,4	24,5	24,4	21,8	9,7

Für $L = 0$ tritt keine Einsparung auf; dies ist verständlich, denn dann ist $k_{\text{opt}} = L + 1 = 1$. Für $L \to \infty$ beträgt die Einsparung hier etwa 9,7%:

$$L \to \infty: \quad \frac{\Delta C}{C_I} \to 1 - \frac{\beta_F}{\beta_R}\,\frac{F+R}{R}. \tag{72}$$

Ihr Vorhandensein ist lediglich darauf zurückzuführen, daß $\beta_F < \beta_R$ gewählt wurde.

In der Praxis hat man es mit vielen Fertigprodukten, vielen Rohstoffen, verschiedenen Lieferfristen, verschiedenen Bedarfsverteilungen, verschiedenen Haltbarkeiten usw. usw. zu tun. Sinngemäße Anwendung der hier behandelten Überlegungen, die dann natürlich entsprechend komplizierterer Natur sind, kann zur wohlabgewogenen gegenseitigen Abstimmung der diversen Vorratslager eines Betriebes wesentlich beitragen.

4.3. Fabrikationsmittelmagazin-Bewirtschaftung[1]

4.31. Grundsätzliches

Unter Fabrikationsmitteln werden im folgenden Vorrichtungen, Spezialwerkzeuge und -lehren, aber auch Gießereimodelle verstanden, also Geräte, die zur wiederholten Herstellung von Maschinenteilen dienen. Fabrikationsmittelmagazine unterscheiden sich durch ihren Leihbetriebscharakter als eine Art Sammelbecken prinzipiell von gewöhnlichen Vorratslagern für Einzelteile oder Fertigprodukte, deren Funktion

[1] Vgl. [3].

derjenigen einer Durchgangsstation für einen mehr oder weniger kontinuierlichen, planmäßigen oder stochastischen Güterstrom entspricht.

Ein gewöhnliches Vorratslager enthält im allgemeinen mehr Teile als Sorten, im Gegensatz zu einem Fabrikationsmittelmagazin, das in der Regel etwa gleichviel Teile wie Sorten beherbergt. Die für Vorratslager übliche Frage nach optimalem Bestand an Vorratsteilen der verschiedenen Sorten reduziert und verschärft sich für ein Fabrikationsmittelmagazin zur Alternative: ist eine bestimmte Sorte, d. h. ein bestimmtes Fabrikationsmittel unter den jeweils bestehenden Bedingungen zu lagern oder nicht?

Nun gestatten die im Verhältnis zum Wert des gelagerten Gutes eher bescheidenen Sortenzahlen eines gewöhnlichen Vorratslagers eine Beobachtung der Bestandesbewegungen der einzelnen Sorten, was zusammen mit der Kenntnis des Fabrikationsprogramms und der Geschäftspolitik eine Steuerung der Vorratsbestände ermöglicht. Demgegenüber verursacht die relativ sehr hohe Sortenzahl eines Fabrikationsmittellagers Schwierigkeiten für eine solche Verfolgung von höherer Warte aus, ganz abgesehen davon, daß an die Stelle der Sortenbestandesbewegungen ein anderes, äquivalentes Kriterium treten müßte, und daß auf Fabrikationsprogrammen fußende Prognosen für Fabrikationsmittel, die im allgemeinen anonyme Erscheinungen der Produktion darstellen, als sehr unsicher gelten müssen.

Das ganze Problem der Fabrikationsmittelbewirtschaftung läßt sich lösen, wenn es gelingt, durch geeignete Perspektive die sonst unübersehbare Sortenzahl empfindlich zu senken. Anstelle der vorhandenen, eine „Sorte" eindeutig identifizierenden Beurteilungsgrößen, wie Verwendungszweck und Abmessungen, werden daher neue Beurteilungsgrößen eingeführt, die absichtlich bedeutend weniger „sortenspezifisch" sind, dafür aber hinsichtlich Beantwortung der zur Diskussion stehenden Fragen recht nahe an die Aussagefähigkeit der ursprünglichen Beurteilungsgrößen heranreichen. Es wird dadurch möglich, das gesamte Lager an Fabrikationsmitteln nach den neuen Beurteilungsgrößen in fiktive Sorten umzugliedern, deren Anzahl nur einen Bruchteil der Anzahl effektiver Sorten ausmacht. Damit aber ist die Stückzahl je Sorte plötzlich wieder wesentlich größer als 1, was Verhältnisse schafft, die an jene in gewöhnlichen Vorratsmagazinen erinnern, so daß eine Taxierung der neuen, fiktiven Sorten nach Aufbewahrungswürdigkeit wirtschaftlich tragbar wird.

Nachdem diese Frage dann mit akzeptabler Genauigkeit beantwortet ist, können die in den kritischen Bereich fallenden wenigen fiktiven Sorten näher unter die Lupe genommen werden, so daß der umständliche individuelle Entscheid nur für einen kleinen Teil der riesigen Menge gelagerter Fabrikationsmittel gefällt zu werden braucht.

4.32. Skizzierung der rechnerischen Bewirtschaftung

Als Beurteilungsgrößen haben sich in einem der Praxis entnommenen Fall das Alter x der Fabrikationsmittel in Jahren und die Anzahl n Jahre, in welchen die betreffenden Fabrikationsmittel Verwendung fanden, bewährt.

In jedem der untersuchten, nach *ähnlichen Endprodukten orientierten* Fabrikationsmittelmagazine werden etwa 10000 bis 15000 Fabrikationsmittel, also 10000 bis 15000 verschiedene effektive „Sorten" gelagert. Setzt man überschlagsmäßig als Höchstalter eines Fabrikationsmittels $x = 25$ Jahre ein, so ergeben sich durch Einführung der neuen Beurteilungsgrößen 351 fiktive Sorten, nämlich die Sorten

$$\begin{array}{r}
(n = 0, x = 0)\ (n = 0, x = 1)\ (n = 0, x = 2) \ldots (n = 0,\ x = 25) \\
(n = 1, x = 1)\ (n = 1, x = 2) \ldots (n = 1,\ x = 25) \\
(n = 2, x = 2) \ldots (n = 2,\ x = 25) \\
\vdots \\
(n = 25, x = 25)
\end{array}$$

oder nur 3,51 bis 2,34% der ursprünglichen Sorten, während im Mittel 27,7 bis 41,5 Fabrikationsmittel/fiktive Sorte zu erwarten sind.

Da eine der beiden Beurteilungsgrößen, nämlich x, das Alter der fiktiven Sorten bedeutet, lassen sich überdies alle fiktiven Sorten mit gleichem n, aber verschiedenen x als Wandlungsphasen einer ganzen Kategorie (n) auffassen, so daß die unangenehme Alternativfrage: Lagern oder Verschrotten einer Sorte? in die bedeutend sympathischere Frage nach der optimalen Aufbewahrungsdauer einer Kategorie (n) transformiert werden kann.

Die Wahl der beiden Beurteilungsgrößen x und n ist selbstverständlich Ermessensfrage. Es wäre durchaus denkbar, andere Kriterien zu berücksichtigen. Deshalb erhebt die hier zur Skizzierung gelangende Methode auch keineswegs Anspruch auf alleinige Gültigkeit. Immerhin erwies sich diese Wahl durch die damit erzielten praktischen Resultate als sehr zweckmäßig, wie ein späterer Abschnitt zeigen wird; sie bietet überdies den Vorteil, daß sich aus der Häufigkeitsverteilung der Gruppen (n, x) unmittelbar die Wahrscheinlichkeit der Wiederverwendung bzw. der Nichtwiederverwendung einer Gruppe im nächsten Jahre ausrechnen läßt.

Hierzu ist zu bemerken, daß es sich bei diesen Wahrscheinlichkeiten um durchschnittliche, für die *ganze* Gruppe gültige Werte handelt. Tatsächlich hat ja ein Fabrikationsmittel beispielsweise der Gruppe $(n = 5, x = 12)$ wohl andere Weiterverwendungsaussichten je nachdem, ob es in den ersten 5 Jahren seiner Existenz benützt wurde und nachher nicht mehr, oder in den letzten 5 Jahren seiner Existenz. Es wäre daher richtiger, die jeweilige Entstehungsgeschichte jedes Gruppenindividuums (n, x) mitzuberücksichtigen, d. h. einen stochastischen Prozeß zu studieren, der nicht mehr Markoffschen Typus ist. Da aber jede Gruppe (n, x) insgesamt $\binom{x}{n}$ mögliche verschiedene Entstehungsgeschichten aufweist, würde der Aufwand hierfür viel zu hoch und man zieht vor, mit durchschnittlichen Wahrscheinlichkeiten zu arbeiten. Da dann die Vorgeschichte keine Rolle mehr spielt, ist der Markoffsche Typus hergestellt. Um die praktische Auswirkung dadurch eventuell verursachter größerer Fehler zu mildern, kann man vorschreiben, daß alle Fabrikationsmittel, die im Vorjahre verwendet wurden, ein weiteres Jahr aufbewahrt werden sollen, auch wenn sie die optimale Aufbewahrungsdauer der Kategorie (n) schon überschritten haben.

Das Prinzip der mathematischen Fabrikationsmittelbewirtschaftung besteht darin, daß der durch die Aufbewahrung einer Kategorie (n) bis zum Zeitpunkt x_n verursachte, in einem Geldbetrag ausgedrückte Platzbedarf dem ebenfalls in einem Geldbetrag dargestellten Risiko für verfrühte Verschrottung bei x_n gegenübergehalten wird und daß sich durch Aufsuchen der minimalen Summe beider Beträge das optimale x_n, also die günstigste Aufbewahrungsdauer der (n)-Kategorie finden läßt. Die scheinbar größte Schwierigkeit, den Platzbedarf geldmäßig zu bewerten, eliminiert sich bei gegebenem Platzangebot meist von selber durch die Nebenbedingung, daß die vorhandenen Räumlichkeiten voll ausgenützt werden sollen.

Es lassen sich verschiedene weitere Nebenbedingungen in das mathematische Modell einbauen, so beispielsweise die schon erwähnte Weiteraufbewahrung im Vorjahre verwendeter Fabrikationsmittel, ferner etwa die Konzeption, daß häufig zum Einsatz gelangende Fabrikationsmittel in dezentralisierten Magazinen nahe von den Gebrauchsschwerpunkten untergebracht werden sollen, während ältere in einem Zentralmagazin zusammenzuziehen sind. Das rechnerische Resultat besteht dann in verschiedenen, den einzelnen dezentralisierten Magazinen zugeordneten, miteinander durch die Platzangebotsbedingung verknüpften Verschrottungskurven $x_{n_i}(n)$, wo i sich auf das jeweilige Magazin bezieht, und der abgewogenen Aufteilung des Zentralmagazins.

Zum näheren Verständnis sei hier lediglich der einfachste Fall für ein einziges Magazin ohne Platzangebotsbedingung vordemonstriert, der sich gut auf die bekannte Wurzelgleichung für die optimale Losgröße zurückführen läßt und solcherweise eine bemerkenswerte Analogie zu gewissen Rechenmethoden für gewöhnliche Vorratslager aufzustellen gestattet.

Seien:

N	[FM/Jahr]	durchschnittliche Anzahl jährlich angefertigter Fabrikationsmittel = durchschnittliche Anzahl jährlich verschrotteter Fabrikationsmittel (abgekürzt FM);
L	[Fr./FM · Jahr]	durchschnittliche jährliche Lagerhaltungskosten für ein Fabrikationsmittel;
F	[Fr./FM]	durchschnittliche Neuanfertigungskosten für ein Fabrikationsmittel;
x	[Jahre]	Alter eines Fabrikationsmittels;
n	[Jahre]	Anzahl Verwendungsjahre eines Fabrikationsmittels;
$y(n, x)$	[—]	Anteil der Fabrikationsmittel des Alters x, die in *mindestens* n verschiedenen Jahren zur Verwendung gelangten;
$q(n, x)$	[—]	Anteil der Fabrikationsmittel des Alters x, die genau n verschiedene Verwendungsjahre aufweisen;
$p[(n, x) \to (n+1, x+1)]$	[—]	durchschnittliche Wahrscheinlichkeit, daß ein Fabrikationsmittel der Gruppe (n, x) im nächsten Jahre (d. h. im Jahre von x bis $x+1$) wiederverwendet werde;
x_n	[Jahre]	Verschrottungsalter der Kategorie (n).

Die als kontinuierlich dargestellten Kurven $y(n, x)$ lassen sich auf Grund statistischer Unterlagen gewinnen (Abb. 4.3.1). Man erkennt, daß

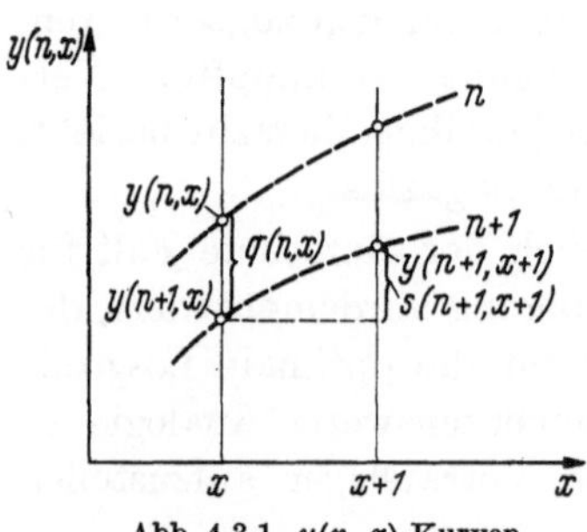

Abb. 4.3.1. $y(n, x)$-Kurven

$$q(n, x) = y(n, x) - y(n+1, x) \qquad (1)$$

und

$$p[(n, x) \to (n+1, x+1)] = \frac{y(n+1, x+1) - y(n+1, x)}{y(n, x) - y(n+1, x)}. \qquad (2)$$

Zwischen den Funktionen $p[(n, x) \to \to (n+1, x+1)]$ und $y(n, x)$ besteht also ein enger Zusammenhang. Man benützt ihn mit Vorteil bei der praktischen Aufnahme dieser Funktionen, die im allgemeinen sehr umständlich und heikel ist, durch gegenseitige Glättung der beiden kontinuierlich dargestellten Kurvenscharen.

Die durchschnittlichen jährlichen Kosten $K_n(x_n)$ für die Kategorie (n) belaufen sich dann für $n = 0, 1, 2, \ldots$ auf:

$$K_n(x_n) = NL \sum_{x=n}^{x_n - 1} q(n, x) + NF \sum_{x=x_n}^{\infty} q(n, x)\, p[(n, x) \rightarrow (n+1, x+1)] \quad (3)$$

$$= NLA_n(x_n) + NFC_n(x_n), \quad (4)$$

wobei $A_n(x_n)$ und $C_n(x_n)$ die entsprechenden Summenausdrücke bezeichnen.

Approximiert man auch diese Treppenfunktion von x durch eine stetige, was hier als durchaus statthaft angesehen werden darf, so läßt sich zeigen, daß $K_n(x_n)$ ein Minimum für

$$\frac{dK_n(x_n)}{dx_n} = 0, \qquad n = 0, 1, 2, \ldots \quad (5)$$

besitzt, woraus sich das optimale x_n bestimmen läßt.

Der für die Analogiebildung entscheidende Schritt besteht nun darin, davon abzusehen, daß es sich bei der Variablen x_n um eine Altersgröße handelt. Sei also x_n irgendeine Variable, die ja dimensionsmäßig ohnehin nicht wirksam ist und aus der Rechnung möglichst eliminiert werden soll, und es gelte:

$$z_n(x_n) = NA_n(x_n), \quad (6)$$

$$z_n^*(x_n) = NC_n(x_n). \quad (7)$$

Die Gleichung für $K_n(x_n)$ geht über in

$$K_n(x_n) = z_n(x_n)\, L + z_n^*(x_n)\, F. \quad (8)$$

Da aber

$$z_n = z_n(x_n) \quad (9)$$

und

$$z_n^* = z_n^*(x_n), \quad (10)$$

wird durch Elimination von x_n

$$z_n^* = f(z_n) \quad (11)$$

und man erhält

$$K_n = z_n L + f(z_n)\, F \quad (12)$$

oder, wenn man $f(z_n)\, F$ selber als variable Herstellungskosten auffassen will:

$$\underline{K_n = z_n L + F(z_n).} \quad (13)$$

Diese Gleichung läßt sich dahin interpretieren, daß die Kategorie (n) jährlich Lagerkosten für z_n Stück verursacht, während für gewisse fabrikatorische Aufwendungen Kosten in der Höhe von $F(z_n)$ auflaufen, die ihrerseits von z_n abhängig sind. Man wird daher z_n so lange variieren, bis $K_n(z_n)$ minimal wird, was hier der Fall ist für

$$\frac{dK_n}{dz_n} = 0. \tag{14}$$

Damit ist eine vollständige Analogie zur Bestimmung der optimalen Bestellmenge einer Vorratssorte (n) erzielt, wie jetzt gezeigt werden soll.

Wenn:

K_n	[Fr./Jahr]	jährliche Kosten für eine Vorratssorte (n);
V_n	[Stück/Jahr]	Jahresverbrauch an Stück der Sorte (n);
z_n	[Stück/Los]	Bestellgröße (Anzahl Stück je Los) der Sorte (n);
a_n	[Fr./Los]	feste Bestellkosten je Bestellung der Sorte (n);
b_n	[Fr./Stück]	stückzahlabhängige Bestellkosten je Stück der Sorte (n);
L	[Fr./Stück · Jahr]	Lagerungskosten je Jahr und Platz für ein Stück;

dann wird

$$K_n = \frac{V_n}{z_n} a_n + V_n b_n + L z_n. \tag{15}$$

Faßt man zusammen:

$$F(z_n) = V_n \left(\frac{a_n}{z_n} + b_n\right), \tag{16}$$

so wird wieder:

$$\underline{K_n = z_n L + F(z_n)} \tag{13}$$

und die optimale Losgröße für

$$\frac{dK_n}{dz_n} = 0$$

lautet hier

$$z_{n_{\text{opt}}} = \sqrt{\frac{V_n a_n}{L}}. \tag{17}$$

Dies ist die bekannte Formel der optimalen Bestellmenge, wenn keine Kapitalzinsen und kein minimaler Lagerbestand berücksichtigt und die Lagerungskosten nur auf den benötigten totalen Platz bezogen sind.

Wiederum also verursacht die Sorte (n) jährlich Lagerkosten für z_n Stück, während für Fabrikationsaufwendungen Kosten in der Höhe von $F(z_n)$ auflaufen, die ihrerseits von z_n abhängig sind. Die Vereinfachungen sowohl auf der Seite der Fabrikationsmittelmagazine als auch auf jener der Vorratslager wurden lediglich der besseren Anschaulichkeit wegen getroffen und sind keineswegs prinzipieller Natur. Die aus dieser Skizzierung hervorgehende vollständige Analogie der Optimalisierungsgleichungen zeigt, daß es mit Hilfe der Beurteilungsgrößen x und n tatsächlich gelingt, den Spezialfall der Fabrikationsmittelmagazine oder Gußmodellager auf den Normalfall der gewöhnlichen Vorratslager zurückzuführen.

4.33. Organisatorische Konzeption

Die im vorhergehenden Abschnitt entwickelte rechnerische Methode ist gegenüber der praktisch anzuwendenden natürlich stark vereinfacht. Immerhin ist das Verfahren auch dann so gestaltbar, daß es den Fähigkeiten des mit seiner Handhabung betrauten Personals entspricht. Eigentliche Rechnungen sind nicht mehr vorzunehmen, alle notwendigen Größen lassen sich aus wenigen Diagrammen ablesen. Allerdings müssen diese Diagramme periodisch (etwa alle 5 bis 10 Jahre) auf ihre Gültigkeit überprüft und etwaigen Änderungen der Bedingungen angepaßt werden, was immerhin etwas höhere Anforderungen stellt.

Die rechnerische Ermittlung der optimalen Verschrottungszeitpunkte soll jedoch nicht allein ausschlaggebend für die tatsächlich erfolgende Verschrottung sein. Darauf ist schon ganz zu Beginn hingewiesen worden, und darüber seien jetzt noch einige Worte gesagt. Zwar soll die Frage der Aufbewahrungswürdigkeit der Fabrikationsmittel auf Grund mathematischer Kriterien aufgeworfen, ihre Beantwortung jedoch auch durch andere, mathematisch nicht ohne weiteres erfaßbare Faktoren (vertragliche Aufbewahrungspflicht, Fabrikationsprogrammänderungen, Zweckmäßigkeit, Empfindlichkeit usw.) mitbeeinflußt werden. Die Rechnung soll also, ohne auf Detailgegebenheiten einzugehen, aus der Unzahl vorhandener Fabrikationsmittel jeweils eine hinsichtlich Verschrottung aktuelle, beschränkte Auswahl liefern. Die zuständigen internen Betriebsstellen (Konstruktionsabteilung für Fertigprodukte usw.) haben sodann ihre auf individueller Prüfung beruhende Ansicht dazu mitzuteilen. Die für die Fabrikationsmittelbewirtschaftung zuständige Instanz hat sich schließlich auf Grund aller so zur Verfügung stehenden Gegebenheiten ein Urteil zu bilden und in eigener Kompetenz und Verantwortung über die nötigen Maßnahmen zu entscheiden.

Durch dieses Zusammenspiel zwischen mathematischer Vorsiebung und praktischer Detailkontrolle sollte der Hauptanteil des mathematisch bedingten Verschrottungsrisikos zum Verschwinden zu bringen sein. Nun aber erhebt sich die grundsätzliche Frage: wenn wirklich, wie soeben erläutert wurde, die nachträgliche Überprüfung der zur Vernichtung vorgeschlagenen Auswahl die wahrscheinlichen Wiederherstellungskosten praktisch Null werden läßt, weshalb ist es dann überhaupt nötig, ein Verschrottungskriterium mathematisch herzuleiten? Wäre es nicht möglich, eine beliebige, einigermaßen vernünftige

Verschrottungspolitik zu formulieren und sich solcherweise die umständliche Rechenarbeit für die Unterlagenerstellung zu ersparen?

An sich ist ein solches Vorgehen durchaus denkbar. Es hat jedoch den Nachteil, daß es bloß funktioniert, wenn die zur Stellungnahme aufgeforderten Stellen einerseits die wiederverwendbaren Fabrikationsmittel verläßlich herausfinden, andererseits bei dieser Praxis nicht überängstlich sind. Gegen in ihrem Umfange nicht überblickbare Folgen einer nur lückenhaften Zurückbehaltung brauchbarer Fabrikationsmittel schützt die mathematische Methode, die für durchschnittliche Nichtüberschreitung einer gewissen, möglichst niedrigen Kostengrenze garantiert. Die häufiger anzutreffende Überängstlichkeit läßt sich ebenfalls nicht ohne Wahrscheinlichkeitsrechnung dokumentieren. Denn sie geht eindeutig nur aus dem Vergleich zwischen der dem Verschrottungsrisiko entsprechenden, rechnerisch ermittelbaren Anzahl vorzeitig zur Vernichtung gelangender Fabrikationsmittel und der zur Verschrottung nicht zugelassenen Anzahl hervor. Ist erstere Anzahl nicht bekannt, so kann die Magazinbewirtschaftungsstelle nicht beurteilen, wieviele Fabrikationsmittel der vorgeschlagenen Auswahl berechtigterweise vor der Verschrottung verschont bleiben sollen. Sie besitzt dann kein Druckmittel mehr, welches bei Anwendung des Verschrottungskriteriums in der Verschrottung der hiezu beantragten Fabrikationsmittel auf eigene Verantwortung besteht, sofern die angefragten Instanzen zu einer positiven Mitwirkung an der Aktion nicht bereit sind. Denn eine beliebig gewählte Verschrottungspolitik verursacht Wiederherstellungskosten unbekannter Höhe, auf die auch die Magazinbewirtschaftungsstelle sich nicht ohne weiteres einlassen kann. Geht sie aber zur Berechnung dieser Wiederherstellungskosten über, so benötigt sie den gesamten mathematischen Apparat, auf den im vorhergehenden Abschnitt hingewiesen wurde, und es ist dann nicht mehr einzusehen, warum mit Hilfe dieses Apparates nicht auch gleich die optimale Politik berechnet werden soll.

Darin also liegt der Sinn dieses Verfahrens, daß es der Bewirtschaftungsstelle das Risiko eigenen Vorgehens zahlenmäßig vor Augen führt, wobei es dieses Risiko so klein wie möglich gestaltet; dies macht die Bewirtschaftungsstelle nötigenfalls von den angefragten Fachleuten unabhängig, weil sie in Kenntnis des Risikos eigene Verantwortung übernehmen kann und auf diese Weise kompetent wird.

4.34. Praktische Erfahrungen

Das hier beschriebene Verfahren einer mathematischen Fabrikationsmittelbewirtschaftung wird seit mehreren Jahren von der Maschinenfabrik Oerlikon, Zürich, angewendet. Bei der ersten großen Verschrottungsaktion wurden insgesamt 9194 Fabrikationsmittel auf rein mathematischem Wege zur Vernichtung vorgeschlagen. Wegen vertraglicher Abmachungen mit Kunden wurden 1527 an diese ausgeliefert, über deren weiteres Schicksal keine Kenntnisse vorliegen. Unter den übrigen 7667 Fabrikationsmitteln befanden sich deren 151 oder 151/7667 = 1,97%, die in den der Verschrottungsaktion folgenden zwei Jahren wiedergebraucht wurden, ein Prozentsatz, der stark unter der zugebilligten Limite lag.

Entsprechend der organisatorischen Konzeption wurde jedoch die zur Verschrottung vorgeschlagene Auswahl vorerst den zuständigen Instanzen zur Überprüfung unterbreitet. Diese bezeichneten an die 2000 Fabrikationsmittel als aufbewahrungswürdig. Darunter figurierten auch tatsächlich 149 der 151 wiederverwendeten. Da es sich bei dieser ersten Verschrottungsaktion um einen Versuch mit der neuen Methode handelte, gab man dem Einspruch vorsichtigerweise vollauf statt, so daß von den total 7667 Fabrikationsmitteln nur 2 zu früh vernichtet wurden.

Obzwar zwei Jahre der Beobachtung für ein abschließendes Urteil nicht ausreichen, zeichnete sich doch eine gute Übereinstimmung zwischen Prognose und Tatsachen ab. Überdies zeigt sich schön, wie fruchtbar das wohlabgewogene Zusammenspiel zwischen betriebsgewohntem Erfahrungsdenken und mathematischer Methodik sich auswirken kann. Dies entspricht der ganz allgemeinen Erkenntnis, daß betriebliche Fragestellungen solcher Natur weder durch gefühlsmäßige Spekulationen allein noch in kompromißloser Theoriehörigkeit behandelt sein wollen, sondern daß optimumnahe Lösungen nur entstehen, wenn die konstruktiven Kräfte beider Sphären sich im gemeinsamen Ziel vereinigen.

4.4. Beleuchtungsunterhalt in Werkstätten

4.41. Grundsätzliches

Unterhalts- und Erneuerungsmodelle beruhen zu großem Teile auf der Wahrscheinlichkeitsrechnung. Selbstverständlich gibt es auch rein deterministische Modelle, wenn beispielsweise nur die Rentabilität alter Anlagen im Vergleich zu neuen Projekten zur Diskussion steht. Häufig handelt es sich aber darum, Anlagenbestandteile wegen Unbrauchbarwerdung zu ersetzen, und da diese Ursache zufälliger Natur ist, kommt alsbald die Wahrscheinlichkeitsrechnung zu Worte.

Beim Maschinenunterhalt sind die Ausfallszwischenzeiten stochastische Variable, ebenso die entsprechenden Instandstellungszeiten; überdies treten Wartezeiten auf. Ein diesbezügliches sehr einfaches Beispiel ist früher (3.5) besprochen worden. Manchmal lassen sich hier Methoden der Wartelinientheorie oder auch der dynamischen Programmierung mit Erfolg anwenden. Durch präventiven Unterhalt gelingt es unter

Umständen, die Unregelmäßigkeit des Anfalls an Reparaturarbeiten zu verringern, und die Erwägung solcher Präventivmaßnahmen, die Festlegung ihres Umfangs und Zeitplans inklusive Gliederung der Reparaturequipen gehören normalerweise zur Aufgabenstellung.

Die Form der Ausfall-Zwischenzeit-Verteilungen ist unterschiedlich. Bei Maschinen mit nur wenig bewegten Teilen ist sie häufig nur relativ schwach streuend. Andere Maschinen, die viele bewegte Teile aufweisen, liefern größere Varianzen, speziell wenn die Lebensdauer von feinen Einstellungen abhängt, die bei sorgfältiger Behandlung lange erhalten bleiben, bei nachlässigen Manipulationen rasch unbrauchbar werden.

Auch die Verteilung der Reparaturzeiten ist unterschiedlich und hängt davon ab, ob Präventivmaßnahmen ergriffen werden oder nicht. Normalerweise sind im ersteren Falle die Reparaturzeiten kürzer und die zugehörigen Streuungen kleiner. Auch verschwinden die Wartezeiten bei Präventivunterhalt meistens, da Ausfällen ja prinzipiell vorgebeugt wird. Es ist klar, daß sich hier ein weites Feld von Optimierungsproblemen ausbreitet, für welches viele Methoden entwickelt worden sind. Diese Konzentration von geistiger Anstrengung auf das Gebiet des Unterhaltswesens darf indessen nicht zu einer Überbewertung des Themenkreises verleiten. Trotz unbestrittener Bedeutung im taktischen Rahmen des industriellen Alltagsgeschehens existieren natürlich viel wichtigere Fragen strategischer Größenordnung, für deren Beantwortung das Operations Research nicht immer wissenschaftlich generell erhärtete Verfahren bereitstellen kann. Der Grund für die gute Durchdringung der Unterhaltsthematik liegt wohl hauptsächlich in ihrer guten Durchdringbarkeit.

Im folgenden soll ein einfaches Beispiel präventiven Unterhalts behandelt werden, das gewissermaßen auch ein Erneuerungsproblem darstellt, da abgenützte Teile nicht repariert, sondern ersetzt werden: es ist dies die Aufgabe des Beleuchtungsunterhalts in Fabrikationswerkstätten. Das Beispiel ist trotz seiner Bescheidenheit recht illustrativ, weil es voneinander abhängige Lebensdauerverteilungen berücksichtigt; überdies wird es zeigen, wie Simulation und Theorie sich rationell kombinieren lassen.

Die hier zur Untersuchung gelangenden Beleuchtungsanlagen sind aus Röhrenaggregaten aufgebaut. Ein Röhrenaggregat setzt sich aus folgenden störanfälligen Elementen zusammen (Abb. 4.4.1):

1. Fluoreszenzröhre,
2. Starter,
3. Vorschaltgerät,
4. Fassungen.

Die zugehörigen „ungestörten" Lebensdauerkurven sind in Abb. 4.4.2 dargestellt. Sie beruhen auf empirischen Daten. Als „ungestörte" Lebensdauer ist jene Zeit zu verstehen, die das betreffende Element arbeiten könnte, würde es nicht vorher durch Fremdeinflüsse zerstört. Man wird sogleich sehen, daß die effektive Lebensdauer sich von der ungestörten unterscheidet, weil die aufgezählten Elemente im Verband wenigstens teilweise gegenseitige Auswirkungen auf ihre Lebensdauer ausüben. Zur Lebensdauerkurve des Starters wird noch eine Bemerkung anzubringen sein (4.42).

Die Wirkungsweise des Röhrenaggregats in der einfachsten Form gemäß Abb. 4.4.1 ist etwa die folgende: die Röhre benötigt für die Zündung eine Spannungsspitze von etwa 500 V; sobald die Entladung eingeleitet ist, genügt jedoch eine Betriebsspannung von etwa 165 V. Der Starter weist eine Zündspannung für Glimm-

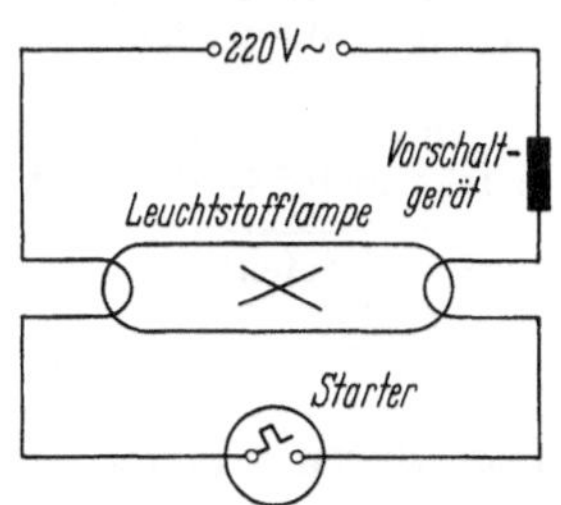

Abb. 4.4.1. Röhrenaggregat

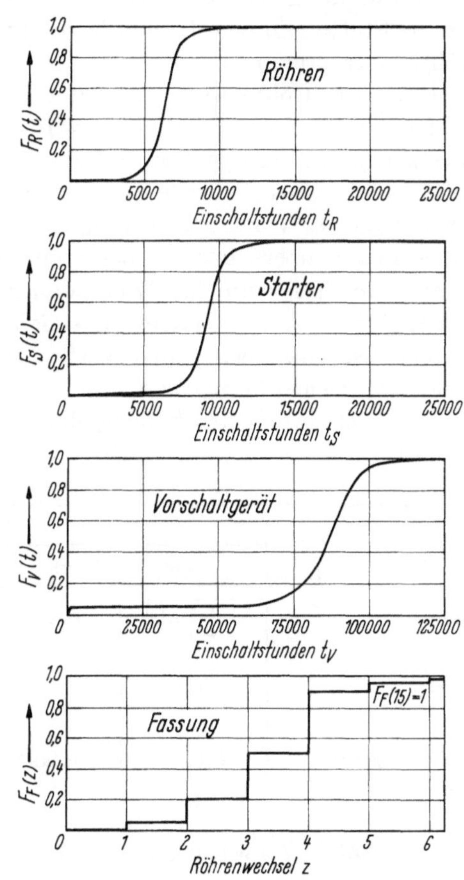

Abb. 4.4.2. Ungestörte Lebensdauerkurven

entladung auf, die höher als die Röhrenbetriebsspannung von 165 V liegt (sonst würde er ständig glimmen) und niedriger als $220\sqrt{2} = 310$ V (sonst würde man ihn vom gewöhnlichen Wechselspannungsnetz aus nicht zünden können). Beim Einschalten entsteht im Starter eine Glimmentladung, die bei durchschnittlich 220 V anhält; im Vorschaltgerät tritt als Folge der entsprechenden niedrigen Leistung noch kein wesentlicher Spannungsabfall ein. Durch die Erwärmung schließt ein Bimetallkontakt im Starter: jetzt fließt ein kräftiger Strom, durch die Aufheizung werden in der Röhre Elektronen emittiert. Die Spannung an der Röhre und am Starter sinkt praktisch auf Null, die Glimmentladung setzt aus: der Bimetallkontakt kühlt sich ab und öffnet. Dies bewirkt einen Spannungsstoß von etwa 500 V, welcher die Röhre zündet. Da hernach die Spannung an Röhre und Starter wegen des Vorschaltwiderstands sofort auf die genannten 165 V absinkt, also unter der Zündspannung für die Starterglimmentladung liegt, zündet der Starter nicht mehr: die Röhre aber brennt.

Kann die Röhre wegen Alterung (oder sonstiger Gründe) die Entladung nicht aufrechterhalten, so wird der Starter dauernd beansprucht (Flackern), was ihn in kurzer Zeit zerstört. Ein Ausfall des Starters zieht in einzelnen, allerdings sehr seltenen Fällen, auch die baldige Zerstörung des Vorschaltgeräts nach sich, so daß die effektive Lebensdauer des Starters und in beschränktem Maße auch des Vorschaltgeräts zum Teil von der Lebensdauer der Röhre abhangen. Da bei jedem Röhrenwechsel zudem die Gefahr der Zerstörung der Fassungen besteht, ist eine recht enge Verflechtung der Lebensdauer der aufgezählten Elemente gegeben.

Die Ausfallwechselwirkungen sind in folgender Tabelle[1] zusammengestellt:

Ursache für Ausfall des Aggregats	Auswirkung auf		
	Röhre	Starter	Vorschaltgerät
Röhre	defekt	defekt	intakt in 99,5%, defekt in 0,5% der Fälle
Starter	intakt	defekt	intakt in 99,5%, defekt in 0,5% der Fälle
Vorschaltgerät . .	intakt	intakt	defekt

Der Anteil Zerstörungen des Vorschaltgeräts durch Starterdefekt darf also vernachlässigt werden.

Die von der Anzahl Röhrenwechsel abhängige Lebensdauer der Fassungen läßt sich getrennt berücksichtigen; eine Fassung wird im allgemeinen nur anläßlich eines Röhrenwechsels defekt und das Fassungspaar dann sofort ersetzt.

[1] Die hier vorliegenden Angaben sowie alles weitere Ausgangszahlenmaterial wurden von der innerbetrieblichen Unterhaltsabteilung einer Fabrikationsunternehmung des Maschinenbaus in dankenswerter Weise zur Verfügung gestellt; sie tragen allerdings empirischen Charakter und dürfen nicht als allgemein gültig betrachtet werden. Speziell die Lebensdauerkurven für die Fassungen (Abb. 4.4.2) lassen sich überlegungsmäßig nicht ganz motivieren.

4.42. Aufgabenstellung und Politikwahl

Die Beleuchtungsaggregate in der ins Auge gefaßten Fabrikhalle sind schwer zugänglich (Kranbereitstellung). Darum kommt nur Gruppenauswechslung in Frage. Gesucht sind vernünftige Periodizitäten für die einzelnen Elemente unter Berücksichtigung der Beleuchtungsstärke, die mit vorgeschriebener Sicherheit unter einen vorgeschriebenen Minimalwert nicht fallen darf, sowie der Kostenseite.

Die infolge innerer Schwärzung und äußerer Verschmutzung der Röhre abnehmende Beleuchtungsstärke ist in Abb. 4.4.3 auf Grund von Erfahrungswerten dargestellt. Die Unterhaltskosten sind gegeben.

Als Zeiteinheit wird im folgenden stets die Einschaltstunde des Aggregats gelten. Es seien die folgenden Symbole definiert:

T_R	[Aggregat-Einschalt-stunden]	Röhrenwechsel-Periodizität
T_S	[Aggregat-Einschalt-stunden]	Starterauswechsel-Periodizität
T_V	[Aggregat-Einschalt-stunden]	Vorschaltgerätauswechsel-Periodizität
t_R	[Aggregat-Einschalt-stunden]	ungestörte Röhren-Lebensdauer
t_S	[Aggregat-Einschalt-stunden]	ungestörte Starter-Lebensdauer
t_V	[Aggregat-Einschalt-stunden]	ungestörte Vorschaltgerät-Lebensdauer
$F_R(t_R)$ $F_S(t_S)$ $F_V(t_V)$	[—] [—] [—]	Wahrscheinlichkeit, daß $\left\{\begin{matrix}\text{die Röhre}\\ \text{der Starter}\\ \text{das Vorschaltgerät}\end{matrix}\right\}$ ohne fremde Einflüsse vor $\left\{\begin{matrix}t_R\\ t_S\\ t_V\end{matrix}\right\}$ ausfällt
N	[—]	Anzahl Aggregate pro Gruppe (z. B. pro Hallenteil).

Die in Abb. 4.4.2 dargestellte Lebensdauerkurve $F_S(t_S)$ für den Starter, ausgedrückt in Aggregateinschaltstunden, bedarf einer kurzen Erklärung. Auf Grund der dargelegten technischen Wirkungsweise ist nämlich nicht ohne weiteres einzusehen, wieso der Starter mit zunehmender Einschaltdauer des Aggregats an Lebenserwartung verlieren sollte. Tatsächlich tritt er ja nur während dem Einschaltvorgang in Funktion und kann sich also wohl nur während dieser kurzen Zeit abnützen, die mit der ihr folgenden Brenndauer der Röhre in keinem direkten Zusammenhang steht. Nun existiert jedoch eine Erfahrungsbeziehung zwischen den Stunden, während welchen das Aggregat arbeitet, und der Anzahl Einschaltungen. Im Winter wird man die

Beleuchtung beispielsweise morgens um 7.00 Uhr in Betrieb setzen, um 9.30 Uhr abschalten, um 15.30 Uhr wieder in Betrieb nehmen und um 18.00 Uhr wieder löschen; den 5 Aggregateinschaltstunden entsprechen also zwei Starterzündungen. Analoge Überlegungen gelten für die übrigen Jahreszeiten, und daraus ist wohl die empirische, über die Jahreszeiten gemittelte Lebensdauerkurve für den Starter hervorgegangen. Andere Unterlagen waren im betreffenden Betrieb nicht zu erhalten: im übrigen erweist sich diese Darstellungsform, wie man bald sehen wird, als durchaus praktisch.

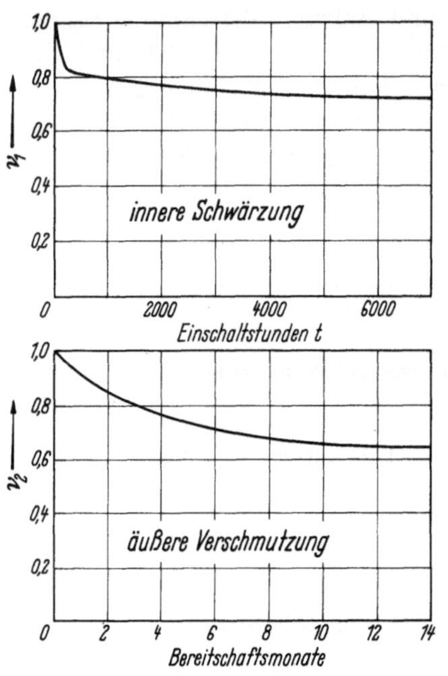

Abb. 4.4.3. Beleuchtungsstärkekoeffizienten

Es gibt verschiedene Möglichkeiten der Unterhaltspolitik. Hier sei die folgende gewählt, deren zweckmäßigste zahlenmäßige Charakterisierung ($T_R = ?$, $T_S = ?$, $T_V = ?$) bestimmt werden soll:

— jeweils im Zeitpunkt $(n-1)\,T_R$, $n = 1, 2, 3, \ldots$, werden *alle* N Röhren ausgewechselt, dazwischen wird keine Röhre ersetzt;

— jeweils im Zeitpunkt $T_S = m\,T_R$, wobei m eine ganze Zahl >0 ist, werden *alle* N Starter ausgewechselt; dies fällt also jeweils mit einem Röhrenwechsel zusammen. Dazwischen werden die Starter nach Bedarf, aber nur anläßlich eines Röhrenwechsels ersetzt;

— die Vorschaltgeräte werden nach Bedarf ersetzt, jedoch nur anläßlich eines Röhrenwechsels (dies beantwortet bereits die Frage nach T_V, denn $T_V = \infty$);

— die Fassungen werden nach Bedarf ersetzt, jedoch nur anläßlich eines Röhrenwechsels, und immer paarweise.

4.43. Durchführung

4.431. Plan des Vorgehens

Die Unterhaltspolitik muß in erster Linie die minimale Beleuchtungsstärke mit vorgeschriebener Sicherheit garantieren. Dies liefert eine obere Grenze für T_R, welche zuerst auszurechnen ist.

Hernach kann man sich von der Kostenseite her überlegen, ob eine Unterschreitung des maximalen Wertes T_R ökonomisch sinnvoll erscheint (z. B. Senkung der Starterdefekte durch Verhütung des Röhrenausfalls).

In Hinblick auf diese Aufgabenunterteilung werden folgende Angaben benötigt:

1. die mittlere Wahrscheinlichkeit $p(T_R, T_S)$, daß ein Aggregat am Ende der Periode T_R noch funktionstüchtig ist;

2. die Erwartungswerte der Verwendungsdauer eines Starters, eines Vorschaltgeräts und einer Fassung.

4.432. Auswertung der erarbeiteten Angaben

Es wäre denkbar (und wird so auch häufig in der Praxis gehandhabt), die benötigten Angaben sofort zu beschaffen. Man wird bald sehen, daß diese Datenbeschaffung eine recht umständliche und wegen der Notwendigkeit der Verwendung eines Computers auch kostspielige Angelegenheit darstellt. Deshalb tut man gut daran, sich zunächst zu fragen, was man mit den betreffenden Daten, lägen sie einmal vor, denn überhaupt anstellen wolle. Oft zeigt sich, daß die anfänglich als unumgänglich notwendig scheinenden Angaben sich bei späterem näherem Hinsehen als teilweise überflüssig oder aber ungeschickt formuliert erweisen, weil man plötzlich in mathematische Schwierigkeiten gerät, an die man vorher zu träge war, zu denken. Datenbeschaffung — Modellbau — Ausrechnung sollten gewissermaßen Hand in Hand durchgeführt werden, wenn man mit neuartigen Verhältnissen zu tun hat; freilich ist dieses Prinzip nur überlegungsmäßig einhaltbar, aber seine Berücksichtigung spart viel überflüssige Arbeit und Ärger.

Man wird nun zunächst also eine kleine Vorüberlegung anstellen mit dem Ziele, abzuklären, ob und wie sich die scheinbar benötigten Daten überhaupt bereitstellen lassen. Ist diese Frage nämlich nicht mit hoher Mutmaßlichkeit positiv beantwortbar, so riskiert man mit verfrühtem Modellbau natürlich ebensolche Unannehmlichkeiten wie mit verfrühter Datenbeschaffung.

Im vorliegenden Falle werden sich die benötigten Daten durch Simulation beschaffen lassen. Man darf also annehmen, die Daten lägen bereits vor. Jetzt handelt es sich darum, ein Modell zu konstruieren und durch Abschätzung charakteristischer Reaktionen seine quantitativen Möglichkeiten zu antizipieren. Erst wenn alle diese Punkte einigermaßen erfolgsversprechende Verhältnisse umreißen, soll man an die konkrete Durchführung herantreten.

Man nehme also an, man kenne die Werte:

$p(T_R, T_S)$ mittlere Wahrscheinlichkeit, daß ein Aggregat am Ende der Periode T_R noch funktioniert;

$E(s \mid T_R, T_S)$ Erwartungswert der Anzahl Ersetzungen eines Starters pro Periode T_R; sie ist für $m > 1$ sicher $\leqq 1$ und eine rein theoretische Größe;

$E(v \mid T_R, T_S)$ Erwartungswert der Anzahl Ersetzungen eines Vorschaltgeräts pro Periode T_R; auch dieser Erwartungswert ist sicher $\leqq 1$;

$E(f \mid T_R, T_S)$ Erwartungswert der Anzahl Ersetzungen eines Fassungspaares pro Periode T_R; es ist

$$E(f \mid T_R, T_S) = E(f) \leqq 1.$$

4.4321. Beleuchtungsstärke

Dann lautet die mittlere Wahrscheinlichkeit, daß von den N Aggregaten eines Hallenteils deren genau k am Ende der Periode T_R noch funktionieren, gemäß Binomialgesetz (die Aggregate sind unabhängig voneinander):

$$P_N(k \mid T_R, T_S) = \binom{N}{k} [p(T_R, T_S)]^k [1 - p(T_R, T_S)]^{N-k}. \tag{1}$$

Die Beleuchtungsstärke ist nach einer Brenndauer T_R wegen innerer Schwärzung auf den Anteil $\nu_1(T_R)$ gesunken (vgl. Abb. 4.4.3). Sieht man jährliche Reinigung der Beleuchtungskörper vor, und ist $T_R\, y > 1$ Jahr, wobei $y > 1$ ausdrücken will, daß der Beleuchtungskörper nicht andauernd in Betrieb steht, so erfährt die Beleuchtungsstärke eine weitere Senkung auf schlimmstenfalls $\nu_2(12)$ wegen äußerer Verschmutzung (vgl. Abb. 4.4.3).

Also ist die Beleuchtungsstärke am Ende einer Periode T_R im schlimmsten Falle auf

$$L_{\min}^{(\text{Aggregat})} = L_{\text{neu}}^{(\text{Aggregat})}\, \nu_1(T_R)\, \nu_2(12) \tag{2}$$

gesunken. Die totale Beleuchtungsstärke eines Hallenteils beträgt somit am Ende von T_R, wenn genau k Aggregate arbeiten, wenigstens

$$L_{\min}^{(\text{tot})} = L_{\text{neu}}^{(\text{Aggregat})}\, \nu_1(T_R)\, \nu_2(12)\, k \tag{3}$$

mit der Wahrscheinlichkeit $P_N(k \mid T_R, T_S)$ gemäß (1).

Nun sei vorgeschrieben, daß $L_{\min}^{(\text{tot})}$ einen Wert λ mit der Wahrscheinlichkeit $1 - \varepsilon$ nicht unterschreite, $0 < \varepsilon < 1$:

$$P[L_{\min}^{(\text{tot})} \geqq \lambda] \geqq 1 - \varepsilon. \tag{4}$$

Also muß

$$P[L_{\text{neu}}^{(\text{Aggregat})}\, \nu_1(T_R)\, \nu_2(12)\, k \geqq \lambda] \geqq 1 - \varepsilon \tag{5}$$

oder

$$P\left[k \geqq \frac{\lambda}{L_{\text{neu}}^{(\text{Aggregat})}\, \nu_1(T_R)\, \nu_2(12)}\right] \geqq 1 - \varepsilon. \tag{6}$$

Nun ist aber

$$P(k \geqq a) = \sum_{k=a}^{N} P_N(k \mid T_R, T_S), \tag{7}$$

wobei a eine ganze Zahl ist. Für $0 < p(T_R, T_S) < 1$ und

$$\min\{N\, p(T_R, T_S), N[1 - p(T_R, T_S)]\} \geqq 10$$

darf man die Binomialverteilung durch eine Normalverteilung approximieren (vgl. 1.512), so daß [vgl. 1.512, (14)]:

$$P(k \geqq a) = \sum_{k=a}^{N} P_N(k \mid T_R, T_S) \cong$$

$$\cong 1 - \Phi\left\{\frac{a - \frac{1}{2} - N\, p(T_R, T_S)}{\sqrt{N\, p(T_R, T_S)\,[1 - p(T_R, T_S)]}}\right\}. \qquad (8)$$

Andernfalls arbeitet man entweder mit einer Poisson-Verteilung als Approximation der Binomialverteilung oder mit der Binomialverteilung selber.

(6) und (8) unter Verwendung von

$$a \cong \frac{\lambda}{L_{\text{neu}}^{(\text{Aggregat})}\, \nu_1(T_R)\, \nu_2(12)} \qquad (9)$$

führen zu

$$\Phi\left\{\frac{a - \frac{1}{2} - N\, p(T_R, T_S)}{\sqrt{N\, p(T_R, T_S)\,[1 - p(T_R, T_S)]}}\right\} \leqq \varepsilon. \qquad (10)$$

Aus (10) erkennt man:

- je größer $p(T_R, T_S)$, um so leichter wird die Bedingung der minimalen Beleuchtungsstärke eingehalten; das ist klar, da ja für $p(T_R, T_S) \to 1$ praktisch kein Aggregat ausfällt;
- je kleiner a, um so leichter wird die Bedingung eingehalten; auch das ist klar, da ja kleine Werte a bedeuten:
  - niedrige Beleuchtungsvorschrift λ
  - hohe Beleuchtungsstärke $L_{\text{neu}}^{(\text{Aggregat})}$
  - hoher Restanteil $\nu_1(T_R)\, \nu_2(12)$ der Beleuchtungsstärke;
- je kleiner ε, um so schwerer fällt die Einhaltung der Bedingung: hohe Sicherheit ist immer schwer garantierbar.

Um (10) zu erfüllen, könnte man durch engere Reinigungsperiodizitäten gemäß (9) über ν_2 auf a drücken und so von Haus aus einen ansehnlichen Verbesserungsbeitrag leisten. Man könnte übrigens diesen Aspekt gleichfalls rechnerisch berücksichtigen. Hier sei davon abgesehen. Also hat man nur die Möglichkeit in der Hand, durch Wahl eines passenden Wertepaares (T_R, T_S) die Wahrscheinlichkeit $p(T_R, T_S)$ genügend groß zu machen. Den Wert N will man hier ja nicht ändern; doch wäre eine diesbezügliche Empfehlung an die Betriebsdirektion auf Grund einer solchen eingehenden Untersuchung durchaus denkbar.

Man wird daher für verschiedene feste Wertepaare (T_R, T_S) die Wahrscheinlichkeit $p(T_R, T_S)$ bestimmen und über T_R und T_S auftragen. Dort, wo Φ erstmals den Betrag ε unterschreitet, liegt die obere Grenze für T_R bei gewähltem T_S, nämlich $T_{R_{\max}}(T_S)$.

4.4322. Kosten

Für ein gewähltes Wertepaar (T_R, T_S) werden die störanfälligen Elemente an jedem Aggregat folgendermaßen ersetzt:

— Röhren: pro Jahr $\frac{8760}{y\,T_R}$ mal (y gibt, wie schon vorher, das Verhältnis von Gesamtstunden zu Einschaltstunden an und pro Jahr werden $24 \cdot 365 = 8760$ Stunden gezählt);

— Starter: pro Jahr $\frac{8760}{y\,T_R} E(s \mid T_R, T_S)$ mal;

— Vorschaltgerät: pro Jahr $\frac{8760}{y\,T_R} E(v \mid T_R, T_S)$ mal;

— Fassungspaar: pro Jahr $\frac{8760}{y\,T_R} E(f)$ mal.

Bezeichnet man die zugehörigen durchschnittlichen, gegebenen Kosten mit k_R, k_S, k_V und k_F, so lauten die jährlichen Durchschnittskosten für einen Hallenteil

$$\bar{K} = \frac{8760\,N}{y\,T_R}\left[k_R + k_S\,E(s \mid T_R, T_S) + k_V E(v \mid T_R, T_S) + k_F\,E(f)\right]. \quad (11)$$

Man sucht das Wertepaar (T_R, T_S), welches $\bar{K}$ minimal macht unter Einhaltung der Bedingung (10). Abb. 4.4.4 zeigt schematisch, wie sich das Optimum auffinden läßt. Für gegebenes m ist T_S eine in Funktion von T_R bekannte Größe: $T_S = m\,T_R$. Obwohl $E(s \mid T_R, T_S)$ und $E(v \mid T_R, T_S)$ mit wachsendem T_R zunehmen, wie man leicht überlegt, während $E(f)$ von T_R unabhängig ist, dürfte der Faktor $\frac{1}{T_R}$ in (11) wohl so stark überwiegen, daß die in (11) formulierten Kurven $\bar{K}$

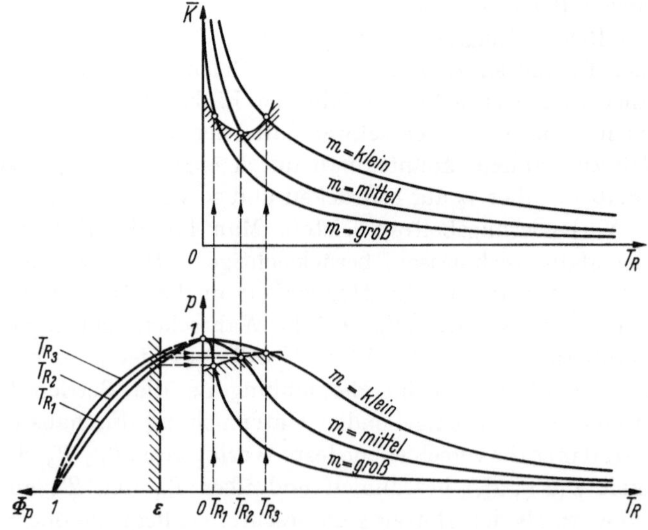

Abb. 4.4.4. Auffindung des Optimums (T_R, T_S)

hyperbelähnlichen Charakter aufweisen. Für größere m (also größere T_S) werden die Kosten tiefer liegen, weil dann wohl weniger oft Starter ersetzt werden. Dies erklärt den oberen Teil der Abb. 4.4.4.

Der untere Teil von Abb. 4.4.4 besteht aus zwei Diagrammen. Die rechte Seite illustriert schematisch die von T_R bei gegebenem m abhängige mittlere Wahrscheinlichkeit $p(T_R, T_S)$ für intaktes Aggregat nach Ablauf der Dauer T_R. Auch $p(T_R, T_S)$ nimmt mit wachsendem T_R ab, und zwar auf um so kleinere Werte, je größer obendrein noch m ist. Dies erklärt den rechten unteren Teil der Abb. 4.4.4.

Der linke untere Teil von Abb. 4.4.4 stellt die Gleichung

$$\Phi_p = \Phi\left\{\frac{a - \frac{1}{2} - N\,p(T_R, T_S)}{\sqrt{N\,p(T_R, T_S)\,[1 - p(T_R, T_S)]}}\right\} \tag{12}$$

als Funktion von $p(T_R, T_S)$ und $\nu_1(T_R)$ dar. Schreibt man gemäß (10) durch Festlegung von ε ein zulässiges Maximum von Φ_p vor, so ist dadurch ein zulässiges Minimum von $p(T_R, T_S)$ gegeben; für jedes feste Wertepaar (T_R, T_S) liefert dies ein zulässiges Minimum von $\bar{K}$; die entsprechende $\bar{K}$-Minimumkurve ist im oberen Teil der Abb. 4.4.4 eingetragen. Jener Punkt (T_R, T_S) ist optimal, wo $\bar{K}$ das niedrigste Minimum annimmt, wobei T_S aber ein ganzzahliges Vielfaches von T_R sein muß: im allgemeinen ist dort die Tangente an die Minimumkurve also nicht horizontal, sie kann es aber zufälligerweise sein.

4.44. Beschaffung der benötigten Angaben

Nachdem sich nun gezeigt hat, daß man bei Kenntnis von $p(T_R, T_S)$ und der Erwartungswerte $E(s \mid T_R, T_S)$, $E(v \mid T_R, T_S)$ und $E(f)$ die Unterhaltspolitik tatsächlich optimieren kann, lohnt es sich, diese Größen zu beschaffen. Hiezu kann man sich zweckmäßigerweise der Simulationstechnik bedienen.

4.441. Simulation

Man wählt zwei feste Werte T_R und T_S. Die laufende Periode T_R erhalte zwei Indizes: den Hochindex i $(i = 1, 2, 3, \ldots)$ und den Tiefindex n $(n = 1, 2, \ldots, m)$. Die Größe m gibt an, wie oft T_R in T_S

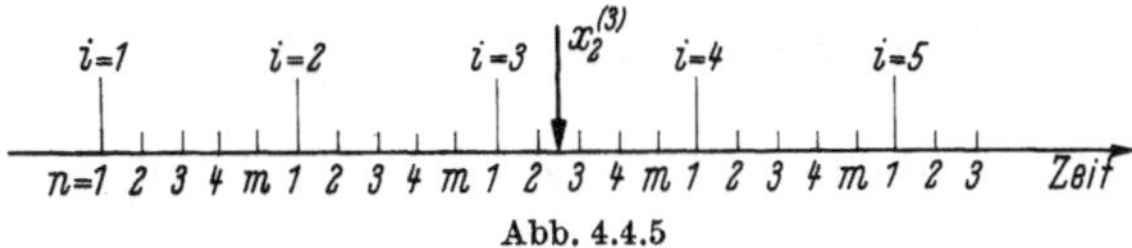

Abb. 4.4.5

enthalten ist (ganze Zahl). Somit handelt es sich bei irgendeiner Größe $x_n^{(i)}$ um den betreffenden x-Wert in der $[(i-1)\,m + n]$-ten Periode T_R (Abb. 4.4.5: für $m = 5$ z. B. heißt $x_2^{(3)}$ die Größe x in der $(3 - 1) \cdot 5 + 2 = 12.$ Periode).

Seien $R_n^{(i)}$, $S_n^{(i)}$ und $V_n^{(i)}$ die am Anfang der Periode (i, n) gültigen Restzeiten, während welcher die Röhre, der Starter bzw. das Vorschaltgerät eines Aggregates *höchstens* noch in Betrieb stehen werden, und zwar als Folge der Lebensdauerverteilung oder der Unterhaltspolitik, so wie man dies zu Beginn der Periode T_R sieht.

Bildet man nun $\min[R_n^{(i)}, S_n^{(i)}, V_n^{(i)}]$, so werden die für den Beginn der *folgenden* Periode gültigen Werte entsprechend den nachstehend aufgeführten Fällen bestimmt:

Fall I: $\min[R_n^{(i)}, S_n^{(i)}, V_n^{(i)}] = R_n^{(i)}$

$\underline{t_{R_n}^{(i)} > T_R:}$

1. $n = 1, 2, \ldots, m-1$:

$$R_{n+1}^{(i)} = \min(t_{R_{n+1}}^{(i)}, T_R) \qquad \text{würfeln!}$$

$$S_{n+1}^{(i)} = S_n^{(i)} - T_R \qquad (\geqq 0, \text{ weil } S_n^{(i)} \geqq R_n^{(i)} = T_R)$$

$$V_{n+1}^{(i)} = V_n^{(i)} - T_R \qquad (\geqq 0, \text{ weil } V_n^{(i)} \geqq R_n^{(i)} = T_R)$$

2. $n = m$:

$$R_1^{(i+1)} = \min(t_{R_1}^{(i+1)}, T_R) \qquad \text{würfeln!}$$

$$S_1^{(i+1)} = \min(t_{S_1}^{(i+1)}, T_S) \qquad \text{würfeln!}$$

$$V_1^{(i+1)} = V_m^{(i)} - T_R \qquad (\geqq 0)$$

$\underline{t_{R_n}^{(i)} \leqq T_R:}$

1. $n = 1, 2, \ldots, m-1$:

$$R_{n+1}^{(i)} = \min(t_{R_{n+1}}^{(i)}, T_R) \qquad \text{würfeln!}$$

$$S_{n+1}^{(i)} = \min(t_{S_{n+1}}^{(i)}, T_S - n\,T_R) \qquad \text{würfeln!}$$

$$V_{n+1}^{(i)} = V_n^{(i)} - t_{R_n}^{(i)} \qquad (\geqq 0, \text{ weil } V_n^{(i)} \geqq R_n^{(i)} = t_{R_n}^{(i)})$$

2. $n = m$:

$$R_1^{(i+1)} = \min(t_{R_1}^{(i+1)}, T_R) \qquad \text{würfeln!}$$

$$S_1^{(i+1)} = \min(t_{S_1}^{(i+1)}, T_S) \qquad \text{würfeln!}$$

$$V_1^{(i+1)} = V_m^{(i)} - t_{r_m}^{(i)} \qquad (\geqq 0)$$

$\underline{\textbf{Fall II:} \min[R_n^{(i)}, S_n^{(i)}, V_n^{(i)}] = S_n^{(i)}}$

1. $n = 1, 2, \ldots, m-1$:

$$R_{n+1}^{(i)} = \min(t_{R_{n+1}}^{(i)}, T_R) \qquad \text{würfeln!}$$

$$S_{n+1}^{(i)} = \min(t_{S_{n+1}}^{(i)}, T_S - n\,T_R) \qquad \text{würfeln!}$$

$$V_{n+1}^{(i)} = V_n^{(i)} - S_n^{(i)} \qquad (\geqq 0, \text{ weil } V_n^{(i)} \geqq S_n^{(i)})$$

2. $n = m$:

$$R_1^{(i+1)} = \min(t_{R_1}^{(i+1)}, T_R) \qquad \text{würfeln!}$$

$$S_1^{(i+1)} = \min(t_{S_1}^{(i+1)}, T_S) \qquad \text{würfeln!}$$

$$V_1^{(i+1)} = V_m^{(i)} - S_m^{(i)} \qquad (\geqq 0)$$

Fall III: $\min[R_n^{(i)}, S_n^{(i)}, V_n^{(i)}] = V_n^{(i)}$

1. $n = 1, 2, \ldots, m-1$:

$R_{n+1}^{(i)} = \min(t_{R_{n+1}}^{(i)}, T_R)$ würfeln!

$S_{n+1}^{(i)} = \min(S_n^{(i)} - V_n^{(i)}, T_S - n T_R)$ ($\geqq 0$, weil $S_n^{(i)} \geqq V_n^{(i)}$)

$V_{n+1}^{(i)} = t_{V_{n+1}}^{(i)}$ würfeln!

2. $n = m$: $R_1^{(i+1)} = \min(t_{R_1}^{(i+1)}, T_R)$ würfeln!

$S_1^{(i+1)} = \min(t_{S_1}^{(i+1)}, T_S)$ würfeln!

$V_1^{(i+1)} = t_{V_1}^{(i+1)}$ würfeln!

Nun führt man eine Anzahl Simulationen durch und zählt die Fälle, wo keine Störungen im Intervall auftreten, wo also $\min[R_n^{(i)}, S_n^{(i)}, V_n^{(i)}] = T_R$, zusammen (Störungen an der Intervallgrenze selber werden also nicht gezählt). Sei α die Anzahl dieser störungsfreien Fälle und A die Anzahl *aller* Fälle mit und ohne Störungen; dann gilt mit Wahrscheinlichkeit 1 (vgl. 1.832):

$$A \to \infty: \quad \frac{\alpha}{A} \to p(T_R, T_S).$$

Seien ferner β die Anzahl Fälle, in denen man für den Starter den Wert t_S und γ die Anzahl Fälle, in denen man für das Vorschaltgerät den Wert t_V würfeln mußte. Dann gilt mit Wahrscheinlichkeit 1:

$$A \to \infty: \quad \frac{\beta}{A} \to E(s \mid T_R, T_S)$$

und

$$A \to \infty: \quad \frac{\gamma}{A} \to E(v \mid T_R, T_S).$$

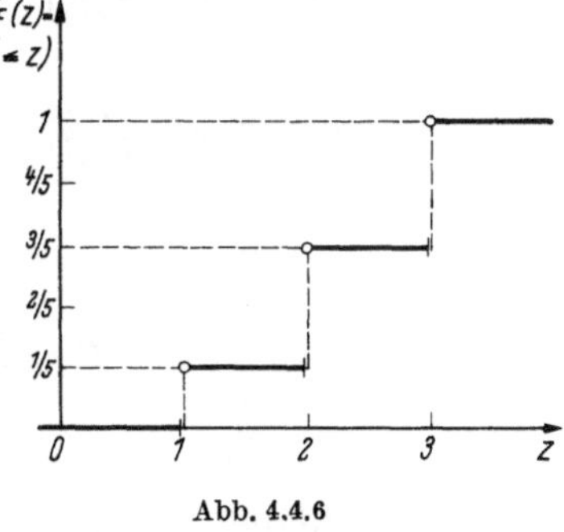

Abb. 4.4.6

Den Wert $E(f)$ könnte man ebenfalls mit simulieren. Einfacher ist es jedoch, ein rechnerisches Verfahren einzuschlagen, das am folgenden[1] Zahlenbeispiel (vgl. Abb. 4.4.6) illustriert sei. Die Wahrscheinlichkeit $p_{z,z+1}$, daß ein Fassungspaar des Zustandes z (es hat z Perioden T_R soeben überlebt) nach Ablauf einer weiteren Periode T_R in den Zustand $z+1$ gerät, lautet:

$$p_{z,z+1} = P(\zeta \geqq z+1 \mid \zeta \geqq z) = \frac{P(\{\zeta \geqq z+1\} \cap \{\zeta \geqq z\})}{P(\zeta \geqq z)} = \frac{P(\zeta \geqq z+1)}{P(\zeta \geqq z)}. \tag{13}$$

Da aber

$$P(\zeta \geqq z+1) = 1 - P(\zeta < z+1) = 1 - P(\zeta \leqq z) = 1 - F_F(z), \tag{14}$$

[1] Dieses Zahlenbeispiel hat mit den ursprünglichen Daten nichts zu tun.

wird

$$p_{z,z+1} = \frac{1 - F_F(z)}{1 - F_F(z-1)}, \qquad z = 0, 1, 2, \ldots, k < \infty, \tag{15}$$

wobei für $z > k$ keine positiven Übergangswahrscheinlichkeiten mehr existieren: es gibt also nur endlich viele Zustände.

Andernfalls muß das Fassungspaar ersetzt werden bzw. gerät dadurch in den Zustand 0:

$$p_{z,0} = 1 - p_{z,z+1}, \qquad z = 0, 1, 2, \ldots, k. \tag{16}$$

Das Übergangsschema, welches Abb. 4.4.6 entspricht, ist aus Abb. 4.4.7 ersichtlich.

Die Übergangswahrscheinlichkeitenmatrix lautet hier ($k = 3$):

$$P = \begin{pmatrix} p_{00} & p_{01} & 0 & 0 \\ p_{10} & 0 & p_{12} & 0 \\ p_{20} & 0 & 0 & p_{23} \\ 1 & 0 & 0 & 0 \end{pmatrix}.$$

Im Falle von Abb. 4.4.6 ist gemäß (15) und (16):

$$p_{01} = \frac{1 - F_F(0)}{1 - F_F(-1)} = \frac{1-0}{1-0} = 1, \quad p_{00} = 0,$$

$$p_{12} = \frac{1 - F_F(1)}{1 - F_F(0)} = \frac{1 - \frac{1}{5}}{1 - 0} = \frac{4}{5}, \quad p_{10} = \frac{1}{5},$$

$$p_{23} = \frac{1 - F_F(2)}{1 - F_F(1)} = \frac{1 - \frac{3}{5}}{1 - \frac{1}{5}} = \frac{1}{2}, \quad p_{20} = \frac{1}{2},$$

also

$$P = \begin{pmatrix} 0 & 1 & 0 & 0 \\ \frac{1}{5} & 0 & \frac{4}{5} & 0 \\ \frac{1}{2} & 0 & 0 & \frac{1}{2} \\ 1 & 0 & 0 & 0 \end{pmatrix}.$$

Nun sollen allfällig existierende Grenzwahrscheinlichkeiten π_z für die Zustände $z = 0, 1, 2, \ldots, k$, wenn der Prozeß unendlich lang läuft, bestimmt werden. Bei der hier besprochenen Art von Zustandsände-

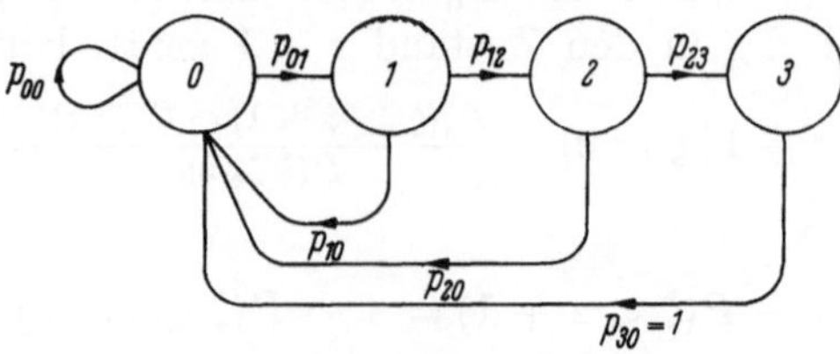

Abb. 4.4.7

rungen[1] existiert tatsächlich eine Grenzverteilung und man bestimmt sie aus dem System:

$$\left.\begin{aligned} \pi_j &= \sum_{i=0}^{k} \pi_i \, p_{ij}, \qquad j = 0, 1, 2, \ldots, k, \\ \sum_{j=0}^{k} \pi_j &= 1. \end{aligned}\right\} \tag{17}$$

Von den ersten $k+1$ Gleichungen mit den $k+1$ Unbekannten π_j kann eine beliebige weggelassen werden; die zusätzliche letzte Gleichung führt im vorliegenden Falle die einzige Lösung herbei:

$$\begin{aligned} \pi_0 &= \pi_0 \cdot 0 + \pi_1 \cdot \tfrac{1}{5} + \pi_2 \cdot \tfrac{1}{2} + \pi_3 \cdot 1 \\ \pi_1 &= \pi_0 \cdot 1 + \pi_1 \cdot 0 + \pi_2 \cdot 0 + \pi_3 \cdot 0 \\ \pi_2 &= \pi_0 \cdot 0 + \pi_1 \cdot \tfrac{4}{5} + \pi_2 \cdot 0 + \pi_3 \cdot 0 \\ \pi_3 &= \pi_0 \cdot 0 + \pi_1 \cdot 0 + \pi_2 \cdot \tfrac{1}{2} + \pi_3 \cdot 0 \\ 1 &= \pi_0 \qquad + \pi_1 \qquad + \pi_2 \qquad + \pi_3 \end{aligned}$$

woraus für dieses Beispiel:

$$\pi_0 = \frac{5}{16}, \quad \pi_1 = \frac{5}{16}, \quad \pi_2 = \frac{4}{16}, \quad \pi_3 = \frac{2}{16}.$$

π_0 ist aber die Wahrscheinlichkeit, daß ein Fassungspaar den Zustand 0 annimmt, d. h. neu ist. Pro Periode T_R nimmt ein Fassungspaar also im Durchschnitt π_0 mal den Neuzustand ein: π_0 ist die durchschnittliche Anzahl Ersetzungen pro Periode T_R, d. h.

$$\underline{E(f) = \pi_0}. \tag{18}$$

4.442. Abschätzung der Anzahl Simulationen

Vorerst werde die Anzahl Simulationen abgeschätzt, die eine vorgeschriebene Genauigkeit des Wertes $p(T_R, T_S)$ mit vorgeschriebener Sicherheit verbürgt. Diese Genauigkeit von $p(T_R, T_S)$ sagt allerdings noch nicht viel aus über die Genauigkeit des interessierenden Resultates der Beleuchtungsstärke, weshalb die diesbezüglichen Überlegungen später noch kurz zu besprechen sind.

[1] Es handelt sich hier um eine sog. irreduzible, endliche Markoffsche Kette, vgl. z. B. W. Feller: An Introduction to Probability Theory and Its Applications, Vol. I, Kap. XV. New York: Wiley 1960.

Man bezeichne den exakten Wert

$$p(T_R, T_S) = \pi. \tag{19}$$

Die Simulation habe geliefert

$$p = \frac{\alpha}{A}. \tag{20}$$

Der Wert α ist aus einer Folge von A Bernoulli-Versuchen hervorgegangen: Treffer $\equiv$ das Aggregat überlebt die Periode T_R; Mißerfolg $\equiv$ das Aggregat wird in der Periode T_R defekt. Diese Bernoulli-Versuche sind nun aber durchaus nicht unabhängig voneinander, da das Resultat einer Periode T_R auf das Resultat der folgenden Periode weiter wirkt. Als Beispiele seien für $n \leqq m - 1$ angeführt:

- ist im Intervall (i, n) das Vorschaltgerät ausgefallen, so wird es ersetzt, und die Wahrscheinlichkeit, daß es im nächsten Intervall $(i, n+1)$ einen neuerlichen Defekt gibt, ist größer als wäre in (i, n) kein Ausfall erfolgt (vgl. Abb. 4.4.2);
- ist in (i, n) ein Starter ausgefallen, der schon sehr alt war, so ist die Wahrscheinlichkeit eines Defekts im folgenden Intervall $(i, n+1)$ kleiner, als hätte es in (i, n) keinen Ausfall gegeben.

Die Abhängigkeit ist indessen nur sehr schwach, wie die Graphiken zeigen: Vorschaltgeräteausfälle sind, wenn die kritische Zeit abgelaufen ist, sehr selten und auch Starterdefekte ohne Röhreneinfluß spielen keine große Rolle. Im wesentlichen hängt das Überleben des Aggregates also von der Röhre ab, und da nach Ablauf jedes Intervalls stets eine neue Röhre angeschlossen wird, darf man die „Bernoulli-Versuche" für eine Schätzung als annähernd unabhängig ansehen. Sie haben die Trefferwahrscheinlichkeit π. Dies ist übrigens der Grund, weshalb früher immer von der „mittleren" Wahrscheinlichkeit $p(T_R, T_S)$ gesprochen wurde: die Überlebenswahrscheinlichkeit für eine Periode T_R ist, wie eben durch Beispiele gezeigt wurde, zeitabhängig.

Es wird:

$$E(\alpha) = A\,\pi, \tag{21}$$

$$\operatorname{Var}\alpha = A\,\pi(1 - \pi). \tag{22}$$

Es werde nun beispielsweise verlangt, daß die Abweichung $\left|\frac{\alpha}{A} - \pi\right|$ mit einer Sicherheit von mindestens 90% nicht mehr als 0,05 betrage. Das heißt, es soll

$$P\left(\left|\frac{\alpha}{A} - \pi\right| \leqq 0{,}05\right) = P(|p - \pi| \leqq 0{,}05) \geqq 0{,}90. \tag{23}$$

Dieser Aufgabentyp ist schon früher zur Sprache gekommen (1.513, 2. Beispiel; ferner 3.3). Die Lösung lautet: es müssen wenigstens 270 Simulationen durchgeführt werden.

Für $E(s \mid T_R, T_S)$ und $E(v \mid T_R, T_S)$ gelten übrigens ähnliche Überlegungen, indem hier β bzw. γ als Resultate von Bernoulli-Versuchen aufzufassen sind.

Verwendet man nun

$$p(T_R, T_S) = \pi, \tag{19}$$

so wird (10):

$$\Phi_\pi = \Phi\left[\frac{a - \frac{1}{2} - N\pi}{\sqrt{N\pi(1-\pi)}}\right] \leqq \varepsilon. \tag{24}$$

Auf Grund von (10) bzw. (24) will man schließen, ob (T_R, T_S) die Beleuchtungsstärkebedingung (4) erfüllen. Nun kennt man aber den exakten Wert π nicht, sondern nur die Näherung p. Also kann man nur prüfen, ob

$$\Phi_p = \Phi\left[\frac{a - \frac{1}{2} - Np}{\sqrt{Np(1-p)}}\right] \leqq \varepsilon. \tag{25}$$

Die Frage ist, wie verläßlich (25) im Vergleich zu (24) ist. Statt hier direkt eine Genauigkeit vorzuschreiben, wie dies in (23) für $|p - \pi|$ geschah, ist es einfacher, die Auswirkung von $|p - \pi|$ auf $\Phi_p - \Phi_\pi$ zu studieren. Man beachtet hier zweierlei:

1. Im Gegensatz zu (23), wo die Abweichung des Wertes p von seinem Erwartungswert $E(p) = \pi$ interessierte, will man hier nicht die Abweichung des Wertes Φ_p von seinem Erwartungsswert $E(\Phi_p)$ kennen, sondern vom Werte Φ an der Stelle des Erwartungswertes von p. Da Φ_p keine lineare Funktion von p ist, stimmen $E(\Phi_p)$ und Φ_π nicht überein.

2. Verzichtet man auf lineare Approximation der Abhängigkeit Φ_p von p, so darf man auch das übliche Fehlerfortpflanzungsgesetz (vgl. 1.454, Regel 16) nicht verwenden, das beim linearen Glied der Taylor-Entwicklung halt macht.

Also rechnet man auf Grund von (23) aus, wie groß die Abweichung $|\Phi_p - \Phi_\pi|$ höchstens ist, wenn man die entsprechende größte Abweichung $|p - \pi|$ mit der vorgeschriebenen Wahrscheinlichkeit 0,90 kennt.

Aus (23) folgt:

$$P(p - 0{,}05 \leqq \pi \leqq p + 0{,}05) \geqq 0{,}90. \tag{26}$$

Sofern Φ_p eine *monotone* Funktion von p ist, kann man daraus schließen, daß Φ_π mit der gleichen Wahrscheinlichkeit $\geqq 0{,}90$ zwischen $\Phi_{p+0{,}05}$ und $\Phi_{p-0{,}05}$ liegt. Daher ist jetzt zu prüfen, ob Φ_p monoton ist.

Sei

$$f(p) = \frac{a - \frac{1}{2} - Np}{\sqrt{Np(1-p)}}, \qquad 0 \leqq p \leqq 1. \tag{27}$$

Voraussetzungsgemäß darf p die Werte 0 und 1 nicht annehmen, doch ist es zweckmäßig, den Charakter von $f(p)$ über das ganze Intervall $[0,1]$ zu studieren.

Sicherlich liegt die ganze Zahl a im Intervall $[1, N]$, denn eine Beleuchtungsvorschrift wird wohl nicht lauten, es mögen wenigstens keine Röhren brennen ($a < 1$), und auch nicht, es mögen wenigstens mehr Röhren brennen, als es gibt ($a > N$):

$$1 \leqq a \leqq N. \tag{28}$$

Da also $a - \frac{1}{2} > 0$, wird $f(0) = +\infty$, und da gemäß (25) für $\varepsilon < 0{,}5$ gelten muß $a - \frac{1}{2} - N p < 0$, ist erst recht $a - \frac{1}{2} - N < 0$ und somit $f(1) = -\infty$.

Wären $p = 0$ und $p = 1$ erlaubt, so würde also gelten:

$$\Phi_1 = 0, \quad \Phi_0 = 1. \tag{29}$$

Es werde jetzt untersucht, ob Φ_p mit fallendem p monoton ansteigt. Sofern $f(p)$ mit fallendem p monoton wächst, wird auch Φ_p mit fallendem p monoton wachsen. Da man aber schon weiß, daß $f(1) = -\infty$ und $f(0) = +\infty$, genügt es, nachzuweisen, daß die erste Ableitung von $f(p)$ nach p im Gebiet $0 \leqq p \leqq 1$ keine Nullstelle besitzt.

Es ist:

$$\frac{df(p)}{dp} = \frac{N}{[N p(1-p)]^{3/2}} \left[p\left(a - \frac{1}{2} - \frac{N}{2}\right) - \frac{1}{2}\left(a - \frac{1}{2}\right)\right]. \tag{30}$$

Für $\frac{df(p)}{dp} = 0$ ist

$$p_0 = \frac{1}{2} \frac{a - \frac{1}{2}}{a - \frac{1}{2} - \frac{N}{2}}. \tag{31}$$

Nun gilt gemäß (28) aber $1 \leqq a \leqq N$. Daher ist der Zähler von (31) positiv, während der Nenner für $a < \frac{N+1}{2}$ negativ und für $a > \frac{N+1}{2}$ positiv wird. Daher ist p_0 im ersten Falle negativ und keine Wahrscheinlichkeit. Im zweiten Falle ist p_0 positiv und nimmt von ∞ für $a = \frac{N+1}{2}$ monoton ab bis auf

$$\frac{1}{2} \frac{N - \frac{1}{2}}{N - \frac{1}{2} - \frac{N}{2}} = \frac{1}{2} \frac{N - \frac{1}{2}}{\frac{N}{2} - \frac{1}{2}} > \frac{1}{2} \frac{N-1}{\frac{N}{2} - \frac{1}{2}} = 1$$

für $a = N$.

Also ist im auch zweiten Falle p_0 keine Wahrscheinlichkeit und $f(p)$ weist im Bereiche $0 \leqq p \leqq 1$ keine Nullstelle auf.

Somit wächst $f(p)$ tatsächlich monoton mit fallendem p und daher wächst auch Φ_p monoton mit fallendem p und es gilt:

$$P(\Phi_{p+0,05} \leqq \Phi_\pi \leqq \Phi_{p-0,05}) \geqq 0{,}90. \tag{32}$$

Für gegebenes p lassen sich daher die Vertrauensgrenzen für Φ_π gemäß (32) und (25) ausrechnen.

Will man diese Grenzen umgekehrt vorschreiben, so muß man auf recht umständliche Weise so lange A variieren, bis sie eingehalten werden.

4.45. Schlußbemerkung

Das Beispiel zeigt, daß man vorteilhafterweise nur dort simuliert, wo eine theoretische Berechnung zu mühevoll ist. Es wäre denkbar, nicht nur das Verhalten eines Aggregates für sich allein, sondern aller N Aggregate eines Hallenteils gemeinsam zu simulieren. Der Aufwand wäre natürlich viel größer, weil dann das Binomialgesetz (1), das doch ohnehin bekannt ist, erst experimentell herausgearbeitet werden müßte. Überdies wäre das Ergebnis dann nur auf einen bestimmten Wert N bezogen, während hier mit beliebigen N operiert werden kann. Analoges gilt für die Bestimmung von $E(f)$.

Das Beispiel ist recht gut geeignet für eine Übung in der Simulationstechnik. Als praktische Zahlenangaben verwende man etwa:

zu (4): $\lambda = 0{,}45\, L_{\text{neu}}^{(\text{tot})}$,

ferner:

Materialkosten:	1 Röhre	Fr. 3,10
	1 Starter	Fr. 2,75
	1 Vorschaltgerät	Fr. 4,50
	2 Fassungen	Fr. 4,20
Arbeitskosten:	Beliebiege Maßnahme an einem Aggregat	Fr. 9,50

Mit welchen Materialkosten sind wohl die Arbeitskosten stets zu kombinieren?

Bei der Ausrechnung erhält man für

$$N = 100 \text{ Aggregate}$$
$$\varepsilon = 10\%$$

das Optimum:

$$\bar{K} \cong 703 \text{ Fr./Jahr}$$
$$\text{bei } T_R = 3150 \text{ Stunden},$$
$$T_S = 6250 \text{ Stunden}.$$

Literaturverzeichnis

Zu den Kapiteln 1 und 2

[1] Gnedenko, B. W.: Lehrbuch der Wahrscheinlichkeitsrechnung. Berlin: Akademie-Verlag 1957.

[2] Rényi, A.: Wahrscheinlichkeitsrechnung. Berlin: Deutscher Verlag der Wissenschaften 1962.

[3] Cramér, H.: Mathematical Methods of Statistics. Princeton University Press 1958.

[4] Feller, W.: An Introduction to Probability Theory and Its Applications, Vol. 1. New York: Wiley 1960.

[5] Fisz, M.: Probability Theory and Mathematical Statistics. New York: Wiley 1963.

[6] Van der Waerden, B. L.: Mathematische Statistik. Berlin/Göttingen/Heidelberg: Springer 1957.

[7] Schmetterer, L.: Einführung in die mathematische Statistik. Wien: Springer 1956.

[8] Chintschin, A.: Mathematical Foundations of Information Theory. Dover Publications 1957.

[9] Whitesitt, J. E.: Boolesche Algebra und ihre Anwendungen. Braunschweig: Vieweg 1964.

[10] Whitesitt, J. E.: Tables of the binomial prob. distribution. National Bureau of Standards, Appl. Math., Series Vol. 6 (1950) (für $n \leqq 50$).

[11] Roming, H. C.: 50—100 Binomial Tables. New York: Wiley 1953.

[12] Nicholson, C.: The Probability Integral for Two Variables. Biometrika 33 (1943).

[13] Hald, A.: Statistical Theory with Engineering Applications. New York: Wiley 1962.

[14] Linder, A.: Statistische Methoden für Naturwissenschaftler, Mediziner und Ingenieure. Basel: Birkhäuser 1960.

[15] Dugué, D., u. M. Girault: Analyse de Variance et Plans d'Expérience. Paris: Dunod 1959.

[16] Smirnow, W. I.: Lehrgang der höheren Mathematik, Teil V. Berlin: Deutscher Verlag der Wissenschaften 1962.

[17] Loève, M.: Probability Theory. Princeton: D. van Nostrand Comp. 1960.

[18] B. W. I.: Netzplantechnik. Zürich: Verlag Industrielle Organisation 1965.

[19] Jury, E. I.: Theory and Application of the z-Transform Method. New York: Wiley 1964.

[20] Howard, R. A.: Dynamic Programming and Markov Processes. Cambridge: M.I.T. Press 1962.

[21] Brown, R. G.: Smoothing, Forecasting and Prediction of Discrete Time Series. New Jersey: Prentice Hall 1963.

[22] Scheffé, H.: The Analysis of Variance. New York: Wiley 1964.

[A] HELMER, O., u. N. RESCHER: On the Epistemology of the Inexact Sciences. Management Science 6 (1959/60) 25—52.

[B] SCHMID, P.: On the Kolmogorov and Smirnow theorems for discontinuous distribution functions. Ann. Math. Statist. 29 (1958) 1011—1027.

[C] CARNAL, H.: Sur les théorèmes de Kolmogorov et Smirnow dans le cas d'une distribution discontinue. Commentarii Math. Helvet. 37 (1962) 19—35.

[D] NEF, W.: Über die Differenz zwischen theoretischer und empirischer Verteilungsfunktion. Z. Wahrscheinlichkeitstheorie 3 (1964) 154—162.

[E] FELLER, W.: On the normal approximation of the binomial distribution. Ann. Math. Statist. 16 (1945) 319—329.

[F] FELLER, W.: Über den zentralen Grenzwertsatz der Wahrscheinlichkeitsrechnung. Math. Z. 40 (1936) 521—559; 42 (1937) 302—312.

[G] BARTLETT, M. S.: Properties of Sufficiency and Statistical Tests. Proc. Roy. Soc. A 160 (1937).

Zu Kapitel 3

[1] HAMMERSLEY, J. M., u. D. C. HANDSCOMB: Monte Carlo Methods. London: Methuen Co. Ltd. 1964.

[2] TOCHER, K. D.: The Art of Simulation. London: English Univ. Press Ltd. 1963.

[3] HULL, T. E., u. A. R. DOBELL: Random Number Generators. SIAM Rev. 4 (July. 1962) No. 3, S. 230—254.

[4] DAVIS, P., u. P. RABINOWITZ: Some Monte Carlo Experiments in Computing Multiple Integrals. Mathematical Tables and other Aids to Computation, National Research Council, Wash. D. C., Vol. X, No. 53, Jan. 1956.

[5] CONWAY, R. W.: Some tactical problems in digital simulation. Management Science 10 (Oct. 1963) No. 1.

[6] BECHHOFER, R. E.: Ranking Means. Ann. Math. Statist. 25 (1954) No. 1.

[7] KAUFMANN, A.: Méthodes et Modèles de la Recherche Opérationnelle, Tome I. Paris: Dunod 1962.

[8] CHORAFAS, D. N.: La simulation mathématique et ses applications. Paris: Dunod 1966.

Zu Kapitel 4

[1] WEINBERG, F.: Optimale Lohngestaltung. Zürich: Verlag Industrielle Organisation 1960.

[2] RENZ, S.: Arbeitszeitvorbestimmung in der Einzelfertigung mit mathematisch-statistischen Methoden. Zürich: Verlag Industrielle Organisation 1958.

[3] WEINBERG, F.: Fabrikationsmittelmagazin-Bewirtschaftung. Zürich: Verlag Industrielle Organisation 1962.

Sachverzeichnis